# 舰船结构抗导弹防护技术基础

侯海量 陈长海 李 典 胡年明 朱 锡 著

国防工业出版社
·北京·

# 内 容 简 介

本书介绍了作者团队在导弹攻击对舰船结构的毁伤和抵御导弹攻击的防护技术两个方面近30年的研究成果，包括舰体结构在被反舰半穿甲导弹命中后可能受到的动能穿甲、舱内爆炸冲击波、准静态气压、高速破片群等载荷的特性与计算分析、试验测试、仿真模拟方法，舰船结构在这些载荷单独或联合作用下的动力响应与变形破坏，抵御这些载荷破坏作用的防护理论基础及技术措施等。

本书可作为高等院校舰船结构毁伤与防护技术方向研究生教材，也可供舰船等工程领域抗导弹防护结构设计工程技术人员参考。

### 图书在版编目（CIP）数据

舰船结构抗导弹防护技术基础/侯海量等著. -- 北京：国防工业出版社，2022.2
ISBN 978-7-118-12300-5

Ⅰ.①舰… Ⅱ.①侯… Ⅲ.①军用船—导弹防御—船体结构—研究 Ⅳ.① U674.7

中国版本图书馆 CIP 数据核字（2021）第 062690 号

※

国防工业出版社 出版发行

（北京市海淀区紫竹院南路23号　邮政编码100048）
天津嘉恒印务有限公司印刷
新华书店经售

＊

开本 710×1000　1/16　印张 25¼　字数 467 千字
2022年2月第1版第1次印刷　印数 1—1500 册　定价 188.00 元

**（本书如有印装错误，我社负责调换）**

国防书店：(010) 88540777　　书店传真：(010) 88540776
发行业务：(010) 88540717　　发行传真：(010) 88540762

# 前　言

　　舰船是维护国家海防、保障海洋资源开发和海洋战略运输通道安全的主要力量。随着我国建设海洋强国和海军远海防卫战略的实施，海军舰船不断向大型化、综合化发展，战略地位不断提高，海战中受敌方反舰武器攻击的可能性大大增加。因此，开展舰船的结构在反舰武器攻击下的毁伤与防护技术研究，有效增强舰船的生命力和战斗力，具有重要意义。

　　反舰武器的攻击破坏作用是舰船最严酷的载荷，舰船结构的变形、破坏与防护结构的合理设计是最复杂的舰船结构强度问题。第二次世界大战后，反舰导弹技术得到飞速发展，并于20世纪60年代末开始成为主要对舰攻击武器，使得海战模式发生了质的变化，原来视距内的对抗，逐渐演变为超视距的导弹对抗。特别是超声速、超视距攻击，掠海飞行，复合制导，混合装药等技术的广泛应用，使反舰导弹的突防能力和毁伤威力大大提高，使得现代水面舰船面临的威胁越来越严重。1982年英阿马岛海战中，号称最现代化的英国"谢菲尔德"号驱逐舰仅被1枚掠海飞行的中型半穿甲导弹击中舷侧便被重创，最后沉没。这一事件标志着采用延时引信的半穿甲反舰导弹已成为水面舰船水线以上部分的主要威胁。根据德玛尔经验公式，以美国著名的"鱼叉"（AGM-84A）导弹为例，战斗部以340m/s的速度正面撞击舷侧时，需79.3mm厚的钢甲才能抵御其动能穿甲。现代水面舰船普遍采用薄壁结构，利用战斗部初始动能穿透船体外层结构、侵入舰船舱室内部爆炸已成为现代反舰导弹的主要毁伤模式，舰船结构在半穿甲反舰导弹攻击下的毁伤与防护问题成为舰船抗爆与装甲防护领域的重要课题，受到各海军强国的高度重视。

　　本书共9章，章节设计和内容编排由朱锡教授、侯海量副教授完成，第1章、第4章、第6章、第8章由侯海量副教授编写；第2章、第5章由陈长海副研究员、侯海量副教授编写；第3章由侯海量副教授、李典博士、胡年明博士编写；第7章由陈长海副研究员、胡年明博士编写；第9章由李典博士编写；参与本书相关研究工作的团队成员还有：李茂博士、刘贵兵硕士、陈鹏宇博士等。

　　本书的大量研究工作是在国家自然科学基金资助下完成的，主要包括：导弹战斗部近炸下舰用复合抗爆舱壁的抗毁伤机理研究（项目批准号：51179200）、气液两相混合介质对舱内爆炸载荷的衰减和耗散作用机理(项目批准号:51479204)、空爆冲击波与高速破片的联合作用机理及载荷特性研究(项目批准号:51409253)、不等强度泄爆舱壁对战斗部舱内爆炸载荷的耗散作用与机理研究(项目批准号:51679246)、周期充液负泊松比结构对冲击波与高速破片联合毁伤载荷的耗散作用与吸能机理研究(项目批准号:51979277)。

鉴于作者水平有限,书中难免存在错误与不当之处,敬请各位专家及读者批评指正。

著者

2021 年 8 月

# 目 录

## 第1章 绪论 ································································· 1
### 1.1 动能穿甲毁伤效应 ·················································· 1
### 1.2 舱内爆炸载荷的毁伤效应 ·········································· 3
#### 1.2.1 爆炸冲击波的毁伤效应 ········································ 4
#### 1.2.2 准静态气压的毁伤效应 ········································ 8
#### 1.2.3 高速破片的穿甲毁伤效应 ····································· 8
#### 1.2.4 联合作用毁伤效应 ············································· 9
### 1.3 舰船结构抗导弹防护技术 ········································ 11
#### 1.3.1 抗爆技术 ······················································ 13
#### 1.3.2 装甲防护材料 ················································· 15
#### 1.3.3 装甲防护结构 ················································· 19
#### 1.3.4 面临的挑战 ··················································· 21
### 参考文献 ····························································· 22

## 第2章 战斗部冲击下舷侧结构的毁伤与防护 ······················· 27
### 2.1 概述 ································································ 27
### 2.2 半穿甲战斗部低速冲击下舷侧结构的破坏现象 ··············· 28
#### 2.2.1 半穿甲战斗部类型 ············································ 28
#### 2.2.2 尖头弹低速冲击 ·············································· 29
#### 2.2.3 平头弹低速冲击 ·············································· 31
#### 2.2.4 球头弹低速冲击 ·············································· 32
### 2.3 平头弹低速冲击下舷侧薄板结构破坏机理分析 ··············· 32
#### 2.3.1 冲击过程的动响应分析 ······································ 33
#### 2.3.2 破坏机理及破坏模式分析 ··································· 34
### 2.4 球头弹低速冲击下舷侧薄板结构破坏机理分析 ··············· 36
#### 2.4.1 破坏过程及变形机理分析 ··································· 36
#### 2.4.2 薄板变形吸能分析 ··········································· 40

2.4.3 穿甲破坏模式 ································································ 42
2.5 半穿甲导弹冲击下舷侧梁抗侵彻动响应理论分析 ················· 43
   2.5.1 模型及假设 ···························································· 44
   2.5.2 运动模式分析 ······················································· 45
   2.5.3 梁的失效及耗能分析 ············································· 47
   2.5.4 算例 ··································································· 48
2.6 低速大质量球头弹冲击下薄板塑性动响应理论分析 ·············· 49
   2.6.1 模型及基本假设 ···················································· 50
   2.6.2 隆起变形阶段 ······················································· 50
   2.6.3 碟形变形阶段 ······················································· 52
   2.6.4 延性扩孔阶段 ······················································· 52
   2.6.5 弹体贯穿阶段 ······················································· 54
   2.6.6 算例 ··································································· 54
2.7 半穿甲战斗部低速冲击下舷侧复合装甲防护技术 ·················· 56
   2.7.1 舷侧复合装甲结构型式 ··········································· 56
   2.7.2 舷侧复合装甲结构穿甲破坏模式 ······························ 57
   2.7.3 防护效能分析 ······················································· 59
   2.7.4 战斗部余速的理论预估 ··········································· 61
   2.7.5 设计示例 ····························································· 62
参考文献 ································································································· 64

# 第3章 战斗部舱内爆炸载荷 ··········································· 67

3.1 空中爆炸载荷 ···································································· 67
   3.1.1 空中爆炸冲击波 ···················································· 67
   3.1.2 弹药壳体的影响 ···················································· 69
   3.1.3 空中爆炸冲击波对障碍物的影响 ······························ 70
3.2 装药舱室内部爆炸角隅汇聚现象 ········································· 70
   3.2.1 舱室结构模型 ······················································· 71
   3.2.2 试验方法 ····························································· 72
   3.2.3 作用载荷及其作用过程分析 ····································· 73
   3.2.4 舱内爆炸载荷强度 ················································· 75
3.3 装药舱室内部爆炸载荷特性 ················································ 77
   3.3.1 计算方法 ····························································· 77
   3.3.2 作用载荷及其作用过程 ··········································· 80

  3.3.3 汇聚冲击波强度 ······ 81
 3.4 舱内爆炸载荷强度的近似计算 ······ 84
  3.4.1 舱内爆炸载荷强度特性分析 ······ 84
  3.4.2 角隅汇聚冲击载荷强度计算 ······ 86
  3.4.3 舱内爆炸准静态气压的近似计算 ······ 88
 3.5 高速破片侵彻载荷 ······ 89
  3.5.1 破片初速 ······ 90
  3.5.2 破片数量及质量 ······ 98
  3.5.3 破片形状 ······ 99
  3.5.4 破片速度衰减规律 ······ 100
  3.5.5 高速破片和冲击波的耦合作用 ······ 101
 3.6 战斗部爆炸载荷测试 ······ 103
  3.6.1 平头战斗部 ······ 103
  3.6.2 球头战斗部 ······ 107
  3.6.3 装药驱动破片技术 ······ 112
 参考文献 ······ 119

## 第4章 舰船舱室水雾抑爆技术 ······ 120

 4.1 有限元细观分析模型 ······ 121
 4.2 冲击波传播过程分析 ······ 123
  4.2.1 低马赫数冲击波 ······ 123
  4.2.2 高马赫数强冲击波 ······ 124
  4.2.3 冲击波传播过程 ······ 125
 4.3 液滴的形态变化 ······ 126
  4.3.1 低马赫数冲击波 ······ 126
  4.3.2 高马赫数冲击波 ······ 127
  4.3.3 破碎过程分析 ······ 127
 4.4 液滴对爆炸冲击波的衰减作用 ······ 129
  4.4.1 液滴尺寸对压力波的影响 ······ 129
  4.4.2 液滴尺寸对液滴模型形态的影响 ······ 130
  4.4.3 多排液滴的压力波及形态分析 ······ 132
  4.4.4 单个液滴对冲击波的衰减作用 ······ 136
  4.4.5 多排液滴对冲击波的衰减作用 ······ 137
 4.5 水雾抑爆试验现象 ······ 139

| | | |
|---|---|---|
| 4.5.1 | 敞开环境下水雾抑爆试验 | 139 |
| 4.5.2 | 舱室内水雾抑爆试验 | 144 |

4.6 水雾抑爆装置系统 …………………………………………………… 150
参考文献 ……………………………………………………………………… 152

## 第5章 爆炸载荷作用下舰船结构动响应与破坏 …………………… 153

5.1 概述 …………………………………………………………………… 153
5.2 近距空爆下舱室结构的毁伤效应试验研究 ………………………… 154
  5.2.1 固支方板的变形破坏 …………………………………………… 154
  5.2.2 加筋板的变形特征 ……………………………………………… 156
  5.2.3 舱室结构的变形破坏 …………………………………………… 159
5.3 近距空爆下结构的破裂判别及破口大小理论预估 ………………… 162
  5.3.1 结构破裂的判别 ………………………………………………… 162
  5.3.2 破口尺寸理论预估 ……………………………………………… 165
5.4 单根加筋板的失效模式分析及结构优化设计 ……………………… 168
  5.4.1 有限元分析模型 ………………………………………………… 169
  5.4.2 失效模型分析 …………………………………………………… 171
  5.4.3 临界失效条件 …………………………………………………… 176
  5.4.4 结构抗爆优化设计 ……………………………………………… 177
5.5 复杂加筋板的失效模式分析及结构优化设计 ……………………… 178
  5.5.1 失效模式分析 …………………………………………………… 178
  5.5.2 失效模式的临界转化条件 ……………………………………… 179
  5.5.3 结构抗爆优化设计 ……………………………………………… 181
  5.5.4 试验验证 ………………………………………………………… 182
5.6 柔性叠层或夹芯薄板结构抗爆防护技术 …………………………… 184
  5.6.1 引言 ……………………………………………………………… 184
  5.6.2 柔性薄板抗爆防护思想 ………………………………………… 184
  5.6.3 柔性叠层薄板近距抗爆试验 …………………………………… 188
  5.6.4 柔性叠层薄板近距抗爆动响应分析 …………………………… 191
  5.6.5 柔性叠层薄板抗爆效能分析 …………………………………… 196
  5.6.6 夹芯薄板结构抗爆效能分析 …………………………………… 198
5.7 舱内爆炸下舰船结构的变形及失效 ………………………………… 201
  5.7.1 实船打靶现象 …………………………………………………… 201
  5.7.2 数值计算结果 …………………………………………………… 202

5.7.3　模型试验结果分析 ………………………………………… 209
　参考文献 ……………………………………………………………… 214

## 第6章　高速破片的侵彻效应 …………………………………………… 216

　6.1　高速破片对半无限厚钢靶的侵彻效应 …………………………… 216
　　6.1.1　弹体侵彻分析模型 …………………………………………… 216
　　6.1.2　侵彻深度及抗侵彻阻力分析 ………………………………… 217
　6.2　破片模拟弹对典型船用钢板的侵彻效应 ………………………… 220
　　6.2.1　侵彻过程 ……………………………………………………… 220
　　6.2.2　破片模拟弹的侵彻特性及靶板破坏模式 …………………… 220
　　6.2.3　侵彻速度及侵彻阻力 ………………………………………… 222
　6.3　破片模拟弹侵彻薄金属靶板的分析模型 ………………………… 225
　　6.3.1　基本假设 ……………………………………………………… 225
　　6.3.2　初始接触阶段 ………………………………………………… 226
　　6.3.3　弹体侵入阶段 ………………………………………………… 226
　　6.3.4　剪切冲塞阶段 ………………………………………………… 229
　　6.3.5　穿甲破坏阶段 ………………………………………………… 229
　　6.3.6　计算实例 ……………………………………………………… 229
　参考文献 ……………………………………………………………… 230

## 第7章　纤维增强复合装甲防护技术 …………………………………… 232

　7.1　概述 ………………………………………………………………… 232
　　7.1.1　弹道冲击下复合材料层合板的破坏模式 …………………… 232
　　7.1.2　复合材料层合板抗侵彻能力的影响因素 …………………… 233
　　7.1.3　复合材料层合板抗侵彻过程的理论模型 …………………… 236
　　7.1.4　陶瓷/纤维复合材料装甲结构的抗侵彻性能 ………………… 238
　7.2　纤维增强复合材料层合板抗侵彻破坏机理 ……………………… 239
　　7.2.1　纤维增强复合材料层合板 …………………………………… 239
　　7.2.2　陶瓷/纤维增强复合装甲结构 ………………………………… 244
　7.3　纤维增强复合材料层合板抗侵彻响应及影响机制 ……………… 254
　　7.3.1　纤维增强复合材料层合板抗侵彻响应 ……………………… 254
　　7.3.2　有限元仿真计算的影响因素 ………………………………… 256
　　7.3.3　纤维增强复合材料层合板抗侵彻的影响因素 ……………… 259
　　7.3.4　纤维增强复合材料层合板抗侵彻的影响机制 ……………… 266

  7.3.5 陶瓷/纤维复合装甲结构抗侵彻的影响因素 ………………… 279
 7.4 高强聚乙烯复合装甲抗高速侵彻防护技术 ……………………… 288
  7.4.1 引言 ………………………………………………………… 288
  7.4.2 以柔克刚的防护思想 ……………………………………… 288
  7.4.3 抗高速侵彻破坏机理 ……………………………………… 289
  7.4.4 抗高速侵彻过程分析 ……………………………………… 292
  7.4.5 抗高速侵彻理论预测模型 ………………………………… 294
  7.4.6 设计示例 …………………………………………………… 305
 参考文献 ……………………………………………………………… 309

## 第8章 轻型陶瓷复合装甲防护技术 …………………………………… 312

 8.1 概述 ………………………………………………………………… 312
 8.2 弹、靶冲击响应特性 ……………………………………………… 313
  8.2.1 弹、靶冲击结果 …………………………………………… 313
  8.2.2 弹体冲击响应特性 ………………………………………… 314
  8.2.3 陶瓷面板的冲击响应 ……………………………………… 317
  8.2.4 背板的破坏模式及破坏程度 ……………………………… 319
 8.3 轻型陶瓷/金属复合装甲抗侵彻耗能分析模型 ………………… 321
  8.3.1 弹体变形耗能分析 ………………………………………… 321
  8.3.2 陶瓷面板的耗能分析 ……………………………………… 323
  8.3.3 背板的变形耗能分析 ……………………………………… 324
 8.4 陶瓷复合装甲抗弹性能分析 ……………………………………… 326
  8.4.1 弹体的剩余侵彻性能 ……………………………………… 326
  8.4.2 单位面密度吸能量分析 …………………………………… 327
 8.5 轻型陶瓷/金属复合装甲抗侵彻动响应分析模型 ……………… 328
  8.5.1 模型假设 …………………………………………………… 329
  8.5.2 弹体及陶瓷面板的冲击响应 ……………………………… 329
  8.5.3 金属背板的冲击响应 ……………………………………… 332
  8.5.4 计算结果与试验结果的比较 ……………………………… 340
 参考文献 ……………………………………………………………… 341

## 第9章 冲击波与破片群联合毁伤效应与防护技术 …………………… 348

 9.1 概述 ………………………………………………………………… 348
 9.2 冲击波和破片群对金属靶板的耦合破坏机理 …………………… 348

  9.2.1 破片群密集侵彻金属靶关联机制 ………………………… 348
  9.2.2 冲击波对破片穿甲能力影响效应 ………………………… 353
  9.2.3 破片侵彻对冲击波毁伤效应影响机制 …………………… 357
 9.3 破片群对纤维增强复合结构的侵彻机理 ……………………… 361
  9.3.1 破坏模式及破坏过程 ……………………………………… 361
  9.3.2 破片群侵彻能力及影响因素 ……………………………… 364
  9.3.3 破片群侵彻能力等效方法 ………………………………… 366
 9.4 联合作用下复合夹芯结构破损特性与动响应 ………………… 370
  9.4.1 联合作用下复合夹芯结构破损特性试验 ………………… 370
  9.4.2 联合作用下复合夹芯结构动响应数值分析 ……………… 374
 9.5 复合夹芯结构抗导弹战斗部近炸理论分析模型与试验验证 … 378
  9.5.1 防护能力要求及具体步骤 ………………………………… 378
  9.5.2 复合夹芯结构防护设计模型 ……………………………… 379
  9.5.3 导弹战斗部近炸复合夹芯结构模型试验验证 …………… 387
参考文献 ……………………………………………………………………… 388

# 第1章 绪 论

舰船结构抗导弹技术的研究包含导弹攻击对舰船结构的毁伤和抵御导弹攻击的防护技术两个方面。其中,导弹对舰船结构的毁伤效应又包括反舰导弹毁伤威力和目标易损性两方面的内涵。半穿甲反舰导弹对舰船的毁伤威力体现在两个阶段:一是动能穿甲阶段,其实质是导弹弹体对舰船外层结构的连续侵彻(或穿甲)破坏;二是舱内爆炸阶段,即导弹战斗部舱内爆炸对舰船舱室结构的毁伤破坏。舰船结构在这两个阶段中发生变形、破损及丧失承载能力的难易程度即为舰船结构的易损性,包括舰船结构对反舰导弹的防护能力。

## 1.1 动能穿甲毁伤效应

导弹弹体对舰船外层结构的连续侵彻实质是一个弹靶冲击问题。对弹靶冲击现象的研究已有数百年的历史,并取得了大量研究成果,钱伟长、Backman、Goldsmith、Wilkins、Crobett 等对此做了很好的综述分析。

由于对弹-靶冲击现象的完全描述需要考虑很多因素的影响,包括弹体和靶板的几何和材料特性,弹性波、塑性波和冲击波的传播,材料的变形、断裂和失效的产生和传播,热学和摩擦效应等,是一个非常复杂的固体动力学问题。为了有针对性地研究弹-靶冲击现象,人们通常按冲击速度对其进行分类。不同的冲击速度,有不同的冲击现象,对问题的处理方法也不同:①在低速范围内(冲击速度小于 250m/s,载荷和结构响应时间均在毫秒量级),属于结构动力学问题,此时整体结构的响应和变形占有相当重要的地位;②在中高速范围内(冲击速度 500~2000m/s,载荷和结构响应时间均在微秒量级),局部响应成为冲击的主要特征,通常只有撞击区域 2~3 倍弹径范围内受到冲击影响,冲击过程中弹体和靶板均发生复杂变形和失效,冲击速度、材料的特性、弹体和靶板的形状、尺寸等都将对冲击过程产生影响,适于采用波理论进行分析;③在高速范围内(冲击速度 2000~3000m/s),局部冲击压力远大于材料的强度,冲击过程中弹体和靶板可用流体近似处理,从而使问题得以简化;④当冲击速度大于 3000m/s 时,局部冲击压力进一步增大,冲击过程中材料可作为无黏性流体处理,材料强度可以忽略;⑤当冲击速度达到 10000m/s 时,弹-靶撞击区的冲击能量极高,以致使材料发生汽化。

影响弹-靶冲击现象的另一个因素是弹体和靶板的几何形状和尺寸,Backman 和 Goldsmith 根据靶板的厚度 $H$ 和弹径 $2R$ 对其进行了分类:①当弹体的侵入过程不受靶板远方边界表面的影响时,这种靶可视为半无限厚靶($H/(2R)>10$);②当弹体侵入靶板相当远的距离后才受到远方边界表面的影响时,这种靶可视为厚靶($1<H/(2R)<10$);③当弹体在靶板中通过时,远方边界表面对侵入过程有不可忽视的影响,这种靶可视为中厚靶;④当弹体在靶板中通过时,靶板中的变形和应力沿厚度方向没有梯度,或可把梯度略去,这种靶可视为薄靶($H/(2R)<1$)。

弹体对不同靶体的冲击产生不同的现象,对半无限靶和厚靶,往往考虑的是高速冲击条件下发生的侵彻和跳弹现象;对薄靶和中厚靶而言,冲击的结果是整体变形和穿甲破坏。这些破坏由于材料特性、几何形状,以及冲击角度与速度的不同而各有特点。半穿甲导弹冲击下船体舷侧结构响应问题中,冲击速度约为 340m/s,靶板(舷侧结构)厚度与导弹半径之比通常在 0.1 以下,是典型的低速薄板穿甲问题。

薄板在低速弹体撞击下通常会产生局部隆起(薄板的形状变成和弹头形状一致)和整体碟形变形(从薄板与弹头接触点向外延伸的弯曲变形)(图 1-1-1),同时还会产生各种形式的穿甲破坏,包括初始压缩波造成的背侧断裂破坏、脆性靶板在初始压缩波后造成的径向断裂破坏、脆性靶板的层裂(spalling)、疥斑(scabbing)、剪切冲塞(plugging)、正面或背面的花瓣(petaling)、破碎(fragmentation)及韧性靶板的延性扩孔破坏(图 1-1-2)。

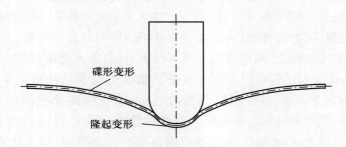

图 1-1-1　薄板在低速弹体撞击下的变形

由于船用钢是典型的韧性材料,舰船外层结构是典型的加筋板结构,在半穿甲导弹冲击下是典型的薄板穿甲问题,主要以剪切冲塞(钝头弹)和花瓣破坏(尖头弹)为主。在此过程中,通常忽略导弹其他部分作用,仅考虑战斗部的作用,并将其视为不变形的刚性体。

第1章 绪论

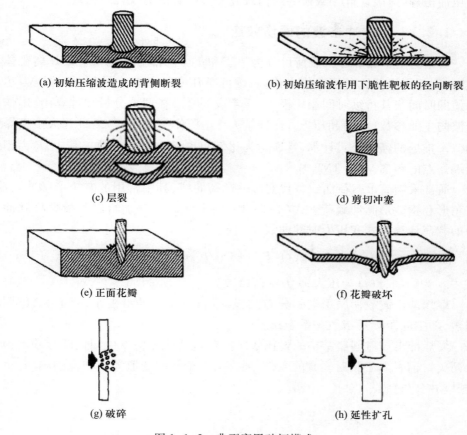

图1-1-2 典型穿甲破坏模式

## 1.2 舱内爆炸载荷的毁伤效应

半穿甲反舰武器穿透船体外层结构,侵入船体舱室内部爆炸会造成极大的破坏,其原因一方面是爆轰产物膨胀形成的爆炸冲击波会在结构内部发生多次汇聚和脉动,从而产生远大于敞开环境下的冲击载荷和多次冲击波作用于结构,并最终形成准静态气压;另一方面弹壳的破碎会产生大量密集高速破片,高速破片群对结构的侵彻破坏使结构产生大量损伤,降低了结构强度,侵彻过程中传递给结构的冲击动能与冲击波载荷、准静态气压叠加,大大加剧了结构的破坏程度;即战斗部舱内爆炸下,结构将受到冲击波、高速破片群、准静态气压等复杂载荷的联合作用,大大改变结构的破坏模式,加剧结构的破坏程度。因此,依据载荷毁伤载荷的特性,舱内爆炸载荷的毁伤效应大致可分为:爆炸冲击波、准静态

3

气压冲击、高速破片群等载荷的毁伤效应及多种载荷的联合毁伤效应。

### 1.2.1 爆炸冲击波的毁伤效应

典型的空中爆炸冲击载荷可分为超压和负压两部分。当常规爆炸离靶体不远时,则超压峰值比负压峰值大许多,因此负压常被忽略。另外,爆炸压力达到峰值的时间与其持续时间相比极小,通常设为零。在理论分析和计算中,爆炸冲击波的主要参数(峰值超压 $P_m$、比冲量 $I$ 及正压作用时间 $t_+$)的计算大多由爆炸相似率推导的经验公式计算,常表达为比例距离 $R/\omega^{1/3}$ 的函数。其中,$R$ 为靶体离爆炸点的距离,$\omega$ 为 TNT 当量。

通常采用简单载荷曲线替代实际的载荷曲线,其中常用的有矩形脉冲载荷、三角形和指数形脉冲载荷。式(1-2-1)和图 1-2-1 分别给出了指数型脉冲载荷的载荷计算公式和压力时间曲线。

$$p(t)/P_m = (1-t/t_+)e^{-bt/t_+} \tag{1-2-1}$$

式中:$t$ 为时间;$p(t)$ 为压力;$b$ 为特征参数。

爆炸冲击波载荷属于空间分布式强冲击载荷,上升沿极小、峰值大、作用时间短,随空间距离呈指数关系衰减。

爆炸冲击波对舰船结构的毁伤效应主要包括使结构产生塑性变形和破损失效两类。前者属于相对轻微的毁伤,通常关心最终的变形大小和范围,有时也关心其动响应过程。

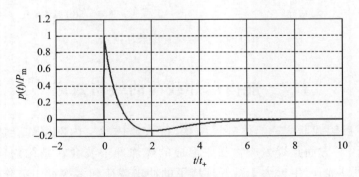

图 1-2-1 典型爆炸载荷曲线($b=1.0$)

#### 1.2.1.1 塑性动力响应及变形

关于爆炸载荷作用下舰船结构的塑性动力响应,早期的研究绝大多数都是将结构简化为梁和板等简单结构,通过塑性动力学理论分析或试验研究其非线性大变形问题,这方面的研究可参考 Jones 等和 Nurick 等的综述。20 世纪 80 年代,加拿大和美国开始对加筋板在爆炸载荷作用下的塑性动力响应进行系列试验并采用 ADINA 程序进行了数值计算。刘土光等通过能量原理和基于刚塑性材料假设对简单加筋板的塑性动力响应进行了研究,提出了结构的变形模态和模态的判别条件,并分别与试验结果及 ADINA 程序的计算结果进行了比较。

在爆炸载荷作用下结构冲击动响应的分析中,可根据结构的固有周期相对正压作用时间的大小,将爆炸载荷分为以下 3 类:

(1)瞬时冲击载荷:如果载荷的作用时间相对结构的固有周期极短,结构的冲击响应可通过将载荷冲量施加于结构,并化为结构的速度分布问题进行求解得到,决定结构变形破坏程度的是载荷的冲量。

(2)阶跃载荷:如果载荷的作用时间相对结构的固有周期极长,结构在变形的过程中载荷将一直作用于结构上,决定结构变形破坏程度的是载荷的峰值。

(3)动态冲击载荷:载荷的作用时间与结构的固有周期相当。

关于结构的最终变形,可忽略结构动力响应过程,依据能量原理进行计算。吴有生等采用能量法推导了一个计算爆炸载荷作用下舰船板架塑性变形及破损的公式,并与国内外的有关试验结果进行了计算比较。朱锡等采用能量法推导得到了空中接触爆炸下舰船板架的破口半径计算公式。

对于加筋板,另一种处理方法是将其化为正交板架。该方法可根据外载荷的量级、主向梁与交叉梁的刚度比建立交叉梁产生变形和不产生变形两种模态,而将主向梁的每跨视为承受爆炸载荷的刚性固支梁。因而这种处理方法需采用变形机构。该方法对密加筋结构比较有效,但不适合于处理诸如稀加筋、非等间距加筋、非均匀加筋(包括局部加筋)等结构。

#### 1.2.1.2 破损失效

关于爆炸载荷下结构的破损失效,可依据结构承受的冲击载荷属性将其区分为均布和局部两种空爆载荷。

在均布载荷作用平板结构的抗爆研究中,Menkes 和 Opat 通过对铝质(Al 6061-T6)金属梁的试验研究,首先提出了爆炸载荷下固支梁的失效模式,指出随着载荷强度的增加,梁有 3 种失效模式(图 1-2-2):塑性大变形(模式Ⅰ)、在固支端的拉伸失效(模式Ⅱ)以及固支端的剪切失效(模式Ⅲ)。

Nurick 等采用低碳钢板和加强筋进行了类似的研究,在圆板和方板的失效中也观察到了类似的失效模式,其中方板的拉伸失效往往从边界的中点开始撕裂并沿边界向两端扩展,因此,他们将方板的失效模式Ⅱ进一步划分为 3 个子模式:边界部分撕裂失效(模式Ⅱ*);完全撕裂失效,中心点变形逐渐增大(模式Ⅱa);完全撕裂失效,中心点变形逐渐减小(模式Ⅱb)(表 1-2-1、图 1-2-3(a))。

固支加筋方板与固支方板的失效类似(图 1-2-4),对于失效模式Ⅰ,加筋板

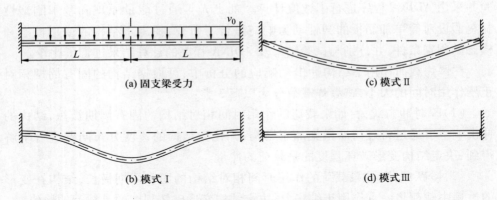

图 1-2-2 爆炸载荷下梁的失效模式

的塑性变形随冲击载荷的增大而增大,对于失效模式Ⅱ,失效首先发生于边界的中点并沿边界向两端扩展。此外,当加强筋较弱时,板的撕裂发生在固支边界,而加强筋较强时,板将沿加强筋发生撕裂。Nurick 等在均布和局部爆炸载荷作用下不同形式固支加筋方板破坏模式研究中,观察到了均布爆炸载荷作用下加筋板分别在 1 边、2 边和 3 边发生撕裂失效,和部分边界发生撕裂的现象,以及局部爆炸载荷作用下加筋板局部塑性变形和沿加强筋发生部分撕裂、完全撕裂以及加强筋断裂的现象。

表 1-2-1 空爆载荷下金属平板失效模式的归纳总结

| 分类 | 具体破坏模式 | 局部载荷 | 均布载荷 | 边界条件 |
| --- | --- | --- | --- | --- |
| Ⅰ | 塑性大变形 | √ | √ | 固/简支 |
| Ⅰa | 塑性大变形、部分边界产生颈缩 | | √ | 固支 |
| Ⅰb | 塑性大变形、全部边界产生颈缩 | | √ | 固支 |
| Ⅰtc | 塑性大变形、面板中心区域厚度减薄 | √ | | 固/简支 |
| Ⅱ* | 塑性大变形、部分边界产生撕裂破坏 | | √ | 固支 |
| Ⅱ*c | 面板中心区域产生部分撕裂破坏 | √ | | 固/简支 |
| Ⅱ | 边界产生拉伸撕裂破坏 | √ | √ | 固/简支 |
| Ⅱa | 边界完全拉伸撕裂,板中心挠度随冲量增加而增大 | | √ | 固支 |
| Ⅱb | 边界完全拉伸撕裂,板中心挠度随冲量增大而减小 | | √ | 固支 |
| Ⅱc | 中心区域完全撕裂,出现"帽形"失效块 | √ | | 固/简支 |
| Ⅲ | 边界产生横向剪切破坏 | | √ | 固支 |
| 花瓣开裂 | 中心区域发生失效破裂,而后翻转形成花瓣形破口 | √ | | 固/简支 |
| 剪切冲塞 | 中心部位直接被剪切失效,形成冲塞块 | √ | | 固/简支 |

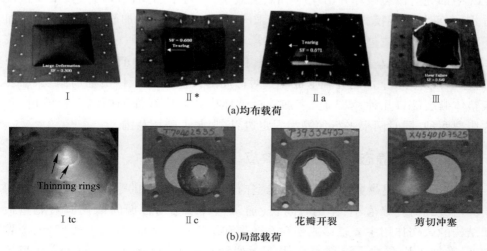

图1-2-3 空爆载荷下金属平板的破坏模式

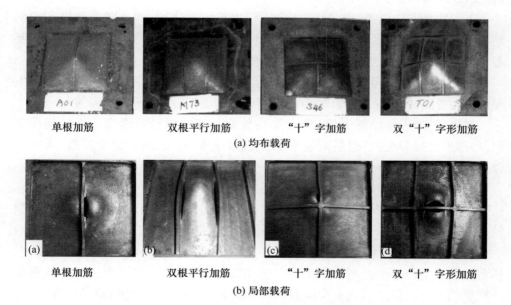

图1-2-4 空爆载荷下加筋板的破坏模式

当比例距离相对较大时,局部空爆载荷将产生与均布载荷作用下相似的破坏模式(Ⅰ、Ⅰb)。不过,不同的是金属平板在此两种破坏模式的基础上还产生了局部"鼓包"变形。当比例距离较小时,局部空爆载荷的局部破坏效应非常明显,金属平板将产生有别于均布载荷下的3种变形失效模式(图1-2-3(b)):模式Ⅰtc(中部出现颈缩的塑性大变形)、模式Ⅱ*c(中心区域部分撕裂)和模式

7

Ⅱc(中部完全撕裂破坏并出现"帽形"失效块)。对于加筋板,加筋(数量和布置方式)对面板破坏模式具有显著影响(图1-2-4(b)):单根加筋板破坏模式有加筋两侧形成对称鼓包、对称沿加筋撕裂、对称花瓣撕裂几种;两根平行加筋的破坏模式有板格鼓包、加筋内侧局部撕裂、撕裂花瓣翻转几种;"十"字加筋板的破坏模式有以"十"字加筋为轴形成4个对称局部鼓包、4个板格沿加筋撕裂、加筋板整体撕裂破口几种;双"十"字加筋板破坏模式有中线加筋两侧对称鼓包、对称撕裂两种,同时两根平行加筋为固定边界,限制了破坏范围。

### 1.2.2 准静态气压的毁伤效应

准静态气压是爆轰产物在舰船舱室内多次反射、脉动的平均压力,相对于初始冲击波载荷其峰值小、作用时间长(通常远大于结构自振周期),其对舱室板架结构的毁伤作用主要是形成塑性大变形和结构在舱室角隅(板架边界)的撕裂破坏,类似于均布冲击波载荷作用下板架结构的变形(图1-2-4(a))和破坏(图1-2-3(a))。

由于准静态气压通常与冲击波先后作用于舱室结构,两者联合作用下舱室结构的变形、破坏模式实质上是多块承受不同强度冲击载荷的舱室板架结构变形、破坏模式的组合,归纳起来有以下几种:

鼓胀变形失效(模式Ⅰ):舱室板架结构沿角隅部位发生塑性变形,中部发生局部塑性变形,包括局部凸起塑性变形(Ⅰ-a)和面板沿加强筋发生颈缩(Ⅰ-b)。

鼓胀变形-板架局部失效(模式Ⅱ):舱室板架结构沿角隅部位发生塑性变形,中部发生撕裂失效,包括面板沿加强筋部分撕裂(Ⅱ-a)、完全撕裂(Ⅱ-b)以及加强筋断裂(Ⅱ-c)。

鼓胀变形-角隅撕裂失效(模式Ⅲ):舱室板架结构在角隅部位发生撕裂,包括部分撕裂(Ⅲa)和完全撕裂(Ⅲb),中部发生局部塑性变形,包括局部凸起塑性变形(Ⅲa-a,Ⅲb-a)和面板沿加强筋发生颈缩(Ⅲa-b,Ⅲb-b)。

角隅撕裂-板架局部失效(模式Ⅳ):舱室板架结构在角隅部位发生撕裂,包括部分撕裂(Ⅳa)和完全撕裂(Ⅳb),中部发生撕裂失效,包括面板沿加强筋部分撕裂(Ⅳa-a、Ⅳb-a)、完全撕裂(Ⅳa-b、Ⅳb-b)以及加强筋断裂(Ⅳa-c、Ⅳb-c)。

### 1.2.3 高速破片的穿甲毁伤效应

现代舰船舱室壁板厚度约4~12mm,单个高速破片侵彻下舰船结构的毁伤主要是局部穿甲破坏,破坏模式包括隆起变形、剪切冲塞、花瓣破口、延性扩孔、脆性破碎等(图1-1-2),取决于破片初速、着靶角、破片形状、靶板相对厚度及靶板机械性能等因素。

与单发弹丸侵彻特性不同,破片群密集侵彻时各弹-靶撞击处所产生应力波传播过程中将相遇叠加产生增强破坏效应,大大改变靶板的破坏模式。总结起来有3类(图1-2-5):当各着靶点相距较远时,侵彻穿孔相互独立,称为独立穿孔;当着靶间距较近时,应力波从各着靶点处开始传播并相遇叠加,使穿孔间产生裂纹扩展,称为附加效应;当着靶点足够近时,穿孔撕裂连通并形成贯穿大破口,称为叠加效应。

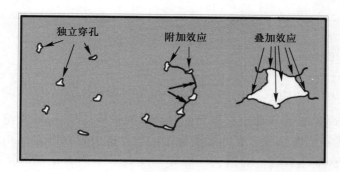

图1-2-5　多破片侵彻下靶板破坏效应

### 1.2.4　联合作用毁伤效应

战斗部舱内爆炸下,冲击波、破片群与准静态压力载荷将对结构产生联合毁伤作用,导致载荷和结构间的耦合更为复杂,必须考虑其联合作用效应,具体表现在以下3个方面:

(1)密集高速破片同步侵彻会产生共剪增强效应,并使结构产生大量的损伤。L. Qian等指出密集高速破片冲击下钢质靶板将产生集团冲塞破口(图1-2-6)。试验研究表明:大量高速破片的密集作用会形成集团冲塞破口,破口周围由于应力集中还会发生裂纹扩展;相邻弹丸撞击靶板产生的应力波会产生相

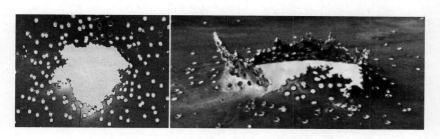

图1-2-6　密集高速破片冲击下的集团冲塞破口

互叠加(图1-2-7),导致叠加区的应力增大,应力波从靶板背面反射时将产生更大的运动速度,产生共同剪切变形区(共剪区)。在弹丸侵彻过程中,共剪区不断扩展变大;在弹丸穿透靶板前共剪区扩展到弹板接触区时,将影响到弹丸的侵彻过程,形成增强效应;当弹丸密集程度足够大时,共剪区将产生足够大的运动速度,产生裂纹扩展,形成集团冲塞破坏。

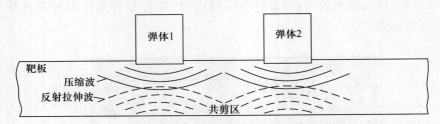

图1-2-7 多单丸同步侵彻的共剪增强效应

(2)密集高速破片和冲击波载荷的联合增强效应。早在20世纪90年代,人们就认识到战斗部爆炸所产生的爆炸冲击波与高速破片联合对结构的破坏具有联合增强效应,即两者联合对结构的破坏程度要大于两者单独对结构所产生的破坏程度之和。近年来,通过对爆炸冲击波与高速破片联合作用下混凝土结构响应和损伤研究发现,两者联合作用的叠加增强效应主要原因是大量高速破片对结构的冲击侵彻将在结构内部产生损伤,使结构强度降低。此外,破片侵彻过程中会将其部分动能传递给结构,这部分冲击能量与爆炸冲击波的能量叠加后加剧了结构的冲击响应和破坏程度。高速破片的侵彻(穿甲)过程在微秒量级,而冲击波的作用时间在毫秒量级;在舰船舱室尺度距离内,两者到达目标的时间差通常小于冲击波正压作用时间,存在叠加效应(图1-2-8),两者均远小于舰船舱室结构的振动周期$T$,结构的破坏效应取决于两者的冲量;由于结构的冲击响应和破坏与载荷间为非线性关系,破片与冲击波在空间相遇后的$T/4$内均存

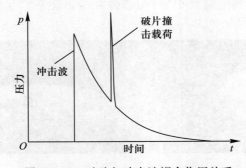

图1-2-8 破片与冲击波耦合作用关系

在联合增强效应。

(3)舰船舱室及其连接结构与舱内爆炸载荷的强耦合作用。舰船舱室是典型的准密闭空间,冲击波在舱室内部有多次脉动过程,且后续冲击波的比冲量与首次冲击相当,舱室结构将承受冲击波的多次反复作用;冲击波会在舱室角隅部位发生汇聚,导致强度急剧增大。在上述载荷作用下舱室结构角隅将发生动应力集中,导致舰船舱室结构的破坏模式以"鼓胀"变形和角隅撕裂为主。舱室结构通常采用薄壁结构,舱室板架刚度、质量相对较小,结构振动周期远大于载荷作用时间,爆炸载荷作用于结构后将发生较强的耦合作用。舰船舱室及其连接结构在受到初始冲击波和密集破片群的作用后,其破损模式与程度都将影响后续冲击波、准静态气压载荷的强度与作用时间,并进一步影响到其自身、多层夹芯结构及舱室其他结构的响应与破坏。

综上所述,半穿甲战斗部舱内爆炸是一个多毁伤载荷联合毁伤问题,其防护问题必须考虑密集破片群、冲击波和准静态气压的联合作用,必须综合利用各种防护材料和结构形式的优势,针对任何单一载荷的防护设计思想均难以达到良好的综合防护效果。

## 1.3 舰船结构抗导弹防护技术

舰船防护技术的研究已有一百多年的历史。火炮尤其是后装线膛炮的使用,迫使舰船采用装甲保护,诞生了一批近代装甲舰船,其装甲防护的主要方式是在舰船舷侧外挂"装甲防护带",以抵御大口径火炮平射穿甲弹。例如:1859年法国建成的世界上首艘装甲巡洋舰"光荣"号,排水量6000t,舷装甲厚120mm;1876年,意大利海军建成的"杜利奥"级装甲舰,舷装甲厚540mm;同一时期英国海军的"坚定"号装甲舰,舷装甲厚610mm。以大口径炮弹为防御目标的防护装甲在第二次世界大战前发展到了顶峰,其代表就是战列舰,例如德国1939年建成的"沙恩霍斯特"号战列舰,排水量31800t,主舷侧装甲舯部为320mm,首尾部为170mm,上甲板和下甲板装甲为50mm。主炮装甲正面为360mm,侧面为200mm,顶部为150mm。战列舰凭借其大口径火炮和厚重的防护装甲一度成为海战场上的霸主。这种装备状况一直延续到第二次世界大战结束。

第二次世界大战期间,航空母舰大量参战,宣告了战列舰时代的结束。舰船装甲防护的防御目标逐渐以航空炸弹为主,舰船的甲板防护得到了广泛重视。以航空母舰为例(图1-3-1),为抵御航空炸弹的破坏,飞行甲板装甲由开始的

1英寸①加厚到3~5英寸;另外,为了保证飞机库的安全,飞机升降机由船中移到两舷,以保证飞行甲板装甲的完整性,并在飞行甲板下设一道地道甲板,它一方面可作为甲板的第二道防线,同时也可以减小飞机库上面的横梁尺寸,这样结构更为合理。同时,由于大口径火炮的威胁相对减小,水线附近的装甲带逐渐被取消。

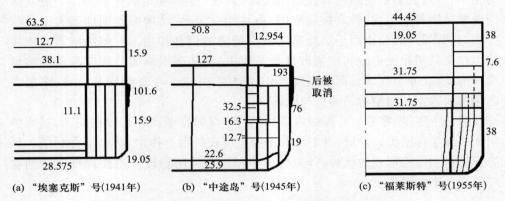

图1-3-1 美国不同时期的3型航空母舰装甲防护的情况

第二次世界大战后,反舰导弹技术得到飞速发展,到20世纪60年代末开始成为主要对舰攻击武器,海战模式发生了质的飞跃,原来视距内的对抗,逐渐演变为超视距的导弹对抗。舰船水线以上防护结构的主要防御目标逐渐由机载航空炸弹为主发展为以高突防力的掠海飞行半穿甲反舰导弹为主,舰船防护思想也相应发生转变,由以往的全方位整体防护转变为立体防护和局部重点防护,防御区域也由原来的以舷侧、甲板防护为主逐渐发展为以重要舱段或重要舱室为主,充分利用舰船内部空间的多层立体防护体系。同时,随着材料科学的进步,各种高强度低密度纤维增强复合材料,如Kevlar纤维,在结构防护工程中得到了广泛应用。

对于像航空母舰这样的大型舰船来说,通常以隔离原则为基础,设置内、外两层防护装甲,保证内部重要舱室的安全。外层装甲防护以外板、上甲板等舰船外层结构为基础,用于触发反舰武器战斗部引信,抵御战斗部的侵彻,或尽量减小战斗部的侵彻深度,从而最大限度地削弱战斗部的爆炸威力。内层防护装甲设计主要用于抵御高速破片和爆炸冲击波对舱室的破坏。

由于直接抵御反舰武器战斗部(尤其是超声速半穿甲战斗部)的穿甲破坏难度很大,付出代价太高,因此现代大型水面舰船水上防护结构通常采用外层抗动

---

① 1英寸=2.54cm。

能穿甲防护装甲和内层抗高速破片防护装甲、抗爆结构相结合的"屏蔽式"防护结构,外层装甲和内层装甲空间上要对所有来袭方向进行屏蔽(图1-3-2)。外层装甲的主要作用是触发来袭战斗部的引信,减小其向舰船内部侵彻的深度;内层装甲和抗爆结构则要抵御爆炸后所产生的高速破片和爆炸冲击波。

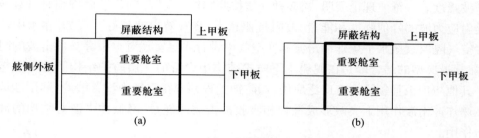

图1-3-2 重要舱室的屏蔽防护结构

但是对于中小型水面舰船,由于空间和排水量有限,一般无法提供足够的空间和储备浮力用于设置能防御反舰导弹攻击的全方位装甲和防护结构。现代中小型水面舰船的装甲及防护结构的发展主要体现在以下两个方面:

(1)中小型水面舰船的总强度防护技术。中小型水面舰船的总强度防护技术主要包含两层含义:一是舰体结构能够将一定当量的攻击武器战斗部的爆炸毁伤限制在一定范围内,从而确保整船的生存;二是在战斗破损的条件下,舰体结构能够保障足够的剩余总强度。

(2)中小型水面舰船的轻型复合装甲防护技术。现代反舰攻击武器中,具有近炸引信和预制片破杀伤战斗部的导弹在打击中小型舰船中显示了巨大的威力。杀伤型战斗部导弹利用战斗部爆炸后产生的上万枚高速(1000~2000m/s)破片,对舰船舱面设备(雷达等)和上层建筑舱室进行毁灭性的打击,对于无装甲防护的舰船,将使其完全丧失战斗力。因此,设置一定的轻型复合装甲防护结构对于提高舰船的生存能力,特别是电子系统的可靠性、有效性,以及人员、设备的安全性具有极为重要的作用。该类型的防护属于局部性防护结构,主要针对重要舱室实施。其防御对象主要是对舰攻击武器爆炸后所产生的破片和现代轻型武器。装甲防护的范围主要是与作战系统相关的重要部位和舱室,如舱面雷达、导弹系统、作战指挥室、舰桥等;以及与生存能力相关的重要舱室,如弹药舱、垂直导弹发射舱等。按照舰船各部位和各舱室对舰船作战能力影响大小的不同,以及对其自身生存影响大小的不同,其装甲防护的强度等级是不同的。中小型舰船装甲防护的强度等级,是指该装甲能防住多远距离上导弹爆炸所产生的破片。

## 1.3.1 抗爆技术

针对爆炸冲击波的防护设计主要分为两种思想:一是采用抗爆吸能结构耗散

爆炸载荷的冲击能量，如以角锥桁架、矩形蜂窝、四边形蜂窝、六边形蜂窝、波纹板等为芯层的多层夹芯板（图1-3-3～图1-3-5），优化的加筋板，双层板架结构和基于薄膜变形的柔性叠层板结构等；二是在爆炸冲击波的传递途径上设置其他介质相，利用冲击波在不同介质间界面上的透射、反射等现象，耗散冲击波能量，削弱冲击波强度。一维波理论表明，当多种介质按照"软""硬"相间的顺序排列时可衰减透射应力波的峰值强度和能量，波阻抗比越大，衰减效果就越好。例如，在水中设置空气隔层衰减水下爆炸冲击波和在空气中设置水层实现对空中爆炸冲击波的阻隔，其最典型的结合即是在舰船水下防护结构中设置的多层防护结构。这一思想在其他防护工程领域也有广泛应用，如防护工程领域在空气中设置沙墙，利用沙墙在爆炸冲击波作用下飞散形成颗粒相吸收冲击波的能量，降低冲击波对结构的冲击作用。

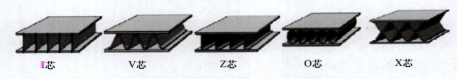

图1-3-3 典型波纹型夹层结构示意图

图1-3-4 典型蜂窝夹层结构

图1-3-5 典型桁架型金属夹层结构示意图

爆轰产物膨胀形成的准静态气压属空间分布的动载荷，峰值小、作用时间长，随舱室的空间容积增大而减小。其防护设计的主要思想是膨胀泄压，即以空间容积分散降低准静态气压的压力，如大中型舰船舷侧设置的长走廊，水下爆炸防护结构中的膨胀空舱等。

## 1.3.2 装甲防护材料

高速破片的侵彻属于局部集中强冲击载荷,冲击能量与载荷的时间、空间密集度很高,空气的衰减作用很小,需要通过波阻抗大的材料或介质耗散并吸收其冲击能量。舰船装甲防护最初采用的是金属装甲材料。1892年,第一艘全钢质装甲舰在英国建成,标志着舰船防护进入新阶段,钢质装甲极大提高了舰船的抗毁伤能力。传统的舰用金属装甲材料为中、高碳调质钢,其强度、硬度较高,但韧性、可焊性较差,焊接过程中易产生裂纹。随着高碳化(高硬度)、超细晶粒(超塑性)、激光表面处理等技术的发展,装甲钢材料的强度、硬度、冲击韧性得到极大发展,如性能优异的装甲钢其强度可高达 $1.5 \sim 2.0 \mathrm{GPa}$。另外,铝、钛、镁等合金钢由于其抗弹性能好、重量轻、容易维修等特点,也有较广泛的应用。高强度金属材料主要通过塑性变形吸收能量,今后在装甲防护,特别是轻型装甲上仍将占有一席之地,但在弹体冲击下金属材料易发生绝热剪切失效,抗弹效率及防腐蚀性能尚需进一步提高。

船用结构钢因具有明显的可加工性工艺优势,经历几代改进,目前仍是舰船的主结构材料。但是,船用钢的防护效能不高,难以单独作为装甲构件使用,需要和其他质轻、抗弹性能优异的陶瓷、金属或纤维增强复合材料等配合使用。

20世纪70年代以来,新材料的出现极大地促进了舰船装甲防护研究的发展,各种高性能材料的发展为舰用新型复合装甲结构的发展提供了可能。目前,装甲防护材料进一步向着强韧化、轻量化、多功能化和高效化的方向发展,其中以纤维增强复合材料和陶瓷材料的发展最为突出。

### 1.3.2.1 纤维增强装甲防护材料

纤维增强复合材料以其高比强度、高比刚度、高断裂延伸率、无二次杀伤等优点,历来受到防护工程研究人员的关注。早在第二次世界大战以前,美国杜邦公司便成功利用尼龙纤维制作了人体防护装甲。

目前,随着高分子化学和材料技术的飞速发展,高强纤维材料已经历了三代发展历程,诞生了玻璃纤维、碳纤维、芳纶、玄武岩纤维(CBF)、超高分子量聚乙烯(UHMWPE)纤维和PBO纤维等高性能纤维,其力学性能大幅提高(表1-3-1)。

表1-3-1 典型纤维材料性能对比

| 纤维种类 | 密度/(g/cm³) | 抗拉强度/GPa | 弹性模量/GPa | 延伸率/% | 工作温度/℃ | 声速/(km/s) |
|---|---|---|---|---|---|---|
| 玄武岩 | 2.6~2.8 | 3~4.84 | 79.3~110 | 3.1~3.3 | −260~650 | 6.2 |
| E-玻纤 | 2.55~2.62 | 3.1~3.8 | 72.5~75.5 | 4.7 | −60~350 | 5.26 |
| S-玻纤 | 2.54~2.57 | 4~4.65 | 83~86 | 5.6 | 300 | 5.94 |

续表

| 纤维种类 | 密度/(g/cm³) | 抗拉强度/GPa | 弹性模量/GPa | 延伸率/% | 工作温度/℃ | 声速/(km/s) |
| --- | --- | --- | --- | --- | --- | --- |
| 碳纤维 | 1.78 | 3.5~6 | 230~600 | 1.2~2.0 | 500 | 14 |
| 芳纶 | 1.45 | 2.9~3.4 | 70~140 | 2.3~3.6 | 250 | 7 |
| UHMWPE | 0.97 | 3.6 | 107 | 3.7 | <100 | 10.5 |
| PBO | 1.56 | 5.8 | 1720 | 2.5 | <650 | 8.71 |

1）玻璃纤维

尼龙纤维（Nylon 6.6）和玻璃纤维是第一代高强纤维材料的代表。玻璃纤维力学性能最大的特点是拉伸强度高，直径 3~9 μm 的玻璃纤维，其拉伸强度可高达 4GPa 以上，如 S2 玻纤的抗拉强度达 4.56GPa。但玻纤的密度相对较高，致使比强度、比模量提高程度有限。

2）芳纶纤维

芳纶纤维是 1972 年由美国杜邦公司（其商品牌号为 Kevlar）研制成功的，被认为是继玻纤材料后的第二代防弹复合材料，以其一代防弹产品 Kevlar-29 为例，其力学性能与玻纤不相上下，但其密度为 1.44g/cm³，从而在比强度与比模量上较玻纤有大幅提高，在抗弹过程中其能量耗散范围和吸能能力也大幅增加。20 世纪 80 年代，芳纶纤维开始实现工业化大规模生产，并广泛应用于防弹领域，其来源有：美国杜邦公司的 Kevlar、荷兰阿克苏公司的 Twaron、日本的帝人、俄罗斯的 APMOC 和 CBM 芳纶纤维等，以及杜邦公司的二代产品 Kevlar HT 和阿克苏公司二代产品 Twaron CT。同时，由于芳纶纤维的耐火特性优异，且化学稳定性较好，因此芳纶纤维目前是世界各国海军复合装甲结构的主要组成部分。

3）玄武岩纤维（CBF）

CBF 就是以天然玄武岩矿石作为原料，将其破碎后加入熔窑中，在 1450~1500℃ 熔融后，通过铂铑合金拉丝漏板制成的连续纤维。玄武岩纤维采用单组分矿物原料熔体制备而成，在耐温、绝热、隔音性能方面优于其他纤维品种，且在空气与水介质中不会释放出有毒物质，属于不燃材料。其缺点是其原料取自天然的玄武岩，制成的复合材料性能分散性较大（通过表面处理可以使纤维材料性能得到改善），同时，生产工艺对纤维性能影响也较为明显。

一般情况下，玄武岩纤维的拉伸强度是普通钢材的 10~15 倍，其应力-应变关系表现为近似完全弹性。用 CBF 制成的单向增强复合材料在强度方面与玻纤相当，但抗拉模量在各种纤维中具有明显优势。特别是利用万能试验机对正交铺层的 9 μm 树脂基玄武岩纤维层合板进行冲压式剪切试验（GB 1450.2—83），其剪切强度为 132.125MPa，介于同样工艺的 S-玻纤（112.15MPa）和碳纤维

(175.13MPa)之间。它的耐高温性能好,可以用于高温环境中,有资料表明900℃高温下 CBF 的质量损失为 12%,且阻燃性能好。未经表面处理的玄武岩纤维表面能高于 S-2 玻璃纤维,且与树脂基体的匹配性与 S-2 玻璃纤维相近,与 S-玻璃纤维相匹配的树脂基体可用于玄武岩纤维。

4)超高分子量聚乙烯(UHMWPE)

UHMWPE 出现于 20 世纪 80 年代初,到 90 年代开始出现商品化的产品(美国 Allied Signal 公司的 Spectra 和荷兰 DSM 公司的 Dyneema),是典型的第三代纤维增强材料,具有独特的综合性能,其密度($0.97g/cm^3$)是高性能抗弹纤维中最低的。UHMWPE 纤维是目前强度最高的纤维之一,纤维抗拉强度可达 2.5~3.8GPa;比强度较芳纶类纤维提高 35%以上,为优质钢的 15 倍;模量仅次于特种碳纤维,较芳纶类纤维提高 100%以上;断裂伸长率在 3%~6%之间,较其他特种纤维高;与碳纤维、玻璃纤维和芳纶相比,断裂功很大。此外,该纤维还具有良好的耐海水腐蚀、耐磨损、电绝缘性、耐老化等特性。

UHMWPE 纤维是玻璃化转变温度极低(-120℃)的一种热塑性纤维,韧性很好,在塑性变形过程中能大量吸收能量。因此,用它增强的复合材料在高应变率和低温下仍具有良好的力学性能。UHMWPE 纤维冲击强度几乎与尼龙相当,在高速冲击下的能量吸收是芳纶纤维、高强尼龙纤维的两倍,这种性能非常符合制作防弹材料。UHMWPE 纤维复合材料的抗冲击韧性良好,比冲击吸收能量是复合材料中最高的。实践证明,UHMWPE 纤维复合装甲的防护能力分别是芳纶和高强玻纤的 1.8 倍和 2.5 倍,同等防护能力重量可减轻 45%和 60%,已广泛应用到人体、车辆、武装直升机、装甲车等防护领域中。目前,商业化的产品有美国 Spectra 以及荷兰 DSM 研究所和日本东洋纺织公司联合开发的 Dyneema 纤维等。国内在高强度聚乙烯纤维的研制中也取得了长足进步,目前产品性能可与国外产品相当。

但是 UHMWPE 纤维分子间相互作用力较弱,分子链为线性结构,缺少极性基团,导致纤维玻璃化温度较低,熔点较低(150℃左右),耐火性能差。在环境温度超过 100℃时强度降低到原来的 70%左右,温度继续升高会急剧下降。耐火性能严重影响了 UHMWPE 纤维及复合材料在高温环境中的使用。因此,对 UHMWPE 纤维及其复合材料的耐火性能进行改善是进一步拓宽 UHMWPE 纤维应用的关键。

为了改善这一缺点,目前的研究主要从 3 个途径展开:一是对 UHMWPE 纤维进行处理,这种方法能在一定程度上提高纤维的耐火性,但同时会使纤维表面变得粗糙,降低纤维强度;二是对复合基体进行阻燃改性,包括添加型阻燃剂、反应型阻燃剂;三是将 UHMWPE 纤维和耐火型纤维(如碳纤维、玻纤、玄武岩纤维等)混杂,形成混杂增强复合材料,提高材料的耐火性。

5) PBO 纤维

PBO 是聚苯撑苯并二噁唑(Poly-p-phenylene benzobisoxazole)的简称,是一种杂环芳香族的液晶高分子,是科学家从结构与性能关系出发通过分子设计得到的产物。

PBO 纤维 20 世纪 60 年代提出,80 年代初发现,90 年代技术逐步成熟和工业化,世纪之交开始应用于特殊领域。目前商品化的产品只有日本 Thyobo 公司的 Zylon,形成了技术垄断的格局,产品只销往美国和日本,至今对中国禁售。

PBO 纤维特殊的结构决定了它具有优异的综合性能。PBO 纤维具有优异的力学性能,其拉伸强度为 5.8GPa,拉伸模量高达 280~380GPa,同时其密度仅为 1.56g/cm$^3$,比强度和比模量远高于芳纶纤维和碳纤维;PBO 纤维具有优异的耐热性能,它不熔融也没有熔点,在空气中分解温度为 650℃,而在惰性气体中其分解温度则高达 700℃,可在 300℃下长期使用,是迄今为止耐热性最好的有机纤维;PBO 纤维阻燃性能优异,其极限氧指数(LOI)为 68,是芳纶纤维的两倍多,在有机纤维中是最高的;PBO 纤维同时还具有良好的耐环境稳定性,除了能溶解于 100%的浓硫酸、甲基磺酸、氯磺酸、多聚磷酸外,在绝大部分有机溶剂及碱中都是稳定的;PBO 纤维在受冲击时纤维可原纤化而吸收大量的冲击能,是十分优异的耐冲击材料,其复合材料的最大冲击载荷和能量吸收均高于芳纶纤维和碳纤维;除此之外,PBO 纤维还表现出比芳纶纤维更为优异的抗蠕变性能和耐剪、耐磨性。

#### 1.3.2.2 陶瓷装甲防护材料

陶瓷材料因其高动态强度、高硬度和低密度而成为优异的装甲材料,它不仅对杆式动能弹、聚能破甲射流、高速射弹、爆炸成型弹丸(EFP)等高速、超高速弹体,而且对小口径动能弹、高速破片等都具有优良的防护性能,因而被广泛应用于各种轻、重型防护装甲中。

目前,国内外主要使用的防弹陶瓷材料有 $Al_2O_3$、$B_4C$、$SiC$、$TiB_2$、$AlN$、$Si_3N_4$ 等(表 1-3-2),其中:$B_4C$ 硬度最高,而密度最低,一向被认为是较理想的装甲陶瓷,虽然其价格昂贵,但在保证性能条件下,以减重为首要前提的装甲系统中,$B_4C$ 仍优先选择;$Al_2O_3$ 虽抗弹能力略低、密度较大,但具有烧结性能好、工艺成熟、制品尺寸稳定、生产成本低且原料丰富等优点,因而得以广泛使用;防弹性能介于 $B_4C$ 和 $Al_2O_3$ 之间的是 SiC,它的硬度、弹性模量较高,密度和价格均居中。

表 1-3-2 装甲陶瓷的主要性能指标

| 材料 | 密度/(g/cm³) | 杨氏模量/GPa | HV/(N·mm⁻²) |
|---|---|---|---|
| $Al_2O_3$ 85% | 3.43 | 224 | 8800 |
| $Al_2O_3$ 90% | 3.58 | 268 | 10600 |
| $Al_2O_3$ 96% | 3.74 | 310 | 12300 |
| $Al_2O_3$ 99.5% | 3.90 | 383 | 15000 |
| 碳化硼 | 2.5 | 400 | 30000 |
| 二硼化钛 | 4.5 | 570 | 33000 |
| 碳化硅 | 3.2 | 370 | 27000 |
| 氮化硅 | 3.2 | 310 | 17000 |
| $B_4C/SiC$ | 2.6 | 340 | 27500 |
| 玻璃陶瓷 | 2.5 | 100 | 6000 |

### 1.3.3 装甲防护结构

从抗弹机理的角度来看,纤维增强装甲防护材料和陶瓷、金属装甲防护材料是完全不同的两个类型。纤维增强装甲防护材料由于具有高比强度和比模量等优点,在弹体的冲击下能通过大面积的纤维断裂、纤维与基体界面脱胶开裂拔出、层间分层等损伤破坏吸收弹体冲击能量,具有较好的缓冲减振和防二次杀伤性能,在中低速钝头弹抗侵彻领域有突出的优势,是典型的"柔性"装甲材料。而陶瓷复合装甲材料由于具有高硬度和侵蚀、钝化、碎裂弹体的特点,能有效侵蚀、钝化和碎裂弹体,降低弹体的侵彻性能,以及利用陶瓷材料碎裂后形成的陶瓷锥吸收弹体的冲击动能、分散冲击载荷;金属装甲防护材料的抗弹机理是一方面利用其高硬度侵蚀、钝化和碎裂弹体,另一方面则利用其良好的塑性变形吸能能力吸收弹体的冲击动能:两者均是典型的"刚性"装甲,适合抵御高速弹丸(大于1000m/s)的穿甲,包括高速破片以及高速长杆弹的侵彻。

均质装甲结构是最早的装甲结构,主要由均质金属材料(如防弹钢、高强度钢、铝合金、钛合金等)组成,主要通过对原有舰体结构进行以抗弹为目标的加强来实现,也可在原有舰船结构的基础上增设装甲板(图1-3-6)。均质装甲结构主要用于舰船舱室抵御战斗部非接触爆炸所产生高速破片,包括自然破片和预制破片,也可用于舰船外层抗战斗部动能穿甲。多层间隔装甲主要用于舰船外层抵御战斗部动能穿甲,也可用于距离舰体外壳板较远的重要舱室对高速破片的防护,通常由加强的舰体结构组成。

中小型舰船采用纤维增强轻型复合材料装甲的结构形式有两种:一种是与

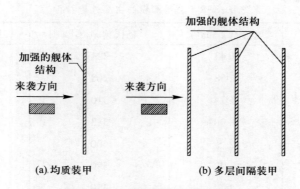

图 1-3-6 典型舰用装甲结构

舰体原有钢板一起形成钢-纤维增强材料的组合装甲结构,主要应用在重要舱室的装甲防护中;也可应用于舰船外层抗战斗部动能穿甲防护中。对于高速破片的防护,复合材料装甲板的厚度一般为 15~25mm,具体厚度与舱壁钢板的性能和厚度直接相关,并最终取决于防御指标的要求;用于抗动能穿甲的防护时,复合材料板厚度通常为 50~150mm。另一种是采用单一纤维增强材料作为装甲结构,主要应用于雷达天线防护罩、导波电缆防护管道等装甲防护中。由于目前主要的反舰导弹的末弹道速度均在声速左右,因此采用此类装甲防护结构作为舰船外层抗动能穿甲结构和作为远离舰船外壳重要舱室抗高速破片穿甲结构均具有很好的防护效果。其典型结构形式如图 1-3-7 所示。其中,船体结构钢为船体外板、甲板、舱壁等,图 1-3-7(b)中间距隔离构件为船体肋骨、扶强材等;复合材料装甲板所使用的增强纤维材料主要有单一的高强玻纤、芳纶或超高分子量聚乙烯等,或采用不同增强纤维的混杂结构。隔离间距根据舰船舱壁加筋型材高度的差异而有所变化,这种装甲结构也称为有间隙组合结构;隔离构件取出,钢板将与层板靶板紧密贴合,称为无间隙组合结构。

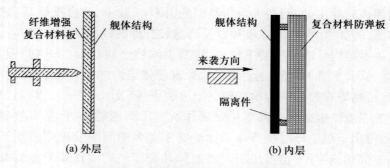

图 1-3-7 典型舰用纤维复合装甲结构

当陶瓷材料、金属材料与纤维增强复合材料组合使用时,形成刚柔相济的防护装甲,典型结构如图 1-3-8 所示。面层采用陶瓷面板主要是用来粉碎弹体,同时通过陶瓷锥的形成,扩大背层钢板的抗弹变形范围和吸收能量,提高整体抗弹性能,其在舰船上使用时一般依托船体结构钢,背衬复合材料装甲板用来吸收弹丸、陶瓷锥和钢背板碎片,以防御"二次杀伤"作用。

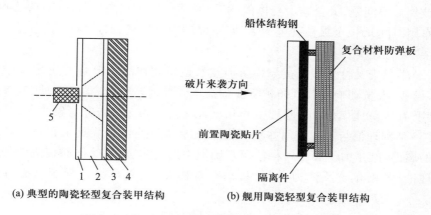

图 1-3-8　防高速破片的陶瓷复合装甲典型结构
1—面板(轻合金或钢板);2—高增韧陶瓷;3—缓冲层(纤维增强高分子材料);
4—结构装甲(轻合金或钢板);5—高速破片或制式枪弹。

因此,利用装甲防护材料的不同防护性能,组成"夹芯式""间隙式"等复合装甲防护结构是装甲防护发展的主要方向。英国早在 1976 年就利用金属、陶瓷、纤维增强复合材料成功研制了著名的"乔巴姆"复合装甲。虽然这是一种用于装甲车辆的复合装甲防护结构,但其优异的防护性能使得其防护设计思想得到了广泛的应用。随后,美国、德国、法国、苏联等相继提出了应用于车辆、舰船、武装直升机等防护工程领域的复合防护结构。美、英、法等国已在"尼米兹"级航空母舰、"斯普鲁恩斯"级驱逐舰、"佩里"级护卫舰、"伯克"级驱逐舰及"戴高乐"号航空母舰等舰船上广泛采用了轻型复合装甲。以"伯克"级驱逐舰为例,全舰使用了近 70t Kevlar 纤维材料用于复合装甲防护。美国海岸警卫队对其巡逻舰船,在舰桥围壳处铺设复合装甲或防破片里衬,可较大程度上抵御来袭破片和小口径子弹的杀伤。苏联在其舰船弹药舱舱室大量使用了夹层式复合防护结构;俄罗斯在舰船水上结构防护的基本原理中,给出了航空弹药库、防空导弹武器库、飞机库和航空燃料库的典型复合装甲防护结构方案。

## 1.3.4　面临的挑战

随着混合装药、自锻破片、聚能射弹等新技术的出现,舰船结构抗导弹防护

日益面临新挑战,呈现以下特点:

(1)问题复杂性。新型武器技术的出现,使得冲击载荷强度进一步增大,各种载荷间的毁伤效应相互耦合,载荷与结构响应间相互耦合,使得其过程与现象更加复杂,如多爆炸成型弹丸战斗部、超声速导弹。舰船综合防护技术不仅涉及固体、液体、气体等多相介质及其耦合现象,而且时空尺度跨度大,空间尺度小到单个破片穿甲问题,大至整个船体的响应,时间尺度短到微秒量级(如爆轰时间、穿甲作用时间),长至数秒甚至十数秒,不仅动力过程复杂,能量的输移转化规律也复杂。

(2)学科交叉性。舰船抗导弹防护技术是研究在战争等强冲击环境中舰船结构、设备、人员动响应及其防护方法的技术体系,涉及多个学科领域,是爆炸力学、穿甲力学、塑性动力学、断裂力学和复合材料学的交叉研究对象。

(3)基础理论与工程应用并重。舰船抗导弹防护技术兼具工程技术与基础科学的属性,既是力学和材料科学等基础理论的具体应用,又同时促进了塑性动力学理论、多相介质流体力学、材料动态本构关系、复合材料学等基础理论的发展。

## 参考文献

[1]钱伟长. 穿甲力学[M]. 北京:国防工业出版社,1984.

[2]BACKMAN M, GOLDSMITH W. The mechanics of penetration of Projectiles into Targets [J]. Int. J. Eng Sci. 1978, 16(1): 1-99.

[3]GOLDSMITH W. Non-ideal projectile iMPact on targets [J]. Int. J. Impact Eng., 1999, 22: 95-395.

[4]WILKINS M L. Mechanics of penetration and perforation [J]. Int. J. Eng. Sci. 1978, 16: 793-807.

[5]CROBETT G G, REID S R, JOHNSON W. Impact loading of plates and shells by free-flying projectiles: A review [J]. Int. J. Impact Engng, 1996, 18(2): 141-230.

[6]侯海量,朱锡,李伟,等. 舱内爆炸冲击载荷特性试验研究[J]. 船舶力学,2010,14(8):901-907.

[7]侯海量,朱锡,梅志远. 舱内爆炸载荷及舱室板架结构的失效模式分析[J]. 爆炸与冲击,2007,27(2):151-158.

[8]KONG X S, WU W G, LI J, et al. Experimental and numerical investigation on a multi-layer protective structure under the synergistic effect of blast and fragment loadings [J]. Int. J Impact Eng, 2014, 65(3): 146-162.

[9]侯海量,张成亮,李茂,等. 冲击波和高速破片联合作用下夹芯复合舱壁结构毁伤特性试验研究[J]. 爆炸与冲击,2015,35(1):116-123.

[10]李茂,朱锡,侯海量,等. 冲击波和高速破片对固支方板的联合作用数值模拟[J]. 中国舰船研究,2015,10(6):60-67.

[11]张成亮,朱锡,侯海量,等.爆炸冲击波与高速破片对夹层结构的联合毁伤效应试验研究[J]. 振动与冲击,2014,33(15):184-188.

[12] 段新峰,程远胜,张攀,等. 冲击波和破片联合作用下Ⅰ型夹层板毁伤仿真[J]. 中国舰船研究,2015,10(6):45-59.

[13] 侯海量. 大型舰船水上舷侧结构抗毁伤机理研究[D]. 武汉:海军工程大学,2006.

[14] JONES N. A literature review of dynamic and plastic response of structures [J]. Shock and Vibration Digest, 1975, 7(8): 89-105.

[15] NURICK G N, MARTIN J B. Deformation of thin plates subjected to impulsive loading—a review. Part I: Theoretical considerations [J]. Int. J. Impact Eng, 1989, 8(2): 159-69.

[16] NURICK G N, MARTIN J B. Deformation of thin plates subjected to impulsive loading—a review. Part II: Experimental studies [J]. Int. J. Impact Eng, 1989, 8(2):171-86.

[17] SLATER J E, HOULSTON R, RITIZEL D V. Air blast studies on naval steel panels [R]. Final Report, Task DMEM-53, Defence Research Establishment Suffield Report No. 505, Ralston, Albert, Canada 1990.

[18] HOULSTON R, SLATER J E. A summary of experimental results on square plates and stiffened panels subjected to air-blast loading [C]. Presented at the 57 Shock and Vibration Symposium, New Orleans, Louisiana, MSA, 1986: 14-16.

[19] 刘土光,胡要武,郑际嘉. 固支加筋方板在爆炸载荷作用下的刚塑性动力响应分析[J]. 爆炸与冲击,1994,14(1):55-65.

[20] 刘土光,唐文勇. 加筋板结构在冲击载荷作用下的塑性动力响应[J]. 华中理工大学学报,1996,24(1):106-109.

[21] 吴有生,彭兴宁,赵本立. 爆炸载荷作用下舰船板架的变形与破损[J]. 中国造船,1995(4):55-61.

[22] 朱锡,白雪飞,张振华. 空中接触爆炸作用下船体板架塑性动力响应及破口研究[J]. 中国造船,2004,45(2):43-50.

[23] MENKES S B, OPAT H J. Tearing and shear failures in explosively loaded clamped beams. Exp. Mech., 1973, 13: 480-486.

[24] TEELING-SMITH R G, NURICK G N. The deformation and tearing of thin circular plates subjected to impulsive loads [J]. Int. J. Impact Eng., 1991,11(1): 77-91.

[25] OLSON M D, FAGNAN J R, NURICK G N. Deformation and rupture of blast loaded square plates—predictions and experiments [J]. Int. J. Impact Eng., 1993, 12(2): 279-291.

[26] NURICK G N, SHAVE G C. Deformation and tearing of thin square plates subjected to impulsive loads [J]. Int. J. Impact Eng., 1996, 18(1): 99-116.

[27] RUDRAPATNA N S, VAZIRI R, Olson M D. Deformation and failure of blast-loaded square plates [J]. Int. J. Impact Eng., 1999, 22(4):449-67.

[28] NURICK G N, OLSON M D, FAGNAN J R, et al. Deformation and tearing of blast-loaded stiffened square plates [J]. Int. J. Impact Eng.,1995, 16(2): 273-291.

[29] SCHUBAK R B, OLSON M D, ANDERSON D L. Rigid-plastic modelling of blast loaded stiffened plates—part I: One way stiffened plates [J]. Int J Mech Sci, 1993, 35(3/4): 289-306.

[30] SCHUBAK R B, OLSON M D, ANDERSON D L. Rigid-plastic modelling of blast loaded stiffened plates—part II: Partial end fixity, rate effects and two-way stiffened plates [J]. Int J Mech Sci, 1993, 35(3/4): 307-324.

[31] SCHLEYER G K, HSU S S, WHITE M D. Blast loading of stiffened plates: experimental, analytical and numerical investigations [C]. Structures under extreme loading conditions. PVP-vol. 361. New York: ASME,

1998:237-255.

[32]SCHLEYER G K, HSU S S, WHITE M D, et al. Pulse pressure loading of clamped mild steel plates[J]. Int. J. Impact Eng., 2003, 28(2): 223-47.

[33]PAN Y, LOUCA L A. Experimental and numerical studies on the response of stiffened plates subjected to gas explosions[J]. J Constructional Steel Res, 1999, 52: 171-193.

[34]CHUNG KIM YUEN S, NURICK G N. Experimental and numerical studies on the response of quadrangular stiffened plates. Part I: Subjected to uniform blast load[J]. Int. J. Impact Eng., 2005, 31: 55-83.

[35]LANGDON G S, CHUNG KIM YUEN S, NURICK G N. Experimental and numerical studies on the response of quadrangular stiffened plates. Part II: Localised blast loading[J]. Int. J. Impact Eng., 2005, 31: 85-111.

[36]于文满, 何顺禄, 关世义. 舰船毁伤图鉴[M]. 北京:国防工业出版社, 1991.

[37]RUDRAPATNA N S, VAZIRI R, OLSON M D. Deformation and failure of blast-loaded stiffened plates[J]. Int. J. Impact Eng., 2000, 24: 457-474.

[38]RADFORD D D, MCSHANE G J, DESHPANDE V S, et al. The response of clamped sandwich plates with metallic foam cores to simulated blast loading[J]. Int J Solids Struct, 2006, 43: 2243-2259.

[39]FLECK N A, DESHPANDE V S. The resistance of clamped sandwich beams to shock loading[J]. J Appl Mech, ASME, 2004, 71(3): 386-401.

[40]张旭红, 王志华, 赵隆茂. 蜂窝夹芯板受爆炸载荷作用下的动力响应[J]. 机械强度, 2010, 32(3): 404-409.

[41]侯海量, 朱锡, 谷美邦. 爆炸载荷作用下加筋板的失效模式分析及结构优化设计[J]. 爆炸与冲击, 2007, 27(1): 26-33.

[42]MEI ZHI YUAN, DENG BO, REN CHUNYU, et al. The analysis of dynamical characteristics of energy absorbing for double layers bulkhead subjected to blast loading[C]. The 7th International Conference on Shock & Impact Loads on Structures. Beijing, 2007: 401-408.

[43]CHEN CHANGHAI, ZHU XI, ZHANG LIJUN, et al. A Comparative experimental study on the blast-resistant performance of single and multi-layered thin plates under close-range airblast loading[J]. China Ocean Eng., 2013, 27(4): 523-535.

[44]赵凯. 分层防护层对爆炸波的衰减和弥散作用研究[D]. 合肥:中国科学技术大学, 2007.

[45]樊自建, 沈兆武, 马宏昊, 等. 空气隔层对水中冲击波衰减效果的试验研究[J]. 中国科学技术大学学报, 2007, 37(10): 1306-1311.

[46]姚熊亮, 杨文山, 初文华, 等. 水中空气隔层衰减冲击波性能研究[J]. 高压物理学报, 2011, 25(2): 165-172.

[47]赵汉中. 在开阔空间中水对爆炸冲击波的削波作用[J]. 爆炸与冲击, 2001, 21(1): 26-28.

[48]赵汉中. 在封闭结构中水对爆炸冲击波的削波、减压作用[J]. 爆炸与冲击, 2002, 22(3): 252-256.

[49]刘谋斌, 宗智. 水幕减爆防护技术数值仿真[J]. 应用科技, 2010, 37(9): 36-41.

[50]张伦平, 张晓阳, 潘建强, 等. 多舱防护结构水下接触爆炸吸能研究[J]. 船舶力学, 2011, 15(8): 921-929.

[51]唐廷, 朱锡, 侯海量. 水下接触爆炸作用下防雷舱结构破坏机理的数值仿真研究[J]. 哈尔滨工程大学学报, 2012, 33(1), 491-494.

[52]雷鸣, 张柏华, 王宏亮, 等. 沙墙吸能作用对爆炸冲击波影响的数值分析[J]. 解放军理工大学学报(自然科学版), 2007, 8(5): 434-439.

[53] 陈鹏宇,侯海量,吴林杰. 水下舷侧多层防护隔舱接触爆炸毁伤载荷特性分析[J]. 爆炸与冲击, 2017,02(37):283-290.

[54] 徐定海,盖京波,王善. 防护模型在接触爆炸作用下的破坏[J]. 爆炸与冲击,2008,28(5): 476-480.

[55] 侯海量,朱锡,阚于龙. 陶瓷材料抗冲击响应特性研究进展[J]. 兵工学报,2008,29(1):94-99.

[56] 侯海量,朱锡,阚于龙. 轻型陶瓷复合装甲结构抗弹性能研究进展[J]. 兵工学报,2008,29(2): 208-216.

[57] 侯海量,朱锡,李伟. 轻型陶瓷/金属复合装甲抗弹机理研究[J]. 兵工学报,2013,34(1):105-114.

[58] HOU HAI LIANG, ZHONG QIANG, ZHU XI. Investigation on analytical model of ballistic impact on light ceramic/metal lightweight armors [J]. Journal of Ship Mechanics, 2015,19(6):723-736.

[59] TAN Z H, HAN X, ZHANG W, et al. An investigation on failure mechanisms of ceramic-metal armour subjected to the impact of tungsten projectile[J]. Int. J. Impact Eng., 2010, 37: 1162-1169.

[60] 李平. 陶瓷材料的动态力学响应及其抗长杆弹侵彻机理[D]. 北京:北京理工大学,2002.

[61] ELEK P, JARAMAZ S, MICKOVIC D. Modeling of perforation of plates and multi-layered metallic targets[J]. Int J Solids Struct., 2005, 42(3-4):1209-1224.

[62] 王晓强,朱锡,梅志远,等. 超高分子量聚乙烯纤维增强层合厚板抗弹性能试验研究[J]. 爆炸与冲击,2009,29(1):29-34.

[63] ABDULLAH M R, CANTWELL W J. The impact resistance of polypropylene-based fibre-metal laminates[J]. Compos Sci Technol, 2006, 66(11-12):1682-1693.

[64] QIAN L, QU M, FENG G. Study on terminal effects of dense fragment cluster impact on armor plate. Part Ⅰ: Analytical model [J]. International Journal of Impact Engineering,2005,31:755-767.

[65] QIAN L, QU M, Study on terminal effects of dense fragment cluster impact on armor plate. Part Ⅱ: Numerical simulations [J]. International Journal of Impact Engineering,2005,31:769-780.

[66] GIRHAMMAR U A. Brief review of combined blast and fragment loading effects. Report C7:90. Eskilstuna, Sweden: National Fortifications Administration,1990:15.

[67] ULRIKA NYSTRÖM, KENT GYLLTOFT, Numerical studies of the combined effects of blast and fragment loading [J]. International Journal of Impact Engineering,2009,36:995-1005.

[68] HU WENQING, CHEN ZHEN. Model-based simulation of the synergistic effects of blast and fragmentation on a concrete wall using the MPM [J]. International Journal of Impact Engineering,2006,32:2066-2096.

[69] JOOSEF LEPPÄNEN. Experiments and numerical analyses of blast and fragment impacts on concrete [J]. International Journal of Impact Engineering,2005,32:843-860.

[70] 梅志远,朱锡. 现代舰船轻型复合装甲发展现状及展望[J]. 武汉造船,2000(5):5-12.

[71] 梅志远,沈全华,朱锡,等. 中小型水面舰船抗毁伤结构设计初探[J]. 中国舰船研究,2007,2(6): 68-72.

[72] JACOB N, CHUNG KIM YUEN S, NURICK G N, et al. Scaling aspects of quadrangular plates subjected to localised blast loads—experiments and predictions[J]. International Journal of Impact Engineering, 2004, 30 (8-9):1179-1208.

[73] NURICK G N, RADFORD A M. Deformation and tearing of clamped circular plates subjected to localised central blast loads [C]. Recent Developments in Computational and Applied Mechanics. Barcelona, Spain, CIMNE,1997:276-301.

[74] LANGDON G S, CHUNG KIM YUEN S, NURICK G N. Experimental and numerical studies on the response of

quadrangular stiffened plates. Part Ⅱ:Localised blast loading[J]. International Journal of Impact Engineering,2005,31(1):85-111.

[75] 侯海量,朱锡,谷美邦. 爆炸载荷作用下加筋板的失效模式分析及结构优化设计[J]. 爆炸与冲击,2007,27(1):26-33.

[76] 侯海量,朱锡,梅志远. 舱内爆炸载荷及舱室板架结构的失效模式分析[J]. 爆炸与冲击,2007,27(2):151-158.

[77] 侯海量,朱锡,李伟,等. 低速大质量球头弹冲击下薄板穿甲破坏机理数值分析[J]. 振动与冲击,2008,27(1):40-46.

[78] BALL R E. The fundamentals of aircraft combat survivability analysis and design[M]. 2nd ed. American Institute of Aeronautics and Astronautics, Inc. Reston, VA, USA,2003.

[79] 李典. 空爆冲击波和破片群联合作用下复合夹芯结构毁伤机理研究[D]. 武汉:海军工程大学,2018.

# 第2章　战斗部冲击下舷侧结构的毁伤与防护

## 2.1　概　　述

半穿甲导弹对舰船的毁伤机理是依靠其初始动能,侵入舰体内部爆炸,以充分发挥其破坏威力。由于现代水面舰船舷侧普遍采用多层薄壁结构,半穿甲反舰导弹对舷侧攻击速度通常在声速(340m/s)以下,其弹径通常在舰船舷侧结构厚度的20倍以上,因此,半穿甲导弹对舷侧结构的冲击是典型的多层薄板抗低速穿甲问题,其典型特征是穿甲局部变形破坏与结构整体动响应紧密联系在一起,典型的加载和响应时间均在毫秒量级。

薄板穿甲问题在实际中广泛存在,并在试验和理论方面已有较多研究。早期的研究结果指出,随着弹体速度、头部形状以及靶板相对厚度的不同,靶板将会产生不同的变形、破坏模式。一般认为薄板的冲击变形有两种:隆起和碟形变形。破坏模式主要有剪切冲塞和花瓣开裂两种,刚性钝头弹冲击下,薄板的破坏模式主要是剪切冲塞,而花瓣开裂破坏被认为是相对厚度较小的薄板受卵头或锥头弹冲击时发生的主要破坏现象。早期的理论分析模型中,通常假设靶板内部只有膜力或只有弯矩的作用,忽略弹-靶撞击区靶板的局部变形能,采用能量原理或建立动力学方程对薄板穿甲问题进行分析。随后人们认识到,若要理论和实际比较一致,必须同时考虑弯矩和膜力的作用,并考虑弹-靶撞击区的局部变形能。

但实际冲击过程中,靶板的变形及破坏模式往往不是单一的,而是多种模式的耦合,其变形破坏机理也是复杂的。弹速在320m/s左右的大锥角锥头弹冲击下薄板的穿甲试验表明,靶板的主要破坏形式为隆起-剪切破坏和碟形弯曲—花瓣开裂破坏,可应用能量分析原理建立它们的变形功计算公式,得到与试验吻合较好的结果。

目前,对于半穿甲战斗部的动能穿甲作用,通常通过增加船体局部板厚或设置复合装甲的方式,尽可能地减小其侵入船体的深度。半穿甲战斗部的侵深主要依赖两个因素:一是战斗部引信的延迟时间;二是战斗部穿透舷侧外板后的剩余速度。在引信延迟时间一定的情况下,战斗部的剩余速度决定其侵深。增加船体结构板厚将大大增加结构重量,严重影响舰船的航行和装载性能。因此,采用纤维增强复合材料成为抵御战斗部动能穿甲的重要发展方向。纤维增强复合材料由于具有高比强度和比刚度以及良好的抗侵彻性能等优点，近些年来在舰船防护领域中得到了广泛的应用。通过外设纤维增强复合材料装甲，与舷侧结构形成多层复合装甲，可最大限度降低战斗部穿透舷侧结构后的剩余速度，从而大大减小战斗部侵深，进而降低战斗部的舷侧内爆对舰船舷侧内部舱室结构的毁伤程度及其对邻近舱室的毁伤范围。然而，采用外设形式的舷侧复合装甲在海洋环境中受干湿交变、温度变化以及光照等影响，易产生老化现象，会使得纤维复合材料的力学性能明显降低，从而导致外设舷侧复合装甲整体力学性能下降。相比之下，舷侧内设复合装甲除不易发生老化现象外，装甲后置的方式能更好地发挥复合材料纤维的抗弹吸能能力，从而能较大程度地提高舷侧复合装甲结构的整体抗动能穿甲性能。因此，从防护的角度来看，舷侧复合装甲采用内设的形式不失为一种较好的防护设置方式。

本章先介绍了半穿甲战斗部低速冲击下舷侧结构的破坏现象，包括战斗部低速薄板穿甲破坏过程和破坏模式、纤维增强复合材料与钢板形成的复合装甲结构抗低速穿甲破坏现象等。进而，对薄板穿甲破坏机理进行了理论和数值仿真分析，以揭示舷侧金属结构抗低速穿甲的毁伤机理。最后，开展复合装甲结构抗低速动能穿甲的机理性研究，并探索了相应的防护技术。

## 2.2 半穿甲战斗部低速冲击下舷侧结构的破坏现象

### 2.2.1 半穿甲战斗部类型

半穿甲战斗部即内爆式战斗部，可以装在导弹中部，也可以放置在导弹头部。

装于导弹头部时，战斗部头部具有较厚外壳，以保证在进入目标内部的过程中结构不被损坏。战斗部常用触发延时引信，以保证其进入一定深度后再爆炸，从而提高其破坏力，典型结构如图 2-2-1 所示。

图 2-2-1　装于导弹头部的半穿甲战斗部典型结构

装在导弹中部时，战斗部可设计成圆柱形，以充分利用导弹的空间，其直径比舱体内径略小；强度不仅应满足导弹飞行时的过载条件，而且应能承受导弹命中目标时的冲击载荷。此种战斗部必须采用触发延时引信，否则若采用瞬发引信，因战斗部与导弹尖端有一距离，装药将有可能进不到目标内部而大大影响其爆炸破坏效果。图 2-2-2 所示为此类战斗部的典型结构。

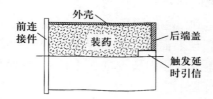

图 2-2-2　装于导弹中部的半穿甲战斗部的典型结构

通过以上分析可以看出，装载于导弹头部的半穿甲战斗部弹头形状可认为是尖头弹，而装于导弹中部的则可认为是圆柱平头弹。因此，半穿甲战斗部按其弹头形状可分为尖头型和平头型战斗部。此外，半穿甲战斗部前面通常装配有一定长度的前舱段，如图 2-2-3 所示。前舱段里的物质（以下简称前舱物）稀松易碎，在战斗部撞击靶板时即已碎裂。因此，考虑到前舱物的影响，认为半穿甲反舰导弹战斗部在穿甲舰船舷侧外板时，还可近似处理为球头弹。

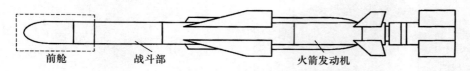

图 2-2-3　带前舱的半穿甲战斗部典型结构

半穿甲导弹战斗部对舷侧结构的冲击是典型的多层薄板抗低速穿甲问题，忽略热力学效应，影响穿甲的主要因素是材料强度和弹头几何形状。而不同弹型弹丸低速冲击下，舷侧结构的穿甲破坏现象明显不同。因此，下面将根据战斗部的头部形状来分别介绍相应的舷侧结构破坏现象。应该先指出的是，舷侧结构的材料强度相对于战斗部壳体来说要低得多，战斗部对舷侧结构的侵彻可认为是刚性弹的侵彻，侵彻过程中弹体无变形或变形很小可忽略。因此，下面介绍破坏现象过程中，均认为是刚性弹的侵彻。

### 2.2.2　尖头弹低速冲击

刚性尖头弹低速冲击舷侧结构时，由于侵彻初期接触面积很小，对舷侧金属结构有一种类似"针刺"的效果，这是由弹头尖部对舷侧结构轴向挤压导致的。刚性尖头弹对舷侧薄板结构的穿甲破坏过程主要包括以下几个阶段：

（1）弹头尖部穿孔阶段。在弹头尖端接触结构（以下称为靶板）开始，由于尖端的持续轴向挤压，导致靶板在尖端接触处出现材料失效。随着尖端的进一步作用，靶材产生径向裂纹，裂纹进一步扩大，直至弹头尖部穿透靶板。

（2）延性扩孔阶段。当弹头尖端穿透靶板后，随着弹体的运动，弹头对靶板除了存在轴向挤压作用外，还存在径向的挤压作用。此径向挤压使得穿孔进一步扩大，直至破口大小达到或超过弹径。

（3）后续扩孔阶段。当上面第 2 阶段结束时，侵彻区靶板已获得一定的动能。该动能的存在，使得破口外围裂纹进一步扩展，从而使得破口进一步扩大，并形成类似"花瓣"的开裂模式。

（4）弹体贯穿阶段。整个弹体穿过靶板，此过程中仅存在弹体侧壁与靶材的摩擦力，可忽略。

对于小锥角的尖头弹，其在低速冲击下，随着侵彻速度的增加，舷侧结构有可能出现隆起变形（图 2-2-4）和花瓣开裂（图 2-2-5）的变形破坏模式。

图 2-2-4　尖头弹侵彻下隆起变形模式　　图 2-2-5　尖头弹侵彻下花瓣开裂破坏模式

对于大锥角的尖头弹，弹尖撞靶时并不会马上刺穿靶板，而是靶板压合于弹丸表面，随弹丸一起向前运动，即靶板在弹丸冲击作用下发生剪切和滑移，沿弹丸锥形表面贴合变形。当整个弹丸锥体压入靶板时，在弹径范围内的靶板被压出一个"锥形隆起"。此时，形成隆起-剪切破坏模式，如图 2-2-6 所示。

图 2-2-6　大锥角尖头弹侵彻下隆起—剪切破坏模式

而对于低速刚性锥头弹的侵彻，采用组合结构并不能发挥其自身的薄板吸能优势，反而由于"超薄板穿甲"效应而降低整个结构的吸能效率。图 2-2-7 给出了横卧圆筒和格栅组合结构抗锥头弹低速冲击的破坏形貌。

(a) 横卧圆筒结构

(b) 格栅结构

图 2-2-7　尖头弹低速冲击下组合结构破坏形貌

### 2.2.3　平头弹低速冲击

刚性平头/钝头弹(以下均称平头弹)低速冲击舷侧结构的过程与尖头弹不同,由于整个过程中接触面积较大,且基本上无变化,因而无径向挤压作用或者说该作用很小可忽略,其对舷侧薄板结构的穿甲破坏过程主要包括以下几个阶段:

(1) 压缩变形阶段。从弹体接触靶板开始,弹体被减速,与其接触的靶板被加速,此时弹-靶接触界面的速度最高,产生的压缩应力最大。

(2) 碟形变形阶段。随着弹体的运动接触区的靶板材料不断增加,并获得一定的横向速度,从而形成惯性力,消耗弹体动能。

(3) 拉-剪混合失效阶段。随着弹体的进一步运动,自身消耗的塑性变形能、靶板剪切失效消耗的剪切功、碟形变形消耗的变形能均使弹体速度进一步降低。

(4) 弹体贯穿阶段。随着弹体的进一步运动,裂纹逐渐扩展形成直径近似于弹径的帽形失效块,由于法向速度的影响靶板进一步发生碟形变形。

总的来说,平头弹低速冲击下,舷侧金属结构主要出现的是剪切—冲塞破坏模式。而由于弹速的差异,可能会伴随出现其他一些变形失效现象,如带有碟形变形的拉剪混合失效模式,如图 2-2-8 所示。

图 2-2-8　平头弹低速冲击下剪切—冲塞破坏形貌

### 2.2.4 球头弹低速冲击

球头弹低速冲击下,舷侧薄板结构的破坏过程大致可分为以下几个阶段:

(1)隆起变形阶段。弹丸侵彻靶板的初始阶段,冲击区靶材贴于弹头表面并与弹体一起运动,此时冲击区内主要为薄膜拉伸应力。随着弹体的运动,在靶板冲击区形成隆起变形,并产生压缩应力。

(2)碟形变形阶段。随着碟形变形范围和挠度的增大,隆起变形区外缘的塑性铰圆逐渐消失,其弯矩值逐渐降至极限弯矩 $M_0$ 以下,膜力逐渐增大到与弹靶撞击区内部膜力相同。

(3)延性扩孔阶段。碟形变形阶段结束后,隆起变形区的靶材贴合于弹丸弹头表面形成"帽形"塞块。此时,初始穿孔直径小于弹体直径。随着弹丸的运动,弹头对初始穿孔产生延性扩孔作用。

(4)弹体贯穿阶段。弹体贯穿阶段从弹丸弹头刚好穿透靶板至弹体完全穿过靶板。此阶段弹丸弹头表面不受力,只有弹体侧面存在一定的摩擦力。

球头弹低速冲击下舷侧薄板结构有 3 种穿甲破坏模式:当冲击速度小于靶板弹道极限速度时,靶板的变形模式为隆起—碟形变形,如图 2-2-9(a)所示;随着冲击速度的逐渐增大,靶板将在隆起变形区外缘发生失效,随后弹体从靶板穿孔中挤过,靶板的失效模式为隆起—碟形变形—贯穿破坏,如图 2-2-9(b)所示;随着冲击速度的进一步增大,靶板在隆起变形阶段即发生失效,随后弹体从靶板穿孔中挤过,靶板的失效模式为隆起—剪切冲塞破坏,如图 2-2-9(c)所示。

(a)隆起—碟形变形　　(b)隆起—碟形变形—贯穿破坏　　(c)隆起—剪切冲塞破坏

图 2-2-9　球头弹低速冲击下薄钢板的穿甲破坏形貌

## 2.3　平头弹低速冲击下舷侧薄板结构破坏机理分析

由于具有弹道稳定性好和装药量大等优点,目前大多数半穿甲导弹战斗部采用平头弹的形式。

采用 ANSYS/LS-DYNA 建立三维有限元模型,弹体和靶板均采用六面体单元。靶板材料采用双线性弹塑性本构模型,材料的应变率效应由 Cowper-Symonds 模型描述，材料失效模型采用最大等效塑性应变失效准则。弹体材料采用 Johnson-Cook 本构模型，考虑应变率效应。弹体和靶板材料参数如表 2-3-1 所列。

表 2-3-1 弹体和靶板材料参数

| 弹体 | 参数 | $A/\text{MPa}$ | $B/\text{MPa}$ | $n$ | $C$ | $\dot{\varepsilon}_{p_0}$ |
|---|---|---|---|---|---|---|
| | 数值 | 1400 | 510 | 0.296 | 0.014 | 1 |
| 靶板 | 参数 | $\sigma_0/\text{MPa}$ | $E_h/\text{MPa}$ | $D/\text{s}^{-1}$ | $n$ | $\varepsilon_f$ |
| | 数值 | 235 | 250 | 40.4 | 5 | 0.42 |

### 2.3.1 冲击过程的动响应分析

图 2-3-1 所示为平头弹低速冲击下钢质薄板的变形和破坏过程。从图中可明显看出压缩变形、碟形变形、剪切拉伸和弹体贯穿 4 个动响应阶段。

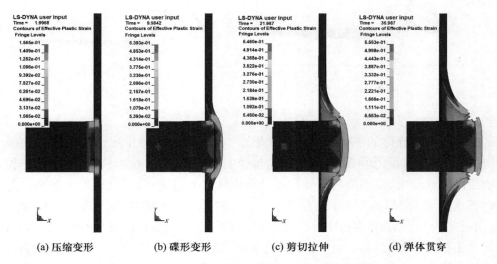

(a) 压缩变形　　(b) 碟形变形　　(c) 剪切拉伸　　(d) 弹体贯穿

图 2-3-1　平头弹低速冲击钢质薄板变形和破坏过程

图 2-3-2 所示为靶板中面节点的法向与径向位移随位置的变化曲线。由图可知，弹靶接触初期，如图中 2μs 时刻所示，靶板紧贴着弹体一起沿法向运动。

进一步由图 2-3-2 可以看出，在 1 倍弹径内靶板的法向位移与弹体的平头面完全贴合，其径向位移基本为零；在 1 倍弹径附近，节点的法向位移基本为零，径向则由于弹体的挤压作用而出现较大的横向位移（此处径向位移为正值，即由弹体撞击区向外运动）；在 1 倍弹径以外，应力波均未能到达，靶板的法向位移为 0，径向位移也基本为 0。随着弹-靶作用过程的继续，弹体速度降低，压缩剪切作用减弱，靶板的拉伸作用逐渐增强，如图中 10μs 时刻所示，在 1 倍弹径内靶板

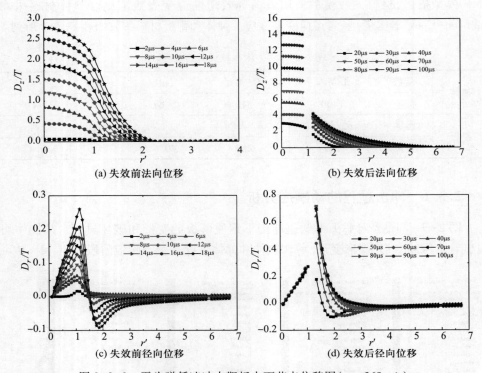

图2-3-2 平头弹低速冲击靶板中面节点位移图($v_0=368\text{m/s}$)

的法向位移与弹体的平头面并不完全贴合,径向由于拉伸作用而出现较大的横向位移;在1倍弹径附近,节点的法向与径向位移均较大;在1倍弹径以外,靶板的法向位移较大,由于面内拉伸作用径向位移较大,其中拉伸位移以1倍弹径为分界点,1倍弹径以内拉伸位移为正(由内向外),1倍弹径以外拉伸位移为负(由外向内)。当弹体穿透靶板后,靶板仍具有一定速度,其法向位移不断增加,但增加速度不断降低最后趋于稳定。在穿透初期,如图中20μs时刻所示,靶板的法向运动使得其进一步发生碟形变形:在1~1.5倍弹径范围内,由于靶板的弯曲作用,节点径向位移为正;1.5倍弹径以外,弯曲变形较小,结构以拉伸变形为主,因而节点径向位移为负,但随着靶板速度的降低和$r'$的增加,径向位移逐渐减小。

### 2.3.2 破坏机理及破坏模式分析

为了分析平头弹低速冲击下薄板的破坏机理,沿径向提取各点处的广义应力(包括膜力、弯矩和剪力),如图2-3-3所示。由图可知,在冲击初期即压缩变形阶段,冲击区以膜力和弯矩为主要应力(图2-3-3(a));而在碟形变形阶段(图2-3-3(b))则呈现出膜力、弯矩和剪力均较大的复杂应力状态。

随着冲击的继续,膜力和剪力主导冲击区的应力状态(图2-3-3(c)),因而出现拉伸-剪切失效模式;最后,在弹体贯穿阶段,冲击区各广义应力消失,冲击区外围则仍存在一定的应力(图2-3-3(c)),此应力随着外围靶材振动耗能效应的完成而逐渐消失。

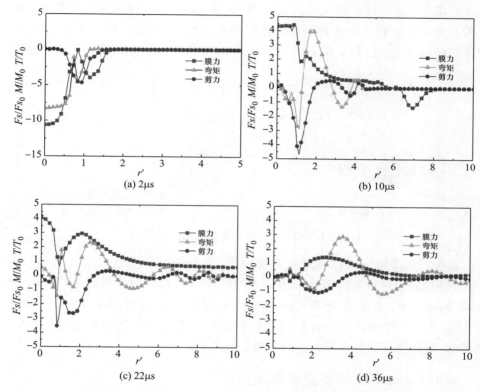

图2-3-3　平头弹低速冲击薄板板内广义应力分布($v_0=368$m/s)

结合以上对广义应力的分析可得,平头弹低速冲击下,当初速较小(小于弹道极限)时,薄板的变形失效模式为局部剪切-碟形变形(图2-3-4(a));当初速大于弹道极限时,薄板则呈现伴随有碟形变形的拉剪混合失效模式(图2-3-4(b))。

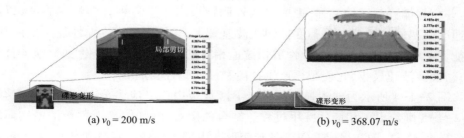

图2-3-4　平头弹低速冲击薄靶板失效模式

## 2.4 球头弹低速冲击下舷侧薄板结构破坏机理分析

采用动态非线性有限元分析程序 MSC/Dytran 建立三维有限元模型,对球头弹低速冲击下舷侧薄板结构的穿甲过程进行模拟,弹体和靶板均采用六面体单元进行模拟,如图 2-4-1 所示。

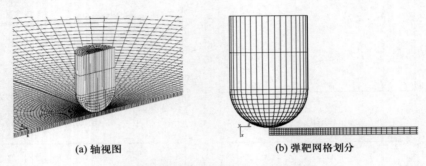

(a) 轴视图　　　　　　　　　(b) 弹靶网格划分

图 2-4-1　计算模型有限元网格划分

靶板材料采用双线性弹塑性本构模型,材料的应变率效应由 Cowper-Symonds 模型描述,材料失效模型采用最大塑性应变失效。弹体材料采用 Johnson-Cook 本构模型,考虑应变率效应。弹体和靶板材料参数如表 2-3-1 所列。图 2-4-2 所示为数值仿真计算得到的弹体剩余速度值与试验结果的比较。由图可知,数值仿真计算模型是合理有效的。

### 2.4.1　破坏过程及变形机理分析

提取薄板厚度方向上的中面位移,得到球头弹低速冲击下薄板的中面变形如图 2-4-3 所示。图中 $H$ 为板厚,$D_z$、$D_r$ 分别为横向和径向的中面位移,$r' = r/R_p$,粗实线为弹头的无量纲位移。

结合图 2-4-3 可知,弹体撞击靶板后,弹-靶撞击区内靶板形成隆起大变形,并与弹体一起运动。弹-靶撞击区外侧靶板内产生各种弹塑性应力波,以不同速度向四周传播,其中:弹性拉伸波波速最大,它使靶板产生弹性径向位移 $D_r$,不能使靶板产生横向挠度;弹性剪切波速相对稍小,它使靶板产生弹性横向挠度 $D_z$;塑性波波速最小,它使靶板产生径向和横向塑性变形。

图 2-4-4 所示为球头弹低速冲击下薄板板内广义应力分布随时间的变化,图 2-4-5 则给出了相应的穿甲过程。结合两图可知:弹体撞击靶板的最初阶段(图 2-4-4(a)、图 2-4-5(a)),隆起变形区内部产生较大膜力和薄膜拉伸变形,且随冲击速度的增大而增大;弯矩及剪力只在弹-靶撞击区边缘相对较大,大于

第 2 章 战斗部冲击下舷侧结构的毁伤与防护

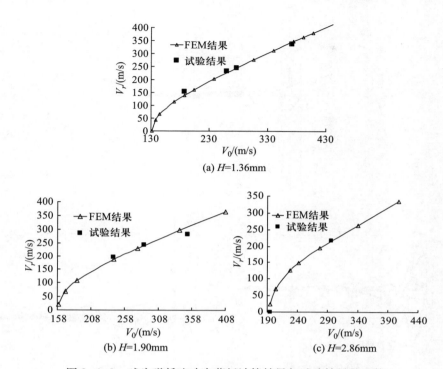

图 2-4-2 球头弹低速冲击薄板计算结果与试验结果的比较

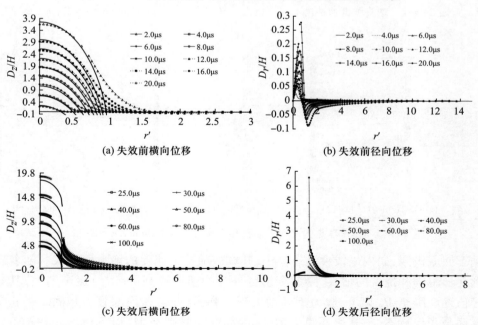

图 2-4-3 球头弹低速冲击下薄板变形过程（$H=1.36$mm，$v_0=277$m/s）

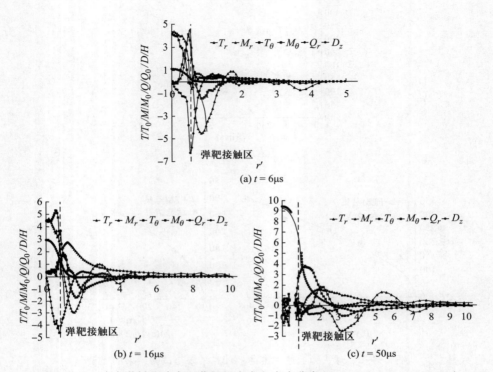

图2-4-4 球头弹低速冲击下薄板板内广义应力分布($H=1.36\text{mm}, v_0=277\text{m/s}$)

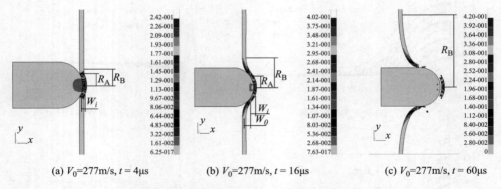

图2-4-5 低速球头弹冲击下薄板穿甲过程($H=1.36\text{mm}, v_0=277\text{m/s}$)

动态屈服极限,向内呈线性迅速减小,其峰值随冲击速度的增大而增大。随着碟形变形范围和挠度的增大,隆起变形区外缘的塑性铰圆($r=R_A$)逐渐消失,其弯矩值逐渐降至$M_0$以下,膜力逐渐增大到与弹-靶撞击区内部膜力相同。隆起变形区半径保持不变,其内部膜力增大,内部弯矩降则至$M_0$以下(图2-4-4(b)、图2-4-5(b))。由于弹-靶接触区边缘的膜力、剪力及弯矩均相对较大,随着弹体继续运动,靶板首先在"隆起变形区"外缘发生失效,靶板产生穿孔。弹体继续向前运动,穿孔周围的周向膜力迅速增大超过动态屈服极限,并产生径向裂纹,裂纹逐渐向外扩展,穿孔继续扩大并形成破口。此过程中,碟形变形区中广义应力以膜力和弯矩为主,剪力减小到 $N_0$ 以下(图 2-4-4(c)、图 2-4-5(c))。

综上所述,薄板的穿甲破坏大致可分为 3 个阶段:

(1)隆起变形阶段。弹体撞击靶板的最初阶段,弹-靶撞击区靶板材料在撞击力的作用下贴合于弹头表面,并与弹体一起运动,隆起变形区内部产生较大膜力和薄膜拉伸变形,且随冲击速度的增大而增大;弯矩及剪力只在弹-靶撞击区边缘相对较大,大于动态屈服极限,向内呈线性迅速减小,其峰值随冲击速度的增大而增大;弹-靶撞击区边缘的膜力则在 $T_0$ 以下。

碟形变形的范围和挠度均相对较小,且随冲击速度的增大而减小(图2-4-5),当靶板的隆起变形扩展速度大于塑性波的传播速度时,塑性波无法离开弹-靶撞击区,因而弹-靶撞击区外不会产生径向和横向塑性变形,即隆起变形阶段将不会产生碟形变形。对于球头弹,隆起变形的扩展速度

$$V_i = V_p(R_p - W_i) / \sqrt{R_p^2 - (R_p - W_i)^2}$$

式中: $W_i$ 为隆起变形挠度。碟形变形区内,径向弯矩峰值达 3~4.5 倍 $M_0$ ,剪力在 $R_A$ 处最大,随着半径的增大呈线性减小,到 $R_B$ 时约降至 0,径向和周向膜力均相对较小,小于 $T_0$ 。除径向曲率外,其他变形均相对较小。

(2)碟形变形阶段。随着碟形变形范围和挠度的增大,隆起变形区外缘的塑性铰圆( $r = R_A$ )逐渐消失(图 2-4-6),其弯矩值逐渐降至 $M_0$ 以下,膜力逐渐增大到与弹-靶撞击区内部膜力相同。隆起变形区半径保持不变,其内部膜力增大,内部弯矩降则至 $M_0$ 以下。

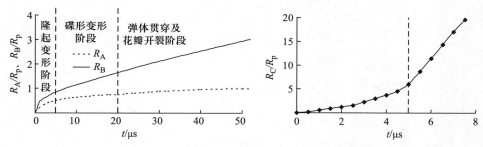

图 2-4-6　塑性铰圆移动过程( $H = 1.36$ mm, $v_0 = 277$ m/s)

碟形变形区内,膜力和薄膜拉伸变形逐渐增大,膜力超过动态屈服极限,最大值发生在弹-靶撞击区外缘,向外逐渐递减,其峰值随冲击速度的减小而增大,到弹道极限附近成为最主要的广义应力;剪力在弹-靶撞击区边缘最大,向两侧近似呈线性递减,到弹-靶撞击区中心和碟形变形区外侧( $r = R_B$ )降低到 $N_0$ 以

下,且峰值随冲击速度的增大而增大;径向弯矩随冲击速度的增大而增大,其最大值超过动态屈服极限,并产生了相当大的径向弯曲变形;周向膜力和周向弯矩相对较小,小于动态屈服极限,对应的周向薄膜拉伸及周向曲率也相对较小。

(3)弹体贯穿及花瓣开裂阶段。由于弹-靶接触区边缘的膜力、剪力及弯矩均相对较大,随着弹体继续运动,靶板首先在"隆起变形区"外缘发生失效,形成一个"帽形"失效块,靶板产生穿孔。靶板穿孔后,"帽形"失效块内的广义应力迅速减小至弹性范围,弹体继续向前运动,并从靶板穿孔中"挤过",穿孔周围的周向膜力迅速增大超过动态屈服极限,并产生径向裂纹,裂纹逐渐向外扩展,形成靶板背面的花瓣型破口,周向膜力减小。靶板穿孔后,碟形变形区中广义应力以膜力和弯矩为主,剪力减小到 $N_0$ 以下。

### 2.4.2 薄板变形吸能分析

图 2-4-7(a)所示为低速球头弹冲击下隆起变形区内薄板的变形吸能过程。由图可知隆起变形区的变形吸能可明显分为 4 个过程:① 弹体撞击靶板后,弹-靶撞击区靶板首先在剪力和弯矩的作用下产生隆起变形,贴合于弹头表面,其变形能主要是剪切滑移功和弯曲变形能;② 靶板材料贴合于弹头表面后,隆起变

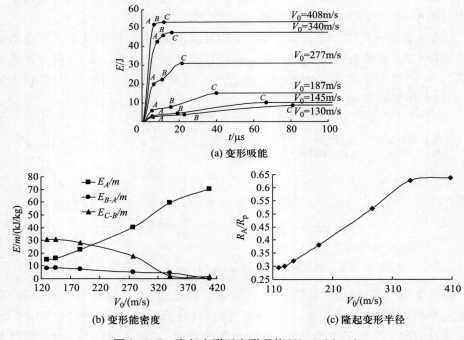

图 2-4-7 隆起变形区变形吸能($H = 1.36$mm)

形区内部剪力和弯矩分别减小到 $N_0$ 和 $M_0$ 以下,膜力增大到超过动态塑性屈服极限,隆起变形区内发生薄膜拉伸吸能;③ 隆起变形结束后,由于膜力和剪力的增大,隆起变形区靶板继续发生薄膜拉伸变形吸能;④ 靶板发生穿孔失效后,弹-靶撞击区内广义应力均减小到弹性范围内,不再发生变形吸能。

图 2-4-7(b)所示为不同冲击速度下,隆起变形区内不同阶段的变形能密度,其中 $E_A$、$E_{B-A}$、$E_{C-B}$ 分别代表上述过程①、②、③中的变形能,$m$ 为隆起变形区靶板质量。由图可知,隆起变形区内剪切、弯曲变形能密度随冲击速度的增大而增大,其主要原因是距离弹-靶撞击区中心越远,剪切滑移的距离和弯曲变形的角度越大,变形能密度越大,而隆起变形区半径 $R_A$ 是随冲击速度的增大而增大的(图 2-4-7(c));隆起变形结束后,靶板隆起变形区产生的薄膜拉伸能($E_{C-B}$)在弹道极限附近时约与 $E_A$ 相等,而 $E_{C-B}$ 随着冲击速度的增大逐渐减小到 0。

由于隆起变形主要是由于剪力和弯矩的作用引起的,其中又以剪力最大,且最大应变发生在隆起变形区边缘,因此当靶板的隆起变形扩展速度大于塑性拉伸波的传播速度,且隆起变形区边缘有效塑性应变达到失效塑性应变时,靶板将在隆起变形区边缘发生剪切失效,此时靶板的穿甲破坏过程只有隆起变形和弹体贯穿及花瓣开裂两个阶段。

若假设隆起变形区边缘只存在法向剪切应变,对于球头弹,靶板的隆起变形扩展速度大于塑性拉伸波的传播速度,且其边缘发生剪切失效的临界速度为: $V_{cr}=u_s/\varepsilon_f$,约为 426.2m/s。

隆起变形结束前,碟形变形区变形范围相对较小,变形能主要是剪切滑移功和弯曲变形能,变形能相对较小(图 2-4-8)。隆起变形结束后,由于径向膜力的增加,变形范围和变形能迅速增加。靶板穿孔后,由于弹体的"挤压扩孔"作用,变形能继续增大;"挤压扩孔"作用结束后,靶板动能继续转化为碟形变形能。

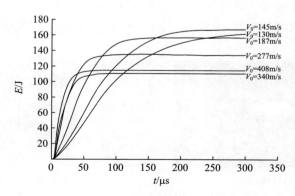

图 2-4-8 碟形变形区变形吸能过程($H=1.36$mm)

碟形变形区变形能($E_d$)远大于隆起变形区变形能($E_i$)(图2-4-9),$E_d/E_i$随冲击速度的降低而迅速增大,到弹道极限附近碟形变形吸能约占总变形吸能的95%。因此,低速冲击下碟形变形是靶板主要的变形吸能方式。当冲击速度小于弹道极限时,靶板的变形能等于弹体的初始动能(图2-4-9(b))。随着冲击速度的增大,当弹体初速达到靶板弹道极限时,靶板变形能达到一个峰值,此后随着冲击速度的增大,靶板变形吸能能力逐渐降低,主要原因是由于碟形变形区变形吸能量变小;但由于应变率效应的影响,其变小速度较慢。当靶撞击区外缘发生剪切失效时,靶板的变形吸能量达到一个极小值,此后随着冲击速度的增大,由于应变率的影响靶板的变形吸能量再次逐步增大。

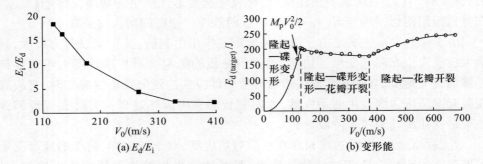

图2-4-9 弹体初速$V_0$对靶板变形吸能的影响($H$=1.36mm)

### 2.4.3 穿甲破坏模式

低速球头弹冲击下金属薄板有以下几种穿甲破坏模式:当冲击速度小于靶板的弹道极限速度时靶板的变形模式为隆起—碟形变形(图2-2-9(a))。随冲击速度的逐渐增大,靶板将在隆起变形区外缘发生失效,随后弹体从靶板穿孔中挤过,靶板的失效模式为隆起—碟形变形—贯穿破坏(图2-2-9(b)),相应的数值仿真计算结果如图2-4-10所示。随着冲击速度的进一步增大,靶板在隆起

(a) 试验结果

(b) 有限元计算结果

图2-4-10 球头弹低速冲击下薄板隆起—碟形变形—贯穿破坏模式对比

变形阶段即发生失效,随后弹体从靶板穿孔中挤过,靶板的失效模式为隆起—剪切冲塞破坏(图2-2-9(c))。

## 2.5 半穿甲导弹冲击下舷侧梁抗侵彻动响应理论分析

现代舰船舷侧结构普遍采用加筋板的结构形式。与均质靶板不同的是,根据弹体是否碰到横向和纵向加强筋等情况的不同,弹体有4个典型弹着点(图2-5-1)。根据半穿甲反舰导弹侵彻舰船舷侧加筋板过程中是否碰到横向和纵向加强筋等情况的不同,存在4种不同的计算工况:

(1)当弹着点为1时,由于大型舰船横向加强筋间距通常大于5倍弹径,因而可以认为横向加强筋对于抗侵彻过程没有影响,并可以认为横向加强筋是板的固支边界;纵向加强筋通常较弱,可均摊到板上。因此,加筋板的抗侵彻动态响应和固支薄板的动态冲击响应类似。

(2)当弹着点为2时,若加强筋相对较弱,加筋板的冲击响应与弹着点为1时相同;若加强筋相对较强,加筋板的抗侵彻响应可认为是梁的低速冲击响应,而板则可认为是加强筋的带板。

(3)当弹着点为3时,由于大型舰船横向加强筋通常相对较强,加筋板的抗侵彻响应可认为是梁的低速冲击响应,板可认为是加强筋的带板。

(4)当弹着点为4时,若纵向加强筋相对较弱,则加筋板的冲击响应与弹着点为3时相同;若加强筋相对较强,则加筋板的抗侵彻响应可认为是交叉梁的低速冲击响应,板可认为是加强筋的带板。

因此,半穿甲反舰导弹冲击下,舰船舷侧结构的动态冲击响应是典型的板、梁结构的动态冲击响应与破损问题。

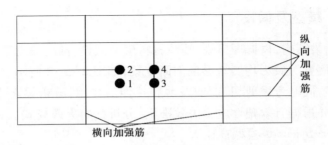

图2-5-1 舷侧加筋板抗侵彻典型弹着点
1—板格中心;2—纵骨跨中;3—肋骨跨中;4—骨材交点。

对于梁、板等简单结构的动态冲击响应问题,已有较多研究。Lee等分析了刚塑性自由梁中部受集中力作用下的3种变形模式,席丰等在此基础上提出了矩形截面自由梁在自由端和对称中面分别受到质量块横向撞击后的刚-塑性动力响应,穆建春等则进一步考虑了弹体对梁的剪切冲塞作用,并研究了弹体的穿透过程及梁的整体变形。与自由梁不同的是简支或固支梁不存在刚体运动,其输入能量全部耗散在结构的塑性变形过程中,Wen等利用准静态方法分析了低速冲击下固支梁动态塑性响应和失效,提出了梁的拉-剪复合失效模式。

由于薄板低速穿甲问题中薄板的变形同时包括局部穿甲破坏和整体结构响应,其变形及失效分析是一个极其复杂的问题。早期的薄板穿甲分析模型中,通常假设靶板内部只有一种广义应力的作用,忽略弹-靶撞击区靶板的局部变形能,采用能量原理或建立动力学方程对薄板穿甲问题进行分析。例如:Calder等、Goatham等和Dienes等的模型中均只考虑了薄膜应力的作用,而很多文献的模型中则只考虑了弯矩的作用。随后人们认识到,若要理论和实际比较一致,必须同时考虑多种广义应力的作用。Shen认为,薄板低速冲击响应中局部变形和整体变形度比较明显,弯矩和膜力都不能忽略,并在分析模型中考虑了弹-靶撞击区的局部变形能。陈发良等和Shoukry则通过建立动力学方程分析了弯矩和剪力共同作用下靶板的动力响应。弹速在320m/s左右的大锥角锥头弹对薄板的穿甲试验结果可知,靶板的主要破坏形式的为隆起—剪切破坏和碟形弯曲—花瓣开裂破坏。Liu等提出了钝头弹冲击穿甲过程中靶板变形的刚塑性分析模型,模型中考虑了靶板的弯曲、薄膜拉伸以及弹-靶作用区边缘的剪力的作用,并采用有效塑性应变失效准则考虑剪切和径向拉伸应变的共同影响,分析了靶板的失效。Wen根据能量原理提出的分析模型中,也考虑了靶板的弯曲、薄膜拉伸以及弹-靶作用区边缘的剪力的作用。

本节首先从梁的动响应分析着手,建立舷侧加筋板结构的抗侵彻理论分析模型。

### 2.5.1 模型及假设

对于舷侧梁结构,根据理想刚-塑性材料模型假设,同时考虑梁的剪切、弯曲及拉伸,将舷侧梁等效为均匀矩形截面简支梁,如图2-5-2所示。采用理想刚-塑性材料模型,同时考虑剪切、弯曲及薄膜拉伸的作用,分析梁在平头弹低速冲击下的响应,并根据有效塑性应变失效准则,分析梁的失效模式。材料的应变率效应由Cowper-Symonds模型描述。

考虑一根长度为$2l$的矩形截面($b \times h$)简支梁(图2-5-2),线密度为$\rho_1$,在中部受到弹径为$2R$($2R \gg b$)、质量为$M_p$、初速为$v_0$的柱形平头弹的冲击。假设弹体在$t=0$时刻撞击梁后,立刻和长为$2R$的"冲塞段"($BC$)粘结在一起运动,假设其挠度为$w(t)$,则运动速度为$\dot{w}(t)$。根据动量守恒定律,得

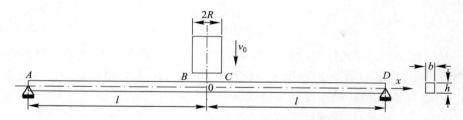

图 2-5-2　理想刚塑性简支梁中部受到平头弹冲击示意图

$$(m+M_p)\ddot{w}(0) = M_p v_0 \quad (2-5-1)$$

式中：$m = 2\rho_1 R$，取 $\mu = M_p/m$。

由于弹体和冲塞段的初始减速运动以及 AB 和 BC 段梁的运动均是由冲塞段两端的剪力引起的。当 $\ddot{w}(0)$ 较小时，剪切力的大小不足以引起梁的塑性变形时，梁将产生弹性变形，作弹性振动。由于弹体质量较大，且 $\ddot{w}(0)$ 一般远大于梁产生弹性振动的临界值，故可忽略弹变形的影响。假设梁的材料为理想刚塑性材料，其屈服应力为 $\sigma_y$，并且假定其截面服从正方形塑性屈服条件（图 2-5-3（a））；除冲塞段两端外，忽略梁中剪应力，并假设冲塞段两端的剪力和弯矩满足独立作用的塑性屈服条件（图 2-5-3（b））；假设冲塞段作用在梁上的极限弯矩、极限轴力和极限剪力均与连接面积成正比，它们均在冲塞段形成的初始时刻最大，分别为：$M_0 = \sigma_y b h^2/4$、$T_0 = \sigma_y b h$、$Q_0 = \tau_y b h$。根据 Von Mises 屈服准则，取 $\tau_y = \sigma_y/\sqrt{3}$。

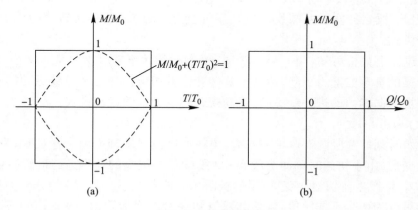

图 2-5-3　屈服条件

## 2.5.2　运动模式分析

梁产生塑性变形之前，梁上最大弯矩 $M_{max}$ 发生在冲塞段两端（$x = R$），取

$\xi = R/l$,得

$$M_{\max} = Ql(1-\xi) \qquad (2-5-2)$$

$M_{\max}$ 随剪力 $Q$ 的增大而增大,当 $M_{\max} = M_0$ 或 $Q = Q_0$ 时,梁在冲塞段两端产生塑性变形,取 $\eta = Ql(1-\xi)/M_0$,$\eta_0 = Q_0 l(1-\xi)/M_0$,$\beta = h/l$,根据 $\eta_0$ 的不同,随着 $\eta$ 的增大,梁有 3 种初始塑性变形模式:

① $\eta < \eta_0$,且 $\eta < 1$,梁保持不变形。
② $\eta = \eta_0 < 1$,梁首先在冲塞段两端产生剪切塑性变形。
③ $1 \leq \eta \leq \eta_0$,梁在冲塞段两端同时产生弯曲和剪切塑性变形。

下面针对 $\eta = \eta_0 < 1$ 和 $1 \leq \eta \leq \eta_0$ 的情形,分别进行塑性变形模式分析。

(1) 当 $\eta = \eta_0 < 1$ 时。

初始时刻冲塞段两端剪力 $Q = Q_0$,弯矩 $M < M_0$,梁冲塞段两端发生剪切塑性变形,冲塞段产生相对于梁中点的相对位移,梁的连接面积减小,极限承载能力减小。根据梁的极限承载能力的不同,可将梁的变形分为 3 个不同阶段:①剪切塑性变形阶段($t < t_0$);②剪切和双铰塑性弯曲变形阶段($t_0 \leq t \leq t_1$);③双铰塑性弯曲变形阶段($t_1 < t$)。

(ⅰ)当 $t < t_0$ 时,$\eta = \eta_\Delta < 1$,即冲塞段两端剪力 $Q = Q_\Delta$,弯矩 $M < M_\Delta$,因此,梁在冲塞段两端发生剪切塑性变形,不会发生弯曲塑性变形。

(ⅱ)当 $t_0 \leq t \leq t_1$ 时,$1 \leq \eta = \eta_\Delta$,即冲塞段两端剪力 $Q = Q_\Delta$,弯矩 $M = M_\Delta$,因此,梁在冲塞段两端同时发生剪切塑性变形和弯曲塑性变形。

(ⅲ)当 $t_1 < t$ 时,$1 < \eta < \eta_\Delta(t_1)$,即冲塞段两端剪力 $Q < Q_\Delta(t_1)$,弯矩 $M = M_\Delta(t_1)$,因此,梁在冲塞段两端发生弯曲塑性变形,梁的运动模式转变为无剪切变形双铰模式。

通过以上分析可知,当 $\eta = \eta_0 < 1$ 时,梁的初始运动模式为剪切塑性变形,随后由于梁的抗弯曲能力下降,运动模式转变为剪切塑性变形及双铰运动模式;随着梁的抗弯曲能力的进一步下降,运动模式转变为双铰运动模式。

(2) 当 $1 \leq \eta \leq \eta_0$ 时。

初始时刻冲塞段两端弯矩 $M = M_0$,梁在冲塞段两端产生两个塑性铰,发生弯曲塑性变形;由于初始时刻冲塞段和 CD 段梁存在很大的速度差,冲塞段两端剪力 $Q = Q_0$,将产生剪切塑性变形,梁的极限承载能力减小。与(1)的分析类似,梁的变形可分为两个不同阶段:剪切和双铰塑性弯曲变形阶段($t \leq t_1$)和双铰塑性弯曲变形阶段($t_1 < t$)。

(ⅰ)当 $t \leq t_1$ 时,$1 \leq \eta = \eta_\Delta$,即冲塞段两端剪力 $Q = Q_\Delta$,弯矩 $M = M_\Delta$。因此,梁在冲塞段两端同时发生剪切塑性变形和弯曲塑性变形。梁内仅在 $B$、$C$ 点存在塑性铰。

（ⅱ）当 $t_1 < t$ 时，$1 < \eta < \eta_\Delta(t)$，即冲塞段两端剪力 $Q < Q_\Delta(t_1)$，弯矩 $M = M_\Delta(t_1)$。因此，梁在冲塞段两端发生弯曲塑性变形，梁的运动模式转变为无剪切变形双铰模式，且随梁的运动，梁内不会产生新塑性铰。

因此，当 $1 \leq \eta \leq \eta_0$ 时，梁的初始运动模式为剪切塑性变形及双铰运动模式，随着梁抗弯曲能力的下降，运动模式转变为双铰运动模式。

### 2.5.3 梁的失效及耗能分析

采用有效应变失效准则，即假设梁中 $\varepsilon_y = \varepsilon_z = -\nu\varepsilon_x \neq 0$，$\gamma_{xz} \neq 0$，其余的应变分量均为 0。因此，有效应变等于

$$\varepsilon_e = \sqrt{4\varepsilon_x^2(1+\nu)^2 + 3\gamma_{xz}^2}/3 \qquad (2-5-3)$$

式中：梁轴向应变 $\varepsilon_x = \varepsilon_b + \varepsilon_m$，$\varepsilon_b$、$\varepsilon_m$ 分别为梁弯曲应变和轴向拉伸应变；$\varepsilon_b = kh/2$，$k$ 为塑性铰曲率半径，近似取为 $k = \theta/h$；$\varepsilon_m = \sqrt{1+w^2/[l(1-\zeta)]^2} - 1$；剪切应变 $\gamma_{xz} = 8\delta/\sqrt{3}$；$\nu$ 为材料的泊松比。可得：

$$9\varepsilon_e^2 = \{\theta + 2\sqrt{1+w^2/[l(1-\xi)]^2} - 2\}^2 (1+\nu)^2 + 64\delta^2 \qquad (2-5-4)$$

当有效应变 $\varepsilon_e$ 达到临界失效应变 $\varepsilon_f$ 时，梁发生失效。
弹体的初始动能 $E_{p0}$ 在梁的变形和失效过程中将转化为以下几部分：
① 弹体和冲塞段获得相同速度损失的动能 $\Delta E_0$。
② 梁的变形能 $E_d$（包括塑性弯曲 $E_b$、拉伸 $E_m$ 和剪切能 $E_s$）和动能 $E_k$。
③ 弹体的剩余动能 $E_{pr}$ 和冲塞段的动能 $E_{pl}$。
考虑到冲塞段将与弹体一起运动，认为梁吸收的能量 $\Delta E = \Delta E_0 + E_d + E_k$，而弹体和冲塞段的剩余动能为 $E_{pr} + E_{pl}$。假设 $t = t_f$ 时，梁发生失效，则

$$E_{p0} = \Delta E + E_{pr} + E_{pl} \qquad (2-5-5)$$

式中：$\Delta E_0 = m\mu v_0^2/[2(1+\mu)]$；$E_{p0} = m_p v_0^2/2$；$E_{pr} = m_p \dot{w}^2(t_f)/2$；$E_{pl} = m\dot{w}^2(t_f)/2$。
对于不同的失效模式，梁的耗能计算有所差异。
当 $\eta = \eta_0 < 1$ 时：
（ⅰ）剪切塑性变形阶段（$t < t_0$），梁的单位线密度耗能量为

$$E_l = R\mu v_0^2/(1+\mu) + \sigma_y(2w_f - w_f^2/h)/(2\sqrt{3}\rho) \qquad (2-5-6)$$

（ⅱ）若 $t_0 \leq t_f \leq t_1$，即 $w(t_0) < 3h\varepsilon_f/8$。梁的单位线密度耗能量为

$$E_l = (E_{p0} - E_{pr} - E_{pl})/\rho_l = [m_p v_0^2 - (m+m_p)\dot{w}_f^2]/(2\rho_l) \qquad (2-5-7)$$

（ⅲ）若 $t_1 \leq t_f$，梁将继续发生拉伸和双铰塑性弯曲变形，但其剪切应变保持

为 $\gamma_{xz}=8\delta(t_1)/\sqrt{3}$ 不变,因此弹体和冲塞段临界位移 $w_f$ 满足:

$$\frac{9\varepsilon_f^2-64\delta^2(t_1)}{(1+v)^2}=\arcsin\frac{w_f-\delta(t_1)}{\sqrt{(w_f-\delta(t_1))^2+[l(1-\xi)]^2}}+2\sqrt{1+\left(\frac{w_f-\delta(t_1)}{l(1-\xi)}\right)^2}-2$$

(2-5-8)

此时,梁的失效模式为含剪切变形的拉伸、弯曲失效。

当 $1\leq\eta\leq\eta_0$ 时,与上述分析类似,剪切和双铰塑性弯曲变形阶段($0\leq t\leq t_1$)、双铰塑性弯曲变形阶段($t_1<t$),梁的失效模式均含剪切变形的拉伸、弯曲失效,但后一阶段失效模式中梁的剪切应变保持为 $\gamma_{xz}=8\delta(t_1)/\sqrt{3}$ 不变,弹体和冲塞段的临界位移 $w_f$ 满足式(2-5-8)。

### 2.5.4 算例

以某船舷侧板架为例,分析半穿甲导弹战斗部冲击下纵骨及肋骨的耗能能力。纵骨为 10 号球扁钢;肋骨面板宽 120mm,厚 12mm,腹板高 300mm,厚 6mm,间距 500mm。分析中分别将纵骨和肋骨简化为 $b=8.63$mm, $h=100$mm 和 $b=10.38$mm, $h=312$mm 的矩形截面梁;假设纵骨为两肋骨间的简支梁,肋骨为两层甲板间的简支梁,跨长为 2.30m。材料密度为 7800kg/m³,泊松比 $\nu=0.3$,屈服应力 $\sigma_y=490$MPa,失效应变 $\varepsilon_f=0.5$。某导弹战斗部弹径 $2R=400$mm,质量为 $M_p=300$kg。

对于肋骨和纵骨,$\eta_0$ 分别约为 7.032、1.155,因此其变形均可分为两个不同阶段:剪切和双铰塑性弯曲变形阶段、双铰塑性弯曲变形阶段。计算结果表明,弹速在 0.6~2.5 倍声速时,两者均未进入双铰塑性弯曲变形阶段就已经失效。图 2-5-4 所示为梁的耗能量与弹体初始动能的比值($\lambda=\Delta E/E_{p0}$)随冲击速度的变化。其中虚线为 $\varphi=\Delta E_0/E_{p0}$。图 2-5-5 所示为梁的总耗能量中变形能所占的比例及变形能中剪切变形能所占的比例与初始冲击速度的关系。

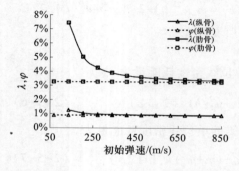

图 2-5-4 $\lambda$、$\varphi$ 与冲击速度的关系

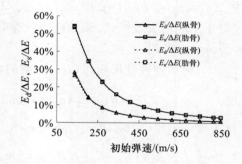

图 2-5-5 $E_d/\Delta E$、$E_s/E_d$ 与冲击速度的关系

由图 2-5-4、图 2-5-5 可知,弹速在 0.6~2.5 倍声速间,肋骨和纵骨的耗能量只占弹体冲击动能的很小一部分(小于 5%),且随着冲击速度的增大而减小;变形能仅占总耗能量的 40%以下,且随着冲击速度的增大,其比例越小,说明在弹体与冲塞段质量比 $\mu$ 较大时,冲塞段梁的惯性在能量吸收过程中起重要作用。且变形能中主要为剪切变形能。由于肋骨和纵骨的 $\mu$ 值均较大,肋骨和纵骨的单位线密度耗能量非常相近,且均随冲击速度的增大而增大(图 2-5-6)。

为分析 $\eta_0$ 对梁的耗能力的影响,保持梁的截面积不变,改变纵骨剖面形状得到不同 $\eta_0$,梁的总耗能量中变形能所占的比例与 $\eta_0$ 的关系如图 2-5-7 所示。由图可知,当 $1 \leqslant \eta_0$ 时,冲击过程中梁的变形能占总耗能量的比例随 $\eta_0$ 和初始冲击速度的增大而减小。

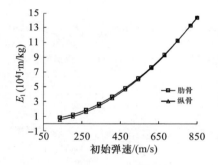

图 2-5-6 舷侧梁 $E_1$ 与冲击速度的关系

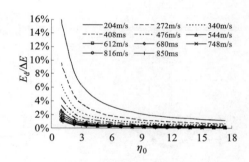

图 2-5-7 舷侧纵骨在不同冲击速度下 $E_d/\Delta E$ 与 $\eta_0$ 的关系

## 2.6 低速大质量球头弹冲击下薄板塑性动响应理论分析

2.5 节主要针对半穿甲导弹击中舷侧加筋板的加筋部位即弹着点为 3 和 4(图 2-5-1)时,通过简化为舷侧梁的形式,开展了梁的抗侵彻动响应理论分析。本节则主要针对弹着点为 1 或 2 且纵筋较弱的情形(图 2-5-1),对舷侧加筋板结构的动响应进行分析。此情形下,近似认为横向加强筋对于抗侵彻过程没有影响,且可作为板的固支边界;而纵向加强筋通常较弱,可均摊到板上。因此,舷侧加筋板结构的抗侵彻动态响应可等效为固支薄板的动态冲击响应。进一步地,考虑前舱物的影响,认为半穿甲反舰导弹战斗部在穿甲舰船舷侧外板时,可近似处理为弹头为球形的弹丸即球头弹丸,从而将半穿甲战斗部对舰船舷侧外板结构的动能穿甲转化为大质量球头弹丸对金属薄板的低速冲击问题。

### 2.6.1 模型及基本假设

由于靶板的冲击响应主要体现为局部穿甲破坏响应,因此,考虑一质量为 $m_p$、初速为 $v_i$、半径为 $r_p$ 的球头弹丸对厚度为 $h_0$、半径为 $R$($R \to \infty$)固支圆板的垂直侵彻问题($2r_p \gg h_0$),侵彻模型示意图及坐标系如图 2-6-1(a)所示。本节将球头弹丸低速冲击薄板的穿甲过程分为隆起变形、碟形变形、延性扩孔和弹体贯穿 4 个阶段,如图 2-6-1(b)~(f)。下面将对每个阶段动响应及耗能进行分析和计算。

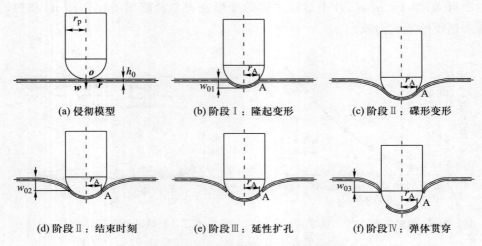

图 2-6-1　侵彻模型及 4 阶段示意图

在进行理论分析之前,先给出以下几个假设:①忽略侵彻过程中弹丸的耗能,即整体计算过程中弹丸被认为是刚性体;②从弹丸接触靶材开始,隆起变形区及失效后形成的塞块的运动速度均与弹丸速度保持一致;③只考虑靶材的塑性变形耗能,忽略弹性变形耗能,并且靶材被认为是刚塑性材料,其准静态屈服应力等于准静态流变应力 $\sigma_0$。

### 2.6.2 隆起变形阶段

弹丸侵彻靶板的初始阶段,冲击区靶材贴于弹头表面并与弹体一起运动,此时冲击区内主要为薄膜拉伸应力。随着弹体的运动,在靶板冲击区形成隆起变形,并产生压缩应力。当隆起变形区的半径等于塑性应力波的传播半径时,冲击区外围开始产生碟形变形,此时隆起变形阶段结束。隆起变形阶段一个很重要的特点就是隆起变形区的变化,而隆起变形区大小的确定对此阶段及后续阶段的动响应分析都至关重要。因此,在进行球头弹低速侵彻下薄板的塑性动响应分析之前,首先要确定隆起变形区大小。

隆起变形区大小随弹丸初始冲击速度的变化而变化。弹丸的初始冲击速度越大,隆起变形区的半径越大。当弹丸初速足够大时,隆起变形区的半径近似等于弹丸弹体半径。本节将采用动力学方法结合应力波传播理论确定不同初速下隆起变形区半径大小。

隆起变形阶段,弹丸所受阻力主要包括惯性力和动压缩反力,此阶段弹头表面所受阻力 $F_1$ 可表示为

$$F_1 = -0.5K\rho A_1 v_1^2 - \sigma_{d1} A_1 \qquad (2-6-1)$$

式中:$K$ 为形状系数,对于球头弹丸 $K=0.5$;$\rho$ 为靶板质量密度;$A_1$ 为弹头侵彻部分横截面积;$v_1$ 为隆起变形阶段弹丸的瞬时速度;$\sigma_{d1}$ 为隆起变形阶段靶板的动态屈服应力。

结合运动学理论,考虑靶材的应变率效应,通过推导,得

$$2\pi\rho h_0 v_1^2 (r_p - w_{01}) + [m_p + \pi\rho h_0 w_{01}(2r_p - w_{01})] v_1 \frac{\mathrm{d}v_1}{\mathrm{d}w_{01}}$$
$$= -0.5\pi K \rho w_{01}(2r_p - w_{01}) v_1^2 - \pi\beta_1 \sigma_0 w_{01}(2r_p - w_{01}) \qquad (2-6-2)$$

式中:$w_{01}$ 为隆起变形阶段冲击区中心点处的瞬时位移。

由式(2-6-2)可得到 $v_1$ 与 $w_{01}$ 的函数关系,令 $v_1 = v_1(w_{01})$,则得到弹丸侵彻距离为 $w_{01}$ 时所需时间为

$$t_1(w_{01}) = \int_0^{w_{01}} \frac{\mathrm{d}w_{01}}{v_1(w_{01})} \qquad (2-6-3)$$

当隆起变形区半径等于塑性应力波传播半径时,随着弹丸的运动,隆起变形区扩展速度不断减小,隆起变形区外围靶材不再贴合于弹头表面运动,而是产生碟形变形即整体变形。同时,冲击区不再产生隆起变形即局部变形,此时隆起变形阶段结束,且有

$$r_A(w_{01}) = (2r_p w_{01} - w_{01}^2)^{1/2} = c_p t_1(w_{01}) \qquad (2-6-4)$$

式中:$c_p$ 为靶材的塑性波波速,结合相关文献可近似取为 $c_p = (\sigma_0/\rho)^{0.5}$。

联立式(2-6-2)和式(2-6-3),结合数值方法并以式(2-6-4)作为计算终止条件即可求得隆起变形区半径 $r_A$ 和最大变形挠度 $w_{01}$。若弹丸初速较大,在弹丸的侵彻过程中,当隆起变形区半径 $r_A$ 扩展至等于 $r_p$ 时,仍有 $r_A(w_{01}) \geq c_p t_1(w_{01})$,则计算终止条件取为 $r_A = r_p$。

隆起变形区大小确定后,该变形区的最大变形挠度 $w_{01}$ 也同时可得到。进而可计算隆起变形阶段靶材的塑性变形耗能。本阶段靶板的变形耗能只考虑弯曲

功 $U_{1b}$ 和膜力功 $U_{1m}$，相应计算式为

$$U_{1b} = 0.5\pi\beta_1\sigma_0 h_0^2 r_A^2 (r_p^2 - r_A^2)^{-0.5} \tag{2-6-5}$$

$$U_{1m} = \pi\sigma_{d1} h_0 w_{01}^2 = \pi\beta_1\sigma_0 h_0 w_{01}^2 \tag{2-6-6}$$

因而隆起变形阶段靶板总的塑性变形耗能 $E_{1p}$ 为

$$E_{1p} = U_{1b} + U_{1m} \tag{2-6-7}$$

### 2.6.3 碟形变形阶段

假设碟形变形区位移场为

$$w_2(r) = w_{02} \cdot e^{-a(r-r_A)} \quad (r \geqslant r_A) \tag{2-6-8}$$

式中：$w_{02}$ 为碟形变形结束时刻碟形变形区最大变形挠度；$a$ 为常系数。

碟形变形阶段塑性变形耗能包括径向弯曲变形能 $U_{2rb}$、环向弯曲变形能 $U_{2\theta b}$ 和径向拉伸变形能 $U_{2rm}$，相应的耗能计算式为

$$U_{2rb} = 0.5\pi\beta_2\sigma_0 h_0^2 w_{02}(1+ar_A) \tag{2-6-9}$$

$$U_{2\theta b} = 0.5\pi\beta_2\sigma_0 h_0^2 w_{02} \tag{2-6-10}$$

$$U_{2rm} = \pi\beta_2\sigma_0 h_0 w_{02}^2 (1+2ar_A)/4 \tag{2-6-11}$$

因而，碟形变形阶段总的塑性变形耗能为

$$E_{2p} = U_{2rb} + U_{2\theta b} + U_{2rm} \tag{2-6-12}$$

在考虑剪切效应影响的基础上，采用等效塑性应变失效准则，以综合考虑拉伸应变和剪切应变的联合作用，该准则的形式为

$$\varepsilon_e = \sqrt{\varepsilon_{rm}^2 + (\gamma/2)^2} \leqslant \varepsilon_f \tag{2-6-13}$$

式中：$\varepsilon_e$ 为等效塑性应变；$\varepsilon_{rm}$ 为径向拉伸应变；$\gamma$ 为剪切应变；$\varepsilon_f$ 为靶材的失效应变值。

### 2.6.4 延性扩孔阶段

碟形变形阶段结束后，隆起变形区的靶材贴合于弹丸弹头表面形成"帽形"塞块，此时塞块失效形成的初始穿孔直径小于弹丸弹体直径。随着弹丸的运动，弹头对初始穿孔产生延性扩孔作用，如图 2-6-1(e) 所示。同时，穿孔外围的碟形变形区会继续产生塑性变形。当穿孔的直径等于弹体直径时，延性扩孔作用结束，弹头完全穿透靶板。此阶段的耗能主要包括初始穿孔的延性扩孔耗能以及穿孔外围碟形变形区进一步的塑性耗能。

延性扩孔耗能 $W_{3h}$ 主要为环向拉伸应变能,等于

$$W_{3h} = \begin{cases} \int_{r_A}^{r_p} \sigma_{d3} h_0 \dfrac{r_p - r}{r} \cdot 2\pi r \mathrm{d}r & (r_A(1+\varepsilon_f) \geqslant r_p) \\ \int_{r_A}^{r_A(1+\varepsilon_f)} \sigma_{d3} h_0 \dfrac{r_p - r}{r} \cdot 2\pi r \mathrm{d}r + W_{3\mathrm{crack}} & (r_A(1+\varepsilon_f) < r_p) \end{cases}$$

(2-6-14)

式中:$\sigma_{d3} = \beta_3 \sigma_0$ 为延性扩孔阶段靶材的动屈服应力;而裂纹扩展应变能 $W_{3\mathrm{crack}}$ 为

$$W_{3\mathrm{crack}} = N\sigma_{d3}\varepsilon_f h_0^2 [r_p - r_A(1+\varepsilon_f)] \qquad (2\text{-}6\text{-}15)$$

式中:$N$ 为穿孔边缘径向裂纹的数量,可按下式近似计算:

$$N = 2\pi \sigma_{d3} r_A \varepsilon_f / G_c \qquad (2\text{-}6\text{-}16)$$

式中:$G_c$ 为靶板材料的断裂韧性值。

碟形变形阶段结束后,由于靶板自身获得的动能以及弹丸进一步的穿孔运动,使得靶板冲击区外围碟形变形区变形范围进一步增大,因此延性扩孔阶段外围碟形变形耗能仍然存在。

延性扩孔阶段,径向无拉伸作用且环向拉伸应变能很小可忽略,因而碟形变形区塑性变形耗能主要包括径向弯曲变形能 $U_{3\mathrm{rbt}}$ 和环向弯曲变形能 $U_{3\theta\mathrm{bt}}$:

$$U_{3\mathrm{rbt}} = \int_{r_p}^{R} 2\pi r M_{03} k_{r3} \mathrm{d}r \qquad (2\text{-}6\text{-}17)$$

$$U_{3\theta\mathrm{bt}} = \int_{r_p}^{R} 2\pi r M_{03} k_{\theta3} \mathrm{d}r \qquad (2\text{-}6\text{-}18)$$

式中:$M_{03}$ 为延性扩孔阶段靶材单位长度动态极限弯矩;$k_{r3}$,$k_{\theta3}$ 分别为该阶段径向和环向曲率。

由于上式弯曲变形能包括第二阶段即碟形变形阶段碟形变形区部分弯曲变形耗能,因而需从上两式中减去第二阶段碟形变形区对应的弯曲变形能,得到延性扩孔阶段碟形变形区径向弯曲变形耗能 $U_{3\mathrm{rb}}$ 和环向弯曲变形耗能 $U_{3\theta\mathrm{b}}$ 为

$$U_{3\mathrm{rb}} = U_{3\mathrm{rbt}} - \int_{r_p}^{R} 2\pi r M_{02} k_{r2} \mathrm{d}r \qquad (2\text{-}6\text{-}19)$$

$$U_{3\theta\mathrm{b}} = U_{3\theta\mathrm{bt}} - \int_{r_p}^{R} 2\pi r M_{02} k_{\theta2} \mathrm{d}r \qquad (2\text{-}6\text{-}20)$$

则延性扩孔阶段碟形变形区塑性变形耗能 $E_{3p}$ 为

$$E_{3p} = U_{3rb} + U_{3\theta b} \quad (2\text{-}6\text{-}21)$$

因此,延性扩孔阶段总耗能包括延性扩孔耗能 $W_{3h}$ 和该阶段碟形变形区塑性变形耗能 $E_{3p}$ 两部分。

### 2.6.5 弹体贯穿阶段

弹体贯穿阶段从弹丸弹头刚好穿透靶板(图 2-6-1(f))至弹体完全穿过靶板。此阶段弹丸弹头表面不受力,只有弹体侧面存在一定的摩擦力,试验后弹体侧面少量被擦亮的痕迹以及发热的弹体说明了这一点。然而,相对于靶板的塑性变形耗能来说,此阶段的摩擦力做功很小,完全可以忽略。

### 2.6.6 算例

为了验证本节的理论分析模型,将分析结果与试验结果进行比较。计算所用参数如表 2-6-1 所列。

表 2-6-1 理论计算参数

| 参数 | 数值 | 参数 | 数值 | 参数 | 数值 |
| --- | --- | --- | --- | --- | --- |
| 弹体质量/g | 25.8 | 靶板材料密度 $\rho_b$/(kg/m³) | 7800 | $\sigma_0$/MPa | 235 |
| 弹体直径/mm | 14.9 | 临界失效应变 $\varepsilon_f$ | 0.42 | $\sigma_d$/MPa | 705 |

首先,比较隆起变形区大小。图 2-6-2 所示为不同厚度薄钢板在球头弹低速冲击下隆起变形区的理论计算值与试验结果的比较。由图可知,理论计算得到隆起变形区半径大小及其变化趋势均与试验结果吻合得很好。由图还可知,隆起变形区半径大小随弹丸冲击速度增加而不断增大,并逐渐接近弹体半径大小。当冲击速度足够大时,隆起变形区半径近似等于弹体半径。

进一步,比较变形挠度大小。当弹丸初速低于靶板的弹道极限时,靶板仅

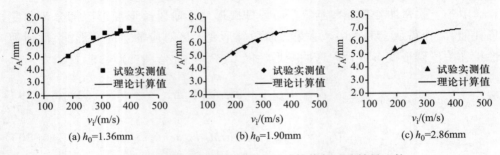

图 2-6-2 隆起变形区半径大小的计算值与试验结果比较

产生塑性大变形,并呈现隆起-碟形变形模式。此时,仅需考虑隆起变形阶段和碟形变形阶段的耗能。根据能量守恒原理,由这两部分耗能之和等于弹丸初动能求解可得靶板最大变形值。图 2-6-3 所示为隆起-碟形变形模式下,靶板最大变形挠度理论计算值与试验结果的比较。图中 $v_0$ 为弹丸初速, $w_{max}$ 为靶板中心点处最大变形挠度。由图可知,理论计算最大变形挠度值与试验结果吻合较好。

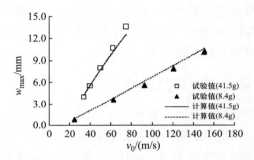

图 2-6-3 最大变形挠度 $w_{max}$ 理论计算结果与试验结果比较

最后,比较弹丸穿透靶板后的剩余速度。当弹丸初速大于靶板弹道极限时,弹丸穿透靶板并有一定的剩余速度。此情形下,包括隆起变形、碟形变形和延性扩孔 3 个阶段的耗能。根据能量守恒原理,可计算得到弹丸穿透靶板后的剩余速度值。图 2-6-4 所示为弹丸穿透靶板后弹体剩余速度理论计算值与试验结果的比较。图中, $v_0$ 和 $v_r$ 分别为弹丸初速和剩余速度;I-R 模型(I-R model)为 Ipson 和 Recht 提出的模型,而三阶段模型(3-stage model)则为前期提出的理论计算模型。由图可知,采用本节理论模型计算得到的弹体剩余速度值与试验结果吻合较好,且相对于 I-R 模型和三阶段模型而言,具有更高的精度。

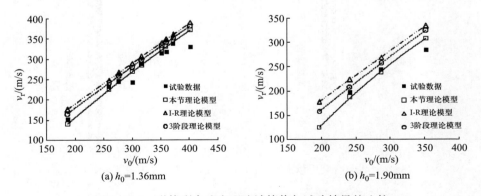

(a) $h_0$=1.36mm      (b) $h_0$=1.90mm

图 2-6-4 弹体剩余速度理论计算值与试验结果的比较

## 2.7 半穿甲战斗部低速冲击下舷侧复合装甲防护技术

目前,对于半穿甲战斗部的动能穿甲作用,工程中常通过增加船体板厚度或设置复合装甲的方式,尽可能地减小战斗部侵深。半穿甲战斗部的侵深主要依赖两个因素:一是战斗部引信的延迟时间;二是战斗部穿透舷侧外板后的剩余速度。在引信延迟时间一定的情况下,战斗部的剩余速度决定其侵深。纤维增强复合材料由于具有高比强度和比刚度以及良好的抗侵彻性能等优点,近些年来在舰船防护领域中得到了广泛的应用。

### 2.7.1 舷侧复合装甲结构型式

目前舷侧复合装甲结构主要存在外设和内设两种形式。通过外敷或外挂复合材料装甲,与船体外板形成多层复合装甲结构(图2-7-1,简称外设复合装甲结构),可大幅降低战斗部穿透舷侧结构后的剩余速度,从而大大减小战斗部的侵深,降低战斗部内爆对舰船内部舱室结构的毁伤程度与范围。外设复合装甲结构虽然在制造及施工工艺等方面存在较大优势,但在海洋环境中受干湿交变、温度变化以及光照等影响,易产生老化现象,会使得纤维复合材料的力学性能明显降低,从而导致复合装甲整体力学性能的下降。与此相反的是舷侧内设复合装甲(图2-7-2,简称内设复合装甲结构)除不易发生老化现象外,后置于船体外板的方式能更好地发挥复合材料纤维的抗弹吸能能力,有效提高舷侧复合装甲结构的整体抗动能穿甲性能。因此,从防护的角度来看,采用内设形式的舷侧复合装甲不失为一种较好的选择。

图 2-7-1 外设复合装甲示意图　　图 2-7-2 内设复合装甲示意图

## 2.7.2 舷侧复合装甲结构穿甲破坏模式

如图2-7-3所示为球头弹低速冲击下外设复合装甲结构中前置装甲板的破坏形貌。该前置装甲板由CT736平纹织布制成,制作方式为热模压,前置装甲板与钢质背板之间由环氧粘结。由正面的破坏形貌图2-7-3(a)可以看出,前置装甲板迎弹面冲击区边缘存在一定的剪切断裂现象,但冲击区大部分纤维呈现拉伸断裂的破坏模式。由背面破坏形貌(图2-7-3(b))可以看出,在前置装甲板的背面绝大部分纤维呈拉伸断裂破坏,且断裂端纤维出现了一定的原纤化现象,这是拉伸断裂后的纤维由于弹丸表面的磨蚀作用造成的,也是由于纤维高韧性材料特性作用的结果。进一步结合侧面图(图2-7-3(c)和(d))可以看出,前置装甲板的破坏模式主要为纤维的拉伸断裂破坏,发生破坏的区域局限于弹体冲击区,冲击区以外的横向变形很小,而破坏区的大小即穿孔直径与弹丸直径基本相等。可见,前置装甲板弹道冲击的响应主要是局部响应。

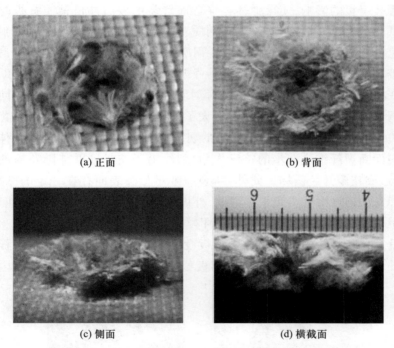

图2-7-3 外设复合装甲结构前置装甲板的破坏形貌

如图2-7-4所示为球头弹低速冲击下外设复合装甲结构钢质背板的典型破坏形貌。从图可知,钢质背板冲击区大部分呈现花瓣开裂破坏,且冲击区以外的变形很小。从整体破坏情况来看,钢质背板的穿甲破坏模式主要为花瓣开裂破坏。而相近试验条件下,单一钢板的穿甲破坏模式则主要为隆起—碟形变形—贯穿破坏或隆起—剪切冲塞破坏(图2-2-9(b)和(c)),伴随有明显的剪切冲塞痕迹。

(a) $v_0$=266.5m/s     (b) $v_0$=295.3m/s     (c) $v_0$=325.7m/s

图2-7-4 外设复合装甲结构中钢质背板的典型破坏形貌

通过与单一钢板的比较可知,球头弹低速冲击下,外设复合装甲结构钢质背板穿甲破坏模式发生了明显变化,产生这种变化的原因主要有两方面:一方面,由于前置装甲板的影响,使得弹体在穿透前置装甲板后冲击钢质背板时的速度大大降低。结合2.6节的分析可知,钢质背板形成塞块的隆起变形区半径会随着冲击速度的降低而减小,即弹体冲击钢质背板时的速度越低,越不容易产生剪切冲塞破坏。另一方面,在弹丸对钢质背板的穿甲过程中,前置装甲板断裂的纤维附着在弹头表面,从而增大了弹丸对钢质背板冲击区的作用面积。同时在对初始冲塞破口挤压的过程中相当于增大了弹体的直径,因而使得钢质背板沿剪切破口边缘的环向应力迅速达到材料的屈服应力而产生裂纹。随着弹体和附着在弹头表面断裂纤维进一步的挤压作用,裂纹沿径向扩展并伴随花瓣的弯曲作用,最终形成花瓣开裂破坏。此外,断裂纤维对弹头表面存在一定的摩擦作用,这使得弹丸的速度降低得更快。因此,外设复合装甲结构在球头弹低速冲击下,前置装甲板改变了钢质背板的穿甲破坏模式。

内设复合装甲结构由于复合材料板设置的位置不同,使得前置钢板的破坏模式与外设复合装甲结构中的钢质背板截然不同。图2-7-5所示为内设复合

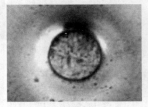

(a) 正面        (b) 背面

图2-7-5 内设复合装甲结构中前置钢板的破坏形貌($v_0$=339.3m/s)

装甲结构中前置钢板的典型破坏形貌。由图可知，前置钢板冲击区边缘存在明显的剪切冲塞痕迹，同时冲击区外围区域存在一定程度的塑性变形。由此可得，前置钢板的主要破坏模式为剪切冲塞破坏，前置钢板的穿甲破坏响应为局部响应。

比较图 2-7-4 外设复合装甲结构中钢质背板的破坏形貌可知，内设复合装甲结构中前置钢板的穿甲破坏模式明显不同。这主要是由于前置钢板直接受到弹丸的冲击，相同初速条件下，弹丸冲击钢板时的速度相对较高。同时，后置装甲板对前置钢板的变形响应存在一定程度的限制作用，使得前置钢板更容易产生剪切冲塞破坏。然而，与单一钢板进行比较可看出，前置钢板的破坏模式与单一钢板还是有较大差别的。这说明后置装甲板对前置钢板还是存在一定的影响，只是影响的程度较小。

由于背面没有其他结构的限制，内设复合装甲结构的后置装甲板在抗弹过程中能充分变形，同时前置钢板降低了弹丸冲击后置装甲板时的速度，从而使得冲击区纤维更趋向于拉伸断裂破坏。图 2-7-6 所示为内设复合装甲结构的后置装甲板的典型破坏形貌。由图可知，后置装甲板迎弹面冲击区绝大部分纤维被拉伸断裂破坏，冲击区边缘被剪切破坏的纤维很少。同时，冲击区外围存在少量的横向变形。而从背面破坏形貌可看出，后置装甲板背面冲击区绝大部分纤维呈现拉伸断裂破坏，断裂的纤维出现了较严重的原纤化现象。

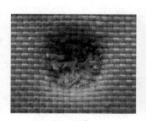 

(a) 正面　　　　　　　　(b) 背面

图 2-7-6　内设复合装甲结构中后置装甲板的典型破坏形貌

进一步比较图 2-7-3 和图 2-7-6 可知，虽然内设复合装甲结构的后置装甲板的穿甲破坏模式也主要为纤维的拉伸断裂破坏，但其拉伸断裂纤维的比例较外设复合装甲结构的前置装甲板要大。由此可见，内设复合装甲这种结构形式更易使复合材料板发生纤维拉伸断裂破坏。

### 2.7.3　防护效能分析

球头弹低速冲击下，材料相同（复合材料板均为 T750 芳纶纤维、钢板均为 Q235 钢）、面密度相近的外设和内设复合装甲结构的抗弹性能比较如表 2-7-1

所列。

表 2-7-1 试验结果抗弹吸能对比

| 靶板代号 | 试验序号 | $h_1$/mm | $h_2$/mm | $m_p$/g | $v_0$/(m/s) | $v_r$/(m/s) | $E_A$/(J·m²/kg) | $E_A$平均值 |
|---|---|---|---|---|---|---|---|---|
| 单一钢板（S） | 1 | — | 1.36 | 25.7 | — | 316.8 | — | 20.3 |
| | 2 | — | 1.36 | 25.6 | 352.1 | 314.2 | 30.5 | |
| | 3 | — | 1.36 | 25.7 | 317.1 | 288.7 | 20.8 | |
| | 4 | — | 1.36 | 25.8 | 277 | 245.7 | 19.9 | |
| | 5 | — | 1.36 | 25.7 | 259.5 | 232.7 | 16 | |
| | 6 | — | 1.36 | 25.8 | 187.7 | 152.6 | 14.5 | |
| 外设复合装甲结构 | 7 | 0.455 | 1.36 | 25.7 | 332.9 | 273.4 | 32.8 | 32.8 |
| | 8 | 0.459 | 1.36 | 25.8 | 343.5 | 284.1 | 33.9 | |
| | 9 | 0.453 | 1.36 | 25.6 | 295.3 | 224.8 | 33.2 | |
| | 10 | 0.457 | 1.36 | 25.7 | 264.4 | 186.6 | 31.8 | |
| | 11 | 0.46 | 1.36 | 25.6 | — | 225.7 | — | |
| | 12 | 0.457 | 1.36 | 25.6 | 295.8 | 226.7 | 32.6 | |
| | 13 | 0.459 | 1.36 | 25.6 | 326 | 263.4 | 33.3 | |
| | 14 | 0.431 | 1.36 | 25.7 | 325 | 265.4 | 32.4 | |
| 内设复合装甲结构 | 15 | 1.36 | 0.474 | 25.8 | 352 | 282.9 | 39.5 | 40.5 |
| | 16 | 1.36 | 0.454 | 25.8 | 355.8 | 293.6 | 36.8 | |
| | 17 | 1.36 | 0.454 | 25.6 | 360.3 | 279.5 | 46.6 | |
| | 18 | 1.36 | 0.444 | 25.8 | 391.7 | 327.5 | 42.3 | |
| | 19 | 1.36 | 0.444 | 25.7 | 365.9 | 288.1 | 46.5 | |
| | 20 | 1.36 | 0.417 | 25.8 | 348.1 | 285.8 | 36.8 | |
| | 21 | 1.36 | 0.417 | 25.8 | 311.8 | 244.8 | 34.7 | |

表 2-7-1 中，$h_1$ 和 $h_2$ 均为等面密度钢甲厚度(钢甲质量密度 7.8kg/m³)，$m_p$、$v_0$ 和 $v_r$ 分别为弹体质量、初速和剩余速度，$E_A$ 为靶板的整体单位面密度吸能。由表可知，外设和内设复合装甲结构均较单一钢板的抗弹性能要好，防护效能即抗弹效能分别提高 61.6% 和 99.5%。由于外设和内设复合装甲结构均存在复合材料板，而复合材料板在抗穿甲过程中的纤维拉伸断裂耗能的效率较均质钢板要高得多，因而使得复合装甲结构的整体抗弹效能要大大高于均质钢板。

进一步比较表 2-7-1 中外设和内设复合装甲结构的抗弹效能可知，内设复合装甲结构形式要高于外设的形式。这主要是由于内设复合装甲结构中的后置复合装甲板背面没有其他结构的限制,其在抗穿甲过程中能够充分变形,同时前置钢板降低了弹丸冲击后置复合装甲板时的速度,从而使得后置复合装甲板冲击区的纤维更趋向于拉伸断裂破坏,从而更有利于纤维抗弹吸能能力的发挥。同时又由于复合材料板抗弹效能要远大于均质钢板,因而使得内设复合装甲结构的整体抗弹效能较外设复合装甲结构要大。

通过以上对内设复合装甲结构和外设复合装甲结构防护效能的比较分析可得,舰船舷侧采用内设复合装甲板的结构形式能在很大程度上提高舷侧结构的整体防护效能。主要原因在于内设的复合装甲能够更为充分地发挥复合材料纤维在抗穿甲过程中的拉伸断裂吸能能力。因此,仅从防护的角度来看,在工程实际中可考虑在舰船舷侧采用内设复合装甲的结构形式,以更大限度地减小反舰导弹战斗部穿透舰船舷侧结构后的剩余速度,从而减小其侵深。至于舷侧内设复合装甲这种复合装甲结构形式的设计安装及其施工工艺性问题,则需进一步开展研究。

### 2.7.4 战斗部余速的理论预估

工程中,舰船舷侧结构难以完全抵御半穿甲战斗部的低速动能穿甲,更多的是关注战斗部穿透舷侧结构的剩余速度即余速的大小,并根据余速大小确定战斗部炸点离内部重要舱室舱壁结构的爆距值,从而为内部重要舱壁的结构设计提供依据。

弹丸穿透复合装甲结构后剩余速度理论预估模型的思路是首先分别求出前置复合装甲板(前置钢板)和钢质背板(后置复合装甲板)的抗弹吸能,再基于能量守恒原理建立复合装甲结构总吸能与弹丸穿透前后动能变化的关系式,进而求得弹丸穿透后的余速值。对于外设复合装甲结构,弹丸穿透后的余速 $v_r$ 为

$$v_r = \left\{ \left(1 - \frac{0.31\pi \rho_s d^2 h_s}{m_p}\right) \left[v_0^2 - \frac{\pi d^2 h_c \sigma_e}{2m_p}\left(1 + \beta\sqrt{\frac{\rho_c}{\sigma_e}}\ v_0\right)\right] - \frac{\pi d^2 h_s \sigma_y}{4m_p} \right\}^{0.5}$$

(2-7-1)

式中:$d$,$m_p$,$v_0$ 分别为弹丸弹体直径、质量和初速;$\rho_s$,$h_s$,$\sigma_y$ 分别为钢板(此为钢质背板)体密度、厚度和压缩强度;$\rho_c$,$h_c$,$\sigma_e$ 分别为复合材料板(此为前置复合装甲板)的体密度、厚度和抗压强度;$\beta$ 为与弹丸头型有关的系数,对于球头弹 $\beta=1.5$,平头弹 $\beta=1$,球形弹 $\beta=0.5$,锥头弹 $\beta=\sin^2\alpha$,其中 $\alpha$ 为半锥角。

对于内设复合装甲结构,假设前置钢板的穿甲破坏模式为开坑屈服模式(图 2-7-7),则得到弹丸穿透内设复合装甲结构后的余速 $v_r$ 为

$$v_r = \left\{\left(1 - \frac{0.31\pi d^2 \rho_s h_s}{m_p}\right)v_0^2 - \frac{\pi d^2 h_s \sigma_y}{4m_p} - \frac{\pi d^2 h_c \sigma_e}{2m_p}\left(1 + \beta\sqrt{\frac{\rho_c}{\sigma_e}}\, v_{ic}\right)\right\}^{0.5}$$

（2-7-2）

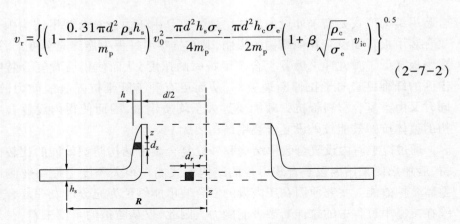

图 2-7-7 开坑屈服模型示意

图 2-7-8 和图 2-7-9 所示分别为球头弹丸穿透外设和内设复合装甲结构后的剩余速度理论预测值与试验结果的比较。由图可看出，本模型与试验结果均吻合较好，验证了模型的合理性和有效性。由于本模型所用参数较少，且易于从简单测量中获得，整个理论预测过程方便快捷，具有一定的工程应用价值。

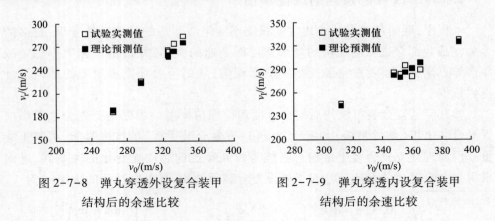

图 2-7-8 弹丸穿透外设复合装甲结构后的余速比较

图 2-7-9 弹丸穿透内设复合装甲结构后的余速比较

### 2.7.5 设计示例

舷侧复合装甲防护结构设计的原则是尽可能减少战斗部侵入舰体内部的深度，即减小战斗部穿透舷侧防护结构后的剩余速度。考虑施工和建造等因素，将舷侧复合装甲设置在舷侧外板的外侧，如图 2-7-10 所示，即外设复合装甲结构形式。半穿甲战斗部在穿透舷侧防护结构后，由于引信延时作用会继续飞行一段时间。因此，战斗部侵深 $H$ 即为战斗部剩余速度 $v_r$ 与引信延时量 $\tau$ 之积。根据舱内防护结构设计的要求，应使战斗部爆炸点与内部舱壁之间的距离不小于设定的距离 $D$。

## 第2章 战斗部冲击下舷侧结构的毁伤与防护

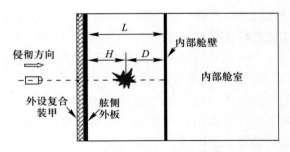

图 2-7-10 舷侧复合装甲防护结构设计示意

设舷侧外板与内部舱壁之间的距离为 $L$,有

$$L - v_r \tau \geq D \tag{2-7-3}$$

则战斗部剩余速度 $v_r$ 满足:

$$v_r \leq (L-D)/\tau \tag{2-7-4}$$

式中:$v_r$ 由式(2-7-1)计算得到。

舷侧外板的厚度 $h_s$ 根据船体结构强度的设计要求得到。因此,在舷侧外板厚度确定的情况下外设复合装甲的厚度 $h_c$ 则由剩余速度满足的条件式(2-7-4)计算得到。根据典型大型舰船舷侧结构尺寸设计,本节的示例设计中取舰船舷侧外板与舱壁之间的距离 $L = 4.3$ m,舷侧外板厚度 $h_s = 16$ mm。

以掠海飞行半穿甲反舰导弹为防御目标,战斗部质量 230kg,直径 374.4mm,初速 $v_0 = 340$ m/s,战斗部引信延时量 $\tau = 15$ ms。表 2-7-2 给出了在舷侧外板厚度和外板离内部舱壁距离确定的情况下,计算得到爆炸点离舱壁的距离随外设复合装甲厚度变化的情况。

表 2-7-2 炸点离舱壁距离随外设复合装甲厚度变化情况

| 舷侧外板厚 $h_s$/mm | 外设复合装甲厚度 $h_c$/mm | 剩余速度 $v_r$/(m/s) | 战斗部侵深 $H$/m | 外板离内部舱壁距离 $L$/m | 炸点离舱壁距离 $D$/m |
|---|---|---|---|---|---|
| 16 | 25 | 275.0 | 4.13 | 4.3 | 0.17 |
| 16 | 30 | 265.4 | 3.98 | 4.3 | 0.32 |
| 16 | 35 | 255.3 | 3.83 | 4.3 | 0.47 |
| 16 | 40 | 244.8 | 3.67 | 4.3 | 0.63 |
| 16 | 46 | 231.6 | 3.47 | 4.3 | 0.83 |
| 16 | 50 | 222.4 | 3.34 | 4.3 | 0.96 |
| 16 | 51 | 220.0 | 3.30 | 4.3 | 1.00 |
| 16 | 52 | 217.6 | 3.26 | 4.3 | 1.04 |

由表 2-7-2 可以看出,当舷侧外板厚度为 16mm 时,外设复合装甲的厚度达到 50mm 以上才能使战斗部爆炸点离舱壁的距离小于 1m。即若要求爆炸点离内部舱壁的距离大于 1m,则可外设复合装甲的设计厚度需要在 50mm 以上。

进一步地,固定外设复合装甲板的厚度为 52mm,变化舷侧外板的厚度,得到炸点离舱壁距离随舷侧外板厚度变化情况,如表 2-7-3 所列。结合表 2-7-2 和表 2-7-3 可得,战斗部炸点离内部舱壁的距离受舷侧外板厚度的影响较小,而主要取决于外设复合装甲板的厚度。

表 2-7-3  炸点离舱壁距离随舷侧外板厚度变化情况

| 舷侧外板厚 $h_s$/mm | 外设复合装甲厚度 $h_c$/mm | 剩余速度 $v_r$/(m/s) | 战斗部侵深 $H$/m | 外板离内部舱壁距离 $L$/m | 炸点离舱壁距离 $D$/m |
|---|---|---|---|---|---|
| 10 | 52 | 225.6 | 3.38 | 4.3 | 0.92 |
| 12 | 52 | 223.0 | 3.34 | 4.3 | 0.96 |
| 16 | 52 | 217.6 | 3.26 | 4.3 | 1.04 |
| 18 | 52 | 214.9 | 3.22 | 4.3 | 1.08 |
| 20 | 52 | 212.2 | 3.18 | 4.3 | 1.12 |
| 22 | 52 | 209.4 | 3.14 | 4.3 | 1.16 |
| 25 | 52 | 205.1 | 3.08 | 4.3 | 1.22 |

# 参考文献

[1] BACKMAN M, GOLDSMITH W. The Mechanics of Penetration of Projectiles into Targets [J]. Int. J. Eng Sci. 1978, 16(1): 1-99.

[2] CALDER C A, GOLDSMITH W. Plastic deformation and perforation of thin plates resulting from projectile impact [J]. Int. J. Solids Structures, 1971, 7, 863-881.

[3] JOHNSON W, CHITKARA N R, Ibrnhim A H, et al. Hole flagging and punching of circular plate with conically headed cylindrical punches [J]. Journal of Strain Analysis, 1973, 8(3):228-241.

[4] 穆建春. 金属薄板在圆锥头弹体正冲击下的破裂模式[J]. 爆炸与冲击, 2005, 25(1): 74-79.

[5] KELLY J M, WIERZBICKI T. Motion of a circular viscoplastic plate subject to projectile iMPact [J]. Z. Angew. Math. Phys., 1967, 18, 236-246.

[6] SHEN W Q. Dynamic plastic response of thin circular plates struck transversely by nonblunt masses [J]. Int. J. Solids Structures, 1995, 32(14), 2009-2021.

[7] SHEN W Q, RIEVE N O, BAHARUN B. A study on the failure of circular plates struck by masses. Part 1: Experimental Results [J]. Int. J. Impact Engig 2002, 27: 399-412.

[8] WEN H M. Deformation and perforation of clamped work-hardening plates struck by blunt missiles [J].

Nuclear Engineering and Design, 1996, 160(1): 51-58.
[9] 朱锡, 冯文山. 低速锥头弹丸对薄板穿孔的破坏模式研究[J]. 兵工学报, 1997, 18(1): 27-32.
[10] 朱锡, 侯海量. 防半穿甲导弹战斗部动能穿甲模拟试验研究[J]. 海军工程大学学报, 2002, 14(2): 11-15.
[11] 张颖军, 朱锡, 梅志远, 等. 海洋环境玻璃纤维增强复合材料自然老化试验[J]. 华中科技大学学报(自然科学版), 2011, 39(3): 14-17.
[12] 张颖军, 朱锡, 梅志远. 海洋环境载荷下T300/环氧复合材料自然老化特性试验研究[J]. 材料工程, 2011, 343(12): 25-28.
[13] CALDER C A, GOLDSMITH W. Plastic deformation and perforation of thin plates resulting from projectile impact [J]. Int. J. Solids Structures, 1971, 7: 863-881.
[14] JOHNSON W, CHITKARA N R, IBRNHIM A H, et al. Hole flagging and punching of circular plate with conically headed cylindrical punches [J]. Journal of Strain Analysis, 1973, 8(3): 228-241.
[15] 穆建春. 金属薄板在圆锥头弹体正冲击下的破裂模式[J]. 爆炸与冲击, 2005, 25(1): 74-79.
[16] LEE E H, SYMONDS P S. Large Plastic Deformations of Beam under Transverse Impact [J]. J. Appl. Mech., 1952, 19: 308-314.
[17] 席丰, 杨嘉陵, 郑晓宁, 等. 自由梁受集中质量横向撞击的刚-塑性动力响应[J]. 爆炸与冲击, 1998, 18(1): 54-61.
[18] 穆建春, 张铁光. 刚塑性自由梁中部在横向冲击下的初始变形模式[J]. 爆炸与冲击, 2000, 20(1): 7-12.
[19] 穆建春, 乔志宏, 张依芬, 等. 自由梁中部在平头子弹横向正冲击下的穿透及变形[J]. 爆炸与冲击, 2000, 20(3): 200-207.
[20] WEN H M, REDDY T Y, REID S R. Deformation and Failure of Clamped Beams under Low Speed Impact Loading [J]. Int. J. Impact Eng, 1995, 16(3): 435-454.
[21] SHEN W Q, JONES N. A failure criterion for beams under impulsive loading [J]. Int. J. Impact Eng., 1992, 12: 101-121.
[22] 宁建国, 赵永刚. 悬臂高梁在撞击载荷作用下侧向失稳的试验研究[J]. 太原理工大学学报, 1999, 30(1): 11-14.
[23] GOATHAM J I, STEWART R M. Missile firing tests at stationary targets in support of blade containment design [J]. J. Engng Power, 1976, 98: 159-165.
[24] DIENES J K, MILES J W. A membrane model for the response of thin plates to ballistic impact [J]. J. Mech. Phys. Solids, 1977, 25: 237-256.
[25] CALDER C A, KELLY J M, GOLDSMITH W. Projectile impact on an infinite, viscoplastic plate [J]. Int. J. Solids Structures, 1971, 7: 1143-1152.
[26] 陈发良, 樊福如. 局部冲击作用下刚塑性平板的动力响应和失效模式[J]. 爆炸与冲击, 1993, 13(3): 233-242.
[27] SHOUKRY M K. Effect of dynamic plastic deformation on the normal penetration of metallic plates [D]. Illinois USA: PH. D. of Illinois Institute of Technology, 1990.
[28] LIU D, STRONGE W J. Perforation of rigid-plastic plate by blunt missile [J]. Int. J. Impact Engng., 1995, 16(5/6): 739-758.
[29] 卢芳云, 李翔余, 林玉亮. 战斗部结构与原理[M]. 北京: 科学出版社, 2009.
[30] IQBAL M A, TIWARI G, GUPTA P K, et al. Ballistic performance and energy absorption characteristics of

thin aluminium plates[J]. International Journal of Impact Engineering, 2015, 77(3): 1-15.

[31] 徐伟,侯海量,朱锡,等.平头弹低速冲击下薄钢板的穿甲破坏机理研究[J].兵工学报,2018,39(5):883-892.

[32] 侯海量,朱锡,李伟,等. 低速大质量球头弹冲击下薄板穿甲破坏机理数值分析[J]. 振动与冲击,2008,27(1):40-45.

[33] 侯海量,朱锡,谷美邦. 导弹战斗部冲击下舷侧梁的动力响应及失效模式分析[J]. 船舶力学,2008,12(1):131-138.

[34] 陈长海,朱锡,侯海量,等. 球头弹低速冲击下薄板大变形的理论计算[J]. 华中科技大学学报(自然科学版),2012,40(12):88-93.

[35] CHEN CHANGHAI, ZHU XI, HOU HAILIANG, et al. A new analytical model for the low-velocity perforation of thin steel plates by hemispherical-nosed projectiles[J]. Defence Technology, 2017, 13: 327-337.

[36] IPSON T W, RECHT R F. Ballistic penetration resistance and its measurement[J]. Exp Mech, 1975, 15(7): 249-257.

[37] 侯海量,朱锡,李伟,等. 低速大质量球头弹冲击下薄板塑性动力响应分析[J]. 海军工程大学学报,2010,22(5):56-61.

[38] CHEN CHANGHAI, ZHU XI, HOU HAILIANG, et al. An experimental study on the ballistic performance of FRP-steel plates completely penetrated by a hemispherical-nosed projectile[J]. Steel and Composite Structures, 2014, 16(3): 269-288.

[39] 陈长海,朱锡,侯海量,等. 结构形式对舰船舷侧复合装甲结构抗穿甲性能的影响研究[J]. 振动与冲击,2013,32(14):58-63.

[40] 陈长海,朱锡,侯海量,等. 舰船舷侧复合装甲结构抗动能穿甲模拟试验[J]. 爆炸与冲击,2011,31(1):11-18.

[41] 陈长海,朱锡,侯海量,等. 弹丸低速贯穿纤维与金属组合薄靶板的试验研究[J]. 兵工学报,2012,33(12):1473-1479.

[42] 陈长海,朱锡,侯海量,等. 球头弹低速贯穿金属/FRP组合薄板的试验研究[J]. 弹道学报,2012,24(4):51-55.

# 第3章 战斗部舱内爆炸载荷

## 3.1 空中爆炸载荷

### 3.1.1 空中爆炸冲击波

炸药在空气中爆炸时,生成爆轰产物并释放大量爆热,爆热迅速加热爆轰产物,使其处于高温高压状态。爆轰产物在空气介质中膨胀,其结果在爆轰产物内产生反射波,而在空气内形成冲击波。反射波的性质则与空气的冲击阻抗有关。由于空气的密度小,压强低,其冲击阻抗要比爆轰产物的小得多,故反射波为稀疏波。稀疏波自界面向爆轰产物内传播,所到之处压强迅速下降。另一方面,界面处的爆轰产物又向四周高速飞散,使空气的压强、密度和温度突跃上升形成初始冲击波。由此可见,爆轰产物在空气中膨胀出现了两种不同的现象:向爆轰产物内反射一束稀疏波,使其压强不断地下降;向空气中入射始冲击波,使其压强突跃。

冲击波形成之初的压力较高,一般为 50~80MPa。随后,一方面冲击波波阵面在向外传播的过程中压力迅速下降,另一方面,爆轰产物邻层空气压力随着爆轰产物的膨胀而迅速下降,该过程可由图 3-1-1 来描述。当爆轰产物平均压力降低到大气压力 $P_0$ 时,冲击波正压作用结束,并进入负压作用区,当爆轰产物过膨胀后反向压缩时,一个带正压区和负压区的完整空气冲击波脱离爆轰产物独自传播(图 3-1-1 中 $t_4$ 时刻)。空气冲击波独立传播过程中,由于冲击波波阵面压强高,冲击波波速 $D$ 较正压区尾部低压区接近于声速 $C_0$ 的传播速度要高,因

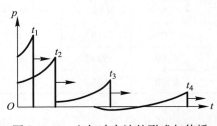

图 3-1-1 空气冲击波的形成与传播

此正压将不断拉宽，但负压区几乎都是以声速 $C_0$ 运动，其宽度几乎不变。

空气冲击波对目标的作用通常可用3个参量表示：① 冲击波波阵面的峰值超压 $\Delta p_m$；② 正压作用时间 $t_+$；③ 比冲量 $i$。

根据爆炸力学的爆炸相似律理论及量纲分析理论（Π 定理），可以求出无限空气介质中爆炸冲击波峰值超压和正压作用时间为

$$\Delta p_m = f_1(\bar{r}) \tag{3-1-1}$$

$$t_+ / \sqrt[3]{m_e} = f_2(\bar{r}) \tag{3-1-2}$$

式中：$m_e$ 为炸药 TNT 当量（kg）；$\bar{r} = r/\sqrt[3]{m_e}$ 为比例距离；$r$ 为冲击波传播的距离（m）；冲击波峰值超压 $\Delta p_m = p_m - p_0$，$p_m$ 为空气冲击波峰值压力，$p_0$ 为大气压力。

根据大量试验实测空气冲击波峰值超压和正压作用时间，并采用多项式进行拟合，式（3-1-1）和式（3-1-2）可分别由以下经验计算表示：

$$\Delta p_m(\bar{r}) = \begin{cases} \left(\dfrac{0.00625}{\bar{r}^4} - \dfrac{0.3572}{\bar{r}^3} + \dfrac{5.5397}{\bar{r}^2} + \dfrac{14.0717}{\bar{r}}\right) \times 10^5 & (0.05 \leqslant \bar{r} \leqslant 0.50) \\ \left(\dfrac{0.67}{\bar{r}} + \dfrac{3.01}{\bar{r}^2} + \dfrac{4.31}{\bar{r}^3}\right) \times 10^5 & (0.50 \leqslant \bar{r} \leqslant 70.9) \end{cases} \tag{3-1-3}$$

$$t_+ = 1.35 \times 10^{-3} \sqrt{r} \sqrt[6]{m_e} \tag{3-1-4}$$

式中：$\Delta p_m$ 为无限空中爆炸时冲击波峰值超压（Pa）；$t_+$ 为正压作用时间（s）。

对于非 TNT 装药，应根据炸药的能量等效换算成 TNT 当量，即

$$m_e = m_i Q_i / Q_{TNT} \tag{3-1-5}$$

式中：$m_i$ 为所用炸药质量；$Q_i$ 为所用炸药爆热；$Q_{TNT}$ 为 TNT 炸药爆热。

如表 3-1-1 所列为 3 种炸药的密度 $\rho_e$，爆轰速度 $D_e$，爆热 $Q$，空气冲击波初始速度 $D_x$，空气介质初始速度 $U_x$ 和空气冲击波初始压力 $p_x$。

表 3-1-1 炸药爆轰及空气冲击波初始系数

| 炸药 | $\rho_e$/(g/cm³) | $D_e$/(m/s) | $Q$/(kJ/kg) | $D_x$/(m/s) | $U_x$/(m/s) | $p_x$/(MPa) |
|---|---|---|---|---|---|---|
| 梯恩梯（TNT） | 1.6 | 7000 | 4187 | 7100 | 6450 | 57 |
| 黑索金（RDX） | 1.6 | 8200 | 5443 | 8200 | 7450 | 76 |
| 泰安（FETN） | 1.6 | 8400 | 5862 | 8450 | 7700 | 81 |

空气冲击波载荷随时间的变化曲线，在正压作用区通常用递减三角形来近似描述，如图 3-1-2 所示，入射冲击波载荷曲线可由下式计算：

$$p(t) = \Delta p_m (1 - t/t_+) \quad (t \leq t_+) \tag{3-1-6}$$

式中:$\Delta p_m$,$t_+$ 分别为冲击波峰值超压和正压作用时间。

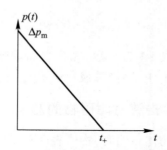

图 3-1-2 空气冲击波载荷曲线

对于非无限空中爆炸,如装药在地面爆炸,则通过对炸药 TNT 当量 $m_e$ 的修正,式(3-1-3)~式(3-1-5)仍然适用。对于刚性地面,TNT 当量 $m_{ef} = 2m_e$,而普通地面,可取 $m_{ef} = 1.8m_e$。

### 3.1.2 弹药壳体的影响

对于带壳弹药爆炸,炸药爆炸能量首先消耗在弹壳的变形和破坏上以及赋予破片以一定的初始动能上,余留部分才消耗在爆轰产物的膨胀和冲击波的形成上。因此,弹丸爆炸形成的空气冲击波强度要比无壳同等装药爆炸形成冲击波弱,留给爆轰产物和冲击波的当量炸药为

$$m_{ef} = \frac{m_p}{1+a-a\alpha}\left[\alpha + (1+a)(1-a)\left(\frac{r_0}{r_m}\right)^{N(\gamma-1)}\right] \tag{3-1-7}$$

式中:$a$ 为与弹药有关的系数,平面爆轰 $a=2$,柱对称爆轰 $a=1$,球对称爆轰 $a=2/3$;$N$ 为爆药形状系数,对于平板、柱和球分别取 $N=1$、2 和 3;$\alpha$ 为装药系数,$\alpha = m_e/(m_e+M)$,其中 $m_e$ 为装药量,$M$ 为弹壳质量;$\gamma$ 为爆轰产物绝热指数,$\gamma = 3$;$r_0$ 为装药半径;$r_m$ 为破片达到最大速度的半径,钢壳 $r_m = 1.5r_0$,铜壳 $r_m = 2.24r_0$,对于脆性材料和预制破片弹,$r_m$ 则更小。

空气冲击波比冲量 $i$ 是指单位面积冲击波在正压区的冲量,可由冲击波超压曲线 $\Delta p(t)$ 对时间的积分给出,即

$$i = \int_0^{t_+} \Delta p(t) dt \tag{3-1-8(a)}$$

比冲量 $i$ 的计算公式可以从理论上推导,但由于有些量难以准确计算,如炸药爆炸后传给冲击波的能量(从理论上可估算大约有 90% 左右的炸药能量传给

了冲击波,但实际上由于炸药爆炸以及爆轰产物膨胀的特殊情况传给冲击波的能量远小于此,一般仅为70%左右)等。在实际计算中常采用经验公式,TNT在无限空间爆炸时比冲量为

$$i = A \cdot \bar{r}^{-1} m_e^{1/3} \quad (r > 12r_0) \quad\quad (3-1-8(b))$$

式中:$i$ 为比冲量($N \cdot s/m^2$);$A$ 为系数,无限空间爆炸时可取 $A=200 \sim 250$。其他装药可根据爆热,由式(3-1-5)换算成 TNT 当量进行计算。

### 3.1.3 空中爆炸冲击波对障碍物的影响

当空气冲击波传播到物体表面时,物体表面对空气冲击波有阻碍作用,空气冲击波在物体表面将产生反射和绕流。对于具有较大刚性平面的物体,空气冲击波正入射时对物体的作用压力将大大提高,该压力一般称为反射冲击波超压,或称为壁压,记为 $\Delta p_r$。由入射波、反射波作用前后刚性壁面处空气遵守质量守恒、动量守恒和能量守恒可推导出正反射下反射冲击波超压 $\Delta p_r$ 与比冲量的计算公式:

$$\Delta p_r = 2\Delta p_m + \frac{6\Delta p_m^2}{\Delta p_m + 7p_0} \quad\quad (3-1-9(a))$$

式中:$\Delta p_m$,$p_0$ 分别为空气冲击波超压(入射超压)和大气压力(初始压力)。对于马赫反射($\varphi_{0c} < \varphi_0 < 90°$),反射冲击波超压 $\Delta p_r$ 为

$$\Delta p_r = \Delta p_{mG}(1+\cos\varphi_0) \quad\quad (3-1-9(b))$$

反射比冲量 $i_r$ 的计算式如下:

$$\text{正规反射}: i_r = i_G(1+\cos\varphi_0) \quad (0 < \varphi_0 < 45°) \quad (3-1-10(a))$$

$$\text{马赫反射}: i_r = i_G(1+\cos^2\varphi_0) \quad (45° < \varphi_0 < 90°) \quad (3-1-10(b))$$

式中:$\Delta p_{mG}$,$i_G$ 分别为装药在地面爆炸时的冲击波峰值超压和比冲量,可通过修正炸药 TNT 当量 $m_e$,按式(3-1-3)~式(3-1-5)和式(3-1-8)计算。

## 3.2 装药舱室内部爆炸角隅汇聚现象

由于舰船舱室结构的影响,舱内封闭空间中的爆炸冲击载荷远较敞开环境中的爆炸载荷复杂,冲击波会在多个方向发生反射,不同方向的反射波之间以及反射波与结构之间会发生复杂的相互作用,大大增加其对舰船结构的毁伤威力,其实质是封闭空间爆炸下冲击波的传播过程。

## 第 3 章 战斗部舱内爆炸载荷

装药舱室内部爆炸有两个明显而重要的现象,即角隅部位的冲击波汇聚和整体的脉动。这两个现象对于结构早期的破坏具有决定性影响。因此,进行封闭空间内爆炸冲击波传播过程研究,给出封闭空间爆炸下冲击波在角隅部位的汇聚特性及其在封闭空间内的脉动规律,是分析舱室结构承受的冲击载荷特性及其计算方法的前提。本节采用典型舱室结构模型进行了舱内爆炸试验研究,分析了舱内爆炸下的冲击载荷及其作用过程,比较了舱内爆炸载荷与敞开环境爆炸下平板壁面反射冲击波的强度。

### 3.2.1 舱室结构模型

采用某典型舱室的缩比模型,长 $l=1250$m,宽 $b=750$m,高 $h=625$mm,肋骨间距为 625mm,纵舱壁和舷侧外板纵骨间距 125mm,甲板及横舱壁扶强材间距 150mm,舷侧板架中心有一个直径 $D=200$mm 的圆形开口。模型具体结构及其组成板架结构尺寸见图 3-2-1 及表 3-2-1,图 3-2-2 为试验模型照片。模型材

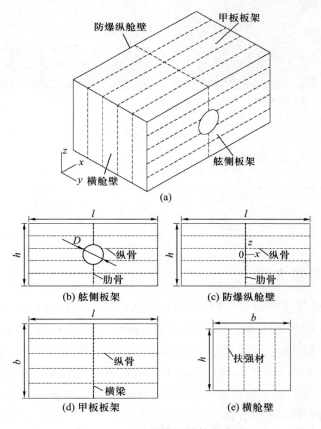

图 3-2-1 试验模型结构示意图

料采用 Q235 低碳钢,其材料力学性能见表 3-2-2,骨材与板之间及各板架之间均采用焊接结构。

表 3-2-1 模型结构及尺寸 (单位:mm)

| 结构 | | 防爆纵舱壁 | 甲板 | 舷侧板架 | 横舱壁 |
|---|---|---|---|---|---|
| 板厚 | | 5 | 5 | 4.5 | 3 |
| 纵骨或扶强材(扁钢)(宽×高) | | 3×35 | 3×35 | 2.6×25 | 3×35 |
| 肋骨或横梁(T型材) | 腹板(宽×高) | 2.5×112.5 | 2×80 | 1.5×75 | |
| | 面板(厚×高) | 3.5×50 | 3.5×35 | 3×30 | |

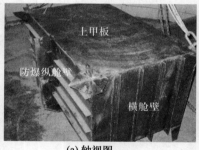

(a) 轴视图

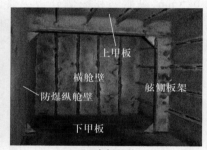

(b) 内部结构

图 3-2-2 试验模型照片

表 3-2-2 模型材料力学性能

| 密度 $\rho$/(kg/m³) | 屈服强度 $\sigma_0$/MPa | 抗拉强度 $\sigma_b$/MPa | 伸长率 $\delta_s$/% |
|---|---|---|---|
| 7800 | 235 | 400~490 | 22 |

## 3.2.2 试验方法

采用上述舱室结构模型,进行小药量舱内爆炸载荷特性试验研究,爆炸装药采用晶态 TNT,密度为 1.61g/cm³,爆热为 4186.8kJ/kg,爆速为 6950m/s。装药量分别为 18g 和 33g,其形状为六面体方块,18g 和 33g 装药的尺寸分别为 25mm×25mm×18.5mm、25mm×25mm×33.4mm,在其尾端钻一直径 7mm 的圆孔以放置电雷管;装药布置在舱室模型中心,尾端位于舷侧方向(图 3-2-3(a))。

为获得舱内爆炸下冲击载荷的特性并与敞开环境下爆炸下加筋板承受的冲击载荷进行比较,在防爆纵舱壁上设置 3 个冲击波压力测点(图 3-2-3(b))。

# 第 3 章 战斗部舱内爆炸载荷

(a) TNT布置方式

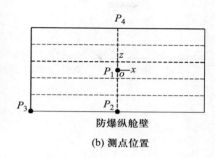
(b) 测点位置

图 3-2-3 舱内爆炸装药及冲击波测点布置

其中：$P_1$ 测点位于防爆纵舱壁中心肋骨上，$P_2$ 位于防爆纵舱壁与下甲板间的角隅部位肋骨上，$P_3$ 位于防爆纵舱壁、横舱壁与下甲板间的角隅部位。另根据舱室结构模型上冲击波压力测点相对位置制作平板模型，并布置爆炸冲击波压力测点 $P_1$、$P_2$、$P_3$，如图 3-2-4 所示。平板模型的爆炸试验装药与舱内爆炸相同，装药尾端背对平板表面。

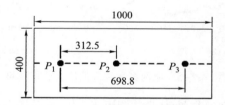

图 3-2-4 平板模型及其测点布置

## 3.2.3 作用载荷及其作用过程分析

比较图 3-2-5、图 3-2-6 可知，与敞开环境爆炸下平板模型受到的壁面反射冲击载荷不同的是舱内爆炸下舱室结构将承受冲击波的多次反复作用。由图 3-2-5 可知，舱室中心装药 18g TNT 爆炸下冲击波到达舱室纵舱壁后形成反射，结构受到第一次冲击，530μs 后测点 $P_1$ 受到第二次冲击。此后，冲击波又在舱室内发生了多次复杂的相互作用，对结构产生多次反复冲击，直到冲击能量逐渐衰减，舱室内部流场平衡稳定。由图 3-2-5(c)、图 3-2-5(e) 可知，在测点 $P_2$、$P_3$ 上，舱内爆炸载荷同样对结构产生了多次反复冲击。由图 3-2-5(b)、图 3-2-5(d)、图 3-2-5(f) 可知，舱室中心装药 33g TNT 舱内爆炸下，冲击载荷强度增大，同样表现出了对结构的反复多次作用。

比较图 3-2-5、图 3-2-6 可知，舱内爆炸下测点 $P_2$、$P_3$ 承受的冲击载荷远

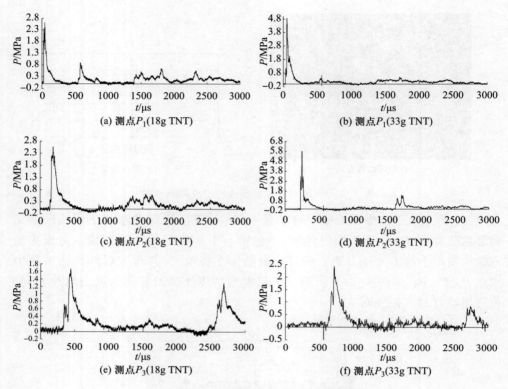

图 3-2-5 舱内爆炸冲击波压力测试结果

大于敞开环境下的壁面反射冲击波。测点 $P_2$、$P_3$ 到爆炸点的距离分别是测点 $P_1$ 的 1.3 倍和 2.1 倍,根据空气中爆炸冲击波的传播规律,其自由场压力及比冲量均应远小于测点 $P_1$。由图 3-2-5 可知,舱内爆炸下测点 $P_2$ 受到的第一次冲击,其峰值超压与测点 $P_1$ 相当,其正压作用时间和比冲量约为测点 $P_1$ 的 1.5 倍;测点 $P_3$ 受到的第一次冲击,其峰值超压约为测点 $P_1$、$P_2$ 的 0.65 倍,但其正压作用时间和比冲量是测点 $P_1$ 的 2 倍以上。舱室中心装药 33g TNT 舱内爆炸下,测点 $P_2$ 受到的第一次冲击,其冲击强度约为测点 $P_1$ 的 1.2 倍;测点 $P_3$ 受到的第一次冲击,其峰值超压约为测点 $P_1$ 的 0.5 倍,但其正压作用时间和比冲量分别为测点 $P_1$ 的 2.5 倍和 1.6 倍。其原因主要是测点 $P_2$、$P_3$ 均位于舱室结构的角隅部位,冲击波是由较大空间向较小空间传播的,传播过程中将发生复杂的相互作用而形成会聚冲击波,其强度远大于自由场中冲击波的强度,从而使角隅部位承受的冲击载荷大大增强。

因此,舱内爆炸载荷与敞开环境爆炸下加筋板结构承受的冲击载荷有较大区别。舱内爆炸下,由于舰船结构的影响,舰船结构除承受初始冲击波的作用

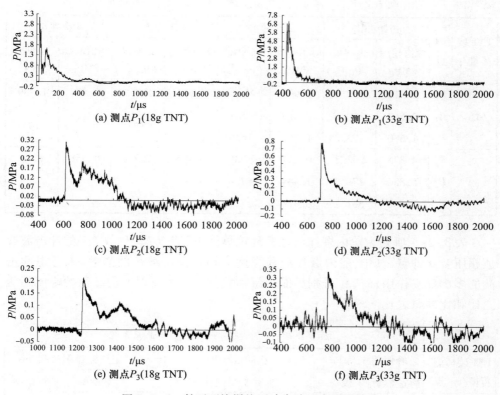

图 3-2-6 敞开环境爆炸下冲击波压力测试结果

外,还将承受冲击波的多次反复作用,舱室角隅部位还将承受强度远大于壁面反射冲击波的会聚波的作用,且会聚特性随装药量的增大而增强。

此外,爆炸载荷下,当舰船结构没有产生破损时,由于结构的限制作用,爆炸产生的高温、高压产物无法及时向外扩散,舰船舱内还将继续保持一定的准静态压力。

### 3.2.4 舱内爆炸载荷强度

表 3-2-3 所列为舱内爆炸下,作用于测点 $P_1$、$P_2$、$P_3$ 上历次反复冲击的强度。由图 3-2-5 及表 3-2-3 可知,在两种装药舱内爆炸下,3ms 内测点 $P_1$、$P_2$、$P_3$ 均分别受到了 4 次、3 次和 2 次冲击。其中,结构承受的初始冲击峰值超压最大,随着冲击波在舱内不断发生反射和相互作用,作用于舰船结构上的冲击波峰值超压逐渐衰减,但由于冲击波的正压作用时间增大,其比冲量仍相对较大,并可能大于初始冲击的比冲量。

表 3-2-3 舱内爆炸下作用于结构上的历次冲击的强度

| TNT装药量/g | 测点 | 初始冲击 | | 2次冲击 | | 3次冲击 | | 4次冲击 | |
|---|---|---|---|---|---|---|---|---|---|
| | | 峰值超压/MPa | 比冲量/(Pa·s) | 峰值超压/MPa | 比冲量/(Pa·s) | 峰值超压/MPa | 比冲量/(Pa·s) | 峰值超压/MPa | 比冲量/(Pa·s) |
| 18 | $P_1$ | 2.616 | 151.1 | 0.909 | 91.4 | 0.661 | 157.7 | 0.578 | 183.9 |
| | $P_2$ | 2.567 | 260.6 | 0.615 | 195.1 | 0.401 | 149.5 | | |
| | $P_3$ | 1.680 | 303.8 | 1.294 | 316.9 | | | | |
| 33 | $P_1$ | 4.875 | 223.8 | 0.441 | 77.0 | 0.496 | 185.4 | 0.358 | 92.8 |
| | $P_2$ | 5.830 | 276.9 | 1.444 | 167.8 | 0.401 | 141.3 | | |
| | $P_3$ | 2.438 | 361.1 | 0.826 | 127.7 | | | | |

表 3-2-4 所列为舱内爆炸与敞开环境爆炸下,测点 $P_1$、$P_2$、$P_3$ 上的冲击波峰值超压及比冲量,其中,舱内爆炸载荷强度为初始冲击载荷的强度,未考虑冲击波的多次反复作用;$\lambda_p$、$\lambda_I$ 分别为舱内爆炸载荷与壁面反射冲击载荷的峰值超压之比和比冲量之比。

表 3-2-4 舱室模型与平板模型中各测点冲击波强度

| TNT装药量/g | 测点 | 峰值超压/MPa | | $\lambda_p$ | 比冲量/(Pa·s) | | $\lambda_I$ | 正压区作用时间/ms | |
|---|---|---|---|---|---|---|---|---|---|
| | | 舱室模型 | 平板模型 | | 舱室模型 | 平板模型 | | 舱室模型 | 平板模型 |
| 18 | $P_1$ | 2.616 | 3.134 | 0.83 | 151.1 | 226.1 | 0.67 | 0.328 | 0.390 |
| | $P_2$ | 2.567 | 0.310 | 8.27 | 260.6 | 55.7 | 4.68 | 0.46 | 0.489 |
| | $P_3$ | 1.680 | 0.215 | 7.83 | 303.8 | 26.5 | 11.48 | 0.762 | 0.500 |
| 33 | $P_1$ | 4.875 | 7.105 | 0.69 | 223.8 | 394.7 | 0.57 | 0.25 | 0.473 |
| | $P_2$ | 5.830 | 0.779 | 7.49 | 276.9 | 78.1 | 3.54 | 0.325 | 0.447 |
| | $P_3$ | 2.438 | 0.338 | 7.21 | 361.1 | 52.8 | 6.84 | 0.648 | 0.482 |

根据上述分析,装药在舱室中心爆炸后,将形成冲击波向四周传播,当冲击波碰到舰船结构后,将在结构表面形成反射,反射波与向角隅部位传播的冲击波共同作用形成会聚波,其强度远大于自由场中冲击波的强度,因而舱室板架中部所承受的初始冲击载荷为初始冲击波的反射波,而角隅部位承受的是会聚冲击波。

由图 3-2-5、图 3-2-6 及表 3-2-4 可知,试验中,舱内爆炸下舱室板架中部结构所承受的初始冲击载荷强度略小于敞开环境爆炸下壁面反射冲击载荷,但在舱室角隅部位舱内爆炸载荷的强度约为敞开环境爆炸下壁面反射冲击载荷的

7倍以上，这主要是装药起爆点的偏差引起的。根据文献可知，引爆面的初始冲击波参数比另一端小得多，但对远距离处的冲击波影响不大，引爆点越接近装药形心，引爆面的初始冲击波参数与另一端相差越小。试验中采用六面体方块形晶态TNT装药，尾端钻孔引爆，钻孔深度的不同，引爆点位置也不同，从而引起测点 $P_1$ 的初始冲击波强度偏差；若装药形状及引爆点完全相同的情况下，舱内爆炸下舱室板架中部结构所承受的初始冲击载荷强度与敞开环境爆炸下壁面反射冲击载荷强度相当。

由于现代水面舰船普遍采用薄壁结构，导弹战斗部舱内爆炸下，爆炸冲击波首先作用于舱室板架结构中部，并在板架发生局部塑性变形前，迅速形成会聚波作用于舱室结构的角隅部位上，其时间差约为几十微秒，由于会聚波强度远大于同一位置壁面反射冲击波，舱室结构角隅部位将迅速发生撕裂。由于爆炸冲击下，舰船结构的冲击响应时间通常为毫秒量级，根据图2-2-5及表2-2-3可知，舱室结构在发生动态变形和角隅部位撕裂失效过程中将受到爆炸冲击波的2~4次作用，因此舱室板架发生失效后还将获得一定运动速度，发生大挠度外翻变形。

## 3.3 装药舱室内部爆炸载荷特性

### 3.3.1 计算方法

采用动态非线性有限元分析程序 MSC/Dytran 模拟装药在舱内爆炸下冲击波的传播特性。

根据选取的计算坐标的不同，有限元分析可分为欧拉法和拉格朗日法。欧拉法源于流体动力学，其网格在空间固定，材料在网格间流动，适于大变形计算而不需要进行特别处理，拉格朗日法的网格固定在材料上，能自然地描述材料的响应历程，计算量相对较小。因此，在本节的计算分析中，炸药及周围的空气介质采用欧拉网格进行描述，而舰船结构则采用拉格朗日网格进行描述。耦合算法通过在两者之间定义耦合面，实现两者的耦合作用关系。耦合面既是欧拉网格与拉普拉斯结构网格之间相互作用力的传递者，又是欧拉网格的流场边界。

舰船结构材料采用双线性弹塑性本构模型，材料的应变率效应由 Cowper-Symonds 模型描述，动态屈服强度 $\sigma_d$ 为

$$\sigma_d = \left(\sigma_0 + \frac{EE_h}{E-E_h}\varepsilon_p\right)\left[1+\left(\frac{\dot{\varepsilon}}{D}\right)^{1/n}\right] \quad (3-3-1)$$

式中：$\sigma_0$ 为静态屈服强度；$E_h$ 为应变硬化模量；$\varepsilon_p$ 为有效塑性应变；$\dot{\varepsilon}$ 为等效塑

性应变率;$D,n$ 为常数,对于低碳钢 $D=40.4/s$,$n=5$;材料失效模型采用最大塑性应变失效。计算中,假设舰船结构的材料为低碳钢,其材料参数如表 3-3-1 所列。

表 3-3-1 舰船结构材料参数

| 参数 | 数值 | 参数 | 数值 | 参数 | 数值 |
|---|---|---|---|---|---|
| $\sigma_0$/MPa | 235 | $E$/GPa | 210 | 密度 $\rho$/(kg/m³) | 7800 |
| $\nu$ | 0.3 | $E_h$/MPa | 250 | 失效应变 $\varepsilon_f$ | 0.28 |

炸药采用 B 类混合炸药(COMP B),其爆轰产物的 JWL 状态方程为

$$p = A\left(1 - \frac{\omega\eta}{R_1}\right)e^{-R_1/\eta} + B\left(1 - \frac{\omega\eta}{R_2}\right)e^{-R_2/\eta} + \omega\eta\rho_0 e \quad (3\text{-}3\text{-}2)$$

式中:$p$ 为压力;$A,B,\omega,R_1,R_2$ 为常数。$\eta=\rho/\rho_0$,$\rho_0$ 为初始密度;$e$ 为质量比内能。

假设空气介质为无黏性的理想气体,爆炸波的膨胀传播过程为绝热过程,空气的状态方程为

$$p = (\gamma - 1)\rho e \quad (3\text{-}3\text{-}3)$$

式中:$\gamma$ 为绝热指数。

计算中炸药及空气的材料参数分别如表 3-3-2、表 3-3-3 所列。

表 3-3-2 B 类混合炸药的材料参数

| 参数 | $\rho_0$/(g/cm³) | $A$/10⁵MPa | $B$/10⁵MPa | $R_1$ | $R_2$ | $\omega$ | $e$/10³J/kg | 爆速 $D$/(m/s) |
|---|---|---|---|---|---|---|---|---|
| 数值 | 1.630 | 5.5748 | 0.0783 | 4.5 | 1.2 | 0.34 | 4969 | 8000 |

表 3-3-3 空气介质的状态参数

| 初始密度 $\rho_0$/(kg/m³) | 初始压力 $p_0$/Pa | 绝热指数 $\gamma$ | 质量比内能 $e$/(J/kg) |
|---|---|---|---|
| 1.29 | 1.01×10⁵ | 1.4 | 1.9385×10⁵ |

为分析舱内爆炸载荷特性以及舱内爆炸下舰船结构的失效模式,并与敞开环境爆炸下加筋板结构承受的冲击载荷及其失效模式进行比较,选取舰船右舷典型的舱室结构及其组成板架结构模型如图 3-3-1 所示。计算中舰船结构均采用四变形板壳单元模拟;采用柱形装药,直径为 $d$,长度为 $l_e$,质量为 $Q$。假设导弹由右舷垂直穿入舱室,其轴线过舷侧板架及防爆纵舱壁的中心,与船宽方向

重合,在舱室中心爆炸,右舷舷侧板架中心产生一个约两倍弹径的破口。模型的具体结构及装药如表3-3-4所列。

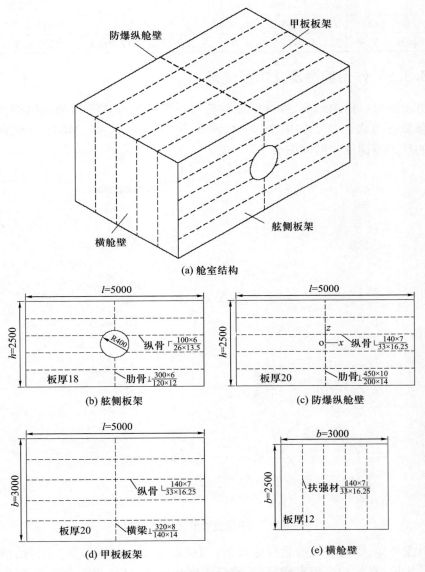

图3-3-1 舰船舱室结构模型示意图

表 3-3-4  模型具体结构及装药

| 编号 | 模型构成 | 装药 | | | 装药位置 | 起爆点 |
|---|---|---|---|---|---|---|
| | | $d$/mm | $l_e$/mm | $Q$/kg | | |
| M1 | 舱室结构 | 374.4 | 484.2 | 86.9 | 舱室中心 | 装药前端中心 |
| M2 | 防爆纵舱壁 | 374.4 | 484.2 | 86.9 | 头部距板架1257.9mm | 装药前端中心 |

### 3.3.2 作用载荷及其作用过程

由于舰船结构的影响,舱内爆炸载荷与敞开环境爆炸下加筋板结构承受的爆炸载荷有较大区别。如图 3-3-2、图 3-3-3 所示为 M1、M2 中防爆纵舱壁表面的压力等高线随时间的变化。

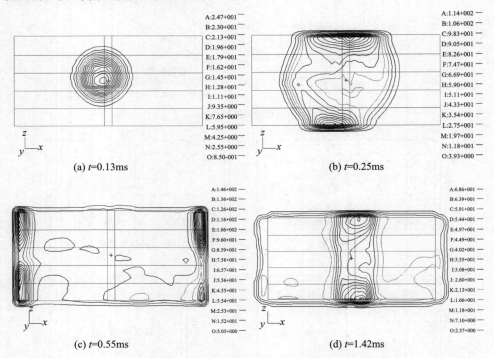

图 3-3-2  防爆纵舱壁壁面压力:M1

由图可知,炸药在舰船舱内爆炸后,形成冲击波向四周传播,当冲击波碰到舰船结构后,在结构表面形成反射,部分向爆心汇聚,另一部分沿结构表面传播,在冲击波传播到舱室角隅部位(如甲板与舱壁间的角隅)之前,防爆纵舱壁承受的冲击载荷与敞开环境爆炸下加筋板结构承受的爆炸载荷相同(图 3-3-2、图 3-3-3,$t=0.3$ms),主要是冲击波在结构表面形成的壁面反射冲击波。当冲击波传播到舱室角隅部位时,将形成汇聚冲击波(图 3-3-2,$t=0.5$、$0.7$ms),其

## 第3章 战斗部舱内爆炸载荷

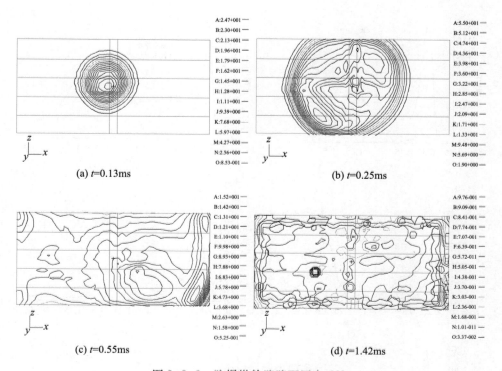

图 3-3-3 防爆纵舱壁壁面压力：M2

强度远大于壁面反射冲击波强度。

向爆心汇聚的冲击波还将相互作用形成二次冲击波，对结构产生二次冲击（图 3-3-2，$t=1.45\text{ms}$），如此反复多次，冲击能量逐渐衰减，直到结构内部流场平衡稳定。

此外，爆炸载荷下，当舰船结构没有产生破损时，由于结构的限制作用，爆炸产生的高温、高压产物无法及时向外扩散，舰船舱内形成了约 5MPa 的持续作用准静态压力。

### 3.3.3 汇聚冲击波强度

图 3-3-4 所示为模型 M1 与 M2 中，几个典型位置上角隅汇聚冲击波与壁面反射冲击波波形图，其位置如图 3-3-5 所示，其中，点 $P_2$、$P_4$、$P_6$、$P_8$ 处于两壁面角隅部位，点 $P_0$、$P_3$、$P_5$、$P_7$ 处于三壁面角隅部位。表 3-3-5 所列为模型 M1 与 M2 中几个典型位置上的冲击波峰值超压及比冲量，不考虑冲击波的多次反复作用。$\lambda_p$、$\lambda_I$ 分别为舱内爆炸载荷与壁面反射冲击载荷的峰值超压之比和比冲量之比。

由图 3-3-4 及表 3-3-5 可知，在结构的两壁面角隅（如点 $P_2$、$P_4$、$P_6$、$P_8$）部位，汇聚冲击波峰值超压、比冲量分别平均为壁面反射冲击波的 4.8 倍和 5.9 倍；

81

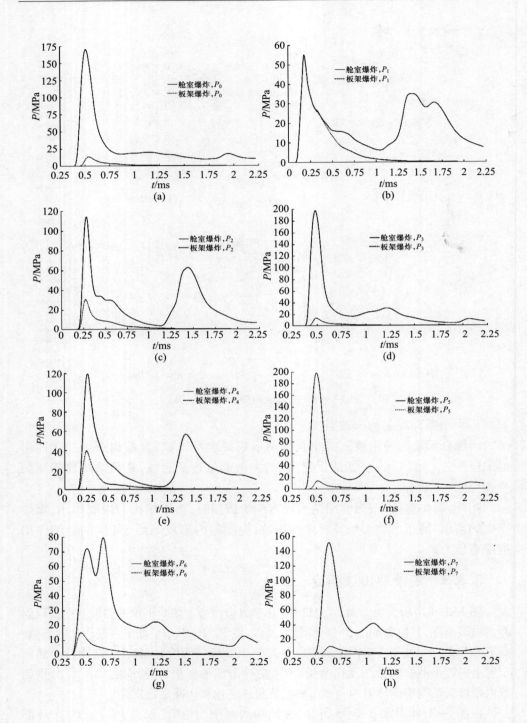

第 3 章 战斗部舱内爆炸载荷

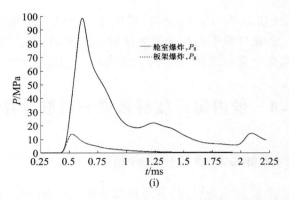

图 3-3-4 典型部位汇聚冲击波与壁面反射冲击波波形图

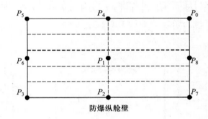

图 3-3-5 典型部位位置示意图

表 3-3-5 模型 M1 与 M2 中典型部位冲击波强度

| 类型 | 典型部位 | 峰值超压/MPa | | $\lambda_p$ | 比冲量/(MPa·ms) | | $\lambda_I$ |
| --- | --- | --- | --- | --- | --- | --- | --- |
| | | M1 | M2 | | M1 | M2 | |
| 壁面反射 | $P_1$ | 55.0 | 55.1 | 1.0 | 17.7 | 13.9 | 1.3 |
| 两壁面汇聚 | $P_2$ | 113.9 | 30.7 | 3.7 | 25.0 | 6.7 | 3.7 |
| | $P_4$ | 119.6 | 39.8 | 3.0 | 27.5 | 8.1 | 3.4 |
| | $P_6$ | 79.5 | 15.1 | 5.3 | 29.3 | 3.6 | 8.2 |
| | $P_8$ | 98.3 | 13.9 | 7.1 | 29.3 | 3.5 | 8.3 |
| | 平均值 | | | 4.8 | | | 5.9 |
| 三壁面汇聚 | $P_0$ | 170.6 | 13.4 | 12.7 | 29.8 | 2.5 | 12.0 |
| | $P_3$ | 197.1 | 13.8 | 14.2 | 32.5 | 2.4 | 13.7 |
| | $P_5$ | 198.2 | 13.9 | 14.2 | 33.0 | 2.5 | 13.2 |
| | $P_7$ | 151.7 | 10.7 | 14.2 | 31.1 | 2.2 | 14.3 |
| | 平均值 | | | 13.8 | | | 13.3 |

在三壁面角隅部位(如点 $P_0$、$P_3$、$P_5$、$P_7$),汇聚冲击波峰值超压平均约为壁面反射冲击波的 13.8 倍,比冲量平均约为壁面反射冲击波的 13.3 倍,而两个模型中壁面反射冲击波的强度是相同的(如点 $P_1$,不考虑冲击波的多次反复作用)。

## 3.4 舱内爆炸载荷强度的近似计算

### 3.4.1 舱内爆炸载荷强度特性分析

由 3.2 节、3.3 节研究结果可知,装药在舰船舱室内部爆炸后,将形成冲击波向四周传播,碰到舰船舱室板架结构后,将在结构表面形成反射。反射波在舱室角隅相遇将产生汇聚波作用于角隅结构;反射波向舱室中心回传将形成宏观脉动效应,并在舱室内逐渐趋于均匀化(图 3-4-1)。

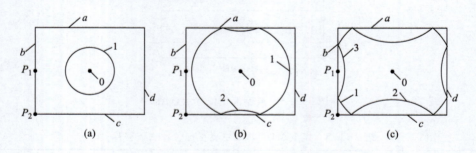

图 3-4-1 舱内爆炸初始冲击波传播的示意图
0—起爆点;1—球面波;2—下甲板的反射波;3—纵舱壁上的反射冲击波;
a—上甲板;b—纵舱壁;c—下甲板;d—舷侧结构。

从时间尺度上舱室板架承受的压力载荷可分为爆轰产物膨胀扩散阶段和脉动平稳两个阶段(图 3-2-5、图 3-3-4),其中爆轰产物膨胀扩散阶段,结构承受的载荷为初始冲击载荷,其特征是冲击压力较大,但作用时间很短;脉动平稳阶段,舱壁结构承受的载荷包括后续脉动冲击载荷与缓慢衰减的准静态气压。由 2.2 节、2.3 节可知,初始冲击载荷强度最大,随着冲击波在舱内不断发生反射和相互作用,冲击能量迅速耗散,冲击强度迅速变弱。准静态气压幅值相对较小,但作用时间较长,也是结构破坏的主要因素。考虑到实际舰船舱室发生舱内爆炸时,通常存在一定的破损(如导弹战斗部动能穿甲破口),准静态气压随着爆轰产物的泄漏,舱室内的准静态气压载荷将逐渐衰减,其衰减速度取决于结构破损导致的泄爆面积。因此,可将作用于舱壁的载荷近似简化为三角脉冲载荷与梯形准静态载荷的叠加(图 3-4-2),其中 $p_1$、$i_1$ 分别为爆轰产物膨胀扩散阶段作用在舱壁上的超压和比冲量，$p_2$ 为准静态压力值，$t_2$ 为准静态气压平衡稳定时间。舱内爆炸载荷特性研究的主要任务是给出 $p_1$、$i_1$ 及 $p_2$ 计算方法。

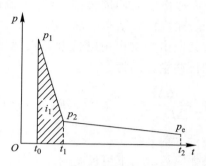

图 3-4-2　载荷简化模型

从空间分布上看，在舱壁中部区域（图 3-4-3 区域 A）冲击波入射角 $\varphi_0$ 较小，将产生正规反射，其作用载荷由初始瞬态冲击载荷和后续逐渐衰减的脉动冲击与准静态气压载荷叠加而成。区域 A 以外，入射冲击波减小且入射角 $\varphi_0$ 较大，将发生马赫反射，称为马赫反射区（区域 B），冲击压力较小，其载荷形式与区域 A 类似，只是初始冲击载荷相对较小，作用载荷以准静态气压为主。角隅部位（区域 C：角隅汇聚区）由于冲击波汇聚效应的影响，也会产生多次较强的冲击，同时也会受到准静态气压的作用。忽略爆轰产物到达各区域时间差及后续载荷的脉动，舱壁结构承受的载荷可分为气团膨胀扩散阶段的冲击载荷和脉动平稳阶段的准静态气压两类，前者在区域 A、B、C 均有所区别，后者在整个舱壁均相近。

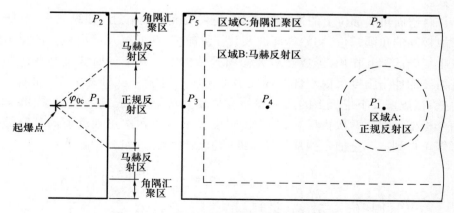

图 3-4-3　舱壁承受的压力特性分区示意图

### 3.4.2 角隅汇聚冲击载荷强度计算

炸药爆炸后,形成球面冲击波向四周传播,当冲击波碰到舰船结构后,将在结构表面形成反射。因此,舱室板架结构中部(区域 A),如纵舱壁中部,将受到初始球面冲击波的作用,其冲击强度可由刚性壁面正规反射冲击波的经验公式计算,冲击波峰值超压和比冲量分别为

$$\Delta P_r = 2\Delta P_1 + \frac{6\Delta P_1^2}{\Delta P_1 + 7P_0}; \quad I_r = (370\sqrt[3]{\omega}/\bar{r})(1+\cos\varphi_0) \quad (3\text{-}4\text{-}1)$$

式中:$\Delta P_1$ 为初始球面波的入射超压。

在两壁面角隅部位,如纵舱壁与下甲板间的角隅部位,初始球面波及其在纵舱壁及下甲板的反射波将发生复杂的相互作用,形成会聚波作用于结构上。其中球面波及其在结构上的反射波的冲击强度可由刚性壁面反射冲击波的经验公式计算得到,球面波在纵舱壁及下甲板的反射波将发生相互透射,形成复杂的波系,并将分别在下甲板及纵舱壁上发生再反射,其冲击强度可近似由正规反射的计算结果进行修正得到。两壁面角隅部位冲击波峰值超压和比冲量分别为

$$\Delta P_r = \left(2\Delta P_2 + \frac{6\Delta P_2^2}{\Delta P_2 + 7P_0}\right)(1-S); \quad I_r = 1.8^{2/3}(370\sqrt[3]{\omega}/\bar{r})(1+\cos\varphi_0)^2$$

$$(3\text{-}4\text{-}2)$$

式中:$\Delta P_2 = 2\Delta P_1 + \dfrac{6\Delta P_1^2}{\Delta P_1 + 7P_0}$ 为初始球面波结构上的反射冲击波峰值超压;$S$ 为修正系数。

与两壁面角隅部位上的冲击波类似,三壁面角隅部位上,如纵舱壁、横舱壁与下甲板间的角隅部位,初始球面波及其在纵舱壁、横舱壁及下甲板上的反射波将发生复杂的相互作用,形成会聚波作用于结构上。其中球面波及其在结构上的反射波的冲击强度可由刚性壁面反射冲击波的经验公式计算得到,球面波在纵舱壁、横舱壁及下甲板上的反射波将发生相互透射,形成复杂的波系,并将在另两个板架上发生两次再反射,其冲击强度可近似由两次正规反射的计算结果进行修正得到。三壁面角隅部位冲击波峰值超压和比冲量分别如下:

$$\Delta P_r = \left(4\Delta P_2 + \frac{12\Delta P_2^2}{\Delta P_2 + 7P_0}\right)(1-S)^2 + \frac{3\left(2\Delta P_2 + \dfrac{6\Delta P_2^2}{\Delta P_2 + 7P_0}\right)^2(1-S)^3}{\left(\Delta P_2 + \dfrac{3\Delta P_2^2}{\Delta P_2 + 7P_0}\right)(1-S) + 7P_0}$$

$$(3\text{-}4\text{-}3(a))$$

$$I_\mathrm{r} = 1.8^{4/3}(370\sqrt[3]{\omega}/\bar{r})(1+\cos\varphi_0)^3 \qquad (3\text{-}4\text{-}3(\mathrm{b}))$$

根据试验结果,取式(3-4-2)和式(3-4-3)中的修正系数 $S=0.1066$。

如表 3-4-1 所列为舱室中心分别布置 18g TNT 和 33g TNT 球形装药爆炸所产生的初始冲击波强度的试验结果与计算结果的比较。其中,计算值①根据式(3-1-9)和式(3-1-10)计算得到;计算值②是假设初始球面在舱室结构上的反射波在角隅部位发生的再反射均为正规反射计算得到的;计算值③是由式(3-4-1)~式(3-4-3)计算得到的。$\lambda_p$、$\lambda_I$ 分别为试验结果与计算值①的冲击波峰值超压之比和比冲量之比。

由表 3-4-1 可知,舱室角隅部位结构承受的初始冲击载荷,其冲击强度远大于计算值①,两壁面(测点 $P_2$)和三壁面(测点 $P_3$)角隅部位的会聚冲击波强度分别达计算值①的 3~5 倍和 8~12 倍,且实际冲击载荷与计算值①的比值的强度随着入射球面波的增强而增大;在舱室角隅部位,采用正规反射假设计算得到的计算值②稍大于试验结果,这是由于球面波在各壁面的反射波,在发生再次反射前会在角隅部位相遇并发生复杂的相互透射,从而使波的强度有一定的削弱;经修正后得到的计算值③在舱室角隅部位与试验结果吻合良好。

表 3-4-1 试验结果与计算结果的比较

| | TNT 装药量/g | 18 | | | 33 | | |
|---|---|---|---|---|---|---|---|
| | 测点 | $P_1$ | $P_2$ | $P_3$ | $P_1$ | $P_2$ | $P_3$ |
| 峰值超压 $\Delta P_\mathrm{r}$/MPa | 试验值 | 2.616 | 2.567 | 1.68 | 4.875 | 5.83 | 4.875 |
| | 计算值① | 1.347 | 0.619 | 0.18 | 2.527 | 1.117 | 0.291 |
| | $\lambda_p$ | 1.94 | 4.15 | 9.33 | 1.93 | 5.22 | 16.75 |
| | 计算值② | 1.346 | 2.966 | 2.703 | 2.525 | 6.329 | 6.134 |
| | 误差②/% | -48.5 | 15.5 | 60.9 | -48.2 | 8.6 | 25.8 |
| | 计算值③ | 1.346 | 2.65 | 2.081 | 2.525 | 5.654 | 4.754 |
| | 误差③/ | -48.5 | 3.2 | 23.9 | -48.2 | -3.0 | -2.5 |
| 比冲量 $I$/(Pa·s) | 试验值 | 151.1 | 260.6 | 303.8 | 223.8 | 276.9 | 722.2 |
| | 计算值① | 109.9~135.5 | 74.6~92.1 | 38.3~47.2 | 164.6~203.0 | 111.8~137.9 | 57.3~70.7 |
| | $\lambda_I$ | 1.37~1.12 | 3.49~2.83 | 7.93~6.44 | 1.36~1.10 | 2.48~2.01 | 12.60~10.21 |
| | 计算值③ | 135.5 | 223.4 | 388.8 | 203 | 334.7 | 582.4 |
| | 误差③/ | -10.30 | -14.30 | 28.00 | -9.30 | 20.90 | -19.40 |

测点 $P_1$ 初始冲击波强度(峰值超压、比冲量)的计算结果偏小,其主要原因是试验中装药的起爆点位于舷侧板架方向(图 3-2-3(a)),根据相关文献可知,

引爆面的初始冲击波参数比另一端小得多,近距离的空气冲击波超压可提高 20% 以上,但对远距离处的冲击波影响不大。因此,测点 $P_1$ 初始冲击波强度的计算结果偏小主要是由于试验中引爆点偏心引起的。

### 3.4.3 舱内爆炸准静态气压的近似计算

准静态压力的形成是爆轰产物在舰船舱室内部膨胀扩散形成的。若舱室不变形、不破损,爆轰产物膨胀扩散过程中和外界不发生热交换,其脉动稳定后的压力即为准静态气压,典型测点压力时间曲线如图 3-4-4 所示。根据爆轰产物的状态方程(如式(3-3-2)JWL 方程,式(3-3-3)理想气体状态方程),将式(3-3-2)、式(3-3-3)中的密度 $\rho$ 替换为 $m_e/V$ 即可计算得到其准静态气压 $p_{qs}$。表 3-4-2 所列为一些典型炸药的 JWL 状态方程参数。

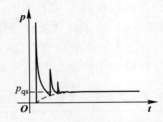

图 3-4-4 舱内爆炸载荷曲线

表 3-4-2 典型炸药的材料参数

| 炸药 | $\rho_0/(g/cm^3)$ | $A/GPa$ | $B/GPa$ | $R_1$ | $R_2$ | $\omega$ | $e/(kJ/kg)$ |
|---|---|---|---|---|---|---|---|
| PBX-9404 | 1.842 | 852.40 | 18.020 | 4.6 | 1.3 | 0.38 | 5540 |
| TATB | 1.9 | 654.67 | 7.1236 | 4.45 | 1.2 | 0.35 | 3630 |
| PETN | 1.842 | 617.00 | 16.926 | 4.4 | 1.2 | 0.25 | 5480 |
| Cast TNT | 1.61 | 371.20 | 3.2306 | 4.15 | 0.95 | 0.3 | 4350 |
| LANL COMP B | 1.712 | 524.20 | 7.678 | 4.2 | 1.1 | 0.34 | 4960 |
| Military COMP B | 1.63 | 557.48 | 7.830 | 4.5 | 1.2 | 0.34 | 4969 |
| LX-17 | 1.903 | 654.67 | 7.1236 | 4.45 | 1.2 | 0.35 | 3626 |

此外,英国的《劳氏军规》(Lloyd's Register Rulefinder 2004- Version 9.1)也给出了内部爆炸下舱室内的等效准静态压力计算式:

$$p_{qs} = 2.25(m_e/V)^{0.72} \times 10^6 \qquad (3-4-4)$$

式中:$p_{qs}$ 为舱室内的等效准静态压力值($N/m^2$);$m_e$ 为武器的等效 TNT 质量

（kg）；$V$ 为自由舱室的体积（$m^3$）。

分别采用 JWL 状态方程、理想气体状态方程和式（3-4-4）计算，可得到不同 $m_e/V$ 下的准静态气压，如图 3-4-5 所示。由图可知，三者的计算结果相近，但是理想气体状态方程和式（3-4-4）忽略了爆轰产物实际组分的差别，对不同装药仅能考虑其爆热带来的影响，不能考虑爆轰产物绝热指数 $\gamma$ 的差别。而 JWL 状态方程和理想气体状态方程，则忽略了冲击波作用到舱室壁板后，被舱室壁板吸收的冲击能量，若考虑这部分能量则应对装药的质量比内能 $e$ 进行修正。舱室壁板吸收的冲击能量可近似采用以下公式进行修正：

$$\Delta e = \sum_{i=1}^{n} \int_{A_i} \frac{0.5 i_r^2}{\rho t} dA \qquad (3-4-5)$$

式中：$i_r$ 为作用于舱室壁板的反射比冲量（可近似考虑首次冲击波）；$t$，$\rho$ 分别为舱室壁板的厚度和材料密度；$A_i$ 为舱室壁板的面积；$n$ 为舱室壁板的数量。

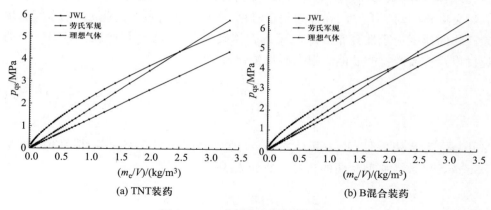

图 3-4-5　准静态气压计算结果

## 3.5　高速破片侵彻载荷

战斗部侵入舰船舱室内部发生爆炸，形成冲击波、高速破片和准静态气压对舰船结构产生破坏作用。从空间分布上，爆炸冲击波和准静态气压是空间分布载荷，对舰船舱室结构的毁伤作用是整体性的大面积变形或破损；高速破片侵彻载荷则属质点型集中载荷，冲击能量集中于结构上一个相对较小的表面，能对多层普通舰船结构产生穿甲破坏，毁伤舱室内部人员和设备。因此，可以说爆炸冲击波和准静态气压是从"广度"上的破坏结构，影响舰船的剩余强度；而高速破片侵彻载荷则是从"纵深"上杀伤人员、破坏设备，影响舰船的功能使命。现代的反舰导弹的设计中,也更注重爆炸后高速破片的杀伤作用。

根据穿甲力学相关理论,半穿甲导弹战斗部爆炸产生的高速破片对船体结构的冲击属于典型的中高速中厚靶穿甲问题,影响其穿甲能力的性能参数主要包括初速、质量、形状及其空间分布。

### 3.5.1 破片初速

战斗部装药爆炸后,在爆炸能量的作用下,壳体开始膨胀、破裂飞散。试验证明,对于铜壳体来说,当壳体体积膨胀到初始体积的 7 倍时,即内径膨胀比 $r/r_0 = 2.64$;钢壳体 $r/r_0 = 1.5 \sim 2.1$ 时,壳体即开始破裂形成破片。此时,爆炸产物从碎裂壳体的间隙中泄漏出去,破片加速过程结束,破片能达到的最大速度即为破片初速。壳体破裂越早,破片初速越小,一般自然破片初速远大于预制破片初速。

一端起爆下,对于战斗部壳体侧壁,爆轰波是切向入射的。假设装药瞬时爆轰,爆轰产物的压力和密度均匀分布,炸药释放的能量 $E_0$ 除转换成壳体的动能和爆轰产物的动能 $E_k$ 外,在加速结束时刻,产物中还有剩余内能 $E_s$;任意时刻爆轰产物的速度为线性分布。由此可得壳体破裂前,爆轰产物膨胀到任意 $r$ 处的速度以及爆轰产物的动能。根据假设条件,得

$$\frac{v_0}{\sqrt{2E}} = \sqrt{\frac{\alpha/(1-\alpha)}{1+0.5\alpha/(1-\alpha)}} \qquad (3-5-1)$$

式中:$m_e$ 为装药质量;$M$ 为壳体质量;$\alpha$ 为装填比。$\sqrt{2E}$ 为战斗部装药的格尼(Gurney)常数。典型装药的格尼常数如表 3-5-1 所列。

表 3-5-1 典型装药的格尼常数

| 炸药 | 组成 | $\rho_e/(\text{g/cm}^3)$ | $\sqrt{2E}/(\text{km/s})$ |
|---|---|---|---|
| TNT | | 1.630 | 2.486 |
| HMX | | 1.891 | 2.965 |
| PENT | | 1.760 | 2.892 |
| OCTOL | 78HMX/22TNT | 1.821 | 2.855 |
| CYCLOTOL | 77RDX/23TNT | 1.754 | 2.814 |
| PBX-9404 | | 1.841 | 2.897 |
| B 类混合装药 | 36TNT/64RDX | 1.717 | 2.751 |

与侧壁不同的是,爆轰波是垂直入射到战斗部端盖的。试验证明,垂直入射的爆轰波加速作用压力脉冲峰值大,时间短;对于自然破片战斗部,端盖通常会

形成一个整体性大破片。因此,端盖初速可按装药驱动整体平板运动的相当速度计算,其平均速度 $v_{e0}$ 为

$$v_{e0} = D_e \sqrt{1-4A-\frac{40A^2}{3}-4C\sqrt{B}+\frac{4A^2}{3}\sqrt{B^3}-2C\ln\frac{4}{B+1+2\sqrt{B}}}$$

(3-5-2)

式中:$A=\dfrac{27\rho_1 h_1}{16\rho_M h_M}$;$B=1+2/A$;$C=4A-2A^2$;$D_e$ 为装药的爆速;$\rho_M$,$h_M$ 和 $\rho_1$,$h_1$ 分别为驱动破片部分炸药的密度、高度和破片的密度、高度。对于柱形装药,其形状为锥形(图3-5-1)。

$$h_M = \frac{d}{2}\left\{1+\left[1+\left(\frac{d}{2l}\right)^2\right]^{-0.5}\right\}$$ (3-5-3)

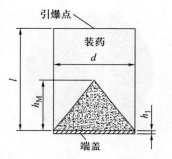

图 3-5-1 驱动端盖的装药高度

式中:$d$ 为装药直径;$l$ 为装药高度。

事实上,高速破片的速度还将受到战斗部形状的影响,下面是采用商用有限元计算软件 Ansys/LS-DYNA 计算得到的战斗部形状及装填系数等对破片初速的影响规律。

1. 数值计算方法

使用 cm·g·μs 为基本单位制,建立理想球形战斗部模型,战斗部炸药、壳体及空气域均使用 SOLID164 实体单元,如图 3-5-2 所示。炸药单元位于空气单元正中心,与空气单元之间通过共节点的方式相互作用;战斗部壳体单元内侧与炸

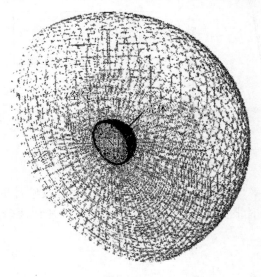

图 3-5-2 球体战斗部有限元剖视图

药单元外侧共面。使用 * CONSTRAINED_LAGRANGE_IN_SOLID 关键字定义战斗部壳体与炸药及空气之间的耦合作用。同时,采取随机生成方式生成部分节点,稍微降低这些节点处的失效应变,使得战斗部壳体的破坏存在一定的非对称性。

计算得到的战斗部破坏过程如图 3-5-3 所示。在战斗部壳体不同方向上选取 10 个单元,输出其前 80μs 内速度变化曲线,如图 3-5-4 所示。

图 3-5-3 球体战斗壳体破坏过程

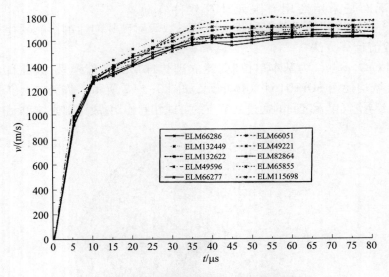

图 3-5-4 壳体破片单元速度曲线图

取这些单元的平均初始速度作为壳体爆炸后形成破片的平均初始速度,可得 $v_0' = 1680 \text{m/s}$,同时根据格尼公式计算球体壳体破片初速公式:

$$v_0 = \sqrt{2E}\sqrt{\frac{\beta}{1+0.6\beta}} \quad (3-5-4)$$

对于 TNT:$\sqrt{2E} = 2370 \text{m/s}$ 则 $v_0 = 1731 \text{m/s}$。可以看出仿真结果相对格尼公

式计算出的结果相对偏小,偏差约在5%左右。但格尼公式计算时并未考虑壳体变形时吸收的能量,所以有限元计算结果相对偏小是符合实际情况的。

2. 长径比对破片初速影响

进一步分析不同长径比下圆柱体封闭战斗部侧壁破片和端盖破片的速度分布规律,保持战斗部的装药质量150g TNT 及壳体厚度2mm不变,具体见战斗部参数如表3-5-2所列,其装填比均在0.83左右。

表3-5-2 柱形战斗部尺寸及质量

| 工况 | 装药质量 $C$/g | 长径比 $L/D$ | $L$/mm | $D$/mm | 端盖质量 $M_b$/g | 柱壳质量 $M_r$/g | 壳体质量 $M$/g | $C/M$ |
|---|---|---|---|---|---|---|---|---|
| 1 | 150 | 1/2 | 30.83 | 61.66 | 93.13 | 93.13 | 186.25 | 0.82 |
| 2 | 150 | 2/3 | 37.35 | 56.02 | 76.87 | 102.50 | 179.37 | 0.84 |
| 3 | 150 | 3/4 | 40.40 | 53.87 | 71.07 | 106.60 | 177.67 | 0.84 |
| 4 | 150 | 1 | 48.94 | 48.94 | 58.67 | 117.33 | 176.00 | 0.85 |
| 5 | 150 | 4/3 | 59.29 | 44.47 | 48.43 | 129.14 | 177.57 | 0.84 |
| 6 | 150 | 3/2 | 64.13 | 42.75 | 44.77 | 134.31 | 179.08 | 0.84 |
| 7 | 150 | 2/1 | 77.69 | 38.84 | 36.96 | 147.83 | 184.78 | 0.82 |

破片速度沿轴向分布如表3-5-3所列,端盖及侧壁平均速度如表3-5-4所列。

表3-5-3 破片速度沿轴向分布　　　　（单位:m/s）

| 工况 | -0.45L | -0.4L | -0.35L | -0.3L | -0.25L | -0.2L | -0.15L | -0.1L | -0.05L | 0 |
|---|---|---|---|---|---|---|---|---|---|---|
| 1 | 1600 | 1560 | 1600 | 1600 | 1600 | 1640 | 1660 | 1730 | 1760 | 1760 |
| 2 | 1610 | 1670 | 1680 | 1720 | 1730 | 1750 | 1770 | 1770 | 1820 | 1820 |
| 3 | 1660 | 1680 | 1680 | 1680 | 1680 | 1700 | 1770 | 1770 | 1760 | 1770 |
| 4 | 1580 | 1620 | 1660 | 1730 | 1760 | 1920 | 1920 | 1900 | 1880 | 1890 |
| 5 | 1580 | 1700 | 1790 | 1790 | 1770 | 1790 | 1830 | 1820 | 1870 | 1890 |
| 6 | 1540 | 1560 | 1720 | 1750 | 1760 | 1890 | 1880 | 1880 | 1890 | 1880 |
| 7 | 1600 | 1600 | 1670 | 1690 | 1740 | 1760 | 1820 | 1870 | 1930 | 1910 |
| 工况 | 0.05L | 0.1L | 0.15L | 0.2L | 0.25L | 0.3L | 0.35L | 0.4L | 0.45L | |
| 1 | 1740 | 1720 | 1710 | 1700 | 1670 | 1610 | 1650 | 1610 | 1540 | |
| 2 | 1820 | 1760 | 1750 | 1730 | 1660 | 1630 | 1600 | 1560 | 1550 | |
| 3 | 1740 | 1750 | 1730 | 1740 | 1700 | 1690 | 1680 | 1660 | 1630 | |
| 4 | 1860 | 1890 | 1890 | 1870 | 1780 | 1720 | 1640 | 1600 | 1570 | |
| 5 | 1860 | 1900 | 1850 | 1820 | 1810 | 1750 | 1700 | 1640 | 1580 | |
| 6 | 1920 | 1880 | 1890 | 1860 | 1800 | 1790 | 1660 | 1530 | 1520 | |
| 7 | 1890 | 1880 | 1880 | 1800 | 1800 | 1740 | 1620 | 1570 | 1530 | |

表 3-5-4　不同长径比战斗部破片平均速度（仿真）

| 工况 | 端部速度 $v_t$/(m/s) | 侧壁速度 $v_s$/(m/s) |
| --- | --- | --- |
| 1 | 1780 | 1662 |
| 2 | 1750 | 1705 |
| 3 | 1740 | 1709 |
| 4 | 1710 | 1772 |
| 5 | 1680 | 1775 |
| 6 | 1650 | 1768 |
| 7 | 1620 | 1752 |

不同长径比的柱状战斗壳体破坏过程如图 3-5-5 所示。

(a) $L/D = 1/2$

(b) $L/D = 1$

(c) $L/D = 2$

图 3-5-5　不同长径比的柱体战斗壳体破坏过程

由图 3-5-5 可知，在炸药爆炸后，战斗部壳体在爆炸产物的高压作用下首先开始膨胀，使壳体发生形变及开裂；当形变过大，壳体完全破裂，圆柱形壳体破碎形成大小不一的破片在爆轰的推动作用下四散飞出，其中大部分为长条状破片；对于战斗部的端盖，并不像壳体侧壁在那爆炸压力下破碎，而是保持相对完整，但也会在压力作用下发生弯曲变形。长径比不同的带壳战斗部爆炸后飞散方式存在明显的区别。$L/D$ 较小时，战斗部的侧壁基本同时开始发生破碎，破片的飞散角比较大，飞散的形状基本类似于球形向外飞散；$L/D$ 较大时，侧壁的变形失效是从起爆点（轴线中心）开始，逐步向两边扩散，侧壁破片的飞散角度较小，尤其是中部基本都是沿着径向飞散的。同时，"细长"型的战斗部端盖的变形弧度明显大于"短粗"型的战斗部；根据壳体的破坏过程来看，战斗部的在破裂之前侧壁在长度方向的拉伸很小；从破片的数量来看，"细长"型战斗部爆炸后形成的破片数量要多于"短粗"型的战斗部，战斗部长径比越小，越容易形成较大的破片。

从表 3-5-3 可知，破片速度的轴向分布中间大两端小，但长径比不同的战斗部破片的最小速度，即距离端部最近的壳体的速度之间相差并不大，圆柱壳体与端盖交界处的速度主要由 $C/M$ 决定。

当 $L/D<1$ 时，侧壁速度峰值明显偏小，速度分布范围小，破片飞散类似球形战斗部飞散特性。而当 $L/D \geqslant 1$ 时，侧壁的峰值随 $L/D$ 的增大趋于稳定，中心峰值大、端部小，飞散角度类似于轴线起爆的柱形壳体。这是由于中心起爆，当长径比达到一定值后，圆柱壳中段可以近似认为是无限长圆柱壳起爆的情况，主要取决于 $C/M$ 的值。

战斗部端盖及侧壁破片随 $L/D$ 的变化如图 3-5-6 所示。由图可知，当 $L/D=0.5 \sim 2$ 时，端盖破片最大速度的变化基本满足随着长径比的增大呈线性下降的趋势；侧壁破片的平均速度则随着长径比的增大而增长，但是存在一定极限。随着长径比的进一步增加，装填比下降，侧壁速度亦有所下降，侧壁破片速

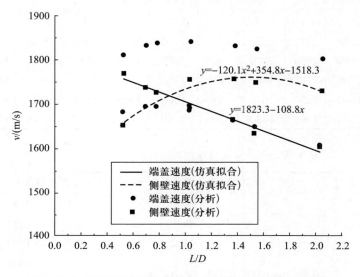

图 3-5-6　战斗部端盖及侧壁破片平均速度随 $L/D$ 变化图

度随长径比 $L/D$ 的增加呈现先增加后减小的变化特征。

3. 装填比对破片初速影响

改变战斗的壳体厚度,获得不同装填比下圆柱体封闭战斗部(表3-5-5)侧壁破片和端盖破片的速度分布规律,战斗部的破片速度沿轴向分布,如表3-5-6、表3-5-7所列。

表3-5-5 柱形战斗部尺寸及质量

| 工况 | 装药质量 $C$/g | 壳体厚度 /mm | $L$/mm | $D$/mm | 端盖质量 $M_b$/g | 柱壳质量 $M_r$/g | 壳体质量 $M$/g | $C/M$ |
|---|---|---|---|---|---|---|---|---|
| 1 | 150 | 1 | 48.94 | 48.94 | 29.33 | 58.66 | 87.99 | 1.70 |
| 2 | 150 | 1.5 | 48.94 | 48.94 | 44.00 | 87.99 | 131.99 | 1.14 |
| 3 | 150 | 2 | 48.94 | 48.94 | 58.66 | 117.33 | 175.99 | 0.85 |
| 4 | 150 | 2.5 | 48.94 | 48.94 | 73.33 | 146.66 | 219.98 | 0.68 |
| 5 | 150 | 3 | 48.94 | 48.94 | 87.99 | 175.99 | 263.98 | 0.57 |

表3-5-6 破片速度沿轴向分布 (单位:m/s)

| 工况 | $-0.45L$ | $-0.4L$ | $-0.35L$ | $-0.3L$ | $-0.25L$ | $-0.2L$ | $-0.15L$ | $-0.1L$ | $-0.05L$ | 0 |
|---|---|---|---|---|---|---|---|---|---|---|
| 1 | 1760 | 2050 | 2120 | 2150 | 2180 | 2200 | 2210 | 2220 | 2230 | 2250 |
| 2 | 1600 | 1790 | 1860 | 1920 | 1960 | 2000 | 2010 | 2040 | 2050 | 2070 |
| 3 | 1580 | 1620 | 1660 | 1730 | 1760 | 1920 | 1920 | 1900 | 1880 | 1890 |
| 4 | 1540 | 1580 | 1610 | 1540 | 1580 | 1640 | 1660 | 1670 | 1660 | 1660 |
| 5 | 1320 | 1330 | 1360 | 1380 | 1460 | 1520 | 1500 | 1490 | 1500 | 1500 |

| 工况 | $0.05L$ | $0.1L$ | $0.15L$ | $0.2L$ | $0.25L$ | $0.3L$ | $0.35L$ | $0.4L$ | $0.45L$ |
|---|---|---|---|---|---|---|---|---|---|
| 1 | 2240 | 2220 | 2220 | 2210 | 2190 | 2170 | 2080 | 2040 | 1820 |
| 2 | 2090 | 2050 | 2020 | 2010 | 1980 | 1940 | 1830 | 1820 | 1620 |
| 3 | 1860 | 1890 | 1890 | 1870 | 1780 | 1720 | 1640 | 1600 | 1570 |
| 4 | 1640 | 1650 | 1640 | 1640 | 1580 | 1560 | 1570 | 1560 | 1520 |
| 5 | 1480 | 1490 | 1480 | 1500 | 1490 | 1430 | 1420 | 1380 | 1360 |

表3-5-7 不同装填比战斗部破片平均速度(仿真)

| 工况 | 端部速度 $v_t$/(m/s) | 侧壁速度 $v_s$/(m/s) |
|---|---|---|
| 1 | 2130 | 2134 |
| 2 | 1940 | 1929 |
| 3 | 1772 | 1710 |
| 4 | 1470 | 1605 |
| 5 | 1380 | 1441 |

典型战斗部破片飞散情况如图 3-5-7 所示。装填比不同的战斗部爆炸后壳体飞散方式存在明显区别。$C/M$ 较大时,壳体较薄,更易发生破碎,侧壁在装药爆炸初期就开始破坏,破片尺寸相对较小;$C/M$ 较小时,壳体较厚,战斗部起爆后会先使战斗部发生膨胀,形成裂纹后开始破坏。装填比对破片的飞散角度影响较小,不同装填比的战斗部破片飞散方向基本一致。

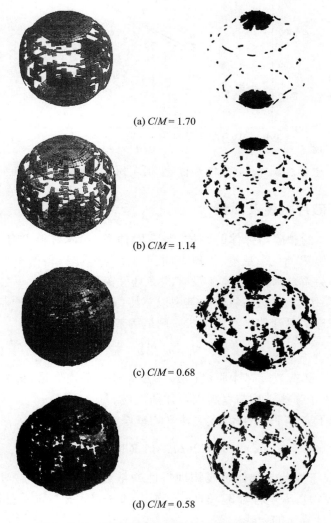

(a) $C/M$ = 1.70

(b) $C/M$ = 1.14

(c) $C/M$ = 0.68

(d) $C/M$ = 0.58

图 3-5-7 不同装填比的柱体战斗壳体破坏过程

由表 3-5-7 可知,装填比大的战斗部,无论是端部附近还是中心的侧壁破片速度都要大于装填比小的情况。装填比较大时,破片的端部和中段的速度差较大;而装填比小时,轴向不同位置破片速度寿较小。随着装填比的增加,战斗部端盖及侧壁破片速度近似随 $C/M$ 增大呈线性增长,如图 3-5-8 所示。

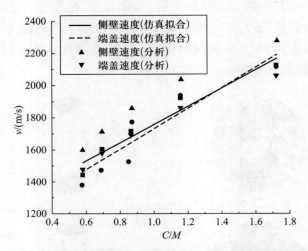

图 3-5-8　战斗部端盖及侧壁破片平均速度随 $C/M$ 变化图

### 3.5.2　破片数量及质量

爆炸时弹体的破碎与弹体的结构、装药的种类、弹体材料等有直接的关系,但初始裂纹的位置、形状、数量、扩展方向和速度与弹体材料的不均匀性等随机因素有密切的关系。因此,目前还没有准确且又简便的理论计算公式来计算破片的数量,多采用半经验公式计算,其中以莫特(Mott)等根据非预制破片薄壁弹体的二维破碎理论得到的半经验公式应用最为普遍:

$$N_0 = m_s / 2\mu \qquad (3\text{-}5\text{-}5(\text{a}))$$

式中:$m_s$ 为战斗部有效段壳体质量(kg);$2\mu$ 为破片平均质量(kg),标志弹体的破碎特性,取决于弹体结构与材料以及炸药性质。

莫特建立了壳体平均内径 $d_i$、壳体平均壁厚 $t_0$ 与 $\mu$ 的关系为

$$\mu^{0.5} = 0.0726 B t_0^{5/6} d_i^{1/3} (1 + t_0/d_i) \qquad (3\text{-}5\text{-}5(\text{b}))$$

式中:$B$ 为取决于炸药与弹体金属物理特性的常数($kg^{1/2}/m^{7/6}$),对于 B 类混合装药和 PBX-9404,$B$ 分别为 37.31 $kg^{1/2}/m^{7/6}$ 和 33.03 $kg^{1/2}/m^{7/6}$;格尼和萨莫塞克斯也提出了计算 $\mu$ 的公式:

$$\mu^{0.5} = 0.247 D t_0 (t_0 + d_i)^{1.5} (1 + 0.5 m_e/m_s)^{0.5} / d_i \qquad (3\text{-}5\text{-}5(\text{c}))$$

式中:$m_e$ 为装药质量(kg);$D$ 为取决于装药与壳体金属特性的系数($kg^{1/2}/m^{3/2}$),对于 B 类混合装药和 PBX-9404,$D$ 分别为 36.12 $kg^{1/2}/m^{3/2}$ 和 31.98 $kg^{1/2}/m^{3/2}$。

此外,日本学者板口提出计算破片总数的公式

$$N_0 = 3568a(1-a)\sqrt{m} \qquad (3-5-6)$$

式中:$m$ 为弹丸质量(kg);$a = m_e/m$。

试验结果表明,采用格尼和萨莫塞克斯公式(3-5-5(c))计算 $\mu$ 得到的破片数量偏低。而板口公式过于简单,未考虑壳体厚度、长度、内径等结构尺寸及装药类型的影响。

质量大于 $m_p$ 的破片累计数目 $N(m_p)$ 为

$$N(m_p) = N_0 \exp\left[-\left(\frac{m_p}{\mu}\right)^{0.5}\right] \qquad (3-5-7)$$

单枚质量在 $m_{p1} \sim m_{p2}$ 间的破片累计数目 $N(m_{p1} \sim m_{p2})$

$$N(m_{p1} \sim m_{p2}) = N_0 \left\{\exp\left[-\left(\frac{m_{p2}}{\mu}\right)^{0.5}\right] - \exp\left[-\left(\frac{m_{p1}}{\mu}\right)^{0.5}\right]\right\} \qquad (3-5-8)$$

### 3.5.3 破片形状

根据穿甲力学理论知识,不同形状的弹体,其侵彻机理和侵彻能力存在较大的差异,这将对舰船装甲防护结构设计及其抗弹性能的评估带来很多难以确定的因素。目前,对高速破片弹体形状的模拟依据战斗部的特性大致可分为预制破片和自然破片两类。预制破片有球形、立方体、棱形等,其形状相对规则、质量分布均匀;而自然破片的形状一般具有不规则性。为较好地评价其侵彻效应,欧美等北约国家通常采用破片模拟弹 FSP(Fragment-Simulated Projectile)(图3-5-9)评估其侵彻效应。美军标(MIL-DTL-46593B(MR))将破片防护分为5个不同的等级,如表3-5-8所列。

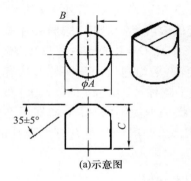

(a)示意图　　　　　　(b)照片

图3-5-9　破片模拟弹

表 3-5-8　破片模拟弹尺寸、质量及硬度要求

| FSP 类型 | 直径 A/mm | 平头宽度 B/mm | 长度 C/mm | 质量/g | 洛氏硬度 C |
|---|---|---|---|---|---|
| 5.6mm 口径（Type 1） | 5.461+0.025 | 2.54-0.254 | 6.350 | 1.105±0.033 | 30±1 |
| 5.6mm 口径（Type 2） | 5.461+0.025 | 2.54-0.254 | 6.350 | 1.105±0.033 | 27±3 |
| 7.62mm 口径 | 7.518-0.025 | 3.454-0.254 | 8.636 | 2.86±0.033 | 30±1 |
| 12.7 mm 口径 | 12.573±0.025 | 5.690-0.381 | 14.732 | 13.455±0.13 | 30±1 |
| 20mm 口径 | 19.914-0.051 | 9.271-0.305 | 22.860 | 53.95±0.26 | 30±1 |

### 3.5.4 破片速度衰减规律

破片在空气中飞行会受到空气升力、阻力和重力等作用。由于高速破片在空气中飞行一定距离才命中舰体结构,这样破片将因空气阻力而减速,爆炸点距命中目标越远,速度衰减越多,命中目标的速度越小。由于破片质量小、飞行速度高,忽略空气升力和重力的作用。假设其飞行弹道为直线,只受空气阻力的作用,其运动方程为

$$m_f \frac{\mathrm{d}v}{\mathrm{d}t} = -\frac{1}{2} C_x \rho_a s v^2 \tag{3-5-9}$$

式中:$m_f$ 为破片实际质量;$C_x$ 为破片飞行的空气阻力系数;$\rho_a$ 为空气密度,海平面附近 $\rho_a = 1.28 \mathrm{kg/m^3}$;$s$ 为破片的平均迎风面积;$v$ 为破片的瞬时飞行速度。

式(3-5-9)积分可得破片的瞬时飞行速度与飞行距离 $R$ 间的关系,有

$$v = v_0 \exp\left(-\frac{C_x \rho_a s}{2m_f} R\right) \tag{3-5-10}$$

破片飞行的空气阻力系数 $C_x$ 与破片速度和形状有关,风洞试验结果表明 $C_x$ 是马赫数 $Ma$ 和形状的函数。在 $Ma=1.5$ 附近最大,以后随 $Ma$ 的增大而缓慢减小。本节破片速度为马赫数 3~6,可近似取线性化处理,球形破片 $C_x = 0.97$,方形破片 $C_x = 1.2852 + 1.0536/Ma$,圆柱形破片 $C_x = 0.8058 + 1.3226/Ma$。

试验表明,破片飞行中做不规则旋转,平均迎风面积 $s$ 与形状有关,对于立方体 $s = (3/2) d_s^2$,$d_s$ 为立方体边长;对于圆柱体 $s = (\pi d_c^2 + 2\pi d_c h)/8$,$d_c$ 为圆柱体直径,$h$ 为圆柱体高。但实际破片形状是不规则的,等于增加了迎风面积,计算中需乘以修正系数 $k_s = 1.2 \sim 1.29$。因此,一般破片可在方形破片的基础上进行修正得到其速度衰减计算公式,即

$$v = v_0 \exp\left(-\frac{C_x \rho_a s k_s}{2m_f} R\right) \tag{3-5-11}$$

### 3.5.5 高速破片和冲击波的耦合作用

爆炸冲击波和高速破片是战斗部的两种杀伤元素。爆炸冲击波作用场近似为以爆心为球心的球形作用场,其初始速度接近装药爆轰波速,但衰减迅速。破片作用场通常是一个锥形环,在锥形环内按一定分布规律飞散,其特点是初速小,衰减慢。因此冲击波波阵面和破片在空中必将相遇,相遇点的位置由冲击波的传播规律和破片飞散规律决定。

由冲击波的基本关系可知,冲击波速度

$$D_i = \sqrt{\frac{(k+1)\Delta p_m(r) + 2kp_0}{2\rho_0}} \qquad (3-5-12)$$

式中:$\gamma$ 为空气绝热指数,一般取 1.4;$p_0$ 为标准大气压;$\rho_0$ 为未扰动的空气密度;$\Delta p_m$ 为冲击波峰值超压,它是冲击波传播距离 $r$ 的函数。由

$$\frac{dR}{dt} = D_i = f(R) \qquad (3-5-13)$$

对时间积分即可得冲击波传播距离和时间的关系。同理,由式(3-5-10)可得破片飞行距离和时间的关系。由于不同质量破片在空气中的速度衰减率并不相同。因此,破片和冲击波在空中相遇为一个时间段($t_1 \sim t_2$)(图 3-5-10),在此之内冲击波先于破片作用于结构。

高速破片对结构的穿甲过程可近似认为是匀减速过程,因此破片穿甲时间为

$$t_d = 2b/(v_i + v_r) \qquad (3-5-14)$$

式中:$b$ 为靶板厚度;$v_i$,$v_r$ 分别为入射速度和剩余速度。

根据式(3-1-4)和式(3-5-13),该区域内冲击波正压作用时间 $t_+$ 远小于结构自由振动周期 $T$,但大于冲击波和破片到达的时间间隔 $\Delta t$,且有 $\Delta t + t_d \ll t_+$,因此两者对结构的冲击作用将产生叠加效应。在两者相遇区域以外($t > t_2$),破片先作用于结构。破片对结构的穿甲作用将传递给结构以动量,结构在此动量作用下将产生自由振动,由于 $t_d$ 很小(微秒量级),相对舰船结构其自由振动周期 $T$(约为 10ms 量级)而言可以忽略。因此,当冲击波在破片作用后 $T/4$ 内作用于结构时,结构变形将增大,两者存在叠加效应。因此,虽然冲击波和破片在 $t = t_1$ 时刻即相遇了,但在 $0 < t < (t_2 + T/4)$ 范围内,冲击波和破片均存在耦合作用效应。

冲击波对舰船结构的作用是与作用时间 $t_+$ 密切相关的,若 $t_+$ 远小于结构自身的振动周期 $T$,即 $t_+ \ll T$,则冲击波对舰船结构的破坏作用取决于冲击波的冲

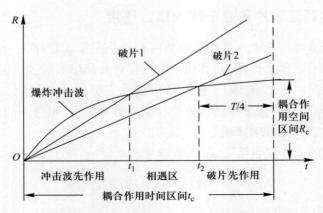

图 3-5-10 冲击波及破片在空气中的传播与时间的关系示意图

量 $I$,通常要求 $t_+ \leqslant 0.25T$;反之若 $t_+ >> T$,则取决于冲击波的峰值超压 $\Delta P_m$,通常要求 $t_+ > 10T$。由于舰船结构均为薄壁结构,其自由振动周期 $T$ 通常在 10ms 到 100ms 量级。而典型大型战斗部(200kg TNT 当量)近距爆炸下($R<5$m),冲击波正压作用时间 $t_+$ 在毫秒量级,远小于一般舰船结构自身振动周期 $T$,即 $t_+ << T$,冲击波对结构的破坏作用取决于冲击波的冲量 $I$。

对于反舰武器战斗部,其爆炸冲击波实际作用于舰船结构的比冲量为

$$i_\alpha = A \frac{\sqrt[3]{(1.8m_e)^2}}{r} \qquad (3-5-15)$$

假设径向全部破片均匀分布于飞散角 $\Omega$ 内,则径向破片冲击的比冲量 $i_{fl}$ 为

$$i_{fl} = \frac{m_c}{2\pi r(l+r\Omega)} v_{favr} \qquad (3-5-16)$$

式中:$m_c$ 为柱壳部分质量;$v_{favr}$ 为径向破片的平均速度。

战斗部爆炸径向总比冲量为

$$i_t = i_\alpha + i_{fl} \qquad (3-5-17)$$

研究表明,战斗部壳体的存在大大提高了炸药对目标作用的比冲量,不同距离上装填比在 30%~45% 的战斗部爆炸下比冲量较裸药冲击波比冲量增大比例为 50%~200%。其原因主要是:一方面壳体可减少由于稀疏波的内传引起炸药的不完全分解造成的能量损失,增大装药的有效部分;另一方面破片的作用大大增大了总比冲量。当战斗部距目标不远处爆炸时,破片与冲击波几乎同时作用于目标。虽然冲击波强度有所减弱,但总的比冲量提高了,破坏效果也增大了,其对目标等的破坏比同等装药量裸药爆炸的破坏效果要大得多。

## 3.6 战斗部爆炸载荷测试

目前,半穿甲内爆式战斗部主要有两种形式,与内爆式战斗部装填在导弹的位置有关。装在导弹中部,即为平头弹,如美国的"鱼叉"反舰导弹。放置导弹头部,即形成尖头弹,如法国的"飞鱼"反舰导弹。放置在导弹头部时,战斗部头部具有较厚的外壳,以保证在进入目标内部的过程中结构不被损坏。战斗部常用触发延时引信,以保证其进入一定深度后再爆炸,从而提高其破坏力。

装在导弹中部的战斗部可设计成圆柱形,以充分利用导弹的空间,其直径比舱体内径略小;强度不仅应满足导弹飞行时的过载条件,而且应能承受导弹命中目标时的冲击载荷。此种战斗部必须采用触发延时引信,否则若采用瞬发引信,将因战斗部与导弹尖端有一距离,装药可能进不到目标内部而大大影响其爆炸破坏效果。下面通过开展模型试验,对这两种典型半穿甲内爆式战斗部爆炸后载荷特性进行研究。

### 3.6.1 平头战斗部

#### 3.6.1.1 模拟战斗部模型

如图3-6-1所示为模拟战斗部的结构及装药设计图,其中模型长152mm,外径100mm,内径为93.6mm,壳体材料是45钢;缓冲层是利用15mm厚泡沫制成;战斗部封闭尾盖,和壳体之间用螺纹连接。最终壳体总质量为2100g。采用TNT和黑索金(210g/540g)混合高爆装药,在弹体尾部安装雷管引爆。

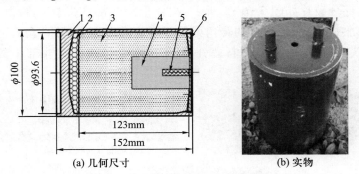

(a) 几何尺寸　　(b) 实物

图3-6-1 战斗部结构及其爆炸位置

1—战斗部壳体;2—泡沫缓冲层;3—粉态A3炸药;4—块状晶态TNT;5—引爆电雷管;6—战斗部尾盖。

#### 3.6.1.2 试验方法

针对高速破片的研究过程,在试验中设置了3个方向的采样板,布局如图3-6-2所示。其中1号采样板置于纵舱壁板架一侧,距离模型边缘970mm,2号采样板置于近爆端横舱壁一侧,距离模型边缘 750mm,3 号采样板放于底面,距离下甲板 200mm。采样板的大小如表 3-6-1 所列。为了对高速破片的毁伤能力进行详细分析,重点研究 2 号采样板。

 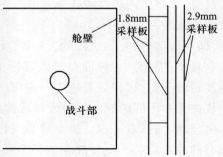

图 3-6-2　试验现场布局图

表 3-6-1　采样板尺寸

| 采样板编号 | 尺寸 |
| --- | --- |
| 1 号 | 1 块长 1109mm,宽 850mm,厚 1.8mm |
| 2 号 | 由 4 块面内尺寸 850mm×554mm,厚度分别为 1.8mm,1.8mm,2.9mm,2.9mm 的钢制靶组成 |
| 3 号 | 1 块长 1109mm,宽 850mm,厚 1.8mm |

### 3.6.1.3　试验结果

爆炸后部分破片如图 3-6-3 所示,圆柱形战斗部在爆炸后的很短时间里,弹体径向膨胀显著,壳体内部的转角处易于形成应力集中,并且会有冲击波汇聚效应,使弹头、弹尾与中间壳体断裂分离,形成较大破片。战斗部中部壳体主要

(a) 头部形成的大质量破片　　　　　(b) 尾部方向收集的破片

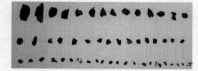

(c) 远爆端收集的破片

图 3-6-3　爆炸后收集的部分破片

形成大量小质量的高速破片。质量在1g以下的破片数量占总数的90%以上,大质量破片较少,60%的破片质量在0.15g以下,如表3-6-2所列。

表3-6-2 高速破片计算数据

| 破片质量/g | 破片数量/个 | 占有比例/% | 等效边长/mm | 等效半径/mm | 缩比前质量/g |
| --- | --- | --- | --- | --- | --- |
| >10 | 1 | 0.08 | 20.02 | 11.29 | 640 |
| 9 | 1 | 0.04 | 18.99 | 10.71 | 576 |
| 8 | 1 | 0.04 | 17.90 | 10.10 | 512 |
| 7 | 2 | 0.08 | 16.75 | 9.45 | 448 |
| 6 | 3 | 0.12 | 15.50 | 8.75 | 384 |
| 5 | 5 | 0.20 | 14.15 | 7.99 | 320 |
| 4 | 10 | 0.41 | 12.66 | 7.14 | 256 |
| 3 | 20 | 0.86 | 10.96 | 6.19 | 192 |
| 2 | 48 | 1.96 | 8.95 | 5.05 | 128 |
| 1 | 149 | 6.07 | 6.33 | 3.57 | 64 |
| 0.9 | 30 | 1.22 | 6.00 | 3.39 | 57.6 |
| 0.8 | 36 | 1.47 | 5.66 | 3.19 | 51.2 |
| 0.7 | 44 | 1.79 | 5.30 | 2.99 | 44.8 |
| 0.6 | 54 | 2.20 | 4.90 | 2.77 | 38.4 |
| 0.5 | 69 | 2.81 | 4.48 | 2.53 | 32 |
| 0.4 | 90 | 3.67 | 4.00 | 2.26 | 25.6 |
| 0.3 | 123 | 5.01 | 3.47 | 1.96 | 19.2 |
| 0.2 | 181 | 7.38 | 2.83 | 1.60 | 12.8 |
| 0.15 | 130 | 5.30 | 2.50 | 1.41 | 9.6 |
| 0.1 | 179 | 7.3 | 2.00 | 1.13 | 6.4 |
| 0.05 | 271 | 11.05 | 1.44 | 0.81 | 3.2 |
| 0 | 1004 | 40.93 | 0 | 0 | 0 |

目前,常用评定装甲性能的方法是利用特定弹体进行测试,对于导弹战斗部来说,它会产生大量的不规则破片,再采用传统方法显然不合适,因此需要根据

破片的毁伤能力划分等级,然后根据其毁伤等级确定防御方案较为合理。如图 3-6-4 所示为采样板破坏后形貌,由图可知,第一块采样板上弹坑和穿孔较多,但较为分散,第二块采样板上弹坑和穿孔明显减少,第三块采样板上只有 2 个穿孔,第四块上已经没有穿孔,只有零星几个不明显的弹坑。因此,以高速破片穿透钢板厚度和所占破片总数的百分比进行划分,并转换成相应的防御钢板厚度,可较为直观的表述防御等级的概念。

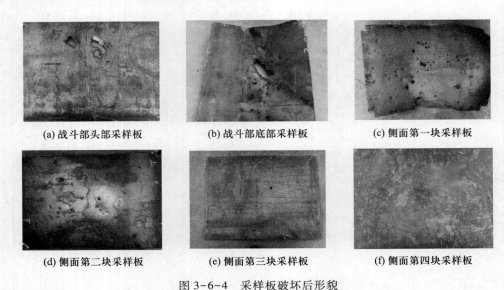

(a) 战斗部头部采样板　　(b) 战斗部底部采样板　　(c) 侧面第一块采样板

(d) 侧面第二块采样板　　(e) 侧面第三块采样板　　(f) 侧面第四块采样板

图 3-6-4　采样板破坏后形貌

针对轻型装甲防护结构设计的需要,将高速破片的毁伤威力等级划分具体如下:

第一等级:占破片总数 12.6% 的破片在 0.8g 以上,着靶速度大于 1695m/s,其穿甲动能在 1150.6J 以上,能够穿透 9mm 以上钢板,穿甲威力较大,但数量较少,防御成本加大。因此,轻型装甲防护结构设计时不予考虑。

第二等级:质量为 0.15~0.8g 的破片,以 1377~1695m/s 的速度进行穿甲,其穿甲动能为 142.2~1150.6J,能够穿透 4~9mm 的钢板。

第三等级:质量为 0.05~0.15g 的破片,以 1187~1337m/s 的速度进行穿甲,其穿甲动能为 35.2~142.2J 之间,能够穿透 2.2~4mm 的钢板。

第四等级:41% 的破片在 0.05g 以下,达到 1.25m 时的速度为 1187m/s,其穿甲动能低于 35.2J,在 2.2mm 厚钢板的防御范围之内。

等级划分说明:①以上等级是在缩比模型试验的基础上进行划分的,在实战中的防御结构设计时需要相应的转换;②等级划分的过程中是偏于安全设计的,破片穿甲速度较高,实际情况下穿甲速度按照飞行距离的增大而降低;③穿甲能力的计算都是按照战斗部爆炸后直接作用到舱壁板架上,而实际上破片在穿透第一层舱壁后,发生钝化变形导致再次穿甲时穿甲能力降低,穿透钢板总厚度要小于上述计算结果;④对于重要舱室,如油箱和弹药库等,在条件允许的情况下,可以按照一定的安全系数加强装甲防护结构;⑤考虑成本等因素,轻型装甲防护结构的设计,主要是针对第二等级以下破片进行。

### 3.6.2 球头战斗部

#### 3.6.2.1 模拟战斗部模型设计

对于尖头半穿甲导弹战斗部,为保证侵入目标内部过程中不被损坏,其端部壳体厚度往往大于侧壁。并且,为提高爆炸冲击威力,其装药往往采用B炸药、TNT/RDX混合、CPI等TNT当量系数较高的高能炸药。基于此,模拟战斗部总质量约为1.62kg,总长为132.5mm,最大直径为67mm,壳体最小壁厚约3.3mm;主装药最大直径59mm,长度121.7mm,质量约0.545kg,如图3-6-5所示。装药采用温压炸药,其密度1.782g/cm³ 爆速7748m/s 爆压26.22GPa,爆热8919kJ/kg。

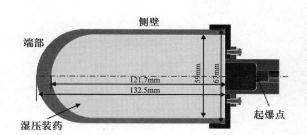

图 3-6-5 半球头柱形战斗部模型

#### 3.6.2.2 试验方法

战斗部模型采用尼龙绳悬挂,试验工况共分为两组,试验工况1中主要研究破片载荷特性,战斗部模型距地面垂直距离 SOD=334mm,如图3-6-6所示,分别在距战斗部端部、侧壁500mm处放置破片侵彻能力评估靶,面内几何尺寸为700mm×700mm,材料采用Q235钢,以研究端部和侧壁壳体碎裂形成破片的侵彻能力。其中,端部破片等效靶由厚度 3.86mm、1.68mm、0.93mm、0.95mm 钢板等间距叠层组成。侧壁破片等效靶由厚度 4.68mm、3.84mm、1.66mm、0.93mm 钢板等间距叠层组成,层与层间隔 100mm。另外,在距战斗部模型侧壁1500mm处放置厚度1mm采样板以研究侧壁破片的飞散分布特性,其面内几何尺寸为2000mm×1500mm。

试验工况2为战斗部模型距地面垂直距离 SOD=833mm,主要研究冲击波载

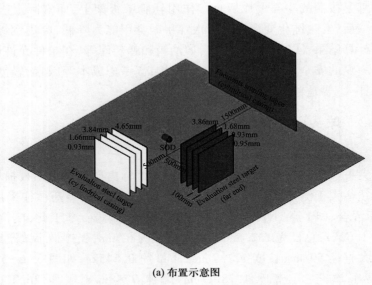

(a) 布置示意图

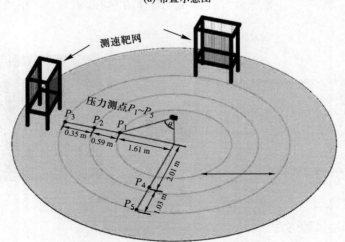

(b) 破片速度测量和压力测点布置

图 3-6-6　试验设计

荷传播特性和测量破片运动初速,布置了 2 组测速装置,分别测量战斗部端部和侧壁破片运动初速。另外,布置 5 处压力传感器,编号 $P_1 \sim P_5$。其中 $P_1 \sim P_3$ 布置在战斗部轴向,距地面几何中心 $O$ 处距离分别为 1.61m、2.2m、3.05m。$P_4$,$P_5$ 布置战斗部径向方向,距地面几何中心 $O$ 处距离分别为 2.01m、3.04m。

### 3.6.2.3　试验结果

1) 冲击波载荷

图 3-6-7 所示为战斗部模型爆炸后的冲击波压力时程曲线,主要分为峰值

压力和负压区两个阶段。对于冲击波峰值压力,由图可见,测点 $P_1 \sim P_5$ 在 SOD = 833mm 下的冲击波压力峰值分别为 0.189MPa、0.108MPa、0.068 MPa、0.16MPa、0.083MPa。比较测点 $P_3$ 和 $P_5$ 的峰值压力可知,由于半球头端部壳体厚度大于侧壁壳体,在壳体膨胀破碎过程中消耗更多能量,相同距离下侧壁处的冲击波强度高于端部约 22%。对于负压载荷,$P_1$ 测点处负压阶段明显,随着爆距增加,负压阶段明显减弱(如 $P_2$、$P_4$ 测点),当爆距大于 3m 时,负压阶段基本消失($P_3$、$P_5$ 测点)。

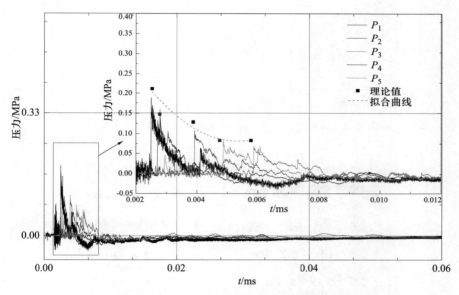

图 3-6-7　各测点冲击波压力载荷时程曲线

2) 破片载荷

(1) 破片初速。试验后,测得半球头战斗部模型爆炸后的侧壁壳体和端部壳体碎裂运动初速分别为 $V_c$ = 1890m/s、$V_n$ = 1644m/s。侧壁壳体飞散初速略高于端部。根据 Gurney 经验公式计算得侧壁破片的理论初速为 2020.18m/s,偏差 6.4%,与试验所测得侧壁壳体初速仍具有较好的一致性。进而可认为,对于半球柱形战斗部,满足一定长径比时半球形端部壳体对侧壁壳体的破片驱动飞散速度影响不大,其圆柱段侧壁壳体的破片初速计算仍可近似采用该公式计算。

(2) 壳体质量分布。球头战斗部爆炸后,端部壳体碎裂形成的破片着靶分布中弹坑、弹孔相互独立且大小较为均匀,回收的端部壳体破片质量分布区间为 0~1.3g,并且随机地散布在整个靶板区域,表明半球头柱形导弹战斗部爆炸后端部壳体碎裂形成的破片大小及质量分布较为均匀(图 3-6-8、图 3-6-9)。而侧壁壳体在采样板的破片着靶数量由于较距爆心更远而大幅减少。与端部壳体着靶分布不同,其呈条带状分布,并且弹坑、弹孔大小分布不均,差别明显。回收的端部壳体破片质量分布区间为 0~5.8g,表明侧壁壳体碎裂形成的破片大小及质量分布更不均布,侧壁壳体碎裂形成的最大破片质量远大于端部球形壳体所形成的最大破片质量,如图 3-6-8、图 3-6-9 所示。

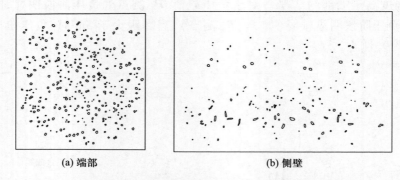

(a) 端部　　　　　　　　　　(b) 侧壁

图 3-6-8　球头战斗部爆炸后壳体破碎所形成破片着靶分布

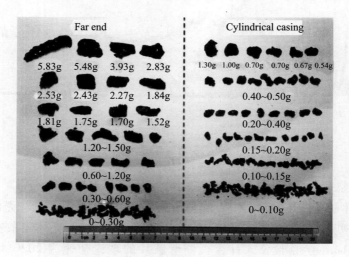

图 3-6-9　回收破片

另外,虽然目前研究人员已对莫特公式中的经验系数 $B$ 给出了 TNT、RDX、Baratol 等多种炸药的参考值,但对温压炸药的取值尚未见报道。本节结合破片质量分布试验统计值,分别取 $B=0~10$ 进行试算,发现对于温压炸药,当 $B=8$ 时,破片质量分布的理论计算值与试验统计值吻合较好,如图 3-6-10 所示。

(3) 侵彻能力。图 3-6-11、图 3-6-12 分别为端部和侧壁壳体破片侵彻能力评估靶的破坏形貌。由图可知,半球头柱形战斗部模型端部碎裂形成的破片其侵彻 Q235 钢板穿深为 5.54mm。侧壁碎裂形成的破片其侵彻 Q235 钢板穿深

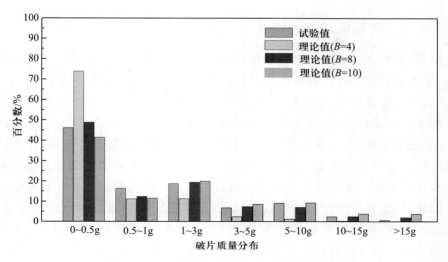

图 3-6-10　战斗部侧壁破片质量分布区间

为 10.18mm，侧壁壳体碎裂形成的破片其穿甲能力远强于端部壳体所形成破片。结合相同距离下侧壁处冲击波强度强于端部可知，半球头柱形导弹战斗部爆炸时侧壁壳体对准目标结构的毁伤能力远大于头部结构对准目标结构。

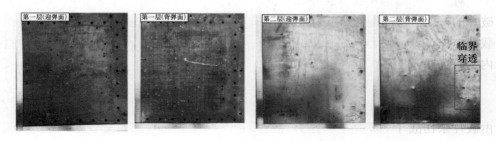

图 3-6-11　端部壳体破片侵彻能力评估靶

图 3-6-12　侧壁壳体破片侵彻能力评估靶

### 3.6.3 装药驱动破片技术

目前,研究武器战斗部对目标结构的联合毁伤效应主要通过以下3种手段实现:①实弹爆炸试验。该方法能够获得真实、准确、可靠的毁伤结果,但模型尺寸大、设计制作周期长、制造成本高、耗资大,实施难度较大。②数值仿真。该方法受制于两个条件:一是爆炸场计算需要的网格密度大、单元总数多、计算时长大,计算成本很高;二是爆炸场存在气体和多种结构的多重耦合作用,现有的算法难以准确模拟这种情况,精确度无法保证,且数值仿真需要大量试验提供基础数据和修正依据。③模拟缩比试验。该方法是通过建立防御目标和目标结构的模拟缩比模型,开展战斗部毁伤效应试验,其试验成本相对实弹爆炸试验低,在合适的缩尺下,试验效果与实弹爆炸试验基本等效,是目前研究采用的一种非常有效的方法。该方法对试验场地条件要求非常严苛,为确保人员和试验设备安全,试验须在大型的开放式隐秘试验场地进行(需要耗费大量人力物力对试验场地进行安全排查),或者须在试验模型四周设置严格的辅助防护设施;若模型尺度过大,则要求试验场地更为隐蔽,或者辅助防护设施更为厚重,这对试验场地条件的要求更为苛刻,需要耗费更多的人力物力。

对于目标结构在武器战斗部近炸下毁伤效应的研究,可采用装药驱动预制破片的试验方法,模拟武器战斗部近炸产生的爆炸冲击波和高速破片联合毁伤载荷。该试验方法参数较少,简单实用,可将推广应用于爆炸洞等较为封闭的室内试验场和开敞的试验场。

#### 3.6.3.1 方法介绍

战斗部装药爆炸后壳体碎裂形成大量的、呈一定质量分布规律的高速破片。由破片杀伤战斗部爆炸下高速破片的质量与速度分布规律可知,战斗部装填比越大,破片初速越高;破片平均质量越小,破片数量越多;破片质量越小其速度随着行程衰减得越快。因此,大质量破片是舰船防护结构的主要威胁,实际上,要想防护结构防御所有破片的侵彻需要付出非常大的重量代价(特别是大质量破片),同时,实际破片形状及尺寸差别很大,要想人为模拟实际破片对防护结构的毁伤效应难度极大。在工程实际中,一般选取某一质量的破片作为防御目标弹丸,并采用同等质量的模拟弹丸开展穿甲能力研究,以考察防护结构的防护效能。但正如前述,该方法对于防护结构的设计是不够安全的。因此,本节提出的试验方法考虑了多破片侵彻的增强效应以及与爆炸冲击波的联合毁伤增强效应。

由于试验场地及条件的限制,爆炸试验一般采用缩比模型。为便于分辨,本节定义缩比战斗部为原型目标战斗部按照缩尺比几何缩放后的战斗部,等效缩比战斗部为经推导计算后、最终在试验中采用的战斗部（采用装药驱动预制破片方式），由等效装药、等效预制破片及起爆雷管组成，如图3-6-13所示。

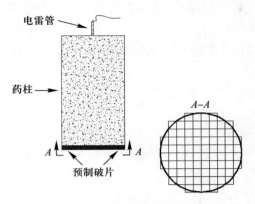

图3-6-13　等效缩比战斗部组成示意图

实际战斗部爆炸产生的破片形状不规则（特别是自然破片战斗部），为便于分析和操作，试验方法中取单枚等效预制破片平面形状为正方形，其材料与原型战斗部壳体材料保持一致。为模拟密集破片群对目标结构的侵彻效应，假设等效预制破片的布置形式为紧密贴合布置于等效缩比战斗部装药的底面（单层布置）。

根据相关文献，当装药距目标结构的爆距大于一定数值后，装药形状及爆炸时刻的姿态对作用于目标结构的冲击波强度影响可忽略不计。因此，为从易于操作和便于实施的角度出发，在试验方法中，取等效缩比战斗部的装药形状为圆柱形，等效缩比战斗部的姿态为轴向垂直于目标防护结构平面，且正对目标防护结构的中心，如图3-6-14所示。

图3-6-14　等效缩比战斗部与目标防护结构空间位置示意图

#### 3.6.3.2　等效缩比战斗部的计算方法

1）防御目标初始条件

本节典型圆柱形一端起爆破片杀伤战斗部为研究对象，以此作为防护结构的设计防御目标战斗部,爆距为 $R$,防护结构的防御目标弹丸为质量不大于 $m_p$ 的破片。

2) 破片载荷特性分析

战斗部柱壳侧壁破片初速 $V_0$、前端盖初速 $V_{0nf}$、后端盖初速 $V_{0nr}$ 可由式(3-6-1)~式(3-6-3)计算得到。

战斗部柱壳侧壁破片平均初速 $V_0$ 可由格尼公式计算,即

$$V_0 = G\sqrt{\frac{M_e/M_c}{1+M_e/2M_c}} \quad (3\text{-}6\text{-}1)$$

式中:$G$ 为格尼爆炸能量常数。

战斗部前端盖初速驱动整体平板运动的相当速度计算:

$$V_{0nf} = D_e\sqrt{1-4A_{nf}-\frac{40A_{nf}^2}{3}-4C_{nf}\sqrt{B_{nf}}+\frac{16A_{nf}^2}{3}\sqrt{B_{nf}^3}-2C_{nf}\ln\frac{4}{B_{nf}+1+2\sqrt{B_{nf}}}}$$

$$(3\text{-}6\text{-}2)$$

其中

$$A_{nf}=\frac{27\rho_p \cdot l_{nf}}{16\rho_e \cdot h_{1nf}}; \quad B_{nf}=1+2/A_{nf}$$

$$C_{nf}=4A_{nf}-2A_{nf}^2$$

式中:$V_{0nf}$ 为前端盖的初速;$h_{1nf}$ 为战斗部装药中驱动前端盖部分炸药的高度。对于圆柱形装药,驱动前端盖部分炸药形状为圆锥体,其高度为 $h_{1nf}$、底面圆直径为 $d_e$:

$$h_{1nf}=\begin{cases}\dfrac{d_e}{2}\left(1+\left(\dfrac{d_e}{2l_e}\right)^2\right)^{-0.5} & (l_e \geqslant d_e) \\ \dfrac{l_e}{2}\left(1+\left(\dfrac{d_e}{2l_e}\right)^2\right)^{-0.5} & (l_e < d_e)\end{cases} \quad (3\text{-}6\text{-}3)$$

战斗部后端盖初速 $V_{0nr}$ 同样可由式(3-6-1)和式(3-6-3)计算得到。

壳体变形碎裂能和传递给周围空气的能量可忽略不计。则由式(3-6-1)~式(3-6-3)可计算得到战斗部装药驱动壳体和端盖运动所消耗的能量 $E_k$:

$$E_k=\frac{1}{2}M_{nf}V_{0nf}^2+\frac{1}{2}M_{nr}V_{0nr}^2+\frac{1}{2}M_cV_0^2 \quad (3\text{-}6\text{-}4)$$

3) 防御目标的缩尺比

假设几何缩尺比为 $S$,则可由原型战斗部模型按照缩尺比计算得到几何缩放

后的战斗部模型尺寸(缩比战斗部)。那么,按照几何相似,缩比战斗部模型装药等效 TNT 当量为 $\widetilde{M}_e/S^3$,缩比防御目标弹丸为质量为 $m_{pS}=m_p/S^3$ 的破片。以下分析计算过程均在缩比模型尺寸的基础上完成。

### 3.6.3.3 基于经验公式的计算方法

1) 等效预制破片的质量、形状及尺寸

单枚等效预制破片平面形状为正方形,其厚度取为 $t_{pS}=t_c/S$,其材料与原型战斗部壳体材料保持一致。

单枚等效预制破片平面面积为

$$s_{pS}=m_{pS}/(\rho_p t_S)=m_p/(t_{pS}\rho_p S^2) \tag{3-6-5}$$

那么,单枚等效预制破片平面边长为

$$a_{pS}=s_{pS}^{1/2}=\sqrt{m_{pS}/(t_{pS}\rho_p S^2)} \tag{3-6-6}$$

根据破片在空气中的飞散规律,同等质量、不同形状的破片呈现不同的速度衰减规律。为便于分析,取防御目标弹丸达到的最高初速为初始条件。

2) 等效缩比战斗部装药的形状、质量及尺寸

等效缩比战斗部装药直径记为 $d_{eS}$,装药高度记为 $l_{eS}$,装药密度记为 $\rho_{eS}$,那么装药质量 $m_{eS}$ 为

$$m_{eS}=\pi d_{eS}^2 \cdot l_{eS} \cdot \rho_e$$

等效预制破片的平均速度依然可按照装药驱动整体平板运动的相当速度计算。等效缩比战斗部装药爆炸驱动等效预制破片获得的平均速度为 $\bar{V}_{0S}$,由下式计算:

$$\bar{V}_{0S}=D_{eS}\sqrt{1-4A_S-\frac{40A_S^2}{3}-4C_S\sqrt{B_S}+\frac{16A_S^2}{3}\sqrt{B_S^3}-2C_S\ln\frac{4}{B_S+1+2\sqrt{B_S}}} \tag{3-6-7}$$

其中

$$A_S=\frac{27\rho_p \cdot t_{pS}}{16\rho_{eS} \cdot h_{1S}}; \quad B_S=1+2/A_S; \quad C_S=4A_S-2A_S^2$$

式中:$D_{eS}$ 为等效缩比战斗部装药的爆速;$h_{1S}$ 为等效缩比战斗部装药中驱动破片部分炸药的高度。对于圆柱形装药,驱动破片部分炸药形状为圆锥体,其高度为 $h_{1S}$、底面圆直径为 $d_{eS}$。

$$h_{1S} = \begin{cases} \dfrac{d_{eS}}{2}\left(1+\left(1+\left(\dfrac{d_{eS}}{2l_{eS}}\right)^2\right)^{-0.5}\right) & (l_{eS} \geq d_{eS}) \\ \dfrac{l_{eS}}{2}\left(1+\left(1+\left(\dfrac{d_{eS}}{2l_{eS}}\right)^2\right)^{-0.5}\right) & (l_{eS} < d_{eS}) \end{cases} \quad (3\text{-}6\text{-}8)$$

那么,等效缩比战斗部装药驱动所有等效预制破片运动所消耗的能量为 $E_{kS}$:

$$E_{kS} = \frac{\pi d_{eS}^2}{8 s_{pS}} m_{pS} \overline{V}_{0S}^2 \quad (3\text{-}6\text{-}9)$$

假设原型战斗部和等效缩比战斗部用于产生爆炸冲击波的药量比率相等,由能量守恒原理,有如下关系式:

$$m_{eC_l} = m_e Q_v / (Q_{vS} C_l^3) - (E_k / C_l^3 - E_{kC_l}) / Q_{vC_l} \quad (3\text{-}6\text{-}10)$$

式中: $Q_{vS}$ 为等效缩比战斗部装药的爆热。

假设第 $i$ 个等效预制破片的平面区域为 $(x_i \leq x \leq x_i + a_{pS}, y_i \leq y \leq y_i + a_{pS})$,其由于装药驱动获得的最大初速 $V_{0S,i}$ 为

$$V_{0S,i} = D_{eS} \sqrt{\frac{1}{s_{pS}} \int_{y_i}^{y_i+a_{pS}} \int_{x_i}^{x_i+a_{pS}} \left(1 - \frac{27}{16\mu(x,y)}\left(\sqrt{1+\frac{32}{27}\mu(x,y)} - 1\right)\right)^2 dxdy} \quad (3\text{-}6\text{-}11)$$

其中

$$\mu(x,y) = \frac{\rho_{eS} h_{1S}}{\rho_p t_{pS}}\left(1 - \sqrt{\frac{4x^2}{d_{eS}^2} + \frac{4y^2}{d_{eS}^2}}\right) = \frac{\rho_{eS}}{\rho_p t_{pS}} \bar{\mu}(x,y)$$

式中: $\bar{\mu}(x,y)$ 为某等效预制破片微元对应的装药高度,是关于破片等效预制破片微元平面坐标 $x$、$y$ 的函数,有 $-d_{eS}/2 \leq x \leq d_{eS}/2$, $-d_{eS}/2 \leq y \leq d_{eS}/2$,如图 3-6-15 所示。

由式(3-6-11)可知,随着等效预制破片距离装药中心距离的增加,等效预制破片获得的最大初速呈递减趋势,因此,应保证位于装药底面中心的等效预制破片($i = 1$)的初速 $V_{0S,i} = V_0$。

联立式(3-6-7)~式(3-6-11),即可求解出等效缩比战斗部的装药直径 $d_{eS}$、装药高度 $l_{eS}$。该方程精确解的求解十分困难,可采用 Matlab 编程,在保证式(3-6-10)成立的基础上,求解等效缩比战斗部装药尺寸的最优解(图 3-6-16,图 3-6-17)。

第3章 战斗部舱内爆炸载荷

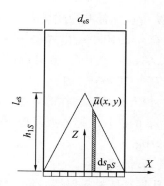

图 3-6-15 作用在等效预制破片微元上的装药高度

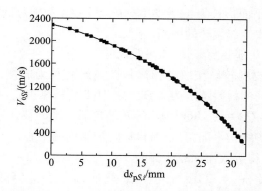

图 3-6-16 等效预制破片初速随距装药底面中心距离的分布规律

3) 等效预制破片的数量

等效缩比战斗部的装药底面积为 $S_{eS}=\pi d_{eS}^2/4$。在实际布置等效预制破片时,应保证等效预制破片的总平面面积不小于装药的底面积,即等效预制破片的总数量 $N_0$ 应满足:

$$N_0 \geqslant S_{eS}/s_{pS} = \frac{\pi d_{eS}^2}{4 s_{pS}} \quad (3\text{-}6\text{-}12)$$

#### 3.6.3.4 计算等效缩比战斗部的实例分析

为了更好地理解确定等效缩比战斗部的计算方法,本实例模拟等壁厚圆柱形钢壳体自然破片战斗部空中爆炸产生的爆炸冲击波和高速破片群联合载荷的等效方法,具体计算步骤及计算结果详述如下:

1) 防御目标初始条件

战斗部装药采用铸装或压装的高爆装药,装药密度为 1.71 g/cm³,爆速为 8600m/s,爆热为 5.3kJ/g,取 TNT 爆热为 4.186kJ/g,则其 TNT 当量为 $\widetilde{M}_e=$

117

120.75kg。爆距为 $R=5$m。防御目标弹丸为质量为 $m_p = 40$g 的高速破片。

取战斗部装药格尼系数 $G = 2910$m/s，由式（3-6-1）可计算出柱壳侧壁破片获得的最大速度为 $V_0 = 2300.91$m/s，由式（3-6-4）可计算出战斗部装药驱动壳体和端盖运动所消耗的能量为 $E_k = 309661.2$kJ。

确定战斗部模型缩尺比为 $S=6$。那么，在等效缩比战斗部模型中，缩比防御目标弹丸为质量为 $m_{pS} = 0.1852$g 的破片。缩比战斗部（仅对原型战斗部进行几何缩比）装药等效 TNT 当量为 559.0g。

2）等效预制破片的质量、形状及尺寸

等效预制破片材料与战斗部壳体材料保持一致，其密度为 $\rho_p = 7850$kg/m³。取单枚等效预制破片平面形状为正方形，其厚度为 $t_{pS} = 17/6 = 2.83$mm，则平面面积为 $s_{pS} = 8.337$mm²，平面边长为 $a_{pS} = 2.89$mm。等效预制破片的布置形式为紧密贴合布置于等效缩比战斗部装药的底面（单层）。

3）等效缩比战斗部装药形状、质量及尺寸

由于 TNT 炸药材料较易获取，同时，其性能研究较为成熟，在此实例中，假设等效缩比战斗部装药的材料选定为 TNT。取 TNT 装药密度 $\rho_{eS} = 1630$kg/m³，爆速 $D_{eS} = 6930$m/s，爆热 $Q_{vS} = 4.186$kJ/g。等效缩比战斗部的装药形状取为圆柱形，其轴向垂直于目标防护结构平面，且正对目标防护结构的中心。

联立方程式，解得等效缩比战斗部的 TNT 装药直径 $d_{eS} = 67.10$mm、装药高度 $l_{eS} = 40.11$mm，质量 $m_{eS} = 231.2$g，位于装药底面中心的等效预制破片的初速 $V_{0S,1} = 2300.99$m/s，等效缩比战斗部装药爆炸驱动等效预制破片获得的平均速度为 $\bar{V}_{0S} = 1249.2$m/s。根据式（3-6-11）可计算出每个等效预制破片的速度，图3-6-16 所示为等效预制破片初速随距装药底面中心距离的分布规律，图中，$d_{pS,i}$ 为第 $i$ 个等效预制破片的中心距装药底面中心的平面距离，$v_{0S,i}$ 为第 $i$ 个等效预制破片的初速。可以看出，本实例中，位于装药底面中心的等效预制破片的初速与设计防御目标弹丸初速基本相等，考虑到实际战斗部破片的形状及尺寸对速度衰减规律的影响，上述方程组的求解值在工程应用误差允许范围之内。

4）等效预制破片的数量

等效缩比战斗部装药底面积 $S_{eS} = \pi d_{eS}^2/4 = 3536.2$mm²；等效预制破片的总数量应满足 $N_0 \geq S_{eS}/s_{pS} = 424.2$。算例用等效缩比战斗部预制破片布置形式如图 3-6-17 所示，总数量为 425。

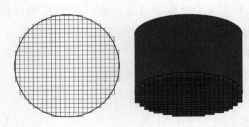

图 3-6-17　算例用等效缩比战斗部预制破片布置形式

# 参考文献

[1] 于文满,何顺禄,关世义. 舰船毁伤图鉴[M]. 北京:国防工业出版社,1991.

[2] 孙业斌. 爆炸作用与装药设计[M]. 北京:国防工业出版社,1987.

[3] 隋树元,王树山. 终点效应学[M]. 北京:国防工业出版社,2000.

[4] KURKI T. Contained explosion inside a naval-vessele evaluation of the structure response[D]. Helsinki University of Technology,2007.

[5] ELEK P, JARAMAZ S. Fragment Mass Distribution of Naturally Fragmenting Warheads[J]. Fme Transactions, 2009, 37(3):129-135.

[6] 陈长海,朱锡,侯海量. 破片式战斗部空中爆炸毁伤载荷研究进展[J]. 中国造船,2016,57(4):197-214.

[7] 卢芳云,李翔宇,林玉亮. 战斗部结构与原理[M]. 北京:科学出版社,2009.

[8] HUTCHINSON M D. The escape of blast from fragmenting munitions casings [J]. International Journal of Impact Engineering,2009,36(2):185-192.

[9] GRIME G, SHEARD H. The experimental study of the blast from bombs and bare charges[C]. Proceedings of the Royal Society, 1946,London.

[10] MOXNES J F, PRYTZ A K, FROYLAND, et al. Experimental and numerical study of the fragmentation of expanding warhead casings by using different numerical codes and solution techniques[J]. Defence Technology, 2014,10:161-176.

[11] CULLIS I G, DUNSMORE P, HARRISON A, et al. Numerical simulation of the natural fragmentation of explosively loaded thick walled cylinders[J]. Defence Technology,2014(10):198-210.

[12] Alexandria. Structures to resist the effects of accidental explosions [R]. ADA 243272,MSA,1990.

[13] Ministry of Defence. The Ballistic Testing of Fragment Protective Personnel Armours and Materials [P]. UK/SC/4697. 1981.

[14] NATO Standardization Agreement. Ballistic test method for personal armours [S]. Draft STANAG 2920, 1991.

[15] HU NIAN MING, ZHU XI, CHEN CHANG HAI. Theoretical calculation of the fragment intial velocity following aerial explosion of the cylindrical warhead with two terminals[C]. IOP Conference Series:Materials Science and Engineering, 2017,274(1):012049.

# 第 4 章 舰船舱室水雾抑爆技术

炸药爆炸是一种急剧的化学变化过程,伴随着迅速、巨大的能量释放,产生爆炸冲击波,具有极强的破坏威力,伴随 3 个特征,即反应的放热性、过程的高速度和反应过程中生成大量气体产物。其中,爆炸反应所放的热量称为爆热,它既是炸药爆炸的能源,也是爆炸破坏作用的能源;爆炸气体产物将吸收大部分的爆热而呈高温、高压状态,其膨胀过程将产生冲击波,冲击波过后介质的温度也要显著升高,在舰船舱室封闭空间中则会形成准静态气压载荷,大大增强其破坏威力。

由于战斗部爆炸所产生的爆炸产物、冲击波载荷,属于空间分布式强冲击载荷,其随空间距离呈指数关系衰减,而爆炸产物膨胀形成的准静态气压是随封闭空间容积的增大而减小的。因此,目前舰船抗爆设计主要有两种方法:一是泄爆;二是隔爆。泄爆主要是指膨胀泄压,即设置空舱、长走廊等以空间距离衰减耗散爆炸产物、冲击波的强度和能量,以空间容积分散降低准静态气压的压力。隔爆主要针对爆炸冲击波而言,分为两种思想:一是采用抗爆吸能结构耗散爆炸载荷的冲击能量,以达到保护重要舱室的目的;二是在爆炸冲击波的传递途径上设置其他介质相,利用冲击波在不同介质间界面上的透、反射现象,耗散冲击波能量,削弱冲击波强度。

舰船舱室水雾抑爆是根据爆炸反应与冲击波传播规律和隔爆防护原理,在舰船舱室发生内爆前向舱室内喷射水雾,形成水滴弥散分布的气液两相混合介质,利用爆炸冲击波在气液两相介质相中的入射、反射等复杂传递现象,使水滴发生压缩、破碎、抛撒、雾化等过程,将部分冲击波能耗散为水滴的抛撒动能,削弱冲击波的强度;随后水雾将在高温爆炸产物的作用下发生升温、汽化,大量吸收爆炸释放的能量,从而降低爆炸气体产物的温度,削弱爆炸冲击波载荷、减小准静态气体压力,抑制爆炸破坏威力,最终达到对反舰武器进行隔爆和抑爆的双重目标。

水雾抑爆的防护思想和上述第二种隔爆思想是一致的,区别在于气液两相混合介质中液滴呈弥散分布,气液两相界面更多,无明显的层状特征,冲击波的传播更为复杂。与层状多相介质类似,冲击波在液滴表面也会发生透射和反射,导致液滴的压缩;冲击波在液滴背表面的反射,将导致液滴的破碎、飞散,而破碎液滴与空气介质的切向速度差将导致气液界面的不稳定,并使液滴进一步破碎和雾化。

另一方面,弥散分布的水雾具有比表面积大、比热容大、汽化热大等特点,在爆轰产物高温下会快速升温、蒸发,从而吸收大量爆炸释放的热量。据测算,1kg的水从室温(25℃)加热到100℃吸收313.5kJ的热量,在温度不变的情况下,液态水汽化为水蒸气要吸收2257kJ的热量,总吸热量相当于0.59kg TNT爆炸释放的热量。此外,对于一些负氧平衡炸药(如TNT炸药、RDX、B混合炸药等),液滴升温、汽化一方面能降低爆轰产物的温度,另一方面还能稀释舱内氧气浓度,抑制爆轰产物的后燃烧效应。

水雾的吸热效应,最早应用于火灾的抑制中。不仅可以降低火焰传播速度,还可削弱激波压力,达到抑制火灾和爆炸破坏威力的目的。目前,气液两相混合介质已被广泛应用于舰船火灾、电气火灾、建筑火灾等不同类型的火灾控制中,并在煤矿瓦斯抑爆中的得到成功应用。

## 4.1 有限元细观分析模型

舰船遭受到反舰武器攻击发生舱内爆炸前,在舱室内部喷洒水雾,形成雾滴弥散分布的气液混合介质(图4-1-1)。为分析冲击波在液滴表面的透、反射现象与规律,以及液滴在冲击波作用下的破碎特性,选取其中的一个液滴建立二维平面细观分析模型(图4-1-2),该模型能够有效模拟平面内液滴破碎,直观反映模型内部的压力变化历程以及液滴的形态变化及位置改变。单个液滴细观分析模型中,为研究其压力波和形态的变化,假设其变化过程中不受其他液滴的碰撞和干扰。

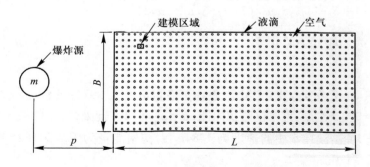

图4-1-1 舱内气液两相混合介质示意图

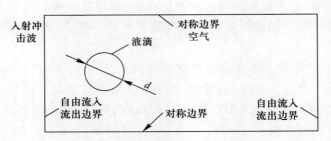

图 4-1-2 单个液滴微元模型

爆炸源产生的冲击波呈球形向外扩散,因此冲击波作用于整个模型空间时是弧形冲击波波阵面。而对于选取的二维液滴单元,由于其空间非常小,因此其受到的冲击波相当于平面波。运用有限元软件 LS-Dyna 建立平面分析模型,取欧拉域长 $l=$ 40mm,宽 $b=20$mm,液滴直径 $d=2$mm。欧拉域上下边界均采用对称边界设置,以模拟相邻液滴间的相互影响,前后边界为自由流入流出边界,保证冲击波可以正常作用于液滴。在欧拉域前距离为 $r$ 的位置放置 TNT 当量为 $m$ 的爆炸源,改变装药量 $m$ 和爆距 $r$ 以得到不同的冲击波峰值超压和正压作用时间。

模型中空气采用 NULL 材料模型及线性多项式状态方程描述:

$$p = C_0 + C_1\mu + C_2\mu^2 + C_3\mu^3 + (C_4 + C_5\mu + C_6\mu^2)E \quad (4-1-1)$$

式中:$p$ 为压力;$E$ 为单位体积内能,取 $2.525\times 10^5$J/m$^3$;$\mu=\rho/\rho_0-1$;空气密度取 $1.225$kg/m$^3$;$C_0\sim C_6$ 为多项式方程系数,当线性多项式状态方程用于理想气体模型时,$C_0=C_1=C_2=C_3=C_6=0$,$C_4=C_5=\gamma-1$,$\gamma=C_p/C_V$ 为气体的热容比,取 $\gamma=1.4$。

液滴采用 Gruneisen 状态方程描述:

$$\begin{cases} p=\dfrac{\rho_0 C^2\mu[1+(1-\gamma_0/2)\mu-\mu^2 a_m/2]}{[1-(S_1-1)\mu-S_2\mu^2/(1+\mu)-S_3\mu^3/(\mu+1)^2]}+(\gamma_0+a_m\mu)E_V & (\mu>0)\\ p=\rho_0 c_l^2\mu+(\gamma_0+a_m\mu)E_V & (\mu<0) \end{cases}$$

$$(4-1-2)$$

式中:Gruneisen 系数 $\gamma_0=0.4934$,体积修正系数 $\alpha_m=1.3937$;系数 $S_1=2.56$,$S_2=-1.986$,$S_3=0.2268$,$E_V$ 为单位体积内能;$\mu=\rho/\rho_0-1$。此处,模型中微粒为直径为 2mm 的液滴,冲击波在水中的速度为 1484m/s,初始能量为 $E_0=9.182\times 10^5$J,初始相对体积 $V_0=1.0$。

为分析不同强度冲击波与液滴的相互作用过程和液滴的破碎模式,根据现有典型半穿甲导弹的装药特性,选取 100kg TNT 作为爆源,分别取 $r=0.5$m、5.0m 爆距下的冲击波作为入射冲击波,计算冲击波与液滴的相互作用过程。各工况下的比例距离、入射超压、正压时间及空气中计算冲击波速度如表4-1-1所列。

表4-1-1 计算工况

| 爆距 $R$/m | 装药质量 $m_e$/kg | 比例距离 | 入射超压 $\Delta p_m$/MPa | 正压作用时间 $t_+$/ms | 冲击波波速 $v$/(m/s) | 马赫数 $Ma$ |
|---|---|---|---|---|---|---|
| 0.50 | 100 | 0.11 | 36.87 | 2.06 | 5888.48 | 17.32 |
| 5.00 | 100 | 1.08 | 0.67 | 6.50 | 857.45 | 2.52 |

## 4.2 冲击波传播过程分析

### 4.2.1 低马赫数冲击波

图4-2-1所示为100kg TNT在5.0m处爆炸时(冲击波马赫数为2.52),压力波传播过程的有限元分析结果。

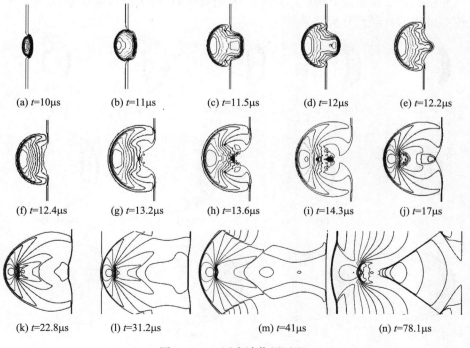

(a) $t=10\mu s$　　(b) $t=11\mu s$　　(c) $t=11.5\mu s$　　(d) $t=12\mu s$　　(e) $t=12.2\mu s$

(f) $t=12.4\mu s$　　(g) $t=13.2\mu s$　　(h) $t=13.6\mu s$　　(i) $t=14.3\mu s$　　(j) $t=17\mu s$

(k) $t=22.8\mu s$　　(l) $t=31.2\mu s$　　(m) $t=41\mu s$　　(n) $t=78.1\mu s$

图4-2-1 压力波作用过程

由图 4-2-1 可知,冲击波作用前液滴内压强为一个大气压。冲击波的初始峰值超压为 0.87MPa,其在 10.0μs 时刻遇到液滴后,迅速产生反射,液滴内部最大压强迅速增大,11.0μs 时增至 2.41MPa,11.5μs 时增长到 3.79MPa,12.0μs 增长到最大值 4.08MPa。反射波接触到液滴表面时沿入射波传播方向的反方向扩散,轮廓线呈半圆状,压强由内到外依次递减,形成明显的局部高压区;由于液滴内的声速远高于空气中的声速,可明显观察到透射波传播快于空气中的波速。透射波在液滴内部形成另一个高压区,由于两侧稀疏波的作用,透射波压强同样呈现出由内到外依次递减的规律呈鼻状向液滴背面传播,鼻翼宽度逐渐减小直至消失。

液滴两侧形成翼状环流,环流包围液滴区域并逐渐向液滴后部中间位置衍生。其传播效果类似于冲击波作用于障碍物,两侧会产生衍射波,并向中间衍生,向后扩展,逐渐形成半包围的低压区。衍射波在液滴后碰撞会产生局部高压,压强约为 0.62MPa。冲击波绕过液滴继续向前传播,波阵面在液滴后形成局部凹陷,压力降低。

### 4.2.2　高马赫数强冲击波

如图 4-2-2 所示为 100kg TNT 在 0.5m 处爆炸时(冲击波马赫数为 17.32),压力波传播过程的有限元分析结果。

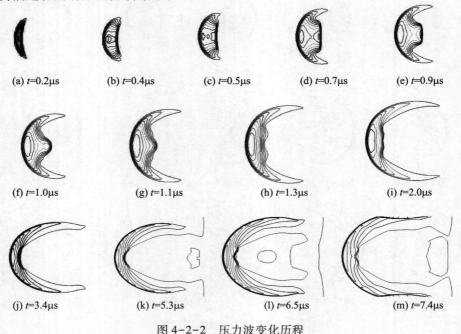

图 4-2-2　压力波变化历程

由图 4-2-2 可知,在高马赫数冲击波作用下液滴的变化与低马赫数作用下有着较大的差异。冲击波初始峰值超压为 29.95MPa,在 0.1μs 时刻冲击波与液滴相遇;0.2μs 时刻,液滴内部最大压强迅速增至 1301MPa,并一直维持在 1000MPa 以上至 1.0μs 左右。高马赫数冲击波作用初期,生成的月牙形压力场右侧波形不再外凸,而是内凹,由内到外依次是高压区到低压区。至 0.4μs 时在稀疏波作用下月牙形压力场尖角处形成缺口,内部高压区逐渐分出反射波高压区和透射波高压区。

由式(3-5-12)可知,此时空气中冲击波传播速度大于水中传播速度,凹形内的透射波区域比起两翼侧的环流有明显的滞后现象。环流先后扩展成长带状,有向内侧衍生的趋势,稀疏波逐渐使得透射波与环流间内凹变深,透射波逐渐凸出来并由宽变窄,由尖变钝,直至消失。两翼环流在液滴后方衍生出低压区域,其压强约为 25MPa 左右。高马赫数冲击波作用过程十分迅速,整个过程约为 8μs,此过程较低马赫数冲击波更为剧烈。

### 4.2.3 冲击波传播过程

图 4-2-3 为冲击波与液滴相互作用过程示意图。由图 4-2-3 可知,冲击波遇到液滴后会立即产生反射,反射波呈圆弧状向反方向扩展,同时在液滴内部产生凸出的圆弧状的透射波;另外,随着冲击波沿液滴表面运动,由于受侧面稀疏波的影响,在液滴两侧会出现两个旋状环流,环流产生后反射波压力下降。透射波传播到液滴背面,将反射稀疏波,压力迅速减小。环流进一步发展,绕过液滴向向液滴后方运动,形成衍射波,两侧衍射波在液滴后方约 1 倍液滴直径处相遇,压力将短暂升高。

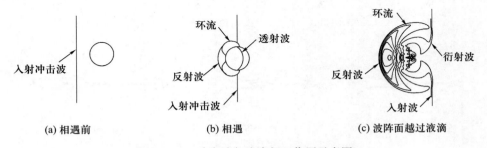

图 4-2-3 冲击波与液滴相互作用示意图

令冲击波速度等于水中声速,即 1484m/s,可得在入射超压 $\Delta p_m$ 约 2.23MPa 时,冲击波在水中和空气中的传播速度基本相似,此时比例距离为 0.67。

对于不同强度的入射波,液滴的波形变化有一定的区别。其中,在低马赫数冲击波作用时入射波在空气中的传播速度小于液滴中透射波速度,透射波波形明显超出入射波行进界面(图4-2-1(c));相反,在高马赫数冲击波作用时入射波在空气中速度大于液滴中透射波速度,此时透射波波形滞后于入射波行进界面(图4-2-2(d));其间存在一定强度的冲击波使得透射波传播速度与入射波速度相同,计算可知此时冲击波马赫数约4.36,入射超压约2.23MPa。在低马赫数冲击波作用时,绕射波延伸较近,则环流衍生成的低压区面积较小,压力变化较为缓慢;高马赫数冲击波作用时,绕射波延伸较远,环流衍生的低压区面积更大压强更高,此过程历时短,压力变化较为剧烈。

## 4.3 液滴的形态变化

### 4.3.1 低马赫数冲击波

弱冲击波作用过程中,其形状将略微压扁呈非对称球体,其位置会发生较为微弱的变化。如图4-3-1所示为100kg TNT在5.0m处爆炸时(冲击波的马赫

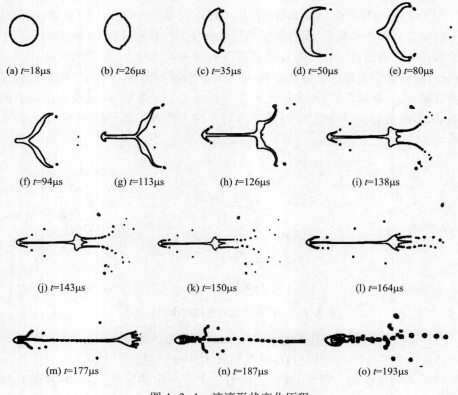

图4-3-1 液滴形状变化历程

数为 2.52)的液滴形状的变化过程。

由图 4-3-1 可知,在弱冲击波的作用下,液滴逐渐发生形状和位置的变化,但其变化相对冲击波的作用过程有一定延迟。冲击波在 10μs 时刻接触液滴,但液滴在 18μs 左右才开始发生微弱的压缩形变。液滴的迎爆面出现压扁现象,随着压扁程度的加剧,液滴呈半圆状,背爆面逐渐变为扁平状。随后,液滴两侧逐渐尖化和变长,背爆面由凸变平直再内侧凹陷,液滴呈现出类似于月牙的形状,虽这两侧液体速度增大,中部逐渐凸出。在 50μs 左右时,两翼尖端开始抛洒出细小液滴。随着两翼速度的增大,中部凸出逐渐拉长呈花蕊状,两翼呈钳状。随后两翼翻向后侧,此过程中两翼不断抛洒出小液滴。最后,花蕊状液滴从茎处至两端处都先后发生小液滴的抛洒成雾状的现象。整个过程历时约 200μs,直观地观察到在低马赫数冲击波作用下的液滴雾化的过程。

### 4.3.2 高马赫数冲击波

强冲击波作用过程中,液滴形状变化迅速,位移较大,并有明显的空气被压缩的现象。如图 4-3-2 所示为 100kg TNT 在 0.5m 处爆炸时(冲击波马赫数 $Ma=17.32$)的液滴的形状变化过程。

由图可知,在强冲击波作用下液滴的位移变化没有明显延时,由图 4-3-2 可见冲击波来流方向液滴附近气体被明显压缩形成高密度高压强气体区域。压缩空气的变形特征与压力场的变形过程极为相似,液滴前方钝粗的同时,附着在液滴表面的空气也被压缩变形。压缩空气在液滴两侧形成带状两翼逐渐向后伸展,至 1μs 液滴两端形变成角状端。至 3μs 左右时液滴变形成月牙状,开口角度逐渐增大,至 7μs 左右时两翼渐张开成蛇口状,中间位置向后凸起。开口继续增大,至 9μs 左右两翼向后侧翻转,中间向后凸起变长,两翼向外侧拓展形成带状液丝,液滴呈羊头状。12μs 时刻两翼腰部袋装液丝开始出现断裂,在断裂处逐渐出现小液滴的抛洒现象。

### 4.3.3 破碎过程分析

液滴破碎历程大致可分为 4 个阶段(图 4-3-3):钝化变形阶段,液滴呈现一段曲率变小的形态变化;"人"字形变形阶段,液滴一段粘连另一端分成两根液柱,像倒下的"人"字;拉长阶段,液滴粘连段变得更为细长;破碎阶段,液滴由端至中相继发生小液滴抛散。

液滴的钝化变形阶段基本发生在冲击波与液滴相遇初期,如图 4-3-3(b)所列阶段,后续变形直至破碎呈现明显的滞后性,发生在图 4-3-3(c)之后。冲击波作用初期,液滴从左侧开始发生变形,钝化形成扁状;受气动力影响,液滴两侧

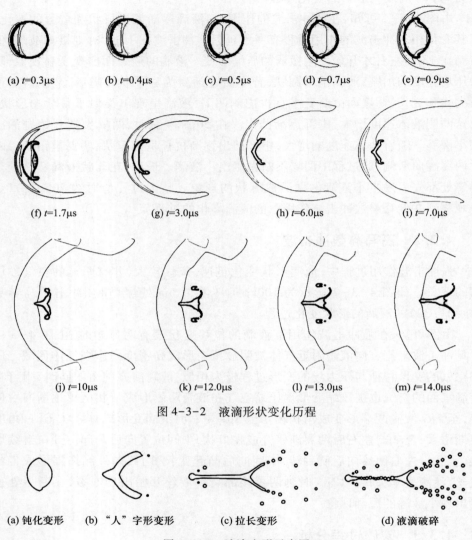

图 4-3-2 液滴形状变化历程

图 4-3-3 液滴变形示意图

空气运动速度更大,因此液滴两侧向外延伸成"人"字形;"人"字形内侧为低压区外侧为高压区,继续在气动力的作用下,液滴被挤压拉伸,"人"字形两侧液柱逐渐向内侧靠拢,液滴前侧被拉长成条状;在破碎阶段之前液滴端部相继发生小液滴抛散现象,液滴变形最后发生集中的小液滴抛散的现象称作液滴的破碎,此时液滴分散成不规则的若干个小液滴。

## 4.4 液滴对爆炸冲击波的衰减作用

### 4.4.1 液滴尺寸对压力波的影响

图 4-4-1~图 4-4-3 分别为 100kg TNT 在 2.0m 处爆炸时（冲击波马赫数为 6.913），冲击波入射到 1mm、2mm、4mm、6mm 和 8mm 液滴时的透、反射现象分析结果。

由图 4-4-1 可知，在爆炸源发生爆炸 5μs 时刻，冲击波作用于液滴后的压力波反射区域面积随着液滴尺寸的增大而增大。冲击波接触到液滴后，迅速产生反射波，反射波呈圆弧状向外扩展，由内向外压强依次递减；在液滴两侧形成环流；液滴后方迅速产生透射波区域，在小尺寸液滴模型中，透射波区域凸出更为明显，包围状压力波形状更加饱满；在环流和透射波区域之间受稀疏波影响产生内凹状的低压角区域。

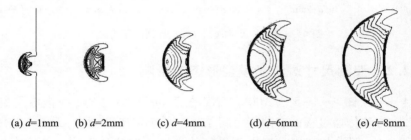

(a) d=1mm　(b) d=2mm　(c) d=4mm　(d) d=6mm　(e) d=8mm

图 4-4-1　各尺寸液滴 5μs 时刻的压力波

图 4-4-2 为爆炸发生后的 10μs 时刻的压力波曲线图，环流压力波逐渐向液滴两侧延伸变长，并有向液滴中后方衍生的趋势，图 4-4-2(a) 中可见环流两翼绕过液滴区域相互接触成新的压缩区域，此时在液滴后侧形成全包围状的低压

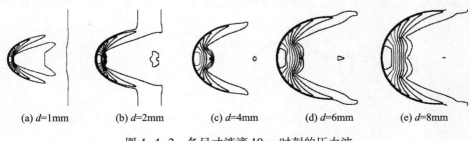

(a) d=1mm　(b) d=2mm　(c) d=4mm　(d) d=6mm　(e) d=8mm

图 4-4-2　各尺寸液滴 10μs 时刻的压力波

区域,低压区域面积随着液滴尺寸的增大而增大。由于液滴尺寸的差异,液滴后侧衍生压力区形成的时间以及透射波消散的时间存在差异。液滴尺寸越大,绕射时间越长,因此在 $10\mu s$ 时刻衍射区域随尺寸增大而减小;液滴尺寸越大,透射时间越长,透射波越宽且消散的越为缓慢。

如图 4-4-3 所示为爆炸源发生爆炸后 $15\mu s$ 时刻的压力波曲线图。此时,直径为 4mm、6mm、8mm 的液滴模型,两翼环流延伸至模型上下壁面并发生反射,在以环流与壁面接触点为中心的位置形成了新的压力波区域,该点附近即为该区域高压区,压力波依次向外变稀疏,即压力值向外逐渐减小。透射波区域仍存在液滴尺寸越大越为凸出的规律,较 $10\mu s$ 时刻透射波边缘呈现出压力波波动较大的曲面波面。

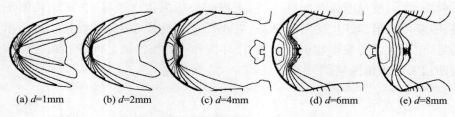

(a) d=1mm　　(b) d=2mm　　(c) d=4mm　　(d) d=6mm　　(e) d=8mm

图 4-4-3　各尺寸液滴 $15\mu s$ 时刻的压力波

## 4.4.2　液滴尺寸对液滴模型形态的影响

图 4-4-4、图 4-4-5 为 100kg TNT 在 2.0m 处爆炸时(冲击波马赫数为 6.913),压力波传播过程的有限元分析结果。单个液滴模型中,为研究其压力波和形态的变化,假设其变化过程中不受其他液滴的碰撞和干扰。液滴在冲击波的作用下,受气动力的影响发生形态上的变化。图 4-4-5 反映了液滴的变形、剥离、破碎或雾化的整个过程。随着液滴尺寸的增大,液滴的变形和破碎形式存在明显的区别。图 4-4-4 为 $10\mu s$ 时刻 1mm、2mm、4mm、6mm 和 8mm 液滴的变形状况,显然液滴尺寸越小其变形越为明显。此时,直径 1mm 液滴变形成月牙状;2mm 液滴左侧明显钝粗且两侧伸出尖角状两翼;4mm 液滴同样发生钝粗,两

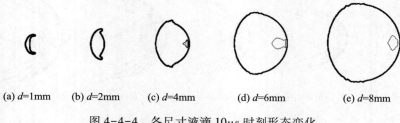

(a) d=1mm　　(b) d=2mm　　(c) d=4mm　　(d) d=6mm　　(e) d=8mm

图 4-4-4　各尺寸液滴 $10\mu s$ 时刻形态变化

# 第 4 章 舰船舱室水雾抑爆技术

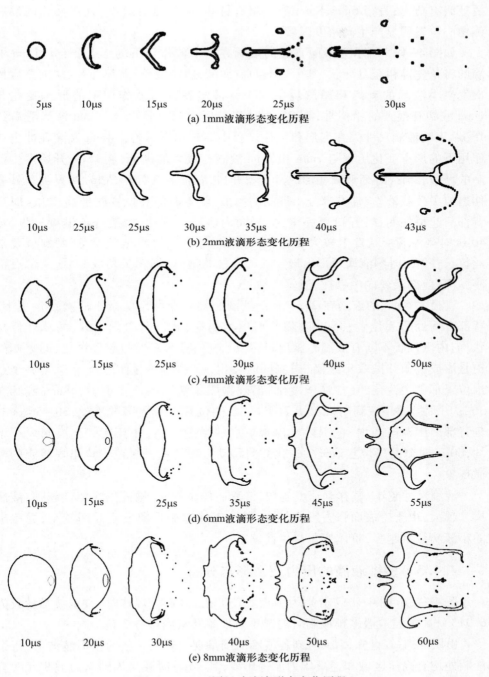

图 4-4-5 不同尺寸液滴形态变化历程

翼处略有凸出；直径6mm、8mm液滴略有钝粗，两侧略有纹络，且在液滴内部右侧中心位置明显产生高密度区域。

如图4-4-5所示为不同直径的液滴在冲击波作用下的形态变化。1mm液滴的将首先钝粗至月牙状，月牙逐渐凹口加深，后侧拉长，前部翻开，从前至后依次发生小液滴的剥离和抛散现象。2mm液滴在冲击波作用下的形态变化与1mm液滴有很大的相似性，在25μs时刻变形成"C"形状，比1mm液滴滞后约15μs，表明液滴尺寸大在变形和位移过程中表现出滞后性。4mm液滴在冲击波作用下的形态变化历程与1mm和2mm液滴有较大的区别，从15μs开始发生液滴的抛散，25μs时刻液滴变形成月牙状开口，背部有3处稍凸起，两翼尖角处有伸出似尖牙状液丝，伴有部分小液滴的抛散，随着时间和位置的推移，30μs时刻背部凸起更加明显，开口更完全，尖牙向内侧稍有移动，抛散现象继续发生，至40μs时刻液滴形状发生较大变化，背部凸起部位延伸明显成尖角，两翼位置液丝拉长；50μs时刻液滴背部出现拉长的液柱状液丝，两翼尖角成钩状，尖部有液滴抛洒，前部液丝向中靠拢，液丝变细长。

直径为6mm的液滴在25μs时刻液滴两翼处抛散出的微小液滴数量更多，背部有6处凸起位置；35μs时刻凸出更为明显，开口向内侧张开，两翼处像爪状，向内侧位置不断有液滴抛撒出来；45μs时刻背部6处凸起尖锐化，两翼两处更是形成尖角并抛散出液滴，内侧同时会出现小液滴的抛散；55μs时刻每个凸出位置都更尖锐化，液柱液丝变细，出现抛撒小液滴的位置更多。8mm液滴在30μs时刻抛撒小液滴的现象更为明显，两侧位置出现更多的液丝，30~50μs时刻背部凸出渐渐凸出，包围区域出现更多的抛撒液滴，并且这些小液滴大小不均，60μs时刻凸出位置液丝尖锐化并向移动方向卷曲。多位置均出现液滴的抛撒现象。

液滴尺寸越小，其移动速度越快，液滴破碎越彻底，破碎的规律性越强；液滴尺寸越大，由于受表面张力影响较小，其小液滴抛撒现象发生时间越早，抛撒出的小液滴数目越多，整体变化规律性偏差。

### 4.4.3 多排液滴的压力波及形态分析

图4-4-6、图4-4-7分别为100kg TNT在2.0m处爆炸时（冲击波马赫数为6.913），冲击波遭遇多排液滴时的透反射现象及液滴形态变化。

由图4-4-6可知，5μs时刻各液滴周围呈现出较为一致的压力波波形，每个液滴处均有高压区域和递减压力波等压线，到10μs时液滴周围压力波相互融合形成平面反射波，类似于冲击波作用于壁面的反射，说明弥散分布的液滴也能产生层状介质的反射效果；冲击波在液滴间隙，仍将形成绕射环流，但绕射区冲击

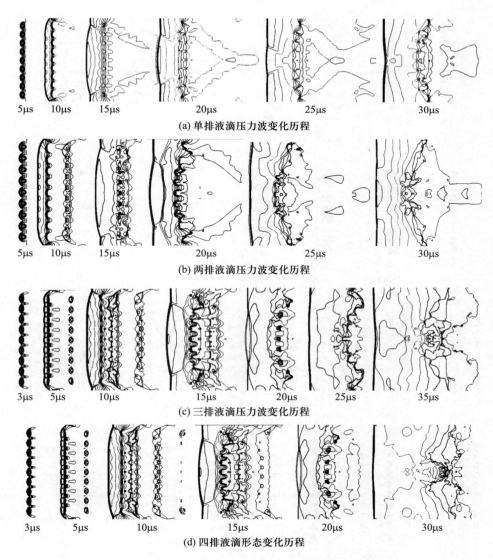

图 4-4-6 不同尺寸液滴模型压力波变化历程

波强度已大大削弱;15μs 时绕射环流将绕过液滴,在其后方汇合生成新的压力波向前传播。

双排液滴压力波变化历程中,其波形更为密集和复杂,从接触至 10μs 时刻,第一排液滴的压力波形态和单排模型基本相似,形成了平面反射现象;在 10μs 时明显观察到冲击波已经作用到第二排液滴,此时第二排压力区较小压强较低。15μs 时刻在压力波区域中出现很多的微小压力区,此时压力区域非常复杂,大

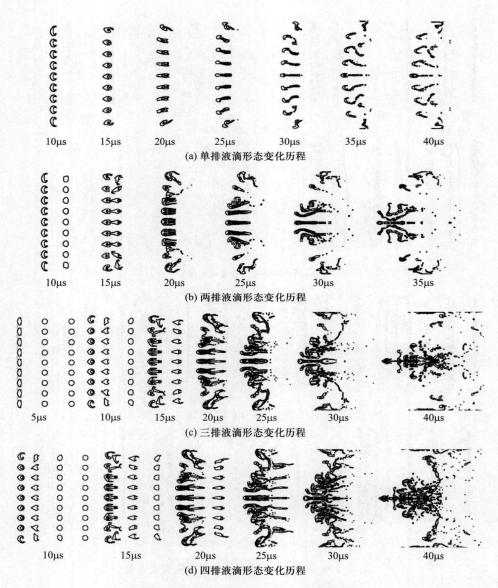

图 4-4-7　不同尺寸液滴形态变化历程

致呈现前密后疏的规律,20μs 时刻在波峰前侧向中间位置延伸出两翼,并逐渐发展生成低压区域。

三排液滴时压力波各状态时间比前者超前,这是由于此模型中液滴位置较为靠前。从 3μs 至 10μs 时刻三张图中明显观察到有三排液滴分别产生压力波,至 10μs 时刻从前至后每排液滴的压力波曲线逐渐减少,区域面积和压强值也在逐渐减小；15μs时刻三排液滴融合形成复杂的压力波曲线；随着压力波曲线的融合和分离变化，至35μs时形成明显的从左至右压强值递减的压力波波形。

在10μs时刻可见四排液滴位置分别都产生压力波，且强度呈现明显的依次减弱、波形依次减少的规律；15μs时前三排波形基本融合成一个大的整体，压力波曲线错综复杂；至30μs时刻呈现出局部压力情况复杂，整体从左至右递减的状态。

由于液滴的尺寸普遍较小，不能明显观察到反射波、透射波和环流的变化情况，但是这些波形都是实际存在的，并且这些波的扩展、融合和消散决定了整个模型中压力波的复杂性。

图4-4-7中10μs时刻液滴形态受气动力影响变形为"C"字形，张口位置逐渐闭合，至15μs时液滴呈中空的滴状，并逐渐变形趋于不规律化，液滴端部逐渐明显拉长、尾部逐渐展开；至30μs时刻出现有小液滴的抛撒现象，35μs时刻抛撒现象明显，并且整体的不规律性和区域范围都在增大。

两排液滴时，10μs可见第一排液滴呈"C"字形，第二排液滴发生了微小的形变，和前排液滴的变形形式不同，这是由于作用于冲击波穿过第一排液滴后，从两液滴间穿过的冲击波较大而从液滴内透射过去的冲击波强度小且速度慢，因此第二排液滴的变形不是钝粗而呈微小尖化；第一排液滴的运动速度较大，15μs时部分后排液滴接触前排液滴并融合；至20μs时刻各位置的两液滴均接触并融合，出现较多液丝并出现小液滴的抛撒现象。由于爆炸源采用的是定点爆炸源，所以并不是每个位置的冲击波作用形式都一样，因此上下的液滴形态和中间的液滴也会有所不同。融合的液滴整体变形逐渐在气动力的影响下被拉长，此过程中持续伴有小液滴抛撒，至30μs时刻小液滴抛撒现象较为普遍，并且整个液滴区域跨度增大，抛撒产生的液滴尺寸也不同。

三排液滴在10μs时刻分别呈现出不同的变形形态，15μs时前两排融合，20μs时三排液滴均相互接触融合形成较长的液丝，抛撒现象明显；30μs时出现较多的抛撒液滴，并且各粘连液滴群有向中间靠拢的趋势，呈弥散状向右移动；40μs时呈现出更强的无规律性，微小液滴扩散至更大的空间区域。

四排液滴在10μs时刻呈现出完全不同的变形形式，此时第一排开口基本已经闭合，第二排两侧在气动力作用下呈流线形，第三排刚开始出现变形；15μs时刻前两排液滴接触形成整体液带，后两排液滴发生明显变形；20μs时前三排液滴接触成液带，有小液滴抛撒现象发生，最后一排中间液滴呈锥状，两侧液滴呈不规则变形；25μs时四排液滴结合形成细长状液带，前段液丝较为单一，后段液丝较为复杂，此时小液滴的抛撒现象较为明显；40μs时破碎后较大的粘连状小液滴-液滴群簇状较为集中地分布在中部，移动方向前方有大量的抛撒出的小液滴，小液滴主要分布在液滴后方两侧位置，正后方反而数量较少。

### 4.4.4 单个液滴对冲击波的衰减作用

表4-4-1所列为0.1kg装药在0.2m爆距条件下不同时刻各尺寸液滴模型末端平均比冲量。由表可知,无液滴情况下末端平均比冲量值最大,且液滴尺寸最大的情况下平均比冲量最小,说明液滴对冲击波有一定的衰减作用,且液滴越大其衰减作用越为明显。

表4-4-1 液滴后方压力波比冲量　　　　（单位:N·S/m²）

| 液滴尺寸<br>时间/μs | 1mm 比冲量 | 1mm 衰减率/% | 2mm 比冲量 | 2mm 衰减率/% | 4mm 比冲量 | 4mm 衰减率/% | 6mm 比冲量 | 6mm 衰减率/% | 8mm 比冲量 | 8mm 衰减率/% | 无液滴 比冲量 |
|---|---|---|---|---|---|---|---|---|---|---|---|
| 25 | 32.21 | 0.21 | 30.81 | 4.55 | 28.63 | 11.29 | 26.60 | 17.58 | 24.33 | 24.61 | 32.28 |
| 30 | 44.85 | 2.83 | 43.24 | 6.32 | 40.46 | 12.34 | 38.08 | 17.49 | 35.35 | 23.40 | 46.15 |
| 35 | 54.11 | 2.11 | 52.09 | 5.77 | 49.32 | 10.78 | 47.07 | 14.84 | 43.94 | 20.51 | 55.28 |
| 40 | 61.06 | 0.71 | 59.23 | 3.67 | 56.73 | 7.75 | 54.40 | 11.54 | 51.27 | 16.63 | 61.49 |
| 40.8 | 61.97 | 0.57 | 60.31 | 3.24 | 57.81 | 7.24 | 55.49 | 10.98 | 52.62 | 15.57 | 62.33 |

但是,上述方法仅局限于正压作用的某一时间段内,要得到液滴对冲击波的真实衰减作用,需考虑整个冲击波正压作用时间。此处,为消除液滴内部高压对测量压力值的影响,采用粗略计算法,将液滴达到测量点后的时间段内的压力值用无液滴模型压力值代替,此法得到的衰减率较真实值略小。各模型的液滴移动至测量点处的时间约为40.8μs。图4-4-8(a)所示为各模型测量压力曲线图,正压作用时间为0.411ms,图4-4-8(b)所示为无液滴模型压力曲线。在计算整体衰减率时将有液滴模型的40.8~411μs时间内的压力值用无液滴模型代

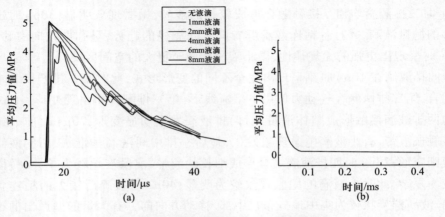

图4-4-8 液滴对冲击波压力的衰减效果

替,得到结果如表 4-4-2 所列。

表 4-4-2　液滴对冲击波的衰减效果　　（单位:N·S/m²）

| 液滴尺寸 | 1mm | | 2mm | | 4mm | | 6mm | | 8mm | | 无液滴 |
|---|---|---|---|---|---|---|---|---|---|---|---|
| 正压作用时间/μs | 比冲量 | 衰减率/% | 比冲量 | 衰减率/% | 比冲量 | 衰减率/% | 比冲量 | 衰减率/% | 比冲量 | 衰减率/% | 比冲量 |
| 40.8 | 261.07 | 0.14 | 259.41 | 0.77 | 256.91 | 1.73 | 254.59 | 2.62 | 251.72 | 3.71 | 261.43 |

由表 4-4-2 可知,在二维平面内各单个液滴模型对于冲击波有着明显的衰减作用,0.1kg TNT 在爆距 0.2m 产生的冲击波的衰减随液滴尺寸的增大而增大。但是随着液滴尺寸的增大,空间中液滴所占据的体积比也不断增加。

表 4-4-3 所列为空间内液滴所占容积比为 $2.21×10^{-3}$ 时,不同液滴尺寸在 0.1kg TNT 装药、0.2m 爆距下对冲击波冲量的衰减效果。由表 4-4-3 可知,20~35μs 时段平均比冲量及其衰减率,均表现为液滴尺寸越小,效果越佳,与单个液滴呈现的规律相反。

表 4-4-3　比冲量及其衰减率　　（单位:N·S/m²）

| 液滴直径 | 1.732mm | | 1.000mm | | 0.708mm | | 无液滴 |
|---|---|---|---|---|---|---|---|
| 时间/μs | 比冲量 | 衰减率/% | 比冲量 | 衰减率/% | 比冲量 | 衰减率/% | 比冲量 |
| 20 | 10.96 | 7.71 | 7.42 | 37.47 | 4.54 | 61.80 | 11.87 |
| 25 | 28.80 | 10.78 | 23.81 | 26.24 | 21.26 | 34.13 | 32.28 |
| 30 | 40.63 | 11.97 | 38.43 | 16.74 | 35.87 | 22.28 | 46.15 |
| 35 | 49.91 | 9.71 | 47.08 | 14.82 | 46.44 | 15.98 | 55.28 |

在整个正压作用时间内计算得不同尺寸液滴对冲击波的衰减效果如表 4-4-4 所列。由表可知,在二维平面内相同液滴体积比条件下,液滴尺寸对比冲量衰减有一定的影响,液滴尺寸小而分散对冲击波的衰减强于液滴尺寸大而集中,即冲击波的衰减随着液滴越为分散则越为显著。

表 4-4-4　全域衰减效果　　（单位:N·S/m²）

| 液滴直径 | 1.732mm | | 1.000mm | | 0.708mm | | 无液滴 |
|---|---|---|---|---|---|---|---|
| 时间/μs | 比冲量 | 衰减率/% | 比冲量 | 衰减率/% | 比冲量 | 衰减率/% | 比冲量 |
| 411 | 255.22 | 2.06 | 252.40 | 3.14 | 251.75 | 3.39 | 260.59 |

### 4.4.5　多排液滴对冲击波的衰减作用

冲击波作用于液滴群以后,液滴对冲击波的传播和扩展有一定的阻碍作用,因此宏观来看,这对冲击波的破坏性也有一定的衰减作用。表 4-4-5 所列为 0.1kg 装药在 0.2m 爆距条件下不同排数 1mm 液滴模型末端平均比冲量,为消除液滴内部高压对比冲量值的影响,此处只取至 40μs 时刻前的比冲量数值。

表 4-4-5　比冲量及衰减率　　　　（单位:N·S/m²）

| 液滴尺寸<br>作用时间<br>/μs | 单排液滴 | | 二排液滴 | | 三排液滴 | | 四排液滴 | | 无液滴 |
|---|---|---|---|---|---|---|---|---|---|
| | 比冲量 | 衰减率/% | 比冲量 | 衰减率/% | 比冲量 | 衰减率/% | 比冲量 | 衰减率/% | 比冲量 |
| 20 | 9.61 | 19.10 | 8.23 | 30.70 | 6.64 | 44.06 | 5.17 | 56.44 | 11.87 |
| 25 | 25.66 | 20.48 | 21.93 | 32.06 | 19.23 | 40.42 | 15.10 | 53.21 | 32.28 |
| 30 | 39.76 | 13.84 | 34.91 | 24.35 | 31.13 | 32.56 | 24.89 | 46.07 | 46.15 |
| 35 | 48.12 | 12.95 | 42.18 | 23.69 | 38.79 | 29.82 | 32.61 | 41.01 | 55.28 |
| 40 | 54.33 | 11.65 | 47.85 | 22.18 | 43.69 | 28.95 | 38.52 | 37.36 | 61.49 |

从表中 20~40μs 时间段中末端测量点平均比冲量及其衰减率可知在各时间点处均有液滴排数越多其衰减率越大的规律,但在作用时间 20~25μs 时,相比无液滴情况下的衰减率达到最大值,因为此时段冲击波作用于液滴后绕射环流穿过液滴群在后方形成新的高压区域,此时高压区域恰好通过测量点的位置。由表中数据可知,在仅考虑正压作用某一时段,液滴对冲击波的衰减作用非常显著。

此处,同样在整个正压作用时间内,采用粗略计算法,将液滴达到测量点后的时间段内的压力值用无液滴模型压力值代替。各模型的液滴移动至测量点处的时间约为 40μs,图 4-4-9 所示为各模型该时段内测量压力曲线图,正压作用

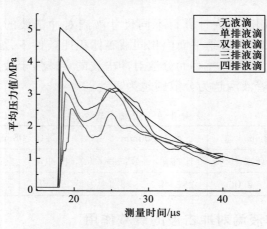

图 4-4-9　测量压力曲线图

时间为 0.411ms,无液滴模型压力曲线图见图 4-4-8(b)。此处在计算整体衰减率时将有液滴模型的 40~411μs 时间内的压力值用无液滴模型代替,得到结果如表 4-4-6 所列。

表 4-4-6　多排液滴衰减效果　　　　（单位:N·S/m²）

| 液滴尺寸 | 单排液滴 | | 二排液滴 | | 三排液滴 | | 四排液滴 | | 无液滴 |
|---|---|---|---|---|---|---|---|---|---|
| 正压作用时间/μs | 比冲量 | 衰减率/% | 比冲量 | 衰减率/% | 比冲量 | 衰减率/% | 比冲量 | 衰减率/% | 比冲量 |
| 40 | 253.43 | 2.75 | 246.95 | 5.23 | 242.79 | 6.83 | 237.62 | 8.82 | 260.59 |

由表 4-4-6 可知,在二维平面内各成排液滴模型对于冲击波有着明显的衰减作用,其中,在此模型环境下,0.1kg TNT 在爆距 0.2m 产生的冲击波的衰减随液滴排数的增加而增大,且衰减率随着液滴排数的增加呈现较为明显的线性规律。

## 4.5　水雾抑爆试验现象

### 4.5.1　敞开环境下水雾抑爆试验

为检验喷雾抑爆效果及其影响因素,在 TNT 药柱周围等间距处布置 4 个压力传感器,分别设置 3 个喷头测试组、1 个喷头测试组和 2 个无喷雾组,试验在圆形爆炸室内开展。图 4-5-1 为水雾抑爆试验布置图,其中爆源至测点 1 的传播路径上设置了 3 个喷雾喷头,爆源到测点 2 的传播路径中设置 1 个了喷头,两侧喷头连接同一喷雾设备,喷雾压强始终一致,测点 3 与爆源中间不设置喷头。分别采用不同 TNT 装药量和喷雾装置流速,测量各传感器位置的壁压。

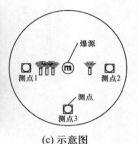

(a) 喷雾装置布置　　　(b) TNT装药布置　　　(c) 示意图

图 4-5-1　水雾抑爆试验布置

表 4-5-1 列出 5 组喷雾试验的工况设置,其中,喷雾速度由喷雾设备调节压强控制,喷雾压强为 4MPa 时每个喷头喷雾量约为 100mL/min,喷雾压强为 6MPa 时约为 153mL/min。各测点爆距由实测距爆源中心雷管距离为准。

表 4-5-1  试验工况设置

| 试验 | TNT 药量/g | 喷雾量/(mL/min) | 测点 1 爆距/cm | 测点 2 爆距/cm | 测点 3 爆距/cm |
|---|---|---|---|---|---|
| 1 | 55 | 100 | 103.0 | 102.0 | 99.0 |
| 2 | 55 | 153 | 103.0 | 103.5 | 103.5 |
| 3 | 110 | 100 | 102.0 | 104.5 | |
| 4 | 200 | 153 | 103.0 | 102.5 | |
| 5 | 200 | 153 | 103.0 | 103.5 | |

TNT 爆炸后迅速产生爆炸冲击波成球状向外传播,理论上向四周传播的冲击波强度相同,冲击波在空间某一点是由强变弱持续变化的过程。图 4-5-2、图 4-5-3 所示为测点 1 和测点 2 的压力曲线图,其中明显观察到测点压力在 0.2ms 时刻附近先急剧升高至最大值,再逐渐降低至 0.8ms 时刻到零值附近,这由于爆炸产生冲击波迅速传播到测点,冲击波最先到达测点时压力最大,在整个正压作用时长冲击波持续作用于测点且压力逐渐减弱。0.9ms 时刻左右再次出现压力峰值,峰值压力较初始值有明显下降,此时冲击波到达壁面后反射之后再次达到测点所至,测点压力再次经历由峰值逐渐降低的过程。试验过程中设备采样率为 $10^6$ 次/s,此时在测量数据采集前 0~0.2ms 可以明显观察到曲线有部

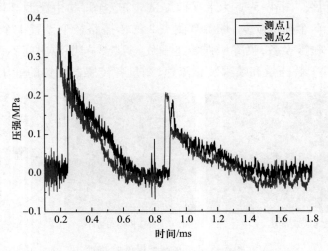

图 4-5-2  滤波前压力曲线

分高频干扰信号,如图 4-5-2 所示。为了降低干扰波动对数据准确度的影响,采取滤波手段滤除高频信号后,如图 4-5-3 所示。

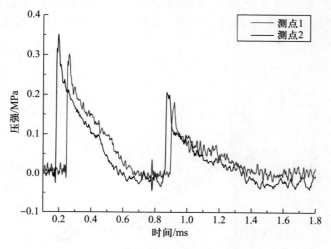

图 4-5-3　滤波后压力曲线

由于反射波情况更为复杂,且受周围物体和环境影响较大,此处仅考虑反射波到达前的冲击波压力变化情况。图 4-5-4~图 4-5-8 所示为各工况下各测点反射波到达前的滤波压力曲线。

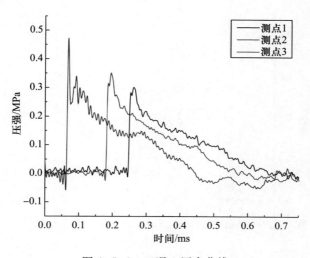

图 4-5-4　工况 1 压力曲线

由图 4-5-4、图 4-5-5 可知,有水雾存在时冲击波的峰值超压有明显的衰减作用,且峰值超压衰减率与喷头数量呈现正相关关系。由图 4-5-6~图 4-5-8

可知，1喷头测点的超压峰值始终小于3喷头测点，证明冲击波传播路径中水雾区域更长时其峰值超压衰减更为明显。为进一步研究衰减率与喷雾量的数值关系，表4-5-2中给出各工况下各测点的峰值超压数据和衰减率，其中测点1的相对衰减率是相对于测点2的衰减率，绝对衰减率是相对无喷雾测点3的衰减率。

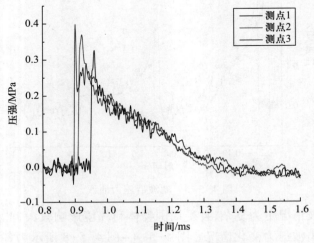

图 4-5-5 工况 2 压力曲线

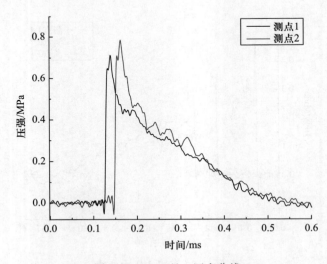

图 4-5-6 工况 3 压力曲线

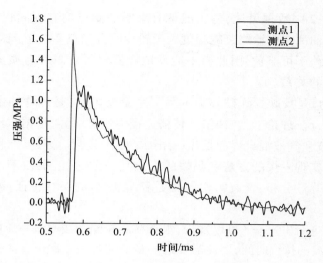

图 4-5-7 工况 4 压力曲线

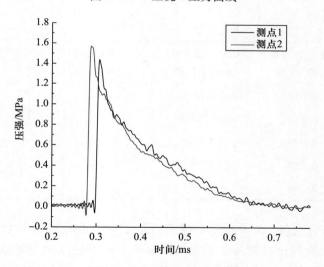

图 4-5-8 工况 5 压力曲线

表 4-5-2 峰值压力及其衰减率

| 药量/g | 测点 1 峰值/MPa | 相对(绝对)衰减率/% | 测点 2 峰值/MPa | 衰减率/% | 测点 3 峰值/MPa |
|---|---|---|---|---|---|
| 55 | 0.301 | 14.25(36.23) | 0.351 | 25.64 | 0.472 |
| 55 | 0.326 | 8.94(11.89) | 0.358 | 3.24 | 0.370 |
| 110 | 0.711 | 9.31 | 0.784 | | |
| 200 | 1.150 | 27.99 | 1.597 | | |
| 200 | 1.438 | 12.21 | 1.638 | | |

由表 4-5-2 中数据可知,各工况下有水雾的测点均有不同程度的衰减,且喷雾距离更大的测点 1 始终衰减程度大于较少喷雾测点 2。由于试验组别较少,试验偶然性误差不可避免,因此尚不能发现峰值超压衰减率与喷头喷雾效率和爆炸装药质量的关系。

爆炸比冲量是反映爆炸破坏力的另一个重要因素,是爆炸冲击波压力在时间维度上的积分。理论上,在冲击波传播途径中喷射水雾,根据水和空气的波阻抗差异,冲击波在气液混合界面发生一系列的复杂变化。因此,在冲击波传播途径中喷射水雾实现隔爆的方法和隔爆的思想是一致的,区别在于气液两相混合介质中液滴呈弥散分布,气液两相界面更多,无明显的层状特征,冲击波的传播更为复杂。

由图 4-5-4~图 4-5-8 可以发现,水雾在衰减冲击波峰值超压的同时并没有明显缩短冲击波的持续时间,因此需要进一步研究各测点冲击波的比冲量数据以及其衰减情况。表 4-5-3 所列为各试验工况下各测点比冲量和衰减率数据。

表 4-5-3 比冲量及其衰减率

| 药量/g | 1 测点比冲量/(MPa·s) | 相对衰减率/%（绝对衰减率） | 2 测点比冲量/(MPa·s) | 衰减率/% | 3 测点比冲量/(MPa·s) |
| --- | --- | --- | --- | --- | --- |
| 55 | 0.049 | 3.92(10.91) | 0.051 | 7.27 | 0.055 |
| 55 | 0.043 | 14.00(18.87) | 0.050 | 5.66 | 0.053 |
| 110 | 0.094 | 1.05 | 0.095 | | |
| 200 | 0.167 | 1.76 | 0.170 | | |
| 200 | 0.166 | 1.19 | 0.168 | | |

由表 4-5-3 可知,水雾的存在确实导致了冲击波比冲量的衰减,但是比较表 4-5-2 可以发现比冲量的衰减效果明显小于峰值超压的衰减效果,这是由于冲击波作用过程十分迅速剧烈,并且首先接触传播路径中水雾的是冲击波峰值作用阶段,因而冲击波峰值部分被削弱最为明显。此外可以发现低装药量工况下冲击波比冲量的衰减率明显高于高药量的工况,且同等装药工况 1、2 的测点 1 由于喷雾速率的增大比冲量衰减率也有明显增加,因此可以推测出比冲量的衰减与喷雾总量成正相关关系,和装药质量成负相关关系。

### 4.5.2 舱室内水雾抑爆试验

#### 4.5.2.1 试验设计

水雾抑爆的舱内爆炸试验在开口的小舱室模型内进行,用以模拟导弹半穿甲舱内爆炸，模型内部容积为990mm×224mm×464mm，约为某型舰厚壁舱室结构的1/10缩比模型，忽略内部轻围壁结构。为探索舱室内爆载荷及水雾抑爆特性，需避免舱室模型发生塑性大变形，忽略结构在爆炸载荷作用下的动响应，因而设计壁厚大于实际结构，设计模型壁厚均为8mm。模型侧壁设置直径为80mm的开口（图4-5-9），用以模拟导弹穿甲后的舷侧开口。

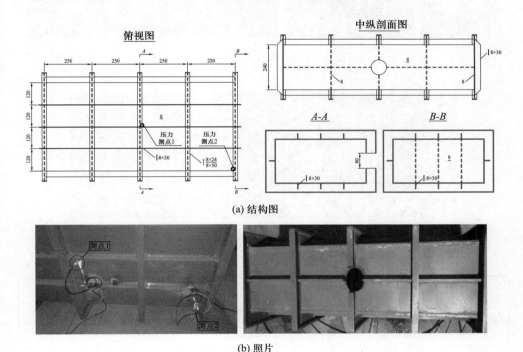

图4-5-9 舱室模型

爆源采用TNT装药，试验药量为13.5g和27.5g，爆源由雷管引爆，悬挂固定于舱室中心位置，实物模型和安装方式如图4-5-10所示。喷雾设备分别安装在舱室两侧，每侧3个喷头，喷头安装方法和喷雾效果如图4-5-11所示。试验采用空爆试验和喷雾试验对比，喷雾试验时先预喷水雾10s后再进行爆源引爆。

由于冲击波在舱室角隅会发生汇聚效应，产生更为复杂的载荷特性。为研究角隅位置载荷特点和舱内准静态气压在水雾环境中的衰减情况，设置测点1位置为舱内板架中心点，测点2选取角隅位置测量冲击波压力（图4-5-9），爆源在模型中心位置悬挂固定，采用壁压式压电压力传感器采集信号。试验测试工况如表4-5-4所列，实际药量与设计工况略有区别。

图 4-5-10　爆源及其安装方法

图 4-5-11　喷雾装置安装及喷雾效果演示

表 4-5-4　爆炸试验工况

| 工况序号 | 1 | 2 | 3 | 4 |
| --- | --- | --- | --- | --- |
| 设计药量/g TNT | 13.5 | 13.5 | 27.5 | 27.5 |
| 实际药量/g TNT | 12.9 | 14.2 | 27.8 | 26.9 |
| 喷雾量/(mL/s) | 无 | 15 | 无 | 15 |

#### 4.5.2.2　舱内爆炸传播过程分析

以 27.5g TNT 密闭舱内爆炸过程为例,描述冲击波在舱内传播规律,如图 4-5-12 所示。爆炸瞬间形成的高能气团迅速扩展,柱形药沿环向成圆状扩展,沿径向则由于聚能现象扩展速度更快。由于舱内 3 个维度距离有限且各不相同,因而冲击波首先触碰到间距最小的宽向壁面并产生反射波,随后撞击上下面发生反射,此时反射波与长度方向正在扩展的入射波发生叠加生成强度更高的马赫波,到达角隅位置的初始冲击波正是长度方向的入射波和另外两个方向的反射波叠加形成的马赫波作用。图 4-5-12(b)~(d)所示为二维平面内入射波和反射波叠加的压力图。

根据冲击波的传播规律,舱内爆炸时冲击波总是向开阔空间方向传播,因此图 4-5-12 给出模型内部结构尺寸最大的二维平面展示内部压力变化过程。明

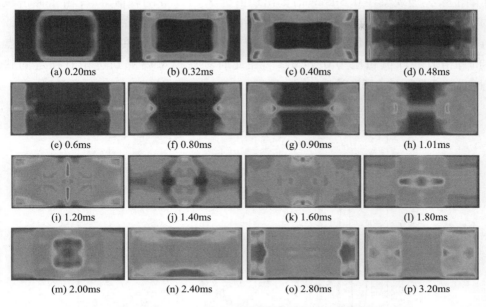

图 4-5-12　27.5g TNT 舱内爆炸仿真压力变化历程

显可见冲击波传播的阶段性过程,(a)~(d)为爆炸后冲击波的扩展阶段,在结构壁面和角隅位置出现反射、马赫反射、角隅汇聚等现象,而中间位置的高压气团逐渐扩散,内部压强也迅速降低,甚至会出现负压状态。三向叠加的马赫波达到角隅位置再次发生复杂的反射效应,此时产生角隅位置最大的峰值。冲击波抵达两侧壁面反射叠加,并由角隅位置向两侧中心位置扩展,两侧中心处迅速生成新的高压区域并逐渐向区域中心扩展,随着扩展区域增大,压强随之减小((e)~(h))。两侧反射冲击波在区域中轴位置接触压强逐渐增大,在上下边中点处扩展开来((i)~(k))。冲击波继续向中间汇聚,压缩到一定程度后继而向两侧扩展,并在接触壁面的位置形成新的高压区域((l)~(o)),此阶段近似为舱内准静态压强阶段。综上所述,可知冲击波在舱内的发展趋势为膨胀—压缩—再膨胀—再压缩的脉动过程,冲击波压缩和膨胀的位置为舱内两侧角隅和壁面处以及舱内中心位置,膨胀和压缩必然是相继间隔发生,且随着发生次数的增大冲击波压强逐渐减小至区域准静态气压。

图 4-5-13 为 27.8g TNT 药量下,测点 1 和测点 2 的压力曲线图,其中测点 1 在模型半侧的中心位置,测点 2 在模型角隅位置。在爆源爆炸扩展到测点时为测点的初始高压,仿真计算中测点 1 在 0.06ms 时刻达到最大峰值为 1.59MPa,之后在爆炸冲击波膨胀扩散到两端后在多次反射作用于测点 1,因此后续观测到多次较弱的后续冲击波的作用,其中在 1.32ms 时刻达到 0.82MPa;测点 2 由于

角隅汇聚叠加现象在 0.508ms 时刻出现值为 3.01MPa 的峰值,同样由于冲击波的扩散反射作用,测点 2 也出现了多次后续冲击波的作用,在 1.1ms 时刻冲击波再次反射汇聚作用于角隅位置,其超压峰值约为 0.88MPa,在 2.53ms 时刻,测点 2 的冲击波的峰值超压为 0.77MPa。在此时刻后模型内部到达相对稳定的状态,准静态超压约 0.3MPa。

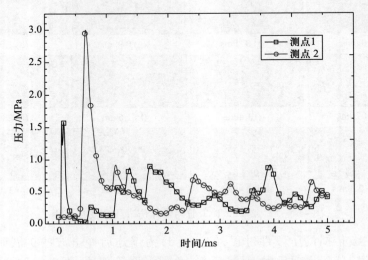

图 4-5-13　27.8g 药量测点 1 和测点 2 压力曲线

#### 4.5.2.3　冲击压力衰减

工况 1 和工况 2 角隅压力测点 2 的压力时间曲线如图 4-5-14 所示。工况 1 中初始冲击波及角隅汇聚的峰值压力在 0.56ms 时刻达到 1.87MPa 的最大峰值,随后在 2.06ms 时刻出现 1.29MPa 的峰值,分析其原因为舱室内部反射多次汇聚作用于角隅位置,在 3.5~5ms 时刻出现较为稳定的准静态气压。工况 2 角隅位置的初始冲击波在 0.58ms 时刻达到最大峰值,超压为 1.28MPa,在随后的压力曲线中明显观察到后续的波峰没有明显的凸起,压力曲线起伏平缓,在 1.58ms 和 3.12ms 时刻有较为平缓的起伏波峰,随后其角隅的超压值逐渐趋于 0。比较工况 1 和工况 2 在测点 2 的试验测量结果,工况 1 观察到明显的冲击波反射汇聚的二次作用,初始冲击波作用时间段过后其压力曲线仍出现振荡波峰,工况 2 的初始汇聚冲击波的最大峰值较工况 1 从 1.87MPa 削弱到 1.28MPa,且初始冲击波过后没有观察到较强的二次反射冲击波的作用,压力曲线较为平缓。分析工况 1 和工况 2 结果产生差异的原因,可知工况 2 在舱室内弥散水雾耗散作用下,舱内冲击波的压力衰减比工况 1 没有水雾情况时要快,同时由于试验工况采用的 TNT 装量相对较小,初始冲击波压力很快衰减至大气压。

## 第4章 舰船舱室水雾抑爆技术

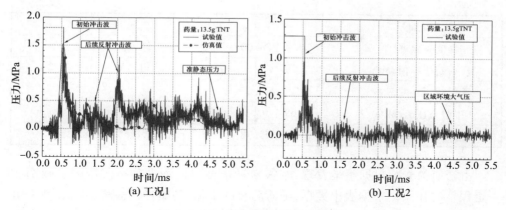

图 4-5-14 角隅部位(测点 2)压力

工况 3 和工况 4 角隅压力测点 2 的压力时间曲线如图 4-5-15 所示。相比于工况 1 和工况 2,由于装药量的增加,初始冲击波、反射冲击波和准静态压力均有所增加,其结果如表 4-5-5 所列,其衰减率都是在药量相同的工况中进行比较计算得出的。

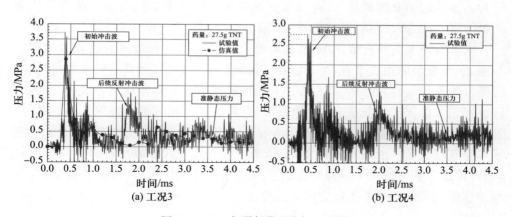

图 4-5-15 角隅部位(测点 2)压力

表 4-5-5 试验数据及衰减效果

| 工况编号 | 1 | 2 | 3 | 4 |
|---|---|---|---|---|
| 装药量/g | 12.9 | 14.2 | 27.8 | 26.9 |
| 喷雾量/(mL/s) | 0 | 15 | 0 | 15 |
| 初始超压峰值/MPa | 1.87 | 1.28 | 3.74 | 2.75 |
| 初始峰值衰减率/% | 31.55 | | 26.47 | |
| 时间间隔/ms | 1.50 | 2.01 | 1.44 | 1.61 |

149

续表

| 工况编号 | 1 | 2 | 3 | 4 |
|---|---|---|---|---|
| 峰值衰减率/% | 34.00 | | 11.81 | |
| 反射超压峰值/MPa | 1.29 | 0.35 | 1.76 | 1.28 |
| 反射超压衰减率/% | 72.87 | | 27.27 | |
| 准静态压力/MPa | 0.09 | 0.02 | 0.22 | 0.15 |
| 准静态压力衰减率/% | 77.78 | | 31.82 | |

由峰值的衰减数据不难发现，水雾对冲击波峰值和准静态气压的衰减都有一定程度的作用。根据表中数据，随着药量的增加，初始冲击波峰值的衰减率由31.55%降低到26.47%，反射超压峰值衰减率从72.87%降低到27.27%，准静态压力衰减率从77.78%降低到31.82%，从可推测在喷雾量相同的工况下，装药量越大，喷雾对冲击波和准静态压力的衰减效果越差。分析其原因，相同喷雾量得到的是相同的液滴浓度和液滴直径，由于具有相对一样的分布特点，其单位体积的弥散水雾能吸收耗散的能量应有一个上限阈值，因此随着药量的增加，爆炸冲击波能量的总能量增加，弥散水雾的吸能阈值在爆炸能量中的所占的比例不断下降，导致其相对吸能效果不断降低。

水雾对冲击波的衰减作用，从能量和动力学的角度分析都有着充分的理论依据：①从能量的角度来看，冲击波在传播的过程中，气动力推动液滴加速，液滴逐渐发生变形破碎和抛散，此过程中冲击波能量会有一部分转化为液滴的动能，因此冲击波的强度和能量会发生衰减。液滴尺寸小，则其更易被气动力加速，故能量转化的效率更高，其冲击波衰减率更大。②从动力学角度来看，弥散的小液滴和空气形成了气液两相混合介质，液滴与空气接触面形成两种介质的传递界面，冲击波在到达每一个界面时必然会发生透射、反射、绕射、衍射等现象，在界面传递的过程中必然发生能力形式的转化。

## 4.6 水雾抑爆装置系统

反舰武器穿透舷侧外板在舰船舱内爆炸是舰船结构的最重要毁伤载荷形式。舱内爆炸下，冲击波会在多个方向发生反射，不同方向的反射波之间以及反射波与结构之间会发生复杂的相互作用，对结构产生多次冲击；后期结构还将承受准静态气体压力的作用。因此，舰船舱内爆炸会大大加剧结构的破坏程度。

目前的防护技术主要采用泄爆或隔爆的防护思想。泄爆主要是指膨胀泄压，即设置空舱、长走廊等以空间距离衰减耗散爆炸产物、冲击波的强度和能量，

## 第4章 舰船舱室水雾抑爆技术

以空间容积分散降低准静态气压的压力,如大中型舰船舷侧设置的长走廊等。隔爆主要采用抗爆吸能结构耗散爆炸冲击载荷的冲击能量,以达到保护重要舱室的目的。但是这些设计均需要占用较多的重量和空间资源,减小了舰船的有效装载。

水雾抑爆技术是在反舰武器战斗部爆炸前向舱室内喷射水雾,形成弥散分布的细水滴,利用水滴在爆炸冲击波作用下的压缩、破碎、抛撒、雾化等过程吸收部分动能,并形成水雾,利用水雾在高温爆炸产物作用下的升温、汽化过程大量吸收热能,降低爆炸气体产物的温度,削弱爆炸冲击波和准静态气体压力,为舰船防护提供了新的思路。

舰船舱室用喷雾抑爆系统可按控制分系统、预警分系统和喷雾分系统构建(图4-6-1)。其中控制分系统,用于接收预警分系统的预警信号,判定敌方武器命中部位,并根据判定结果,向喷雾分系统发送启动喷雾指令;预警分系统用于探测敌方攻击武器运动轨迹,发出预警信号;喷雾分系统,用于接收控制分系统的启动喷雾指令,并于反舰武器战斗部爆炸前在相应部位启动喷雾。

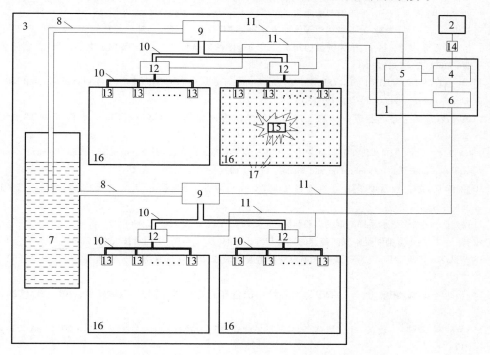

图4-6-1 水雾抑爆系统示意图

1—控制分系统;2—预警分系统;3—喷雾分系统;4—计算机;5—泵组控制器;6—阀组控制器;7—蓄水液舱;8—输送管系;9—高压泵;10—高压管系;11—控制电缆;12—控制阀;13—喷雾器;14—局域网;15—战斗部;16—命中舱室;17—液滴。

当预警分系统探测敌方攻击武器运动轨迹后,向控制分系统发出预警信号。预警信号经局域网传输至计算机,计算机立即判定出敌方武器可能命中的舱室。当所有的主动防御手段都失效后,计算机分别向泵组控制器和阀组控制器发送命中部位舱室的高压泵、控制阀编号;泵组控制器向指定的高压泵发送开启指令,阀组控制器向指定的控制阀发送开启指令。高压泵和控制阀启动后,对应舱室的喷雾器开始喷射水雾液滴。反舰武器战斗部命中舱室发生内爆时,液滴能迅速通过压缩、破碎、抛撒、雾化、升温、气化等过程吸收爆炸冲击能量,降低爆炸冲击波与准静态气压强度,从而实现喷雾抑爆。

# 参考文献

[1] 于文满,何顺禄,关世义. 舰船毁伤图鉴[M]. 北京:国防工业出版社,1991.

[2] 孙业斌. 爆炸作用与装药设计[M]. 北京:国防工业出版社,1987.

[3] 张守中. 爆炸基本原理[M]. 北京:国防工业出版社,1988.

[4] 刘贵兵,侯海量,朱锡. 冲击波与液滴相互作用特性研究[J]. 振动与冲击,2017,13(36):45-52.

[5] 刘贵兵,侯海量,朱锡,等. 液滴对爆炸冲击波的衰减作用[J]. 爆炸与冲击,2017,5(37):844-852.

[6] 岳中文,颜事龙,刘锋. 液体抛撒初期水雾运动速度的试验研究[J]. 安徽理工大学学报(自然科学版),2006,26(1):61-63.

[7] GRANT G, BRENTON J, DRYSDALE D. Fire suppression by water sprays[J]. Progress in energy and combustion science, 2000,26(2):79-130.

[8] 孟凡茂. 煤矿主通风巷道中抑制瓦斯爆炸的细水雾两相流场数值分析[D]. 焦作:河南理工大学,2010.

[9] CATLIN C A, FAIR WEATHER M, IBRAHIM S S. Predictions of turbulent, premixed flame Propagmion in explosion tubes[J]. Combustion and Flame, 1995,102(1-2):115.

[10] 刘晅亚,陆守香,秦俊,等. 水雾抑制气体爆炸火焰传播的试验研究[J]. 中国安全科学学报,2003(8):71-77.

[11] 林滢. 瓦斯爆炸水系抑制剂的试验研究[D]. 西安:西安科技大学,2006.

[12] 陈吕义. 细水雾抑制受限空间轰燃的试验与理论研究[D]. 合肥:中国科技大学,2009.

[13] 王海燕,曹涛,周心权,等. 煤矿瓦斯爆炸冲击波衰减规律研究与应用[J]. 煤炭学报,2009,34(6):778-782.

[14] 金朋刚,郭炜,任松涛,等. TNT密闭环境中能量释放特性研究[J]. 爆破器材,2014,43(02):10-14.

[15] 金朋刚,郭炜,王建灵,等. 密闭条件下TNT的爆炸压力特性[J]. 火炸药学报. 2013,36(03):39-41.

[16] NDUBIZU C C, ANANTH R, TATEM PA, et al. On Water Mist fire suppression mechanisms in a gaseous diffusion flame[J]. Fire Safety Journal,1998,31:253-276.

[17] 谢波,范宝春,夏自柱,等. 大型通道中主动式水雾抑爆现象的试验研究[J]. 爆炸与冲击,2003,23(2):151-156.

# 第5章　爆炸载荷作用下舰船结构动响应与破坏

## 5.1　概　　述

爆炸载荷属强动载荷,作用于舰船舱室结构上后,不仅使其产生强烈的冲击振动,还会使结构产生严重的塑性变形和破坏。爆炸载荷作用下结构的变形和失效问题一直以来受到工程界广泛关注。早期的研究多数局限于试验研究,塑性动力学理论的发展为本质地揭示舰船结构在爆炸载荷下的破坏机理提供了重要的理论分析方法。然而,由于研究过程中涉及结构塑性大变形、材料和几何非线性以及应变率效应等问题,早期的研究大多从梁、板等简单结构开始或通过能量原理得到结构变形和破损的近似计算公式。而且,在理论分析和计算中,冲击波主要参数大多由爆炸相似率推导的经验公式计算,通常采用简单载荷曲线替代实际的载荷曲线,其中常用的有矩形脉冲载荷、三角形和指数型脉冲载荷。若作用时间相对结构的固有周期极短,则常用冲量表示,并化为速度分布问题进行求解。

现代舰船舱室结构普遍采用加筋板的结构形式。因此,近些年来,关于加筋板在爆炸载荷作用下的动响应问题,国内外开展了大量研究工作,并提出了加筋板变形和破损的计算公式。Nurick等先是对爆炸载荷作用下具有1根加筋的固支方板进行了试验研究,结果表明当加强筋较弱时,板的撕裂发生在固支边界,而加强筋较强时,板将沿加强筋发生撕裂。随后,Nurick和他的同事们进行了不同形式的固支加筋方板在均布和局部爆炸载荷作用下的试验研究和数值模拟,观察到了均布爆炸载荷作用下,加筋板分别在1边、2边和3边发生撕裂失效,和部分边界发生撕裂的现象;以及局部爆炸载荷作用下,加筋板局部塑性变形和沿加强筋发生部分撕裂、完全撕裂和加强筋断裂的现象。

半穿甲战斗部近距爆炸下,冲击波载荷属强动载荷。虽然近些年来关于平板或加筋板结构在爆炸载荷作用下的动响应研究较多,然而对于近距爆炸下舱室结构的毁伤问题仍有待进一步研究。本章主要针对战斗部近距爆炸下强冲击波载荷对舰船舱室结构的毁伤和防护问题开展研究。首先,通过近距爆炸试验,对舱室结构的毁伤效应进行了研究。随后,在试验的基础上,提出了固支方板结构在近距爆炸下的破裂判据和出现花瓣破坏情形下破口的理论预测模型。进而,针对单根和复杂加筋板,在失效模式分析的基础上开展了结构优化设计。最后,引进"柔性变形吸能"的设计思想,针对柔性叠层薄板的抗爆防护问题进行了试验和数值仿真分析,揭示了柔性结构抗爆防护的优势所在。

## 5.2 近距空爆下舱室结构的毁伤效应试验研究

### 5.2.1 固支方板的变形破坏

采用 TNT 装药爆炸形成近距离空爆载荷,固支方板模型为 4mm 厚的 Q235 钢板,总体尺寸为 700mm×700mm。将钢板夹于框架面板和底部支座之间,模型的实际抗爆面积为 500mm×500mm,如图 5-2-1 所示。3 种近爆工况,如表 5-2-1 所列。

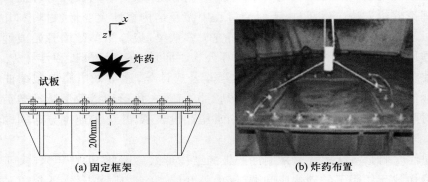

图 5-2-1  固支方板抗爆设计

表 5-2-1  固支方板近距抗爆工况

| 序号 | TNT 装药量/g | 装药形式 | 装药尺寸/mm | 爆距/mm |
|------|------|------|------|------|
| 工况 1 | 200 | 块状 | 100×50×24 | 110 |
| 工况 2 | 400 | 柱状 | 131.2×50.2 | 148 |
| 工况 3 | 600 | 块状 | 100×72×50 | 58 |

注:块状装药尺寸为高度×底面长×底面宽;柱状装药尺寸为高度×底面直径

爆距较近时(工况 1),板的变形形貌如图 5-2-2 所示,板在中心区域产生了局部隆起变形,隆起变形区内存在由高温爆轰产物引起的"烧灼褪色"现象。隆起变形区直径约 125mm,而"烧灼"直径(局部爆炸载荷的作用区域)约 73mm。除局部隆起变形区外,板的整体变形较小。

第 5 章　爆炸载荷作用下舰船结构动响应与破坏

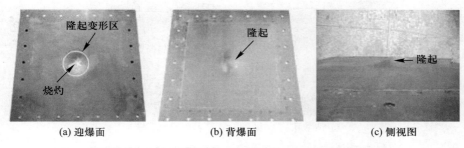

图 5-2-2　固支方板近爆试验工况 1 的变形形貌

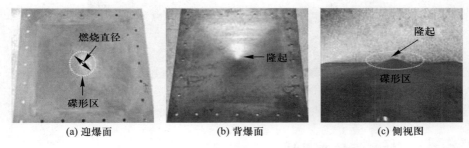

图 5-2-3　固支方板近爆试验工况 2 的变形形貌

随着爆距的增大,板的整体变形逐渐凸显(见图 5-2-3,工况 2),板中心出现了较大碟形变形区,碟形变形区内也存在较明显的高温"烧灼"现象。碟形变形区直径约 185mm,"烧灼"区直径约 100mm。中心处仍存在一定的隆起变形。板的对角线处出现了塑性铰线,说明碟形变形区以外部分也参与了变形。

在工况 1 的基础上进一步减少爆距,板的中心部位产生了一个近似矩形的破口(图 5-2-4),并出现了花瓣开裂的破坏形式,破裂的花瓣数为 5 瓣,各裂瓣之间存在不同程度的翻转,且其中的 3 块裂瓣还出现了二次裂纹现象。图中裂瓣的大小有一定差别,这应该是由装药形状以及试验中炸药位置偏离板的正中心所引起的。破口长径 335mm,短径 243mm,平均直径约 274mm。破口以外区域也产生了较大变形,花瓣根部处的平均变形挠度值 23.0mm,各裂瓣的翻转角度均大于 90°,裂瓣尖端存在拉伸颈缩断裂现象,说明花瓣开裂之前,板的中心区域已经产生了局部拉伸断裂。

随着载荷强度的增加,近距空爆载荷作用下固支方形钢板出现了 3 种不同的变形破坏模式,即中心部位局部隆起变形、局部隆起变形叠加整体碟形变形以及中部伴随有拉伸断裂叠加花瓣开裂破坏。

155

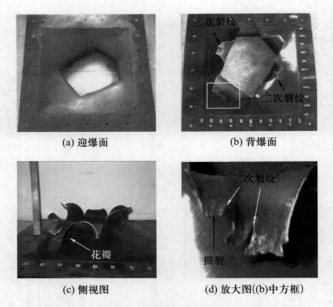

图 5-2-4　固支方板近爆试验工况 3 的破坏形貌

## 5.2.2　加筋板的变形特征

选取典型舱室板架结构,尺寸为 1.2m×1.2m,纵、横加筋设计如图 5-2-5 所示。

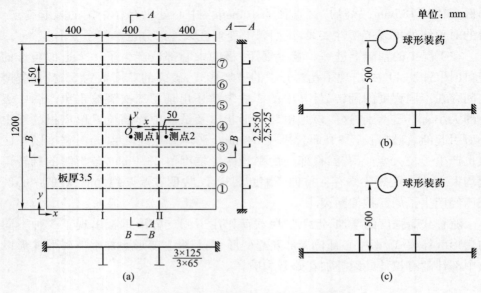

图 5-2-5　加筋板模型结构尺寸

为分析加强筋的布置对毁伤效应的影响,分别在面板和加筋一侧进行近距爆炸,如图5-2-5(b)、(c)所示,具体试验布置如图5-2-6所示。试验装药均为2.8kg胺梯炸药(等效TNT当量为2.24kg),装药距面板0.5m。

(a) 面板迎爆

(b) 加筋迎爆

图5-2-6　加筋板近爆试验工况布置

面板一侧近爆下,加筋板发生了整体塑性变形,整体毁伤程度较小,面板未发生破损(图5-2-7)。加筋板的变形主要集中于加强筋Ⅰ、Ⅱ、②、⑥间的局部板架,最大挠度发生在加强筋Ⅰ、Ⅱ、④、⑤间的板格中心,为75.15mm。较强加强筋Ⅰ、Ⅱ在中点挠度最大,向两端近似呈线性变小;较弱加强筋③、④、⑤在Ⅰ、Ⅱ间的挠度较大,向两边近似呈线性变小。加筋较大变形挠度发生于$X$方向的纵筋③、④、⑤。

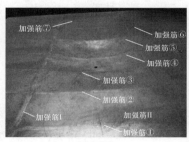
(a) 正面

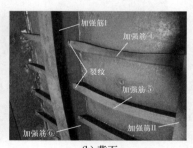
(b) 背面

图5-2-7　面板迎爆试验工况下加筋板破坏形貌

由图5-2-8可知,加强筋Ⅰ的变形挠度在$y$向中部处最大,挠度值接近35mm,低于整个加筋板的最大挠度值。这是由于加强筋Ⅰ的强度相对较大所致。

图5-2-9所示为加筋迎爆情况下加筋板的破坏形貌。模型1、2在加强筋Ⅰ、Ⅱ间的局部,均产生了严重破坏。模型1中面板沿加强筋Ⅰ、Ⅱ、⑤撕开,产生3边撕裂的四边形破口,破口一直扩展到加强筋②;加强筋Ⅰ、Ⅱ在中部产生

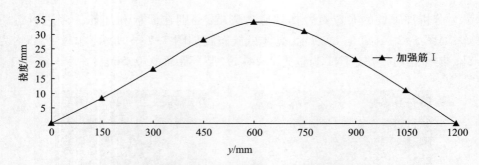

图 5-2-8　面板迎爆试验工况下加筋 Ⅰ 的挠度变化

较大的塑性变形,腹板向两侧严重倾倒,面板上翻;加强筋③、④沿与Ⅰ、Ⅱ的交点位置断裂。模型2中面板沿加强筋Ⅱ、⑤撕开,产生一个三角形的大破口,撕开破口分别扩展到加强筋Ⅰ和②、③间的板格;加强筋Ⅰ中部向外侧严重倾倒,加强筋Ⅰ、Ⅱ中部面板均上翻;加强筋②、③沿与Ⅰ、Ⅱ的交点位置断裂,与面板间的焊缝完全撕开,加强筋被炸飞;加强筋④、⑤分别沿与Ⅱ、Ⅰ的交点位置断裂,与面板间的焊缝撕开长约 200mm。其余加强筋也均产生了不同程度的塑性变形。但在加强筋Ⅰ、Ⅱ的外侧,加筋板产生的变形和破坏程度都很小。

图 5-2-9　加筋迎爆试验工况下加筋板破坏形貌

加强筋迎爆布置情况下,加强筋Ⅰ、Ⅱ之间的面板和加筋的变形和破坏程度远大于面板迎爆的布置;但在加强筋Ⅰ、Ⅱ外侧,加筋板的变形程度却稍小于面板迎爆的布置。冲击波在加强筋Ⅰ、Ⅱ内侧产生了较明显的汇聚,使局部冲击载荷增强,而由于加筋的阻挡作用,加强筋Ⅰ、Ⅱ两侧的冲击载荷相对较小,从而使得加强筋Ⅰ、Ⅱ两侧外围面板的变形较小。加强筋①~⑦由于高度相对较小,对冲击波的汇聚及阻挡作用均较小,因而对面板变形的影响较小。模型1和模型2中加筋①~⑦均产生了断裂或炸飞的现象,主要是由于试验中加筋①~⑦是由3段焊接而成,其强度和韧性小于母材;加筋的断裂部位和与面板间的焊缝上存在虚焊现象。面板迎爆布置下,加筋与面板在抗爆过程中能协调变形,加筋可起到支撑面板的作用,能更好地发挥加筋板的整体抗爆变形能力,且由于无冲击波汇聚效应,面板和加筋均未出现明显断裂破坏,抗爆效果更好。

### 5.2.3 舱室结构的变形破坏

**1. 半舱结构模型**

半舱结构模型上下各设置两层甲板;前后分别为两道垂向竖桁,向两端各延伸一个肋骨间距,并设置横舱壁,用以模拟实际舱段或长走廊;复合抗爆舱壁结构内、外侧,甲板和横舱壁均为半个舱室宽度(图 5-2-10)。试验采用缩比模型,缩比系数为 1∶6,甲板 1、4 厚度为 4mm,甲板 2、3 厚度为 3mm,横舱壁、纵舱壁等厚度为 2mm,结构其余尺寸如图 5-2-10 所示。

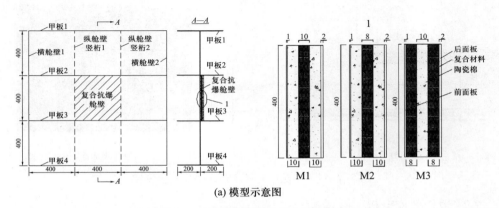

(a) 模型示意图

(b) 模型照片

图 5-2-10 半舱结构模型设计

半舱结构模型中复合抗爆舱壁由前、后面板和复合抗弹层组成,前、后面板面板均为 Q235 钢,厚度分别为 1mm 和 2mm;模型 M1 和 M2 抗弹层采用玻璃钢板,厚度为 8mm,面密度为 12.79g/cm²;模型 M3 抗弹层采用高强聚乙烯复合板,厚度为 10mm,面密度为 0.97g/cm²;抗弹层和前、后面板间为 10mm 厚陶瓷棉,面密度为 0.316g/cm²,陶瓷棉主要作用是隔温和为前面板及抗弹层提供变形空间。其中,夹芯层结构模型 M1 为陶瓷棉—玻璃钢板—陶瓷棉;模型 M2 为玻璃钢板—陶瓷棉—玻璃钢板;模型 M3 为陶瓷棉—高强聚乙烯纤维增强复合板—陶瓷棉。

试验设计的具体情况如图 5-2-11 所示。采用圆柱形铸装 TNT 炸药,单发重为 200g,采用 3 发"品"字形布置,模拟实际炸药量为 120kg TNT 当量的半穿甲导弹战斗部;采用 3 发电雷管于装药尾端同时引爆。炸药底部与复合抗爆舱壁前面板表面中心距离为 $b$,其中模型 M1、M2、M3 分别为 334mm、250mm 和 167mm,分别模拟实际爆距 2m、1.5m 和 1m。

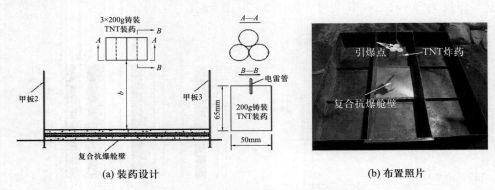

图 5-2-11 半舱结构模型近距爆炸试验设计

2. 毁伤效应分析

图 5-2-12 所示为半舱结构模型 M1、M2、M3 的变形及破坏。由图可知,3 个模型在爆炸冲击波作用下复合抗爆舱壁发生了不同程度的毁伤。前面板在 3 个模型中部附近均有不同程度的"烧灼"现象,模型 M3 在中部有两条撕裂破口,最大撕裂破口长约 6cm,在模型 M1、M3 中与甲板 2、3 焊接边界全部撕裂而模型 M2 中有 3 处边角撕裂,模型 M1、M2 纵舱壁竖桁在跨中位置失稳扭曲致使前面板发生褶皱变形和焊接边界撕裂;后面板模型 M2 中与甲板 2 焊接边界部撕裂,模型 M3 中与甲板 2 焊接边界全部撕裂,与前后纵舱壁竖纡焊接边界均大部分撕裂。

通过进一步观察图 5-2-12 可得,3 个模型中复合抗爆舱壁左右纵舱壁均发生大变形。甲板 2、3 均向两侧翻倒,翻倒程度逐渐增大并撞击甲板 2 上侧纵舱壁和甲板 3 下侧纵舱壁。前后横舱壁在模型 M1 中大变形同时焊接边界部分撕裂。模型 M2 中后横舱壁沿焊缝边界撕裂翻倒并撞击后横舱壁背爆面,右侧横舱壁大变形同时部分边界撕裂。模型 M3 前面板出现了冲塞破口(图 5-2-12(d)),前后横舱壁由焊接边界处撕裂形成大质量破片,撕裂破片呈扭曲折叠形状(图 5-2-12(e))。

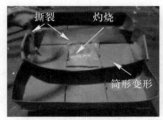
(a) 模型M1破坏形貌

(b) 模型M2破坏形貌

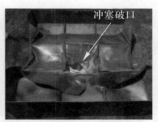
(c) 模型M3破坏形貌

(d) 模型M3前面板冲塞破口

(e) 模型M3横舱壁撕裂破片

图 5-2-12　近距爆炸下半舱结构模型破坏形貌

图 5-2-13 所示为半舱结构模型 M1、M2、M3 复合抗爆舱壁前、后面板的变形及破坏情况。由图可知，3 个模型复合抗爆舱壁均发生不同程度的边界撕裂破坏，且前面板的撕裂破坏程度大于后面板。前面板撕裂破口均发生在与甲板2、3 的焊接边界和纵舱壁竖桁中部扭曲位置。模型 M3 与纵舱壁竖桁的撕裂发生在后面板焊接边界位置；撕裂破口总长模型 M1、M3 分别为 1005mm 和 1002mm。模型 M3 撕裂破口总长为 225mm。模型 M1 后面板未发生撕裂破口。模型 M2 与甲板 2 焊接边界中部发生撕裂，撕裂破口长 155mm；模型 M3 与甲板 3 和前后纵舱壁竖桁下部发生撕裂，撕裂破口总长 925mm。观察图 5-2-13(f) 可知，复合抗爆舱壁后面板与地面接触导致其变形呈"平面"形状，这是由于撞击之前复合抗爆舱壁仍具有较高的速度，若未遇到地面阻挡可能会造成更大的撕裂破口。

比较复合抗爆舱壁撕裂破口情况可知：M2 的边界总撕裂破口率在 3 个模型中最低为 12%，前面板产生较小撕裂破口时后面板就开始发生撕裂，这说明了 M2 复合抗爆舱壁结构在变形协调和抗冲击波载荷性能上优于 M1。M1、M3 中复合抗爆舱壁前面板的裂口率相近都为 63%，而后面板的撕裂率相差较大，这一方面说明在冲击波作用下复合抗爆舱壁前面板撕裂破坏到一定的程度之后将不再增加，而后面板撕裂破坏显著增加；另一方面说明爆距对复合抗爆舱壁结构变形破坏程度影响很大。

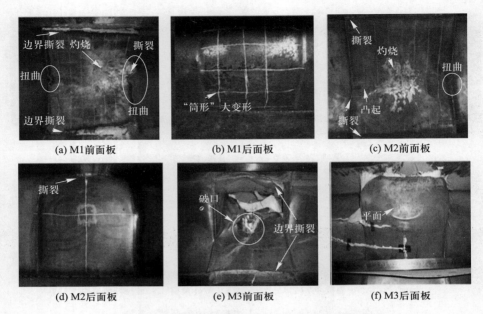

图 5-2-13　复合抗爆舱壁前、后面板的变形破坏结果

因此,近距空爆载荷作用下,舱室结构中复合抗爆舱壁的破坏以"筒形"大变形和边界撕裂破坏为主。前面板与甲板焊接处易产生边界撕裂,进而形成筒形大变形;随着爆炸载荷的增强,后面板边界处开始产生撕裂破口并沿焊缝边界扩展形成大破口。

## 5.3　近距空爆下结构的破裂判别及破口大小理论预估

近距空爆载荷作用下,结构的局部效应非常明显,载荷作用区以外结构的变形很小。而随着载荷强度的增大,结构将首先在离装药最近的区域点处失效破坏,形成破口。针对结构在近距爆炸下,估算中心部位花瓣破坏破口的大小问题,可基于刚塑性假设和能量密度准则提出结构的破裂判据和破口的理论计算模型,为近距非接触空爆载荷作用下舰船结构中心破口尺寸估算提供理论依据。

### 5.3.1　结构破裂的判别

近距空爆载荷作用下,结构的局部效应非常明显,局部变形区以外结构的总体变形很小。而随着载荷强度的增大,结构将首先在离装药最近的区域处产生失效破坏。

#### 5.3.1.1 结构破裂的判据

近距空爆载荷下冲击波对结构的作用时间很短,冲击波对结构的作用取决于冲击波的冲量。结构离装药最近点处的初始速度 $v_{0m}$ 最大,根据动量定理,有

$$v_{0m} = \frac{I_r}{\rho h} \tag{5-3-1}$$

式中:$I_r$ 为反射比冲量;$\rho$ 为质量密度;$h$ 为板初始厚度。

由刚塑性假设得到最近点处单位体积应变能为 $\sigma_d \varepsilon_m$,根据能量密度准则,有

$$\sigma_d \varepsilon_m = 0.5\rho \cdot v_{0m}^2 \tag{5-3-2}$$

式中:$\sigma_d$ 为材料的动屈服强度;$\varepsilon_m$ 为结构的最大应变即离装药最近点处的应变值。

将式(5-3-1)代入式(5-3-2),得

$$\varepsilon_m = \frac{I_r^2}{2\rho\sigma_d h^2} \tag{5-3-3}$$

定义无量纲变量 $\eta = \varepsilon_m / \varepsilon_f$,其中 $\varepsilon_f$ 为材料的失效应变,则

$$\eta = \frac{I_r^2}{2\rho\sigma_d h^2 \varepsilon_f} \tag{5-3-4}$$

因而结构破裂的判别条件即破裂判据为

$$\eta = \begin{cases} <1 & (\text{局部塑性变形}) \\ \geq 1 & (\text{出现破裂,产生破口}) \end{cases} \tag{5-3-5}$$

设动屈服应力为 $\sigma_d = \alpha\sigma_0$,其中系数 $\alpha$ 根据 Cowper-Symonds 关系得到:

$$\alpha = 1 + (\dot{\varepsilon}/D)^{1/q} \tag{5-3-6}$$

对于 Q235 低碳钢,$D = 40.4/\text{s}$,$q = 5$,此处准静态流变应力 $\sigma_0 = 272\text{MPa}$。

由 5.2 节模型试验结果可知板中部产生的是拉伸撕裂失效,因而根据相关文献可得中点处应变率为

$$\dot{\varepsilon} = \sqrt{\varepsilon_f} v_{0m}/L \tag{5-3-7}$$

式中:$L$ 为板的半宽,本节 $2L = 500\text{mm}$。根据相关文献可得空爆载荷作用下结构的反射比冲量为

$$I_r = 2A_i \frac{\sqrt[3]{\omega}}{\bar{r}} \tag{5-3-8}$$

式中：$\omega$ 为装药量(kg)；$\bar{r}$ 为比例距离；$A_i$ 为系数，$A_i \approx 300 \sim 370$。

#### 5.3.1.2 试验验证

表 5-3-1 所列为 5.2.1 节固支方板近距空爆各试验工况下对应的结构响应参数，其中失效应变通过 5.2 节模型试验得到双向拉伸极限应变值 0.411，即 $\varepsilon_f = 0.411$。

表 5-3-1 固支方板近距空爆各试验工况的判据参数

| 序号 | $I_r/(\text{Pa} \cdot \text{s})$ | $\dot{\varepsilon}/\text{s}^{-1}$ | $\alpha$ | $\sigma_d/\text{MPa}$ | $\varepsilon_{\max}$ | $\eta$ |
|---|---|---|---|---|---|---|
| 工况 1 | 2300.7 | 189.1 | 2.362 | 642.4 | 0.0330 | 0.080 |
| 工况 2 | 2714.4 | 223.1 | 2.407 | 654.8 | 0.0451 | 0.110 |
| 工况 3 | 9076.2 | 746.0 | 2.792 | 759.3 | 0.4346 | 1.058 |

由表可以看出，工况 1 和工况 2 的无量纲量 $\eta$ 均较小，板变形的局部效应非常明显。由于装药较大且爆距较近，工况 3 的无量纲量 $\eta > 1$，因而板出现了破裂并形成了花瓣开裂的破坏模式。

应该指出的是，当 $\eta$ 小于 1 但接近于 1 时，对于尺寸较小且厚度较薄的结构有可能出现破损。这是因为小尺寸薄板结构的应变率效应较大，使得计算过程中采用的 $\sigma_d$ 和 $\varepsilon_f$ 值较实际的 $\sigma_d$ 和 $\varepsilon_f$ 要小，从而导致 $\eta$ 的计算值偏大。

图 5-3-1 所示为判据参数 $\eta$ 随比例距离 $\bar{r}$ 的变化关系，其中 $A$、$B$ 和 $C$ 三点为试验数据，其他点为计算值。随着比例距离的增大，判据参数呈现出近似指数下降的趋势，在 $\bar{r} < 0.15$ 时下降很快，而当 $\bar{r}$ 达到 0.15 后，判据参数的变化趋向平缓。这是因为增大比例距离会使得载荷的强度减小，同时作用时间变长，从而使得结构的整体变形程度加大，应变分布更为均匀。

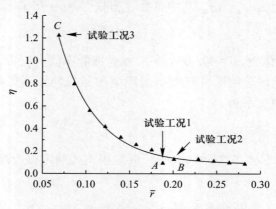

图 5-3-1 判据参数随比例距离的变化关系

判据参数 $\eta$ 可用于局部爆炸载荷下结构变形和破裂情况的判别,不过需要指出的是,比例距离的增大可以通过减小药量或增大爆距来实现。而爆距的过量增大会使得结构承受的载荷形式发生明显变化,导致结构产生较大程度的整体变形。此时,采用本节提出的判据参数进行预测可能存在较大的误差。

### 5.3.2 破口尺寸理论预估

近距非接触爆炸虽然很难像接触爆炸一样产生初始冲塞缺口,但是离炸药较近的区域也可能由于冲击波的高压作用产生局部颈缩撕裂而出现初始破孔。由于冲击波作用时间很短,结构来不及变形,可假设作用在结构上的冲击波能转化为结构的初始动能,此后结构初始破口会向外扩展,形成花瓣开裂。典型舰船结构多为板架结构,板架四周通常有强力构件支撑。为简化问题,假设装药位于固支方板正中心上方,塑性区域为圆形,将方板问题就简化为圆板来处理,半径取为方板半宽 $L$。

#### 5.3.2.1 结构初始动能

近距空爆载荷下冲击波对结构的作用时间很短,冲击波对结构的作用取决于冲击波的冲量。由此,可得结构任意点处的反射比冲量 $I_r(r)$ 为

$$I_r(r) = \frac{2A_i \omega^{2/3}}{\sqrt{d^2 + r^2}} \quad (5-3-9)$$

式中:$\omega$ 为装药量(kg);$d$ 为垂直爆距(m),$A_i$ 为系数,$A_i \approx 300 \sim 370$。

由于冲击波作用时间很短,忽略冲击波波头到达结构的时间差异,考虑球面波的影响,假设冲击波能完全被结构吸收形成初始动能。因而,结构获得的总动能 $E_k$ 为

$$E_k = \int_0^{2\pi} \int_0^L \frac{I_r^2}{2\rho h} r \mathrm{d}r \mathrm{d}\theta \quad (5-3-10)$$

将式(5-3-10)积分,得

$$E_k = \frac{2\pi A_i^2 \omega^{4/3}}{\rho h} \ln[1 + (L/d)^2] \quad (5-3-11)$$

#### 5.3.2.2 初始破孔的确定

结合 5.2 节试验可知,近距空爆载荷下固支方板的中间会首先产生一个初始破孔,随后形成花瓣开裂,因而最终破口的计算需要首先确定初始破孔的大小。由动量定理可得破孔边缘处获得的初始速度为

$$v_0(r_0) = I_r(r_0)/(\rho h) \quad (5-3-12)$$

式中：$I_r(r_0)$ 为 $r=r_0$ 处的反射比冲量。考虑到近爆强动载荷下结构存在一定的应变率效应，因此根据刚塑性假设得到该点处发生破裂时的应变能密度（单位体积的应变能）为 $\sigma_d \varepsilon_f$，其中 $\sigma_d$ 为材料动屈服强度。

根据能量密度准则，有

$$\rho v_0^2(r_0)/2 = \sigma_d \varepsilon_f \qquad (5-3-13)$$

设动屈服应力为 $\sigma_d = \alpha \sigma_0$。其中，$\alpha$ 根据 Cowper-Symonds 关系得到：

$$\alpha = 1 + (\dot{\varepsilon}/m)^{1/q} \qquad (5-3-14)$$

式中：$m,q$ 为应变率系数，对于低碳钢，通常取 $m=40.4/\text{s}$，$q=5$。

近距空爆载荷作用下结构中部产生初始破孔的主要原因是局部拉伸断裂。因而根据相关文献，拉伸断裂情形下破孔边缘的应变率可近似取为

$$\dot{\varepsilon} = \sqrt{\varepsilon_f} v_i(r_0)/L \qquad (5-3-15)$$

联立式(5-3-12)~式(5-3-15)可得关于结构初始破孔半径的方程：

$$(d^2+r_0^2) + \left(\frac{2A_i G^{4/3} \varepsilon_f^{0.5}}{\rho L h m}\right)^{1/q} (d^2+r_0^2)^{1-\frac{1}{2q}} - \frac{2A_i^2 G^{4/3}}{\rho \sigma_0 h^2 \varepsilon_f} = 0 \qquad (5-3-16)$$

求解上式即得到初始破孔半径大小。但由于上式为超越方程，需通过数值方法求得近似解。

#### 5.3.2.3 结构塑性耗能

近距空爆载荷作用下，结构中心出现初始破孔后，由于初始动能的作用，结构会继续变形，当破孔边缘的环向拉伸应变达到材料的极限应变时，边缘发生断裂进而开始产生花瓣开裂，直至结构的初始动能被全部耗散完。将结构总塑性耗能分为花瓣开裂前耗能 $E_1$ 和花瓣开裂过程的耗能 $E_2$ 两部分。

以板中心为原点取极坐标，则板花瓣开裂前临界状态的位移函数可表示为（图 5-3-2）：

$$w(r) = w_0 \frac{\ln(L/r)}{\ln(L/r_0')} \qquad (5-3-17)$$

由于中间有破孔，径向将不产生拉伸作用，因而结构花瓣开裂前的塑性耗能 $E_1$ 主要包括径向弯曲变形能 $U_{rb}$、环向弯曲变形能 $U_{\theta b}$、环向拉伸变形能 $U_{\theta t}$ 以及初始破孔能 $W_{cr}$，即

$$E_1 = U_{rb} + U_{\theta b} + U_{\theta t} + W_{cr} \qquad (5-3-18)$$

各部分能量的计算方法如下：

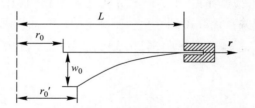

图 5-3-2　花瓣开裂前临界位移图

$$U_{rb} = \int_0^{2\pi}\int_{r_0'}^L M_0 w'' r \mathrm{d}r \mathrm{d}\theta \qquad (5-3-19(a))$$

$$U_{\theta b} = \int_0^{2\pi}\int_{r_0'}^L M_0 K_\theta r \mathrm{d}r \mathrm{d}\theta \qquad (5-3-19(b))$$

$$U_{\theta t} = \int_0^{2\pi}\int_0^h\int_{r_0'}^L \sigma_0 \varepsilon_{\theta t} r \mathrm{d}r \mathrm{d}z \mathrm{d}\theta \qquad (5-3-19(c))$$

式中：$r_0'$ 为花瓣开裂前临界状态下破孔边缘的径向坐标；$K_\theta, \varepsilon_{\theta t}$ 分别为 $r$ 处的环向曲率和环向拉伸应变；$M_0$ 为单位长度的全塑性弯矩，$M_0 = \sigma_0 h^2/4$，$\sigma_0$ 为材料的平均流动应力。

根据相关文献，板在冲击载荷下发生拉伸断裂时的临界速度 $v_{cr} = 1.89\sqrt{\varepsilon_f \sigma_0/\rho}$，$\rho$ 为板材密度，则

$$W_{cr} = 0.5\pi r_0^2 h \rho v_{cr}^2 \qquad (5-3-20)$$

由缺口边缘的环向拉伸应变等于失效应变的条件可得：

$$\varepsilon_{\theta t}(r_0') = \frac{r_0' - r_0}{r_0} = \varepsilon_f \qquad (5-3-21)$$

则可求得：

$$r_0' = (1+\varepsilon_f) r_0 \qquad (5-3-22)$$

根据径向无伸长的假设可求得：

$$w_0 = [2L r_0'(r_0'-r_0)/(L-r_0')]^{0.5} \ln(L/r_0') \qquad (5-3-23)$$

将 $r_0'$ 和 $w_0$ 代入式（5-3-18），进而可求得花瓣开裂前各部分能量。花瓣开裂过程总耗能 $E_2$ 包括花瓣弯曲能 $E_b$ 和断裂能 $E_m$，即

$$E_2 = E_b + E_m \qquad (5-3-24)$$

根据相关文献可得 $n$ 瓣花瓣总能量耗散率为

$$\dot{E}_2/(M_0 l) = 7.65\pi l^{0.4} h^{-0.4} \eta^{0.4} [\beta(\sin\beta)^{0.4}\cos\beta]^{-1} \qquad (5-3-25)$$

式中:$h$ 为板厚;$l$ 为花瓣瞬时长度;$\beta=\pi/n$ 为花瓣半顶角(图 5-3-3);$\eta$ 为弯矩扩大因子,根据几何关系计算得到:

$$\eta = 1 + 2\beta^2/h \cdot [2Lr_0'(r_0'-r_0)/(L-r_0')]^{1/2} \quad (5-3-26)$$

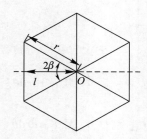

图 5-3-3 花瓣开裂形状

将式(5-3-25)积分可得花瓣开裂过程的耗能 $E_2$ 为

$$E_2 = 5.46\pi M_0 \eta^{0.4} h^{-0.4} [\beta(\sin\beta)^{0.4}\cos\beta]^{-1} (l_c - r_0)^{1.4} \quad (5-3-27)$$

#### 5.3.2.4 破口大小的计算

根据能量守恒原理,假设结构总塑性耗能($E_1+E_2$)等于其初始动能 $E_k$,则

$$E_k = E_1 + E_2 \quad (5-3-28)$$

将各部分能量表达式代入上式可求得:

$$l_c = r_0 + \left[\frac{E_k - U_{rb} - U_{\theta b} - U_{\theta t} - W_{cr}}{1.37\pi\sigma_0\eta^{0.4}h^{1.6}(\beta\cdot(\sin\beta)^{0.4}\cdot\cos\beta)^{-1}}\right]^{1/1.4} \quad (5-3-29)$$

则最终的破口半径为

$$r_c = l_c/\cos\beta \quad (5-3-30)$$

#### 5.3.2.5 试验验证

对 5.2 节固支方板近距空爆试验工况 3 中板的初始破孔和最终破口大小进行计算。计算中,材料的平均流动应力取准静态屈服强度 $\sigma_0 = 272\text{MPa}$,失效应变 $\varepsilon_f = \ln(1+\delta_s) = 0.30$,板的半宽长 $L = 0.25\text{m}$。利用上述参数得到工况 3 板初始破孔半径的理论计算值为 37.3mm,最终破口直径大小为 308.7mm,在试验得到的结果分别偏差 5.7% 和 12.7%。验证了本节提出的计算方法的合理性和准确性。

## 5.4 单根加筋板的失效模式分析及结构优化设计

通过有限元模拟,分析爆炸冲击波载荷下具有一根加强筋的固支矩形加筋板(单根加筋板)的变形和失效模式,以及加强筋相对刚度、冲击载荷强度对加筋板失效模式的影响,得到单根加筋板失效模式的判别条件,并由此求得加筋板由发生塑性大变形到发生破损时加强筋的相对刚度及临界冲击载荷,确定抗爆性能最强时,加筋板的质量与各加强筋横截面尺寸及加筋间距之间的关系,从而实现单根加筋板的抗爆优化设计。

### 5.4.1 有限元分析模型

考虑具有一根加强筋的固支矩形加筋板(图 5-4-1),长为 $l$,宽为 $2a$,板厚为 $t$,被横截面为 $b \times h$ 的矩形截面的加强筋分为两个对称的板格。

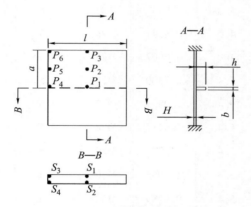

图 5-4-1 单根加筋板结构

采用动态非线性有限元分析程序 MSC/Dytran 模拟加筋板的动态响应及失效。加筋板材料采用双线性弹塑性本构模型,材料应变率效应由 Cowper-Symonds 模型描述,材料参数如表 5-4-1 所列。表中,$\sigma_0$ 为静态屈服强度,$E$ 为弹性模量,$\nu$ 为泊松比,$E_h$ 为应变硬化模量。材料失效模型采用最大塑性应变失效。

表 5-4-1 加筋板的材料参数

| 参数 | 数值 | 参数 | 数值 | 参数 | 数值 |
| --- | --- | --- | --- | --- | --- |
| $\sigma_0$/MPa | 235 | $E$/GPa | 210 | 密度 $\rho$/(kg/m$^3$) | 7800 |
| $\nu$ | 0.3 | $E_h$/MPa | 250 | 失效应变 $\varepsilon_f$ | 0.28 |

加筋板有限元模型长 $l=400$mm,宽 $2a=300$mm,加强筋高 $h=50$mm。模型中其他材料参数及尺寸分别如表 5-4-2 所列。其中:加强筋的相对刚度 $k=M_s/(M_0 l)$,$M_0=\sigma_0 H^2/4$,$M_s=b\sigma_0 h^2/4$。

表 5-4-2　有限元计算的加筋板模型尺寸

| 模型 | $H$/mm | $b$/mm | $k$ | 模型 | $H$/mm | $b$/mm | $k$ |
|---|---|---|---|---|---|---|---|
| M1 | 3.5 | 2.7 | 1.3650 | M17 | 3.5 | 6.7 | 3.4125 |
| M2 | 3 | 2.7 | 1.8579 | M18 | 3.5 | 8.0 | 4.0950 |
| M3 | 3 | 4.0 | 2.7868 | M19 | 3.5 | 9.4 | 4.7774 |
| M4 | 3.5 | 4.0 | 2.0475 | M20 | 3.5 | 10.7 | 5.4599 |
| M5 | 4 | 4.0 | 1.5676 | M21 | 3.5 | 12.0 | 6.1424 |
| M6 | 4.5 | 4.0 | 1.2386 | M22 | 3.5 | 13.4 | 6.8249 |
| M7 | 5 | 4.0 | 1.0033 | M23 | 3.5 | 14.0 | 7.1429 |
| M8 | 5.5 | 4.0 | 0.8291 | M24 | 3.5 | 16.5 | 8.4184 |
| M9 | 6 | 4.0 | 0.6967 | M25 | 3.5 | 18.0 | 9.1837 |
| M10 | 3.5 | 5.4 | 2.7300 | M26 | 3.5 | 18.5 | 9.4388 |
| M11 | 4 | 5.4 | 2.0901 | M27 | 3.5 | 20.0 | 10.2041 |
| M12 | 4.5 | 5.4 | 1.6515 | M28 | 3.5 | 22.0 | 11.2245 |
| M13 | 5 | 5.4 | 1.3377 | M29 | 3.5 | 24.0 | 12.2449 |
| M14 | 5.5 | 5.4 | 1.1055 | M30 | 3.5 | 26.0 | 13.2653 |
| M15 | 6 | 5.4 | 0.9289 | M31 | 3.5 | 28.0 | 14.2857 |
| M16 | 3.5 | 6.0 | 3.0712 | M32 | 3.5 | 33.5 | 17.0918 |

采用均布三角形脉冲载荷模拟爆炸冲击波载荷,保持冲击波载荷的峰值超压和比冲量相等(图 5-4-2),则入射比冲量 $I = 0.5 P_m t_d$。其中,$P_m$ 为冲击波载荷峰值超压,$t_d$ 为正压作用时间。

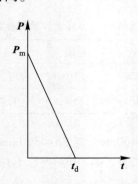

图 5-4-2　冲击波载荷形状

## 5.4.2 失效模型分析

与固支矩形板的失效类似,随着冲击载荷的增强,具有一根加强筋的固支矩形加筋板也有3种失效模式:塑性大变形(模式Ⅰ),拉伸失效(模式Ⅱ)和剪切失效(模式Ⅲ)。由于剪切失效(模式Ⅲ)是在超强冲击载荷作用下发生的,工程中比较少见,本节只讨论失效模式Ⅰ和失效模式Ⅱ。

### 5.4.2.1 失效模式Ⅰ

由于加强筋的影响,加筋板的变形失效模式与固支矩形板有较大区别。图5-4-3分别为爆炸载荷下加强筋相对刚度由小到大变化时加筋板动态变形过程的等高线,其中,$\Phi$为无量纲冲击载荷。

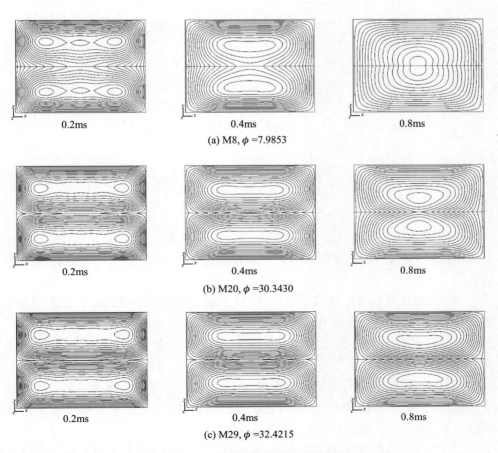

图 5-4-3　典型加筋板的变形等高线

$$\Phi = \frac{Ia}{H_e^2 \sqrt{\rho \sigma_0}} \tag{5-4-1}$$

式中：$H_e = H + bh/(2a)$ 为加筋板的等效厚度。

由图5-4-3可知，爆炸载荷作用下，加筋板面板各板格首先进入"四坡顶形"变形机构，面板传递给加强筋的动反力使加强筋在两固支端产生塑性铰，固支端产生塑性铰后，面板传递给加强筋的载荷将继续使加强筋中部产生塑性铰，形成如图5-4-4(a)所示的变形机构。随着爆炸载荷峰值压力 $P$ 的衰减，面板上各点逐渐停止塑性变形，由于惯性作用加强筋将继续产生塑性变形，直到加筋板的动能全部转化为变形能，加筋板达到最终变形失效模式(图5-4-4(b))，此后加筋板进入弹性振动阶段。

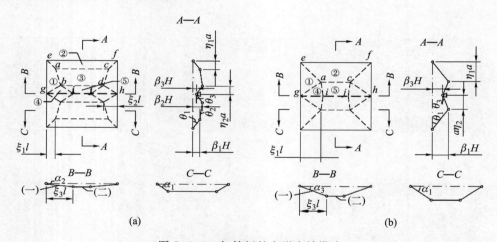

图5-4-4 加筋板的变形失效模式

通过以上分析可得，根据加强筋相对刚度的不同，加筋板有3种不同的变形模式：

（1）当加强筋相对刚度较小时，在面板传递给加强筋的载荷使其迅速进入变形机构，其位移逐渐赶上面板，结果使塑性铰线 $bd$ 将向 $ij$ 运动，最后两者重合，加筋板的最终变形失效模式和固支矩形板的变形失效模式类似(模式(a)，见图5-4-3(a))。

（2）当加强筋的相对刚度足够大时，面板传递给加强筋的载荷不足以使其产生塑性铰，整个冲击过程中，加强筋处于近似刚性状态，加筋板板格以加强筋为固定边界发生运动(模式(c)，见图5-4-3(c))。

（3）当加强筋相对刚度不太大时，面板传递给加强筋的载荷可以使加强筋进入变形机构，但由于加强筋有一定的刚度，其不足以使塑性铰线 $bd$ 与 $ij$ 重合，但面板的运动将使塑性铰线 $ac$ 逐渐向中心运动,最后与 $bd$ 重合(模式(b),见图 5-4-3(b))。

加强筋的相对刚度决定了加筋板的变形模态,也决定了其塑性变形。图 5-4-5、图 5-4-6 分别为加强筋跨中无量纲挠度 $\delta_b$ 和加筋板最大无量纲挠度 $\delta_{max}$ 与无量纲冲击载荷 $\Phi$ 之间的关系。其中:

$$\delta_b = D_b/H_e, \quad \delta_{max} = D_{max}/H \qquad (5\text{-}4\text{-}2)$$

式中:$D_b$,$D_{max}$ 分别为加强筋跨中的挠度和加筋板的最大挠度。$k\delta_b$ 随 $\Phi$ 的增大近似呈平方关系增大,而 $\delta_{max}$ 随 $\Phi$ 近似呈线性增大,分别对 $k\delta_b$、$\delta_{max}$ 进行多项式和线性拟合,得

$$k\delta_b = 0.0320\Phi^2 + 0.3658\Phi - 1.7108 \qquad (5\text{-}4\text{-}3)$$

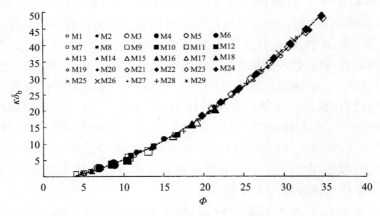

图 5-4-5  $\delta_b$ 与 $k$、$\Phi$ 之间的关系

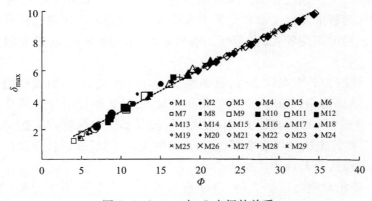

图 5-4-6  $\delta_{max}$ 与 $\Phi$ 之间的关系

$$\delta_{\max} = 0.2779\Phi + 0.4198 \qquad (5-4-4)$$

#### 5.4.2.2 失效模式 Ⅱ

强动载荷下,对于理想刚塑性材料,加筋板的变形失效模式如图5-4-4(a)所示,其塑性变形包括薄膜拉伸和塑性铰线的弯曲,刚性板块(①~⑤)中的最大有效塑性应变发生在塑性铰线上,加强筋中最大有效塑性应变发生在塑性铰位置。在最大塑性应变失效准则下,塑性铰(线)是加筋板最先发生破坏的位置。

图5-4-7所示为爆炸载荷下加筋板面板上点$P_1 \sim P_6$及加强筋上点$S_1 \sim S_4$的无量纲塑性应变$\varepsilon'$随时间变化的曲线。其中:$\varepsilon' = \varepsilon_p / \varepsilon_f$,$P_1 \sim P_6$分别位于加强筋中点、板格中心、平行于加强筋的边界中点、加强筋固支端、垂直于加强筋的边界中点以及固支边界交点;$S_1 \sim S_4$分别位于加强筋中点上、下沿和加强筋固支端上、下沿(图5-4-1)。

由图5-4-7可知,加筋板的面板进入变形机构后,塑性铰线上各点(如$P_1$、$P_3$)的塑性应变迅速增大,面板传递给加强筋的载荷使加强筋在固支端产生塑性铰,使得点$S_4$、$S_3$及$P_4$的塑性应变也迅速增加,固支端产生塑性铰后,面板传递给加强筋的载荷将继续使加强筋中部产生塑性铰,点$S_1$、$S_2$开始发生塑性变形。加强筋上,点$S_4$、$S_3$的塑性应变大于点$S_1$、$S_2$,说明加强筋的塑性应变主要是由于塑性铰的弯曲引起的,拉伸应变相对较小;而面板上,点$P_1$、$P_4$的塑性应变相对较大,其中点$P_1$的塑性应变主要由薄膜拉伸应力和塑性铰线的弯曲引起的,而其有效塑性应变远大于塑性铰线转角与其相近的点$P_3$,点$P_4$的塑性应变主要由于加强筋端部塑性弯曲引起的,且加强筋相对刚度越小其值越大,因此面板的塑性应变主要是由薄膜拉伸引起的。

由于惯性作用,在冲击过程的初期,加强筋的塑性应变和应变率均小于面板。随着爆炸载荷峰值压力的衰减,面板在加强筋的反作用力作用下,逐渐停止发生塑性变形,而加强筋在惯性和面板传递的作用力的作用下将继续发生塑性变形,直到加筋板的动能全部转化为变形能,此后加筋板进入弹性振动阶段。此外,由于加强筋的高度较大,在塑性铰的转角相同的情况下,其最大塑性应变大于面板。

当加强筋的相对刚度较小时,其惯性和相对刚度较小,在面板作用力作用下迅速进入变形机构,其位移与面板位移相差较小,最大塑性应变及应变率均大于面板(图5-4-7(a)),随着冲击载荷的增强,加强筋固支端将首先达到失效应变$\varepsilon_f$,即加筋板将首先从加强筋端部(点$S_4$)产生失效,随后面板将在加强筋固支端发生撕裂,并沿边界向两边扩展。

当加强筋相对刚度足够大时,其塑性应变和应变率均小于面板(图5-4-7(c)),爆炸载荷峰值压力衰减后,加强筋很快停止塑性变形,进入弹性振动阶

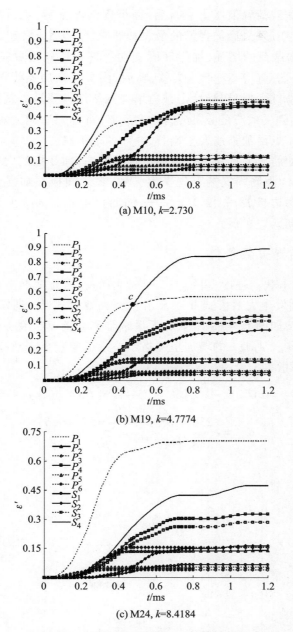

图 5-4-7 加筋板塑性铰(线)上的有效塑性应变

段,最大塑性应变发生在面板上(点 $P_1$),面板将首先达到失效应变 $\varepsilon_f$,即加筋板将首先在 $P_1$ 点沿加强筋发生撕裂,并向两端扩展。

当加强筋相对刚度不太大时,冲击过程的初期加强筋的塑性应变和应变率均小于面板,爆炸载荷峰值压力衰减后,面板逐渐停止发生塑性变形,而加强筋将继续发生塑性变形,最后加强筋的最大塑性应变(点 $S_4$)将超过面板(图 5-4-7(b)),随着冲击载荷的增强,加强筋固支端将首先达到失效应变 $\varepsilon_f$,即加筋板将首先从加强筋端部(点 $S_4$)产生失效,随后,面板将在加强筋固支端发生撕裂,并沿边界向两边扩展;但是,当冲击载荷增强到使加强筋最大塑性应变超过面板的临界点 $C$ 也达到失效应变 $\varepsilon_f$ 时,面板上点 $P_1$ 将首先达到失效应变 $\varepsilon_f$,此时加筋板将首先在 $P_1$ 点沿加强筋发生撕裂,并向两端扩展。

因此,根据加筋板上首先发生破坏位置的不同,加筋板的失效模式Ⅱ又可分为:模式Ⅱa——加强筋固支端首先发生失效,随后面板在加强筋固支端发生撕裂,并沿边界向两边扩展;和模式Ⅱb——加筋板首先在面板上沿加强筋发生撕裂,并沿加强筋向两边扩展。

### 5.4.3 临界失效条件

逐渐增大冲击载荷强度,可得表 5-4-2 中的有限元模型由发生塑性大变形(失效模式Ⅰ)到发生失效模式Ⅱ以及由发生失效模式Ⅱa到发生失效模式Ⅱb的临界失效载荷,如图 5-4-8 所示。无量纲临界载荷 $\Phi_{cr1}$ 随加强筋相对刚度 $k$ 增大而增强,而 $\Phi_{cr2}$ 则随 $k$ 的增加呈幂指数关系迅速减小,分别对 $\Phi_{cr1}$、$\Phi_{cr2}$ 进行多项式和分段幂指数拟合,得

$$\Phi_{cr1} = 0.0510k^3 - 0.9326k^2 + 6.5444k + 0.6164 \quad (k<7.8003) \quad (5-4-5)$$

$$\Phi_{cr2} = \begin{cases} 2567.1k^{-2.3850} & (k \leqslant 7.9626) \\ 338.49k^{-1.4085} & (k>7.9626) \end{cases} \quad (5-4-6)$$

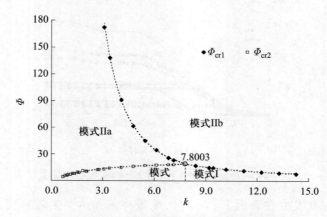

图 5-4-8 单根加筋板的临界失效条件

根据上面两式可得，$\Phi_{cr1}$、$\Phi_{cr2}$ 的交点对应的相对刚度 $k=7.8003$。当 $k<7.8003$ 时，$\Phi<\Phi_{cr1}$，加筋板将发生塑性大变形（模式Ⅰ）；$\Phi_{cr1}<\Phi<\Phi_{cr2}$，加强筋固支端将首先发生失效，随后面板在加强筋固支端发生撕裂，并沿边界向两边扩展（模式Ⅱa）；$\Phi_{cr2}<\Phi$，加筋板首先在面板上沿加强筋发生撕裂，并沿加强筋向两端扩展（模式Ⅱb）。当 $7.8003<k$ 时，$\Phi<\Phi_{cr2}$，加筋板将发生塑性大变形（模式Ⅰ）；$\Phi_{cr2}<\Phi$，加筋板首先在面板上沿加强筋发生撕裂，并沿加强筋向两端扩展（模式Ⅱb）。

### 5.4.4 结构抗爆优化设计

工程中，通常要求抗爆加筋板结构在爆炸载荷作用下不产生破损，并使其发生的塑性变形最小。此外，由于结构使用者承载能力的限制，通常还要求结构重量最小，即要求抗爆加筋板结构在重量最轻的情况下不发生模式Ⅱ失效，并使结构的最大塑性变形最小。

根据式(5-4-5)和式(5-4-6)可知，加筋板发生模式Ⅱ失效的临界无量纲冲击载荷 $\Phi_{cr}$ 为

$$\Phi_{cr}=\begin{cases}\Phi_{cr1} & (k\leqslant 7.8003)\\ \Phi_{cr2} & (7.8003<k<15)\end{cases} \quad (5-4-7)$$

当 $k=7.8003$ 时，$\Phi_{cr}=19.1308$，达到最大值，即加筋板产生破损的临界载荷最大，抗爆性能最强。由于要求抗爆加筋板结构重量最小，即单位抗爆面积、单位比冲量下加筋板结构重量最小，此外加筋板结构重量还与其材料的比强度有关，因此取加筋板的无量纲质量：

$$m=\frac{\rho(2at+bh)l\sqrt{\sigma_0/\rho}}{2Ial}=\left(\frac{a\sqrt{\rho\sigma_0}}{\Phi_{cr}I}\right)^{0.5} \quad (5-4-8)$$

根据式(5-4-7)、式(5-4-8)，当加筋板材料和抗爆面积（加强筋间距 $a$ 和跨长 $l$）确定后，一定冲击载荷下，当 $\Phi_{cr}$ 达到最大值时，$m$ 最小。此时，有

$$\Phi_{cr}=\frac{Ia}{H_e^2\sqrt{\rho\sigma_0}}=19.1308; \quad k=\frac{bh^2}{lt^2}=7.8003; \quad m=\left(\frac{a\sqrt{\rho\sigma_0}}{19.1308I}\right)^{0.5}$$

$$(5-4-9)$$

计算可得，加强筋跨中无量纲挠度 $\delta_b=2.1793$，加筋板最大无量纲挠度 $\delta_{max}=5.7362$。

因此，任意确定 $b$、$h$、$H$ 三个变量中的一个（工程实际中通常有的变量是确定的），根据式(5-4-9)即可求得所有变量的值。

通过对单根加筋板的优化设计可进一步得出,对于一般的加筋板(包括多根加筋的加筋板),通过数值模拟或模型试验都可以求得由发生塑性大变形(失效模式Ⅰ)到发生破损(失效模式Ⅱ)的临界条件(无量纲载荷及加强筋的相对刚度),从而可求得加筋板抗爆性能最强时,各加强筋的相对刚度以及发生破损的临界失效载荷。当加筋板材料和抗爆面积确定后,一定的冲击载荷下,即可确定抗爆性能最强时,加筋板的质量与各加强筋横截面尺寸及加筋间距间的关系。在一定的已知条件下,求得抗爆性能最强时,加筋板的最小质量,从而实现对抗爆加筋板结构进行优化设计。

## 5.5 复杂加筋板的失效模式分析及结构优化设计

### 5.5.1 失效模式分析

对于如图5-5-1所示的复杂加筋板结构,根据横向和纵向加筋的相对刚度的不同,有3种变形不同的失效模式(图5-5-2):

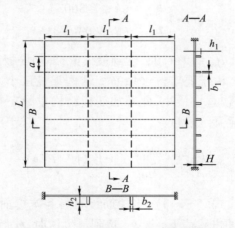

图5-5-1 多根加强筋的加筋板结构

(1)板格变形(模式 a):当横向和纵向加强筋的相对刚度均足够大时,整个冲击响应过程中,加强筋一直近似处于刚性状态,加筋板的板格始终以加强筋为固定边界发生运动。

(2)板架整体变形(模式 b):当横向和纵向加强筋的相对刚度均较小时,加筋板的面板和加强筋作为一个整体一起发生运动。

(3)弱加强筋变形(模式 c):当一个方向的加强筋相对刚度较小(弱筋)而另一方向的加强筋相对刚度足够大(强筋)时,整个冲击响应过程中,强筋一直

# 第5章 爆炸载荷作用下舰船结构动响应与破坏

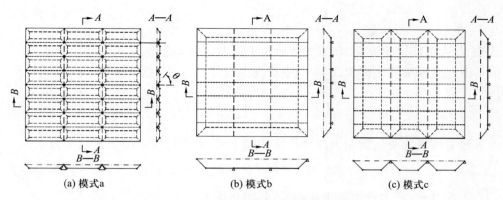

图 5-5-2 复杂加筋板结构的失效模式

近似处于刚性状态,而弱筋与面板一起发生运动。

对于变形失效模式 a,随着载荷的增大,加筋板板格将首先发生失效,其失效模式与爆炸冲击载荷作用下矩形板的失效模式类似,即有 3 种失效模式:板格的塑性大变形(Ⅰa)、板格沿其长边发生拉伸失效(Ⅱa)和板格沿加强筋发生剪切失效(Ⅲa);对于变形失效模式 b,随着载荷的增大,也有 3 种失效模式:板架的整体塑性大变形(Ⅰb)、板架在其边界发生拉伸失效(Ⅱb)、板架在其边界发生剪切失效(Ⅲb)。对于变形失效模式 c,随着载荷的增大,弱筋将首先发生失效,其失效模式也有 3 种:弱筋与面板的塑性大变形(Ⅰc)、弱筋在与强筋及边界相交的位置发生拉伸失效,从而导致板架沿强筋发生撕裂(Ⅱc)、板架沿强筋及边界发生剪切失效(Ⅲc)。

## 5.5.2 失效模式的临界转化条件

假设材料面板和骨材的材料均为理想刚塑性材料,屈服应力为 $\sigma_s$,满足有效塑性应变失效准则,最大失效应变为 $\varepsilon_f$。

### 5.5.2.1 模式 a

静态极限载荷作用下,当横向和纵向加强筋的相对刚度均足够大时,板架的变形机构如图 5-5-3(a)所示,其塑性变形包括薄膜拉伸和塑性铰线的弯曲,板格 abcd 中,刚性板块(①和②)中的最大有效塑性应变发生在面板的塑性铰线上。面板在纵骨位置(塑性铰线 ab)的塑性应变为

$$\varepsilon = \varepsilon_m + \varepsilon_b \quad (5-5-1)$$

式中:$\varepsilon_m$ 为膜拉伸应变;$\varepsilon_b$ 为弯曲应变。

假设刚性板块(①和②)中膜拉伸应变均匀分布,则在塑性铰线 ab 的中点(纵骨跨中)

$$\varepsilon_{\mathrm{m}} = a\left(\frac{1}{\sin\theta} - 1\right), \quad \varepsilon_{\mathrm{b}} = \frac{H\kappa}{2} = \frac{H\theta}{2l_{\mathrm{t}}} \tag{5-5-2}$$

式中：$l_{\mathrm{t}}$ 为塑性铰的长度，在大变形分析中近似取为 $2H$。

因此当板格在塑性铰线 $ab$ 的中点发生拉伸失效时 $\theta$ 满足：

$$\varepsilon = \varepsilon_{\mathrm{f}} = \frac{\theta}{4} + a\left(\frac{1}{\sin\theta} - 1\right) \tag{5-5-3}$$

纵骨可视为受面板膜力拉伸作用的固支梁，单位长度上的载荷大小为

$$q = 2\sigma_{\mathrm{s}} H\cos\theta \tag{5-5-4}$$

因此，纵骨最大弯矩发生在端部，其弯矩值为

$$M_1 = \frac{q_1 l_1^2}{12} \tag{5-5-5}$$

当 $M$ 小于纵骨的塑性极限弯矩 $M_{\mathrm{s}}$ 时，即

$$2H l_1^2 \cos\theta \leqslant 3b_2 h_2^2 \tag{5-5-6}$$

纵骨不会产生弯曲塑性变形，板架的变形为模式 a。

#### 5.5.2.2 模式 b 和模式 c

复杂加筋板在静态极限载荷作用下，当一个方向加强筋（纵骨）相对刚度较小（弱筋）而另一方向的加强筋（肋骨）相对刚度足够大（强筋）时，冲击响应过程中纵骨与面板一起发生运动，因此可将纵骨按面积等效原则分摊到面板上，板架的变形机构如图 5-5-3(b) 所示。与上述分析类似，板架的塑性变形包括薄膜拉伸和塑性铰线的弯曲，板格 $abcd$ 中，刚性板块（①和②）中面板的最大有效塑性应变发生塑性铰线上。面板在肋骨位置（塑性铰线 $ac$）的塑性应变为

$$\varepsilon = \varepsilon_{\mathrm{m}} + \varepsilon_{\mathrm{b}} \tag{5-5-7}$$

式中：$\varepsilon_{\mathrm{m}}$ 为膜拉伸应变；$\varepsilon_{\mathrm{b}}$ 为弯曲应变。

假设刚性板块（①和②）中膜拉伸应变均匀分布，则在塑性铰线 $ac$ 的中点（肋骨跨中），面板的有效应变为

$$\varepsilon_{\mathrm{m}} = l_1\left(\frac{1}{\sin\alpha} - 1\right), \quad \varepsilon_{\mathrm{b}} = \frac{H_{\mathrm{e}}\kappa}{2} = \frac{H_{\mathrm{e}}\alpha}{2l_{\mathrm{t}}} \tag{5-5-8}$$

式中：$H_{\mathrm{e}} = H + b_2 h_2/a$，为面板及纵骨的等效厚度；$l_{\mathrm{t}}$ 为塑性铰的长度，在大变形分析中近似取为 $2H_{\mathrm{e}}$。因此，当板架在塑性铰线 $ac$ 的中点发生失效时 $\alpha$ 满足：

$$\varepsilon = \varepsilon_{\mathrm{f}} = \frac{\alpha}{4} + l_1\left(\frac{1}{\sin\alpha} - 1\right) \tag{5-5-9}$$

肋骨同样可视为受面板及纵骨膜力拉伸作用的固支梁,单位长度上的载荷大小为

$$q_2 = 2\sigma_s H_e \cos\alpha \quad (5\text{-}5\text{-}10)$$

肋骨最大弯矩发生在端部,其弯矩值为

$$M_2 = \frac{q_2 L^2}{12} \quad (5\text{-}5\text{-}11)$$

当 $M$ 小于肋骨的塑性极限弯矩 $M_s$ 时,即

$$2H_e L^2 \cos\alpha \leqslant 3b_1 h_1^2 \quad (5\text{-}5\text{-}12)$$

肋骨不会产生弯曲塑性变形。因此,板架发生变形失效模式 c 的条件为

$$\begin{cases} 2H_e L^2 \cos\alpha \leqslant 3b_1 h_1^2 \\ 3b_2 h_2^2 < 2H l_1^2 \cos\theta \end{cases} \quad (5\text{-}5\text{-}13)$$

发生变形失效模式 b 的条件为

$$\begin{cases} 3b_1 h_1^2 < 2H_e L^2 \cos\alpha \\ 3b_2 h_2^2 < 2H l_1^2 \cos\theta \end{cases} \quad (5\text{-}5\text{-}14)$$

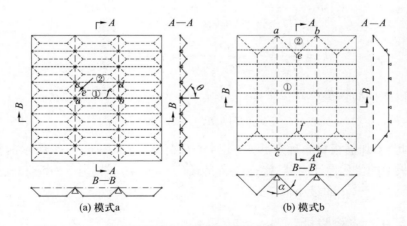

图 5-5-3 静态极限载荷下复杂加筋板结构的变形失效模式

## 5.5.3 结构抗爆优化设计

当复杂加筋板发生板格变形(模式 a)时,由于骨材相对较强,整个冲击响应过程中,一直近似处于刚性状态,不能协调变形,加筋板的动态响应特性类似于

多个固支矩形方板,其抗爆性能与单个固支矩形方板相同。影响板架抗爆性能的因素主要有面板厚度 $t$、纵骨间距 $a$ 及跨长 $l_1$。此时,板架的极限变形能即等于各板格变形能之和,而加强筋未参与吸收能量。同样,当加筋板发生弱加强筋变形(模式 c)时,由于肋骨相对较强,整个冲击响应过程中,强筋一直近似处于刚性状态,加筋板在肋骨间的局部区域发生变形和失效,肋骨未参与吸收能量。只有当板架发生整体变形(模式 b)时,加筋板能够整体协调变形,相同质量下其变形吸能能力最强,即抗爆性能最强。

当加筋板发生弱加强筋变形(模式 c)时,对于任意连续 3 根纵骨间的板架其变形和失效类似于具有单根加筋的加筋板,因此根据 5.4 节的分析,当 $k_1 = 7.8003$ 时,加筋板产生破损的临界载荷最大,抗爆性能最强。其中:

$$\Phi = \frac{Ia}{(H+b_2h_2)^2\sqrt{\rho\sigma_0}} = 19.1308; \quad k_1 = \frac{b_2h_2^2}{l_1H^2} = 7.8003 \quad (5-5-15)$$

对于整体变形(模式 b),假设冲击响应过程中纵骨与面板一起发生运动,可将纵骨按面积等效原则分摊到面板上。因此,对于任意连续 3 根肋骨间的板架,其变形和失效也类似于具有单根加筋的加筋板,根据 5.4 节的分析,当 $k_2 = 7.8003$ 时,加筋板产生破损的临界载荷最大,抗爆性能最强。其中:

$$\Phi = \frac{Il}{(H+b_2h_2/a+b_1h_1/l)^2\sqrt{\rho\sigma_0}} = 19.1308$$

$$k_2 = \frac{b_1h_1^2}{LH_e^2} = \frac{b_1h_1^2}{L(H+b_2h_2/a)^2} = 7.8003 \quad (5-5-16)$$

又由于加筋板单位面积质量:

$$\mu = \rho(H+b_2h_2/a+b_1h_1/l) \quad (5-5-17)$$

因此,当加筋板材料确定后,一定冲击载荷下,对如图 5-5-1 所示的复杂抗爆加筋板架的优化设计问题,就是在满足式(5-5-14)、式(5-5-15)和式(5-5-16)的条件下,求 $\mu$ 的最小值。

### 5.5.4 试验验证

对于 5.2.2 节中试验模型,其材料为 Q235 低碳钢,爆炸冲击载荷下取其失效应变 $\varepsilon_f = 0.4$,焊缝位置取为 0.28。因此,对于图 5-5-3 中的复杂加筋板,$\cos\alpha = 0.7701$,$\cos\theta = 0.9474$。而对于加筋 Ⅰ、Ⅱ,它们的极限抗弯强度为:5021.3 N·m,相对刚度 $k_2 = 3.1568$;对于加强筋①~⑦,极限抗弯强度为:669.2 N·m,相对刚度 $k_1 = 2.3246$,满足式(5-5-14),因此,其变形失效模式为模式 b。

根据式(5-4-2)、式(5-4-3)可得,加强筋Ⅰ、Ⅱ在固支端首先发生失效,随后面板在加强筋固支端发生撕裂,并沿边界向两边扩展的临界载荷为1753.5 Pa·s;加筋板首先在面板上沿加强筋Ⅰ、Ⅱ发生撕裂,并沿加强筋向两边扩展的临界载荷为21357.1 Pa·s。

加强筋①~⑦在与加强筋Ⅰ、Ⅱ的交点或固支端首先发生失效,随后面板在加强筋交点或加强筋①~⑦的固支端发生撕裂,并沿边界向两边扩展的临界载荷为2327.8 Pa·s;加筋板首先在面板上沿加强筋①~⑦发生撕裂,并沿加强筋向两边扩展的临界载荷为69915.2 Pa·s。

图5-5-4所示为模型试验得到的测点1、2上的冲击载荷波形图,测点1、2的位置如图5-2-5所示。由图5-5-4可知,加筋板壁面冲击载荷强度随距加筋板中心距离增大迅速衰减,板中心最大冲击波超压达98 MPa(测点1),比冲量为1200.5Pa·s,而距离中心0.25m的测点2其最大冲击波超压仅为18MPa,比冲量为266Pa·s,均小于分析所得临界冲击载荷。但是由5.2.2节试验结果可知,加强筋④、⑤在与加强筋Ⅰ、Ⅱ交点位置均产生了裂纹,因此,此时加筋板中部所承受的冲击载荷近似等于加强筋①~⑦在与加强筋Ⅰ、Ⅱ的交点发生断裂的临界载荷。试验结果约为理论值的0.52倍,其主要原因是式(5-4-2)、式(5-4-3)是根据矩形截面梁分析所得的,对于T形梁和角钢分析所得临界冲击载荷偏大。

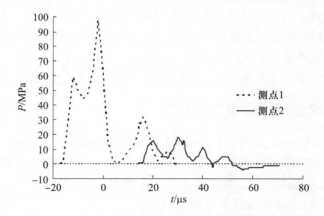

图5-5-4 加筋板近距空爆试验测得冲击载荷波形

由图5-2-7(b)中可知,加强筋④、⑤的面板在变形过程中发生扭曲,其发挥的抗弯曲作用相对减弱。若只考虑角钢的腹板,忽略其面板的作用,可得加强筋①~⑦在与加强筋Ⅰ、Ⅱ的交点或固支端首先发生失效,随后面板在加强筋交点或加强筋①~⑦的固支端发生撕裂,并沿边界向两边扩展的临界载荷为1280.0 Pa·s;此外模型中加强筋①~⑦是采用3段焊接连接起来的,焊接部位强度相对较弱,从而使得结构在较小载荷下便发生失效。

## 5.6 柔性叠层或夹芯薄板结构抗爆防护技术

### 5.6.1 引言

爆炸载荷作用下金属结构主要通过塑性大变形来吸收冲击波能量。对金属平板而言，其在爆炸载荷下的变形吸能主要包括弯曲变形能和薄膜拉伸应变能。在结构较薄变形较大的情形下，薄膜拉伸效应将变得非常显著，弯曲应变效应往往可以忽略。

舰船防护结构应尽量设计成工作在薄膜应力状态下，以尽可能地使其在爆炸载荷作用下通过薄膜拉伸大变形吸能，从而可以更为有效地发挥结构的抗爆变形吸能能力。从抗爆吸能的角度，结构塑性大变形情形下，拉伸变形吸能要大大高于弯曲变形吸能，且塑性大变形的程度越大，拉伸变形吸能的占比越高，弯曲变形吸能占比就越小。而相同最大变形挠度下，拉伸变形吸能会是弯曲变形吸能的好几倍甚至更多倍。通过将单层平板转化为相同材料同等总厚度的叠层薄板，减小结构总刚度，增大结构在近距空爆载荷作用下的整体变形程度，从而达到提高其整体抗爆变形吸能的目的。基于这一思想，本节从抗爆防护的角度，提出将单块厚板设计成总厚度相同的多块薄板，然后将这些薄板叠放在一起，形成叠层薄板结构（以下简称叠层薄板），以充分发挥叠层薄板在爆炸载荷下的薄膜拉伸变形吸能能力。此外，还探讨了金属夹芯薄板结构的抗爆防护效果，并与等重量的加筋板进行了比较，以期能呈现夹芯薄板结构的抗爆吸能优势。

### 5.6.2 柔性薄板抗爆防护思想

爆炸冲击波能量主要通过延性金属的大变形耗散掉，而金属结构主要通过弯曲或拉伸塑性变形的方式进行能量的耗散。相对于单层厚板结构来说，采用柔性薄板结构抗爆的好处主要体现在以下几个方面：

#### 5.6.2.1 减小结构获得的初始动能

根据流固耦合理论，当冲击波作用于结构时，假设结构立即获得冲量并开始运动，则由于结构的运动使得冲击波传递给结构的冲量与结构在静止状态有很大差别。同时，由于结构前后流体介质的存在，结构与前后流体介质之间存在流固耦合效应，该效应会影响结构获得动量大小。

令 $I_0$ 为冲击波入射冲量，$I_r$ 为反射冲量即结构获得的冲量，则根据流固耦合理论可得：

$$\frac{I_r}{I_0} = 2q^{q/(1-q)} \tag{5-6-1}$$

其中，$q=t_0/t_f$，$t_0$ 为入射冲击波正压作用时间，而 $t_f$ 则表示流固耦合因子，即

$$t_f = \frac{\rho h}{\rho_f c_f} \tag{5-6-2}$$

式中：$\rho$，$h$ 分别为结构的密度和厚度；$\rho_f$，$c_f$ 分别为流体介质(fluid medium)的密度和声速。

图 5-6-1 所示为流固耦合效应对平板结构所获得冲量的影响。由图可知，平板结构在空气中获得的冲量较在水中的情形要大，最大接近 $2I_0$。这是由于空气中的密度和声速明显小于水中的情形，因而使得 $t_f$ 增大，$q$ 相应减小，从而导致值 $I_r/I_0$ 增大，即增大了结构所获得的冲量。从结构本身的角度来考虑，减小结构的厚度 $h$，可使得 $t_f$ 减小，$q$ 增大，从而 $I_r/I_0$ 减小，即减小了结构所获冲量。

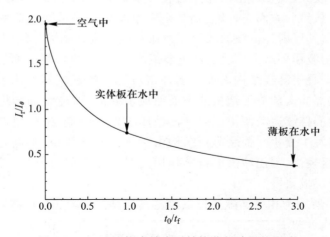

图 5-6-1　流固耦合效应对结构获得冲量的影响

将单块厚板设计为等重的叠层薄板或夹芯薄板结构，相当于减小与冲击波直接作用的面板的厚度 $h$，可以减小冲击波传递给面板的冲量，从而可降低整个结构所获得的动能，进而降低了结构所要耗散的动能，对整个结构的抗爆防护是有利的。应该指出的是，这是针对冲击波强度不足以使结构产生破坏情形下的效果；若冲击波强度很大，结构发生破坏，此时则应从整个结构的抗爆吸能效率来考虑，本节后面也会将其与单层厚板或加筋板进行比较。

图 5-6-2 所示为通过数值仿真得到的叠层薄板和等重量单层板中点处的压力比较。由图可知，在冲击波作用初期，叠层薄板的反射冲击波压力峰值较单层板要小。这是由于在冲击波载荷作用初期，叠层薄板只有第一层直接承受冲击

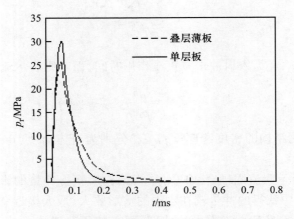

图 5-6-2 叠层板和单层板中心点处的压力比较

波载荷,而单层板则是整块板。因而根据流固耦合作用原理可知,质量较轻的叠层结构加速度较大,其在冲击波作用过程中能够有效减小结构表面的反射冲击波压力峰值。从另一方面来理解,则是由于单层板直接承受载荷的惯性质量和刚度较大,使得其反射冲击波的峰值压力比叠层薄板结构大。从图 5-6-2 中还可看出,在冲击波作用后期即反射冲击峰值压力过后,单层板表面反射冲击波压力迅速衰减,而叠层薄板结构表面反射冲击波压力的衰减速度比单层板慢。这主要是由于局部冲击载荷下结构的表面效应引起的,即连续的结构表面的形状变化以及结构的持续运动使得反射冲击波压力发生改变,进而使得反射冲击波的持续时间也发生变化。叠层薄板结构由于弯曲刚度较小,中点处的运动速度大,形状改变得较快,因而冲击波持续作用的时间比单层板要长,反射冲击波的衰减速度比单层板要慢。

图 5-6-3 所示为相关文献通过数值仿真计算得到的三角形波纹夹芯板迎爆

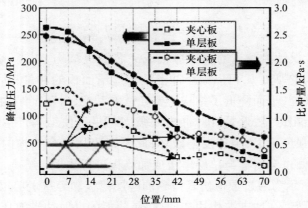

图 5-6-3 夹芯板与单层板相同位置压力比较

面的面板即上面板与单层板相同位置处的压力比较。由图可知,相比等重量单层板,夹芯板面板上的压力较低。这是由于夹芯板面板厚度要薄,其流固耦合效应更为明显所致。以等重量单层板中心点处压力峰值作为基准,夹芯板上面板中心点处冲击波压力峰值降低了约53.9%。由此可见,由于流固耦合效应的存在,厚度越薄的结构,其反射冲击波压力越低,其所获得的冲量就越小,从而整个结构所要耗散的动能就越小。

#### 5.6.2.2 加快结构变形速度并增大变形范围

在相同的冲击波压力作用下,结构越薄,其惯性越小,越容易产生运动;相反,厚度越厚,惯性越大,越不容易产生运动。另一方面,假设结构所获冲量即反射比冲量$I_r$保持一定的情形下,结构各点的运动速度为

$$v = \frac{I_r}{\rho h} \qquad (5-6-3)$$

由式(5-6-3)可知,当$I_r$保持相同时,结构的厚度$h$越小,其运动速度$v$就越大。由此可见,当结构获得的冲量一定的情形下,厚度越小,其运动的速度越大。因此,叠层薄板或夹芯薄板结构相对于等重量的单层板而言,厚度小,获得相同冲量情形下,运动速度更大,此为加快结构变形速度的效应。

从变形范围的角度来考虑,则主要是叠层薄板或夹芯薄板结构面板的刚度相对单层板而言要小,从而使得横向塑性大变形沿径向传播的速度更快,相同响应时间内,发生横向塑性大变形的范围就更大。而且,叠层薄板或夹芯薄板的面板刚度较小,也更容易产生横向塑性大变形。因此,这两方面综合作用下,使得叠层薄板或夹芯薄板在相同冲击波载荷作用下较单层板的变形范围要更大。

#### 5.6.2.3 提升抗爆变形能力并增大结构的整体抗爆耗能

如图5-6-4所示的平板结构,各点弯曲应变为

$$\varepsilon_{xx} = -Z\frac{\partial^2 w}{\partial x^2}, \quad \varepsilon_{yy} = -Z\frac{\partial^2 w}{\partial y^2}, \quad \gamma_{xy} = \gamma_{yx} = 2Z\frac{\partial^2 w}{\partial x \partial y} \qquad (5-6-4)$$

式中:$w$为横向变形挠度;$Z$为厚度方向的位置。

由式(5-6-4)可知,各弯曲应变的最大值($Z = \pm h/2$)均与板厚有关,板厚越大,弯曲应变越大;相反,板越薄,弯曲应变越小。由此可见,将单层板转变成总重相同的叠层薄板或夹芯薄板,相当于减小了每层的厚度$h$,从而会大大降低弯曲应变水平。

而根据形变关系可得,板的拉伸应变为

$$\varepsilon_x = \frac{1}{2}\left(\frac{\partial w}{\partial x}\right)^2, \quad \varepsilon_y = \frac{1}{2}\left(\frac{\partial w}{\partial y}\right)^2, \quad \gamma_{xy} = \frac{\partial w}{\partial x}\frac{\partial w}{\partial y} \qquad (5-6-5)$$

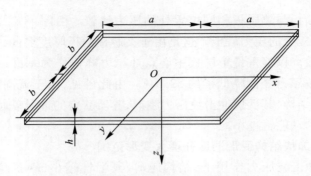

图 5-6-4 板的坐标系

显然,板越薄,横向挠度 $w$ 越大,拉伸应变越大。而由于拉伸变形的范围通常较弯曲应变要大得多,因而,相同载荷作用下,板越薄,应变的分布就越广,局部应变最大值就越低,从而整体抗爆变形能力就越强;相反,板越厚,局部弯曲应变值越大,板就越容易造成局部失效,从而不利于整体抗爆。

下面从抗爆耗能即板的抗爆变形吸能的角度来分析叠层薄板或夹芯薄板的抗爆耗能优势。如图 5-6-4 所示的平板结构。假设剪应力与正应力服从 Von·Mises 屈服准则,则可得平板的弯曲变形吸能 $U_1$ 为

$$U_1 = 4\int_0^a\int_0^b\int_{-h/2}^{h/2}\left[\sigma_s\left(\left|Z\frac{\partial^2 w}{\partial x^2}\right|+\left|Z\frac{\partial^2 w}{\partial y^2}\right|\right)+\frac{2}{\sqrt{3}}\sigma_s\left|2Z\frac{\partial^2 w}{\partial x\partial y}\right|\right]\mathrm{d}x\mathrm{d}y\mathrm{d}z$$

(5-6-6)

相应的薄膜拉伸变形吸能 $U_2$ 为

$$U_2 = 4h\int_0^a\int_0^b\left\{\sigma_s\left[\frac{1}{2}\left(\frac{\partial w}{\partial x}\right)^2+\frac{1}{2}\left(\frac{\partial w}{\partial y}\right)^2\right]+\frac{2}{\sqrt{3}}\sigma_s\left(\frac{\partial w}{\partial x}\frac{\partial w}{\partial y}\right)\right\}\mathrm{d}x\mathrm{d}y \quad (5-6-7)$$

当板发生塑性大变形时,弯曲变形吸能 $U_1$ 与薄膜拉伸变形吸能 $U_2$ 相比很小。以方板为例,设板中心的最大变形挠度为 $w_0$,则有 $U_2/U_1 \approx 1.5(w_0/h)$。若 $w_0=h$,则有 $U_2=15U_1$。由此可见,塑性大变形情形下,拉伸变形吸能要远高于弯曲变形吸能。

因此,从抗爆吸能的角度来看,将单层板设计成总重相等的叠层薄板或夹芯薄板,可以使结构尽可能地产生薄膜拉伸变形,以充分发挥结构薄膜拉伸变形吸能能力,从而增大结构的整体抗爆耗能。

### 5.6.3 柔性叠层薄板近距抗爆试验

#### 5.6.3.1 试验设置

柔性叠层薄板近距抗爆试验设置与 5.2.1 节固支方板相同。叠层薄板由 4

块1mm厚的Q235低碳钢板组成,各层之间叠层接触放置,共进行了两个工况(表5-6-1),装药量与爆距分别与5.2.1节固支方板试验工况2和工况3相同。

表5-6-1 叠层薄板近距抗爆试验工况

| 试验序号 | TNT装药量/g | 装药形式 | 装药尺寸/mm | 爆距/mm |
|---|---|---|---|---|
| 工况1 | 400 | 柱状 | 131.2×50.2 | 148 |
| 工况2 | 600 | 块状 | 100×72×50 | 60 |

注:块状装药尺寸为高度×底面长×底面宽,柱状装药尺寸为高度×底面直径。

比较可知,本节的叠层薄板试验工况1和工况2分别与5.2.1节固支方板试验工况2和工况3相同。

#### 5.6.3.2 变形破坏特征分析

工况1叠层薄板的变形形貌如图5-6-5所示。由图可知,叠层薄板产生了较大程度的整体变形,对角线处形成了明显的塑性铰线。迎爆面中部也存在一定程度的"烧灼"现象,直径约为102mm,与5.2.1节单层板相近。中部产生了一定的碟形变形,直径约为246mm,最大挠度为47.3mm,位于中心点处。叠层薄板碟形变形区的变形程度和变形范围均较单层板要大得多。与单层板不同的是,叠层薄板被夹支部分边界中部产生了较为明显"褶皱"现象(图5-6-5(c)),表明其在大变形过程中产生了边界"趋近效应",使得薄板边界产生面内滑动,但由于支座螺栓的阻碍作用,导致薄板边界被夹持部分螺孔边缘受压局部失稳,出现褶曲。

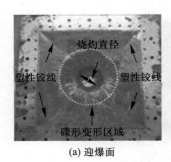
(a) 迎爆面

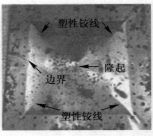
(b) 背爆面

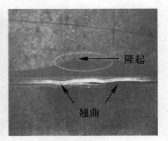
(c) 侧视图

图5-6-5 工况1叠层板的变形形貌

相同试验条件下,叠层板的变形范围和变形程度均较单层板要大,整体变形较单层板要明显,且叠层板边界出现了较大程度的变形,而单层的边界几乎没有变形。出现这些差异的主要原因是,较相同总厚度的单层板而言,叠层板的刚度较小,更易产生薄膜拉伸变形。对于一块厚度为$h$的单层板而言,其单位长度的弯曲刚度(以下称为弯曲刚度)为 $E \cdot h^3/12(1-\mu^2)$,其中 $E,\mu$ 为材料的弹性模量和泊松比。而对于叠层板,由于没有层间剪切力,则其总弯曲刚度等于每层板的弯曲刚度之和。若总厚度相同,层数为 $n$,则叠层板的总弯曲刚度等于 $Eh^3/[12n^2(1-\mu^2)]$。板的弯曲刚度越小,其在给定的爆炸载荷下产生的变形越大。较同等总厚度的单层板而言,叠层板更容易进入薄膜拉伸大变形的状态,且变形程度和变形范围均要大。

随着爆距减小和药量的增大,叠层板在中部产生了一个近似六边形的破口,在对角线处出现了明显的塑性铰线(图 5-6-6)。破口以外的区域发生了整体的塑性大变形。各层板均发生花瓣开裂破坏,各层破裂的花瓣数均为 6 块,但各层花瓣的形状及大小有所差异。前两层板的花瓣形状和大小基本一致,后两层板的花瓣形状大小也基本相同,但前两层板和后两层板之间存在较大差别。这说明叠层板在抗爆过程中存在一个载荷传递的过程,使得前后两层板之间的运动及变形出现较大差异。

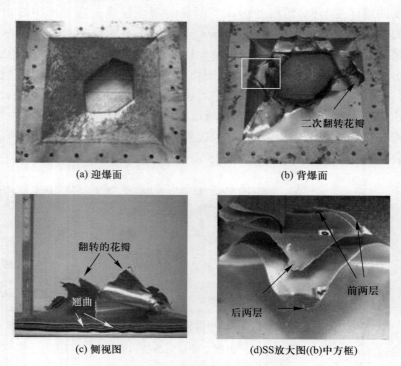

图 5-6-6　工况 2 叠层板的破坏形貌

叠层板背爆面的破口尺寸要大于迎爆面,前两层和后两层破口的平均直径分别约为 263mm 和 300mm,前者稍小于单层板,后者大于单层板。这是由于花瓣开裂及翻转过程中,前面两层板破裂形成的花瓣对后面两层板会产生挤压和动量传递作用,形成扩孔效应,因而使得后面两层板的破口较前两层板要大。叠层板背爆面最后一层有一处花瓣还出现了"二次翻转"现象,这显然是由于该处花瓣在翻转过程中碰到底部地面所致,同时说明该花瓣最终长度要大于支座高度。

工况2叠层板花瓣根部处的变形挠度值约24.6mm,稍大于5.2.1节工况3单层板的值,花瓣翻转后的平均高度约94mm,小于单层板,花瓣翻转的角度大于单层板。工况2叠层板边界也产生了螺孔压缩失稳导致的"褶皱"现象,但褶皱程度小于工况1。

根据花瓣尖端的破损情况可知,叠层板和单层板的裂瓣尖端均存在拉伸颈缩断裂过程。工况2叠层板前面两层中部断裂情况较严重(图5-6-7),但后面两层基本上没有出现断裂现象。5.2.1节工况3单层板的平均裂纹长度为124mm,工况2叠层板前两层的平均裂纹长度约为101mm,稍小于单层板。工况2叠层板后两层的平均裂纹长度约为180mm,最大裂纹长度甚至达到了233mm,远大于单层板。

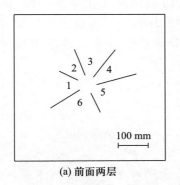

图5-6-7　工况2叠层板的破裂展开图

随着载荷强度的增大,近距空爆载荷作用下固支大尺寸叠层薄板出现了整体塑性大变形和中心花瓣开裂两种变形及破坏模式,与单层板存在一定的相似性,但整体变形程度和破坏范围均较单层板要大。

### 5.6.4　柔性叠层薄板近距抗爆动响应分析

采用动态非线性有限元分析程序 MSC/Dytran 计算叠层板的动态响应(图5-6-8)。计算中,叠层板各层以及单层板均采用四边形壳单元进行模拟,边界条件均为四边固支。叠层板各层之间的间距设为0.05mm,并定义自适应接触,以模拟实际抗爆过程中各层之间的接触碰撞过程。钢板材料采用双线性弹塑性本构模型,材料的应变率效应由Cowper-Symonds(C-S)模型描述。欧拉单元与拉格朗日单元之间的耦合采用一般耦合方式,通过建造虚拟单元来形成封闭的耦合面,仿真计算模型如图 5-6-8 所示。

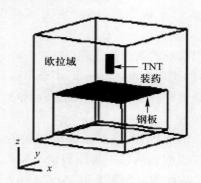

图 5-6-8 仿真计算模型示意图

### 5.6.4.1 变形过程分析

$t = 0.8$ms 时 5.6.3 节试验工况 1 叠层板最终变形(图 5-6-9),此后整个叠层板的变形趋于稳定。叠层板各层之间的位移变化基本一致,四层板中心点处位移 $w_{max}$ 为 45.1mm,小于试验值 47.3mm。主要是由于试验过程中叠层板边界螺孔边缘产生了失稳褶皱现象,导致试验得到的叠层板最大变形挠度值偏大。

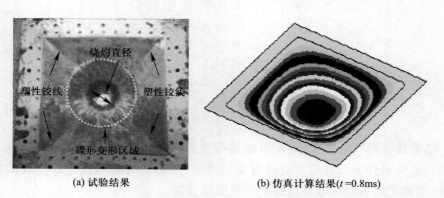

(a) 试验结果　　　　　　(b) 仿真计算结果($t = 0.8$ms)

图 5-6-9 工况 1 叠层板的变形比较

图 5-6-10 所示为叠层板第一层的动态变形过程的等高线。当 $t = 0.2$ms 左右,叠层板的变形就已扩展至边界。随后,由于叠层板各层之间存在短暂的碰撞和动量传递过程,叠层板各层的变形迅速均匀化,并在对角线处出现塑性铰线。当 $t = 0.8$ms 左右,叠层板的变形趋于稳定,并在对角线处形成较明显的塑性铰线。计算结果显示,叠层板边界附近的变形位移值较单层板边界附近要大。

## 第5章 爆炸载荷作用下舰船结构动响应与破坏

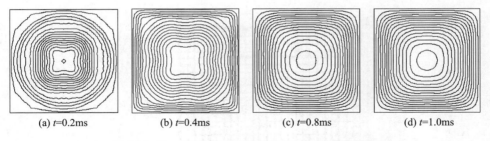

(a) $t=0.2$ms　　(b) $t=0.4$ms　　(c) $t=0.8$ms　　(d) $t=1.0$ms

图 5-6-10　工况 1 叠层板(第一层)的变形等高线

图 5-6-11 所示为单层板变形过程等高线。尽管叠层板的变形模式与单层板相似,但其变形速度及其最终变形程度和变形范围均较单层板要大。

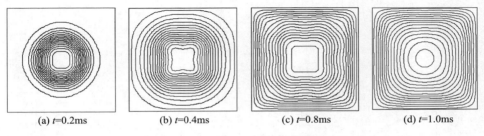

(a) $t=0.2$ms　　(b) $t=0.4$ms　　(c) $t=0.8$ms　　(d) $t=1.0$ms

图 5-6-11　工况 2 单层板的变形等高线

#### 5.6.4.2　应变分布分析

为了对比分析叠层板和单层板变形机理的差异,对单层板和叠层板中薄膜拉伸应变和弯曲应变的分布及其程度进行分析。如图 5-6-12 所示,取板的 1/4 对称平面,沿坐标 $X$ 轴方向和对角方向分别选取一组单元,包含 11 个单元,自坐标原点(即板的中心点)处的单元往边界依次编号。该组单元沿板中线 $X$ 轴方向,仿真计算过程中,分别提取所选取单元的应变值进行分析。需要指出的是,叠层板结构取的是第四层板上的单元。薄膜拉伸应变水平可由仿真计算得到的单元中面应变 $\varepsilon_{mid}$ 表示,而弯曲应变的程度则可通过计算单元上下表面应变差值得到,即 $\varepsilon_d = \varepsilon_{lower} - \varepsilon_{upper}$,其中 $\varepsilon_d$ 为单元弯曲应变的程度, $\varepsilon_{lower}$ 表示单元下表面的应变, $\varepsilon_{upper}$ 表示单元上表面的应变。

为便于比较叠层板与单层板的应变分布,先给出单层板的应变分布情况。5.2.1 节工况 2 单层板沿 $X$ 轴方向各单元的应变发展及最终的应变分布如图 5-6-13 所示。由图 5-6-13(a)和(b)可以看出, $\varepsilon_{midx}$ 和 $\varepsilon_{midy}$ 均随时间增长而增大,且应变自边界沿板的中心扩展。当 $t=1.0$ms 左右,中心点处的中面应变 $\varepsilon_{midx}$ 和 $\varepsilon_{midy}$ 达到最大,均为 2.2%。而在边界附近,单元的应变很小。由此可见,对于单层板而言,最大的薄膜拉伸应变发生在板的中心,边界附近的拉伸应变几乎

193

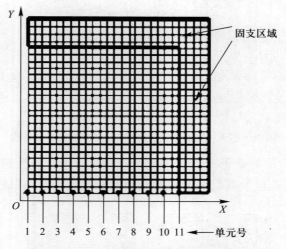

图 5-6-12 沿 $X$ 轴方向所选取单元的位置

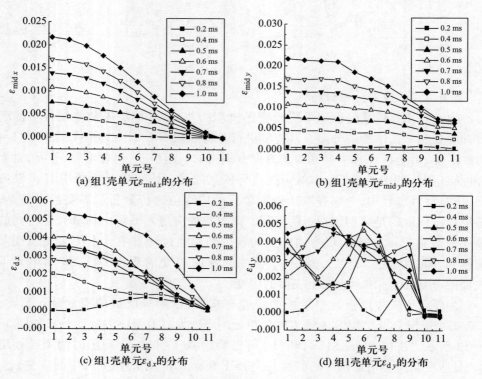

(a) 组1壳单元$\varepsilon_{\mathrm{mid}\,x}$的分布

(b) 组1壳单元$\varepsilon_{\mathrm{mid}\,y}$的分布

(c) 组1壳单元$\varepsilon_{\mathrm{d}\,x}$的分布

(d) 组1壳单元$\varepsilon_{\mathrm{d}\,y}$的分布

图 5-6-13 工况 2 单层板(5.2.1 节)沿 $X$ 轴方向单元应变分布

为 0,即边界附近几乎没有发生拉伸变形。这与 5.2.1 节中对工况 2 单层板变形模式的分析结果是一致的。

图 5-6-13(c)和(d)为单层板沿 X 轴方向各单元的弯曲应变水平的分布情况。由图 5-6-13(c)可看出,弯曲应变随时间的增长而增大。边界附近的弯曲应变很小,而在中心部位,弯曲应变最大。结合图 5-6-13(d)可进一步看出,弯曲应变像波浪一样,从固支边界向中心部位传播。当 $t=1.0$ ms 左右,板的变形趋于稳定,最大的弯曲应变发生在板的中心部位,而边界附近的弯曲应变很小甚至出现负值。

叠层板沿 X 轴方向各单元的应变发展及最终的应变分布如图 5-6-14 所示。通过比较图 5-6-14(a)、(b)与图 5-6-13(a)、(b)可知,尽管叠层板沿 X 轴方向单元的 $\varepsilon_{midx}$ 和 $\varepsilon_{midy}$ 的最大值也均发生在中心部位,但叠层板 $\varepsilon_{midx}$ 和 $\varepsilon_{midy}$ 的分布较单层板要更为均匀。虽然叠层板边界附近的薄膜拉伸应变较单层板要大,但其中心部位的最大薄膜拉伸应变却较单层板要小得多,即中心部位的 $\varepsilon_{midx}$ 和 $\varepsilon_{midy}$ 分别为 1.6% 和 1.7%。进一步比较图 5-6-14(c)、(d)与图 5-6-13(c)、(d)可得,叠层板沿 X 轴方向弯曲应变的分布形状与单层板相似,呈现波浪式的形状,最大弯曲应变也发生在中心部位,边界附近的弯曲应变也很小。不同之处在

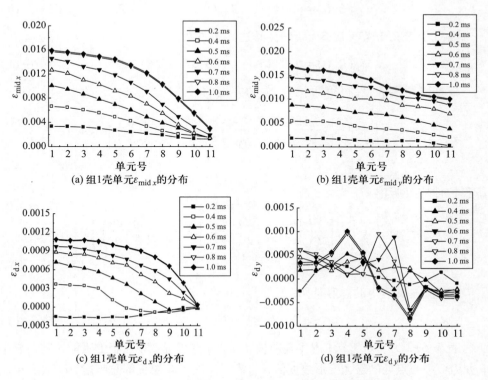

图 5-6-14　工况 1 叠层板(5.6.3 节)沿 X 轴方向单元应变分布

于,叠层板沿 $X$ 轴方向整体的弯曲应变水平较单层板要小得多,这主要是由于叠层板各层的厚度较小所致。本节以及 5.2.1 节中的试验结果也证明了这一点。

通过以上分析可得,相同的近距空爆试验条件下,较单层板而言,叠层板的变形较单层板要更为迅速,变形在平面内的扩散速度要大;叠层板的整体变形程度较大但最大应变较小,且应变分布要更为均匀。

### 5.6.5 柔性叠层薄板抗爆效能分析

下面对 5.6.3 节叠层板和 5.2.1 节单层板相同或相近试验工况下结构的抗爆吸能情况进行分析和比较。通过对试验结果叠层板或单层板中线沿 $X$ 方向的变形进行拟合,得到 5.6.3 节工况 1 叠层板和 5.2.1 节工况 2 单层板在整个平面内的挠曲线函数为

$$w_{1m}(x,y) = 20.92 w_{1m}(x) w_{1m}(y) \quad (5-6-8)$$

$$w_{2s}(x,y) = 22.83 w_{2s}(x) w_{2s}(y) \quad (5-6-9)$$

对于 5.6.3 节工况 1 叠层板的边界条件为

$$w_{1m}(0,0) = 0.0473, \quad w_{1m}(0.25, 0.25) \to 0 \quad (5-6-10)$$

而对于 5.2.1 节工况 2 单层板,其边界条件为

$$w_{2s}(0,0) = 0.0423, \quad w_{2s}(0.25, 0.25) \to 0 \quad (5-6-11)$$

根据刚塑性假设,可得边长为 $2L$ 的方板的弯曲应变吸能 $U_b$ 为

$$U_b = 8 \int_0^L \int_0^L \int_0^{h/2} \left[ \sigma_s \left( z \frac{\partial^2 w}{\partial x^2} + z \frac{\partial^2 w}{\partial y^2} \right) + \frac{2}{\sqrt{3}} \sigma_s \left( 2z \frac{\partial^2 w}{\partial x \partial y} \right) \right] \mathrm{d}x \mathrm{d}y \mathrm{d}z$$

$$(5-6-12)$$

薄膜拉伸应变吸能 $U_m$ 为

$$U_m = 4 \int_0^L \int_0^L \int_0^h \left\{ \sigma_s \left[ \frac{1}{2} \left( \frac{\partial w}{\partial x} \right)^2 + \frac{1}{2} \left( \frac{\partial w}{\partial y} \right)^2 \right] + \frac{2}{\sqrt{3}} \sigma_s \left( \frac{\partial w}{\partial x} \frac{\partial w}{\partial y} \right) \right\} \mathrm{d}x \mathrm{d}y \mathrm{d}z$$

$$(5-6-13)$$

因此,方板结构的总吸能 $U_t$ 为

$$U_t = U_b + U_m \quad (5-6-14)$$

表 5-6-2 为 5.6.3 节工况 1 叠层板和 5.2.1 节工况 2 单层板的吸能比较。表中 $w_{\max}$ 为板中心点处的最大变形挠度值, $U_{t1}$ 表示工况 1 叠层板的总吸能, $U_{t2}$ 表示单层板的总吸能。由表 5-6-2 可以看出,叠层板的弯曲应变吸能量相对单层板的要小得

第 5 章　爆炸载荷作用下舰船结构动响应与破坏

多,但薄膜拉伸应变吸能值较单层板要大很多。这说明由于叠层板的厚度相对较薄,抗爆过程更容易产生薄膜拉伸变形,主要变形方式为薄膜拉伸变形。

表 5-6-2　工况 1 叠层板(5.6.3 节)与工况 2 单层板(5.2.1 节)的吸能比较

| 试验工况 | $\varepsilon_{\max}$ | $w_{\max}/\mathrm{mm}$ | $U_b/\mathrm{J}$ | $U_m/\mathrm{J}$ | $U_t/\mathrm{J}$ | $U_m/U_b$ | $(U_b/U_t)/\%$ | $[(U_{t1}-U_{t2})/U_{t2}]/\%$ |
|---|---|---|---|---|---|---|---|---|
| 工况 1 叠层板 | 0.0296 | 47.3 | 125.1 | 5019.6 | 5144.7 | 40.1 | 2.4 | 12.8 |
| 工况 2 单层板 | 0.0459 | 42.3 | 550.6 | 4012.3 | 4562.8 | 7.3 | 12.1 | |

注:叠层板的总吸能为每层吸能的总和。

从表 5-6-2 还可以看出,5.2.1 节工况 2 单层板的弯曲应变吸能达到了总吸能量的 12.1%,而 5.6.3 节工况 1 叠层板的弯曲应变吸能不到其总吸能量的 2.5%。由此可见,叠层板的主要吸能方式为薄膜拉伸应变吸能,在叠层板抗爆吸能计算中完全可以忽略弯曲应变吸能,而只考虑其薄膜拉伸应变吸能,这与 5.6.2 节对于柔性叠层薄板在大变形情形下的薄膜变形假设是一致的。从总吸能量来看,叠层板的总吸能量较单层板大约 12.8%。考虑到 5.6.3 节工况 1 叠层板和 5.2.1 节工况 2 单层板材料和总厚度均相同。因而可以说,相同试验工况下叠层板的抗爆吸能效率较单层板提高约 12.8%。

通过以上分析可知,相同工况下,叠层板较单层板的吸能量大但最大应变要小得多。因此,可以预测的是,在极限应变状态下,与相同材料同等总厚度的单层板相比,叠层板抗爆吸能的提高量要大大高于 12.8%。为进一步比较相同最大总应变条件下叠层板和单层板抗爆吸能情况,基于 5.6.3 节工况 1 叠层板,建立了一个假设的工况并命名为工况 1',如表 5-6-3 所列。在工况 1'中,假设叠层板的变形模式与 5.6.3 节中工况 1 相似,增大其变形量直至最大总应变等于 5.2.1 节工况 2 中单层板的最大总应变值。因此,对于工况 1'叠层板和工况 2 单层板的吸能比较,实际上就是在最大总应变相等的条件下叠层板和单层板的吸能比较。由表 5-6-3 可以看出,工况 1'叠层板的总吸能较工况 2 单层板大约 74.3%。由此可见,在最大总应变相等的条件下,叠层板的抗爆吸能能力要大大高于相同材料同等总厚度的单层板。

表 5-6-3　最大应变相等的条件下叠层板与单层板的吸能比较

| 试验工况 | $\varepsilon_{\max}$ | $w_{\max}/\mathrm{mm}$ | $U_b/\mathrm{J}$ | $U_m/\mathrm{J}$ | $U_t/\mathrm{J}$ | $U_m/U_b$ | $(U_b/U_t)/\%$ | $[(U_{t1'}-U_{t2})/U_{t2}]/\%$ |
|---|---|---|---|---|---|---|---|---|
| 工况 1'叠层板 | 0.0459 | 59.6 | 155.9 | 7797.9 | 7953.8 | 50.0 | 2.0 | 74.3 |
| 工况 2 单层板 | 0.0459 | 42.3 | 550.6 | 4012.3 | 4562.8 | 7.3 | 12.1 | |

注:工况 1'是基于工况 1 的假设工况。

### 5.6.6 夹芯薄板结构抗爆效能分析

#### 5.6.6.1 夹芯薄板结构形式

在保持总重相等的情形下,在传统加筋板(ST 型)的基础上,本节对单层I型夹芯(SI 型)、单层圆筒夹芯(CI 型)、双层圆筒夹芯(CII 型)、单层蜂窝夹芯(GI 型)和双层蜂窝夹芯(GII 型)共 5 型夹芯薄板结构(图 5-6-15(b)~(f))。为了更具可比性,各型夹芯薄板结构的材料和重量与加筋板保持相同。

设加筋板架的长为 $L$,宽为 $B$,板材厚度为 $h$,纵筋间距为 $d$。夹芯薄板结构中间夹芯的相对密度 $\bar{\rho}_c$ 定义为夹芯结构的平均密度 $\rho_c$ 与材料密度 $\rho$ 的比值即材料的体积占有率,如对于 CI 型夹芯薄板结构:

$$\bar{\rho}_c = \rho_c/\rho = \pi N t_c/B \qquad (5-6-15)$$

式中:$N$ 为夹芯单元的数量。

夹芯薄板结构的无量纲面密度为

$$\bar{M}/(\rho B) = (h_1+h_2)/B + \bar{\rho}_c H_c/B \qquad (5-6-16)$$

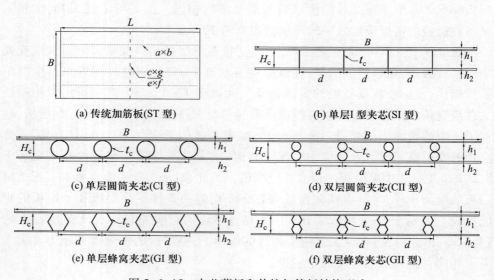

图 5-6-15 夹芯薄板和传统加筋板结构型式

#### 5.6.6.2 仿真计算材料参数

仿真计算中采用四边形壳单元进行模拟,结构各构件之间定义了自适应接触,以避免单元畸变。模型材料均采用双线性弹塑性本构模型,材料的应变率效应由 Cowper-Symonds(C-S)模型描述。材料失效模型采用最大等效塑性应变失效。所有结构均采用 Q235 低碳船体钢,其准静态参数由单向拉伸试验获得,材料的具体参数为:密度 $\rho = 7800 \text{kg/m}^3$,弹性模量 $E = 210 \text{GPa}$,泊松比 $\nu = 0.3$,准静态屈服强度 $\sigma_s = 235 \text{MPa}$,应变硬化模量 $E_h = 250 \text{MPa}$,极限抗拉强度 $\sigma_u = 400 \sim 490 \text{MPa}$。通过试验得到,Q235 钢的准静态拉伸延伸率为 35%,因而可得材料准静态断裂应变 $\varepsilon_f = \ln(1+\delta_s) = 0.30$。考虑到低碳钢是一种应变率效应较为敏感的材料,本节将动态载荷作用下材料的失效应变取为 $\varepsilon_f = 0.28$。对于低碳钢,通常取 C-S 模型应变率参数 $D = 40.4/\text{s}, n = 5$。

### 5.6.6.3 抗爆效能分析

冲击波载荷作用夹芯薄板结构面板,结构获得一定动能后主要以塑性变形的方式消耗动能。以单层圆筒夹芯(CI 型)薄板结构为例,图 5-6-16 给出了其塑性变形吸能曲线,相应的无量纲冲击波载荷大小为 $I_0/(\overline{M}\sqrt{\sigma_0/\rho}) = 1.413$, $\overline{M}/\rho B = 0.006, d/B = 0.2, L/B = 1.6$。图中 $\overline{U}_p$ 为结构单位面积塑性变形能。

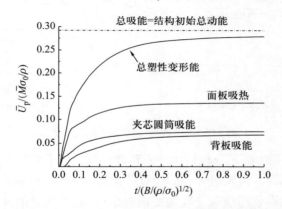

图 5-6-16　单层圆筒夹芯(CI 型)薄板结构塑性变形吸能曲线

由图 5-6-16 可知,当 $t/(B\sqrt{\rho/\sigma_0}) < 0.03$,面板和中间夹芯圆筒产生塑性变形,面板通过压挤夹芯圆筒传递载荷。随后背板产生塑性变形,整个结构发生弯曲和拉伸变形。在变形前期面板产生平面压缩而背板则为平面拉伸,随着变形的逐渐增大,面板和背板的变形均为平面拉伸。$t/(B\sqrt{\rho/\sigma_0}) \approx 0.4$ 结构塑性变形吸能达到稳定,结构的整体塑性变形吸能量占初始动能的 95% 以上。从图 5-6-16 中还可以看出,结构的面板和夹芯圆筒的吸能量均大于背板。由此可得对于双层舱壁结构,面板和芯材是主要的抗爆吸能构件。

图 5-6-17(a)所示为各型结构整体塑性变形吸能随时间的变化情况。由图可知,各型双层夹芯结构的整体塑性变形吸能量均大大高于加筋板架。值得注意的是,SI 结构虽然其中间单向加筋的吸能量较小,但其面板和背板的吸能量较大,因而整体抗爆吸能量较加筋板要大。根据 5.6.2 节的分析可知,相同冲击波载荷作用下,夹芯薄板结构面板获得的单位面积初始动能应该是加筋板架的 $h/h_1$ 倍。通

过仿真计算得到夹芯薄板结构整体塑性变形吸能量是加筋板架的 1.63～1.88 倍,而由模型参数可知 $h/h_1=2$,这是因为冲击波载荷作用初期,存在一定的动量损失,从而使得面板单位面积获得的速度要小于 $I/\rho h$。图 5-6-17(b)所示为各型结构夹芯(加筋)的塑性变形吸能时程曲线,由图可知 SI 型结构的 I 形夹芯吸能最小,而其他 4 型夹芯结构均比加筋板架的加筋吸能要大。这说明 SI 型结构的 I 形夹芯支撑刚度过大,没有很好的协调结构的承载变形,而其他 4 型夹芯结构的协调承载能力较好,结构的芯材吸能效率较高。

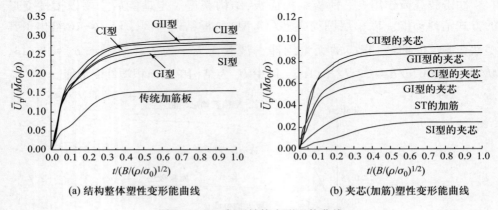

(a) 结构整体塑性变形能曲线　　(b) 夹芯(加筋)塑性变形能曲线

图 5-6-17　各型结构变形吸能曲线

图 5-6-18 分别为夹芯薄板结构面板和背板的最大有效塑性应变随无量纲冲击波载荷的变化曲线。由图可知,除 SI 型结构外,相同冲击波载荷作用下夹芯薄板结构背板的最大有效塑性应变较加筋板要小得多,而面板的最大有效塑性应变也比加筋板要小。这是由于夹芯薄板结构背板不承受冲击波载荷的直接作用,而

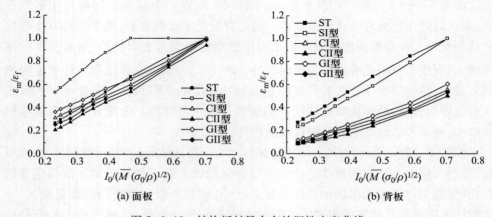

(a) 面板　　(b) 背板

图 5-6-18　结构板材最大有效塑性应变曲线

是通过中间夹芯层的载荷传递进行协调变形,因此最大有效塑性应变较小。4 型夹芯薄板结构最大塑性应变均出现在板中部处。SI 型结构由于 I 形芯材支撑刚度过大,整个结构不能很好地协调变形,因此面板的最大有效塑性应变比加筋板大很多,而背板的最大有效塑性应变只比加筋板稍小。由于实际抗爆过程中,被防护的人员或设备通常处于夹芯薄板结构的后面,因此人们主要关心的是结构背板的变形失效情况。通过以上分析可知,夹芯薄板结构具有较好的抗爆变形能力。

通过以上分析可得,相同冲击波载荷作用下,夹芯薄板结构整体塑性变形吸能比加筋板大,而结构板材的塑性变形却比加筋板要小,因此抗爆效能明显优于加筋板架。

## 5.7 舱内爆炸下舰船结构的变形及失效

随着现代反舰武器的迅速发展,各种高性能的半穿甲反舰导弹已成为水面舰船水线以上部分舷侧的主要威胁。根据德玛尔经验公式,以著名的"鱼叉"导弹(AGM-84A)为例,导弹以 340m/s 的速度正面撞击舷侧时,需 79.3mm 厚的钢甲才能抵御其动能穿甲,这对于现代水面舰船来说是难以承受的。因此,导弹穿透舷侧外板在舰船舱内爆炸,是舰船抗爆结构设计的重要载荷。

### 5.7.1 实船打靶现象

表 5-7-1 和图 5-7-1 例举了半穿甲反舰导弹攻击下舰船结构毁伤效果的典型战例。

表 5-7-1  舱内爆炸载荷作用下舰船结构毁伤效果典型战例

| 序号 | 导弹特征 | | 靶船特征 | | |
|---|---|---|---|---|---|
| | 名称(国别) | 战斗部重(装药量)/kg | 长/m | 宽/m | 标准排水量/t |
| 1 | "企鹅"(挪威) | 120 | 85 | 9.5 | 1217 |
| 2 | "飞鱼"(法国) | 165(48) | 110.6 | 10.9 | 2440 |
| 3 | "鱼叉"(美国) | 227(90) | 90 | 11 | 1400 |

由图可知,这 3 个战例中舰船结构都受到了严重毁伤。图 5-7-1(a)中,舰船上甲板沿舷侧顶端及舰桥前侧壁被撕开,向上翻起约 40°,舷侧撕裂破口向舰艏扩展;舷侧板架沿前侧壁及下甲板被撕开,板架外翻。图 5-7-1(b)中,舷侧板架沿上甲板被撕开 1 个长约 6m 的大破口,两端分别被撕开长约 1m,中间撕裂高约 2.5m,舷侧板架外翻约 120°;上甲板完全拉断翻起。图 5-7-1(c)、5-7-1(d)中,甲板完全撕开、翻起,舷侧板架完全撕开、外翻。3 个战例中,板架在发生撕裂前均未发生整体的塑性大变形。

(a) 战例1：右舷视图　　　　　　　(b) 战例2：左舷视图

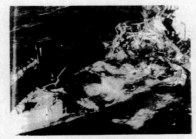　　

(c) 战例3：侧视图　　　　　　　　(d) 战例3：俯视图

图 5-7-1　舱内爆炸载荷对舰船结构的毁伤效果图

### 5.7.2　数值计算结果

#### 5.7.2.1　数值模型

计算采用拉格朗日-欧拉耦合计算方法，炸药及周围的空气介质采用欧拉网格进行描述，舰船结构则采用拉格朗日网格进行描述。

舰船结构材料采用双线性弹塑性本构模型，材料的应变率效应由 Cowper-Symonds 模型描述，动态屈服强度 $\sigma_d$ 为

$$\sigma_d = (\sigma_0 + EE_h \varepsilon_p/(E-E_h))[1+(\dot{\varepsilon}/D)^{1/n}] \qquad (5\text{-}7\text{-}1)$$

式中：$\sigma_0$ 为静态屈服强度；$E_h$ 为应变硬化模量；$\varepsilon_p$ 为有效塑性应变；$\dot{\varepsilon}$ 为等效塑性应变率；$D,n$ 为常数，对于低碳钢 $D=40.4/\text{s}$，$n=5$；材料失效模型采用最大塑性应变失效。计算中，假设舰船结构的材料为低碳钢，其材料参数如表 5-7-2 所列。

表 5-7-2　舰船结构材料参数

| 参数 | $\sigma_0/\text{MPa}$ | $E/\text{GPa}$ | $\nu$ | $E_h/\text{MPa}$ | 密度 $\rho/(\text{kg/m}^3)$ | 失效应变 $\varepsilon_f$ |
|---|---|---|---|---|---|---|
| 数值 | 235 | 210 | 0.3 | 250 | 7800 | 0.28 |

炸药采用 B 炸药，其爆轰产物的 JWL 状态方程为

## 第 5 章 爆炸载荷作用下舰船结构动响应与破坏

$$P = A(1-\omega\eta/R_1)\mathrm{e}^{-R_1/\eta} + B(1-\omega\eta/R_2)\mathrm{e}^{-R_1/\eta} + \omega\eta\rho_0 e \quad (5-7-2)$$

式中：$P$ 为压力；$A, B, \omega, R_1, R_2$ 为常数；$\eta = \rho/\rho_0$，$\rho_0$ 为初始密度；$e$ 为质量比内能。

假设空气介质为无黏性的理想气体，爆炸波的膨胀传播过程为绝热过程，空气的状态方程为

$$P = (\gamma - 1)\rho e \quad (5-7-3)$$

式中：$\gamma$ 为绝热指数。

计算中炸药及空气的材料分别如表 5-7-3、表 5-7-4 所列。

表 5-7-3 B 炸药的材料参数

| 参数 | $\rho_0/(\mathrm{g/cm^3})$ | $A/10^5\mathrm{MPa}$ | $B/10^5\mathrm{MPa}$ | $R_1$ | $R_2$ | $\omega$ | $e/10^3\mathrm{J/kg}$ | 爆速 $D/(\mathrm{m/s})$ |
|---|---|---|---|---|---|---|---|---|
| 数值 | 1.630 | 5.5748 | 0.0783 | 4.5 | 1.2 | 0.34 | 4969 | 8000 |

表 5-7-4 空气介质的状态参数

| 初始密度 $\rho_0/(\mathrm{kg/m^3})$ | 1.29 | 初始压力 $P_0/\mathrm{Pa}$ | $1.01 \times 10^5$ | 绝热指数 $\gamma$ | 1.4 |
|---|---|---|---|---|---|

为分析舱内爆炸载荷特性以及舱内爆炸下舰船结构的失效模式，并与敞开环境爆炸下加筋板结构承受的冲击载荷及其失效模式进行比较，选取舰船右舷典型舱室及其组成板架结构模型如图 5-7-2 所示。计算中舰船结构均采用四变形板壳单元模拟；柱形装药直径为 $d$，长为 $l_e$，质量为 $Q$，假设导弹由右舷穿入

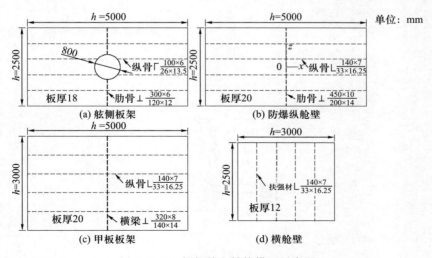

图 5-7-2 舰船舱室结构模型示意图

舱室,在舱室中心爆炸,右舷侧板架中心产生一个约两倍弹径的破口。模型具体结构及装药如表 5-7-5 所列。

表 5-7-5 模型具体结构及装药

| 编号 | 模型构成 | 装药 | | | 装药位置 | 起爆点 |
|---|---|---|---|---|---|---|
|  |  | $d$/mm | $l_e$/mm | $Q$/kg |  |  |
| M1 | 舱室结构 | 374.4 | 484.2 | 86.9 | 舱室中心 | 装药前端中心 |
| M2 | 防爆纵舱壁 | 374.4 | 484.2 | 86.9 | 头部距板架 1257.9mm | 装药前端中心 |

#### 5.7.2.2 舱内爆炸载荷

由于舰船结构的影响,舱内爆炸载荷与敞开环境爆炸下加筋板结构承受的爆炸载荷有较大区别。如图 5-7-3、图 5-7-4 所示为 M1、M2 中纵舱壁表面压力等高线随时间的变化。

由图可知,炸药在舰船舱内爆炸后,形成冲击波向四周传播,当冲击波碰到舰船结构后,在结构表面形成反射,部分向爆心汇聚,另一部分沿结构表面传播,在冲击波传播到舱室角隅部位(如甲板与舱壁间的角隅)之前,纵舱壁承受的冲

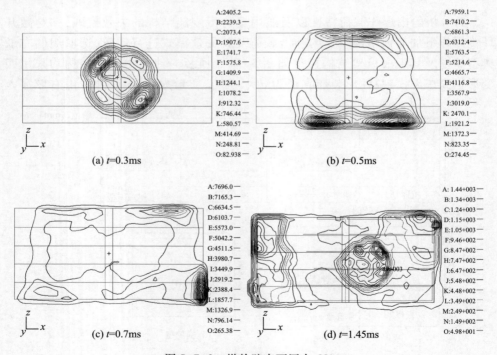

图 5-7-3 纵舱壁表面压力:M1

击载荷与敞开环境爆炸下加筋板结构承受的爆炸载荷相同(图5-7-3、图5-7-4(a)),主要是冲击波在结构表面形成的壁面反射冲击波。当冲击波传播到舱室角隅部位时,将形成汇聚冲击波(图5-7-3(b)、(c)),其强度远大于壁面反射冲击波强度。

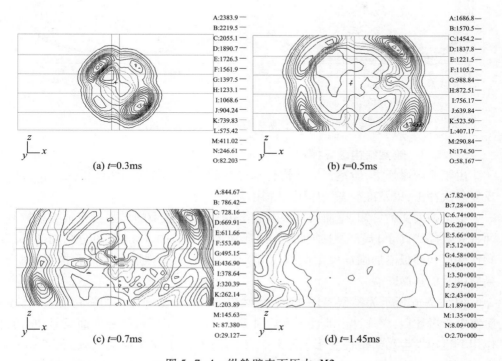

图 5-7-4　纵舱壁表面压力:M2

向爆心汇聚的冲击波还将相互作用形成二次冲击波,对结构产生二次冲击(图5-7-3(d)),如此反复多次,冲击能量逐渐衰减,直到结构内部流场平衡稳定。

此外,爆炸载荷下,当舰船结构没有产生破损时,由于结构的限制作用,爆炸产生的高温、高压产物无法及时向外扩散,舰船舱内还将继续保持一定的准静态压力。

图5-7-5所示为模型M1与M2中,作用在纵舱壁上同一位置的冲击波强度比。其中,模型M1中冲击波的强度为爆炸产生的第一次冲击波的强度,不考虑冲击波的多次反复作用;模型M1与M2中同一位置的冲击波峰值超压之比和比冲量之比分别为$\lambda_p$、$\lambda_i$;坐标系原点位于纵舱壁的中心,$x$和$z$分别为长和高方向(图5-7-2(c))。

由图5-7-5可知,在结构的两壁面角隅部位(如甲板与纵舱壁间的角隅)部位,汇聚冲击波峰值超压、比冲量均约为壁面反射冲击波的 5~6 倍;在三壁面角隅部位(如甲板、纵舱壁与横舱壁间的角隅),汇聚冲击波峰值超压约为壁面反射冲击波的 12~15 倍,比冲量约为壁面反射冲击波的 16~18 倍。

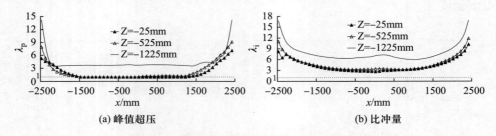

(a) 峰值超压　　　　　　　　(b) 比冲量

图 5-7-5　汇聚冲击波与壁面反射冲击波的强度之比

#### 5.7.2.3　舱室结构破坏模式

由于舱内爆炸下,舱室板架结构将承受壁面反射冲击波和角隅汇聚冲击波的反复多次冲击,以及准静态气体压力作用。

根据相关文献可知,壁面反射冲击波作用下,随着载荷的增强舱室板架结构有两种失效模式:(Ⅰ)局部塑性变形;(Ⅱ)撕裂失效。其中,(Ⅰ)又可分为局部凸起塑性变形和面板沿加强筋发生颈缩;(Ⅱ)又可分为沿加强筋发生部分撕裂、完全撕裂以及加强筋断裂。

图 5-7-6 所示为模型 M1 的有效塑性应变及变形分布图。由图可知,炸药在舱室中心爆炸后,爆炸冲击波首先到达甲板板架中心,甲板板架在壁面反射冲击波作用下迅速发生局部塑性变形(图 5-7-6(a))并产生完全撕裂失效(图 5-7-6(b)),甲板纵骨断裂;由于纵舱壁距离炸药的距离稍大于甲板,且其厚度较大,壁面反射冲击波仅使其沿加强筋发生塑性变形(颈缩)(图 5-7-6(a)、(b)),而没有使其产生撕裂失效。冲击波在甲板和纵舱壁表面反射后,部分沿结构表面向角隅部位传播,并形成汇聚冲击波,使纵舱壁与甲板间的角隅部位迅速撕裂,并向两端扩展(图 5-7-6(b)、(c));由于横舱壁距炸药的距离较大,爆炸产生的冲击波和沿纵舱壁及甲板表面传播的冲击波几乎同时到达,并分别形成壁面反射冲击波和汇聚冲击波,壁面反射冲击波使横舱壁面板沿加强筋发生塑性变形(颈缩)(图 5-7-6(b)),冲击波在横舱壁、纵舱壁和甲板间的角隅部位形成的三壁面汇聚冲击波使其迅速撕裂并向中部扩展(图 5-7-6(b)、(c))。

图 5-7-7 所示为模型 M1 中甲板板架及横舱壁的有效塑性应变及变形。由图可知,在 $t=1.49$ ms 时刻,上甲板中部产生的撕裂破口明显大于下甲板,但是下甲板与纵舱壁间的角隅部位撕裂破口稍大;同样,尾端横舱壁中部产生了撕裂破口,而首端横舱壁面板仅沿加强筋发生塑性变形,但是尾端横舱壁与纵舱壁及甲板间

第5章 爆炸载荷作用下舰船结构动响应与破坏

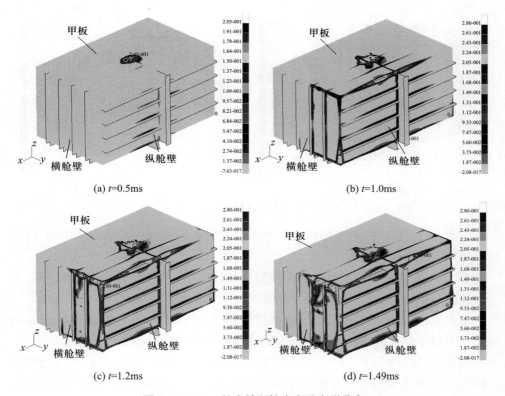

图 5-7-6 M1 的有效塑性应变及变形分布

的角隅部位只发生了部分撕裂。其原因主要是上甲板和尾端横舱壁的加强筋都布置在冲击波作用面(迎爆面),而下甲板和首端横舱壁的加强筋都布置在背爆面。对于加强筋布置在迎爆面的板架结构,当冲击波作用于结构时,冲击波在加强筋与面板间的角隅将产生局部汇聚,使面板迅速撕裂,撕裂后加强筋即失去对面板的支撑作用,因此其板架中部的破坏程度大于加强筋布置在背爆面的板架结构;但是面板撕裂后,冲击波得到一定的卸压,同时,由于加强筋的阻挡作用,角隅汇聚冲击波的强度小于加强筋布置在迎爆面的板架结构(图 5-7-3(b)、图 5-7-3(c)),因而其撕裂破口相应也较小。

由图 5-7-6、图 5-7-7 可知,汇聚冲击波作用下,随着载荷的增强舱室板架结构有两种失效模式:(Ⅰ)结构沿角隅部位发生塑性变形;(Ⅱ)结构在角隅部位发生撕裂。其中(Ⅱ)又可分为部分撕裂(Ⅱa)(如甲板板架与横舱壁间的角隅部位)和完全撕裂(Ⅱb)(如纵舱壁与横舱壁间的角隅部位);此外,根据结构首先发生撕裂的位置,Ⅱa 还可分为两种情况:结构在三壁面角隅部位发生撕裂,并沿两壁面角隅部位扩展以及结构在两壁面角隅部位发生撕裂,并向两端扩展。

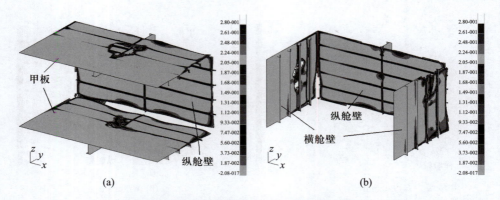

图 5-7-7　M1 中各板架的有效塑性应变及变形分布：$t=1.49\mathrm{ms}$

因此,舱内爆炸下,根据壁面反射冲击波和角隅汇聚冲击波强度的不同,舱室板架结构的失效模式如下：

模式Ⅰ：舱室板架结构沿角隅部位发生塑性变形,中部发生局部塑性变形,包括局部凸起塑性变形(Ⅰ-a)和面板沿加强筋发生颈缩(Ⅰ-b)。

模式Ⅱ：舱室板架结构沿角隅部位发生塑性变形,中部发生撕裂失效,包括面板沿加强筋部分撕裂(Ⅱ-a)、完全撕裂(Ⅱ-b)以及加强筋断裂(Ⅱ-c)。

模式Ⅲ：舱室板架结构在角隅部位发生撕裂,包括部分撕裂(Ⅲa)和完全撕裂(Ⅲb),中部发生局部塑性变形,包括局部凸起塑性变形(Ⅲa-a,Ⅲb-a)和面板沿加强筋发生颈缩(Ⅲa-b,Ⅲb-b)(图 5-7-6,纵舱壁、横舱壁)。

模式Ⅳ：舱室板架结构在角隅部位发生撕裂,包括部分撕裂(Ⅳa)和完全撕裂(Ⅳb),中部发生撕裂失效,包括面板沿加强筋部分撕裂(Ⅳa-a,Ⅳb-a)、完全撕裂(Ⅳa-b,Ⅳb-b)(图 5-7-6,甲板板架)以及加强筋断裂(Ⅳa-c,Ⅳb-c)。

图 5-7-8 所示为 $t=1.49\mathrm{ms}$ 时刻,M1 的速度及变形分布图。由图可知,各板架角隅部位撕裂后还有较大速度,其中,横舱壁在撕裂口部位质点速度均在 1000m/s 以上,最大高达 2800m/s,甲板和纵舱壁在撕裂口边缘质点速度也在 700～1000m/s,纵舱壁中部大部分区域质点速度在 200m/s 以上。此外,由于结构运动速度小于冲击波速度,结构还将受到冲击波的二次冲击乃至多次冲击,因此结构还将发生大挠度翻起,产生如图 5-7-1 所示的破坏。

根据以上分析可知,舱内爆炸下,舱室板架结构的失效模式与冲击载荷的相对强度、板架结构的尺寸、强度、加强筋的布置,以及舱室结构的尺度有关。

当冲击载荷相对强度较小时,壁面反射冲击波及角隅汇聚冲击波均不能使结构产生撕裂破口时,结构将发生模式Ⅰ失效。但是由于现代水面舰船普遍采用薄壁结构,随着反舰导弹战斗部威力的增强,舱内爆炸下舱室板架结构发生模

图 5-7-8　M1 的速度及变形分布：$t=1.49$ms

式Ⅰ失效的情况比较少见；由于角隅部位汇聚冲击波强度是同一位置壁面反射冲击波强度的 5 倍以上，要使结构发生模式Ⅱ失效，即舱室板架结构角隅汇聚冲击波强度小于板架中部壁面反射冲击波强度，因此导弹战斗部爆炸点到板架结构中部的距离必须远小于其到板架结构角隅部位的距离，且导弹战斗部到板架结构角隅部位的距离必须足够大。因此，舱内爆炸下，对于现代水面舰船，舱室板架结构的失效模式以模式Ⅲ、Ⅳ为主。

### 5.7.3　模型试验结果分析

#### 5.7.3.1　小药量爆炸下无加筋舱室结构的破坏模式

采用图 5-7-9 所示的无加筋舱室结构模型，模型长 $l=1250$m，高 $h=625$mm，宽 $b=750$mm。模型材料采用 Q235 低碳钢。

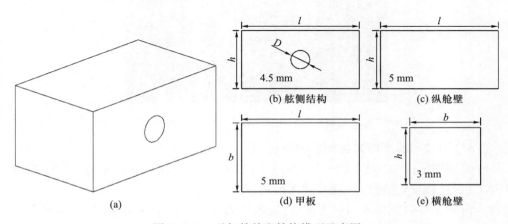

图 5-7-9　无加筋舱室结构模型示意图

图 5-7-10 所示为无加筋舱室结构中心装药 17g 晶态块状 TNT(装药尺寸为 25mm×25mm×25mm)爆炸时,尾端横舱壁塑性变形形貌。由图可知,由于舱壁结构无加强筋,爆炸载荷作用下舱壁结构的变形类似于四周固支板的变形,其变形模式为"四坡顶型"塑性变形,端部横舱壁最大残余变形发生于舱壁中心,为 17.5mm。

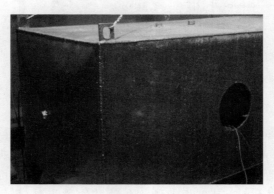

图 5-7-10 舱壁结构塑性大变形

图 5-7-11 为无加筋舱室结构模型在进行上述爆炸试验后,按上述装药再次爆炸后首端横舱壁塑性变形破坏形貌。由图可知,横舱壁与上甲板间的角隅部位被撕裂,撕裂破口长约 620mm,横舱壁中部变形模式为"四坡顶型"。

图 5-7-11 舱壁角隅发生部分撕裂失效,中部发生塑性变形

### 5.7.3.2 典型舱室结构的破坏模式

采用图 3-2-1、表 3-2-1 中的舱室结构模型,在舱室中心装药 1000g 晶态 TNT 进行舱室结构破坏过程及破坏模式试验研究。

由图 5-7-12、图 5-7-13 可知,舱室结构角隅部位完全撕裂,各板架均产生了较大塑性变形。其中舷侧板架、纵舱壁、上甲板及下甲板最大塑性变形发生在板架中部(图 5-7-12(a)、(b)、(d)、(e)),由此可知,初始爆炸冲击波传播到板架结构上后并未立即使板架发生失效，舱室结构是在发生"鼓胀"变形后，才在角隅部位发生撕裂的，且它们间的角隅部位中部首先发生撕裂失效，并向两端发生扩展。

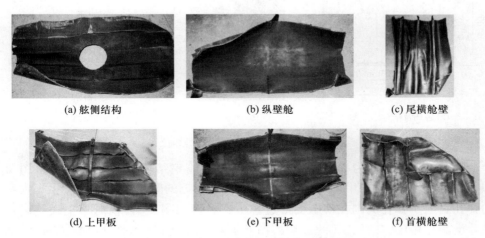

图 5-7-12　舱室结构角隅部位完全撕裂

图 5-7-13　舱室板架结构撞击变形

由图 5-7-12、图 5-7-13 可知，各舱室板架结构均发生了不同程度的撞击变形，由此可知舱室结构角隅部位完全撕裂后各板架还有较大的运动速度。

上述各板架结构中部均未发生破裂失效。舱内爆炸下，舱室结构的易损部位于舱室的角隅部位，其主要原因是爆炸载荷传播到舱室角隅部位后将产生会聚，从而使冲击载荷大大增强，此外舱室结构在变形过程中将在角隅部位产生应力集中，也是角隅部位结构易损性的主要原因。

### 5.7.3.3　导弹战斗部舱内爆炸下舱室结构的破坏模式

采用 5.7.3.2 节中的舱室结构模型，模拟战斗部及其装药结构如图 5-7-14 所示，其中图 5-7-14(a)中：1—战斗部壳体，材料为 45 钢，采用机加工得到，最后质量为 2.1kg；2—泡沫缓冲层；3—粉态 A3 炸药，总重 542g；4—块状晶态 TNT，总重 205g；5—引爆电雷管；6—战斗部尾盖。战斗部爆炸位置如图 5-7-14(c)

211

所示,与上、下甲板间的距离相同,引爆端位于舷侧板架一端。

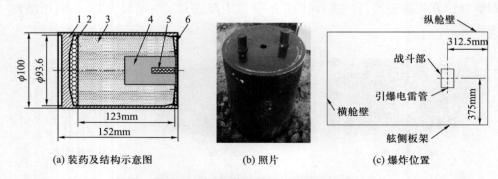

(a) 装药及结构示意图　　(b) 照片　　(c) 爆炸位置

图 5-7-14　战斗部结构及其爆炸位置

图 5-7-15 所示为模拟战斗部舱内爆炸下舱室结构的破坏形貌。由图可知,由于高速破片的穿甲作用,战斗部爆炸位置附近的舱室结构上均产生了大量的弹孔。由于弹孔周围在动态变形过程中存在应力集中,首横舱壁上大量高速破片密集作用区,各弹孔间的边界被撕开而相互连通,使横舱壁沿扶强材②、③之间完全撕开(图 5-7-15(a));上甲板和下甲板上纵骨②、③之间的高速破片密集作用区,由于各弹孔间的边界被撕开而相互连通分别形成长 450mm、320mm大破口(图 5-7-16),其中上甲板大破口两端分别被撕开长 80mm 和 90mm 的裂

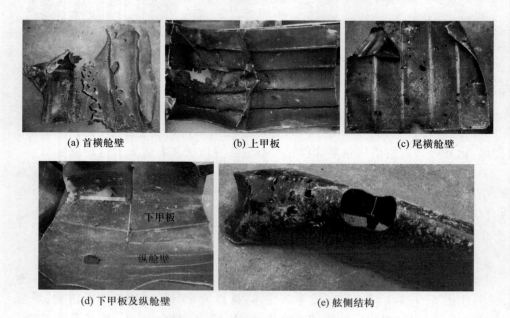

(a) 首横舱壁　　　　　(b) 上甲板　　　　　(c) 尾横舱壁

(d) 下甲板及纵舱壁　　　　　(e) 舷侧结构

图 5-7-15　舱室结构的破坏形貌

纹(图 5-7-16(a))。除下甲板和纵舱壁间的角隅部位外,舱室结构各角隅部位均完全撕裂失效,舷侧板架、纵舱壁、上甲板及下甲板中部均存在较大塑性变形(图 5-7-15(b)、(d)、(e))。由此可知,舱室结构角隅部位撕裂失效,同样是在"鼓胀"变形后发生的。但是,在下甲板的大破口周围以及由单个破片穿甲形成的破口周围(图 5-7-17),并未发现由于动应力集中而形成的撕裂纹,开孔周围也未产生很大的局部塑性变形。

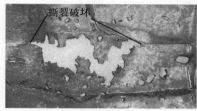
(a) 上甲板

(b) 下甲板

图 5-7-16 高速破片密集作用形成的大破口

图 5-7-17 首横舱壁局部破坏形貌

比较舱室结构的破坏模式和模拟战斗部舱内爆炸下舱室结构的破坏模式可知,单个高速破片穿甲形成的弹孔周围所产生的应力集中不会影响板架的整体变形、破坏模式,以及破坏程度,弹孔周围不会产生局部破坏;对于弹孔密集作用区,弹孔间的边界会由于应力集中而撕开,形成相互连通的大破口,大破口周围会由于应力集中产生裂纹,但对冲击波的破坏作用影响很小。

# 参考文献

[1] NURICK G N, MARTIN J B. Deformation of thin plates subjected to impulsive loading-a review, Part I: theoretical considerations[J]. Int J Impact Eng,1989,8(2):159-170.

[2] NURICK G N, MARTIN J B. Deformation of thin plates subjected to impulsive loading-a review, Part II: experimental studies[J]. Int J Impact Eng,1989,8(2):171-186.

[3] JONES N. Recent studies on the dynamic plastic behavior of structures[J]. Appl Mech Rev, ASME,1989,42:95-115.

[4] JONES N. Structural impact[M]. London: Cambridge University Press,1989.

[5] 刘土光,胡要武,郑际嘉. 固支加筋方板在爆炸载荷作用下的刚塑性动力响应分析[J]. 爆炸与冲击, 1994,14(1):55-65.

[6] 刘土光,朱科,郑际嘉. 爆炸荷载下矩形板的塑性动力响应[J]. 爆炸与冲击,1992,12(2):166-169.

[7] 吴有生,彭兴宁,赵本立. 爆炸载荷作用下舰船板架的变形与破损[J]. 中国造船,1995,(4):55-61.

[8] 朱锡,白雪飞,张振华. 空中接触爆炸作用下船体板架塑性动力响应及破口研究[J]. 中国造船, 2004, 45(2): 43-50.

[9] SLATER J E, HOULSTON R, RITIZEL D V. Air blast studies on naval steel panels[R]. Final Report, Task DMEM-53, Defence Research Establishment Suffield Report No. 505, Ralston, Albert, Canada 1990.

[10] HOULSTON R, SLATER J E. A summary of experimental results on square plates and stiffened panels subjected to air-blast loading[C]. Presented at the 57 Shock and Vibration Symposium, New Orleans, Louisiana, USA, 1986:14-16.

[11] NURICK G N, OLSON M D, FAGNAN J R, et al. Deformation and tearing of blast-loaded stiffened square plates[J]. Int. J. Impact Engng, 1995, 16(2): 273-291.

[12] CHUNG KIM YUEN S, NURICK G N. Experimental and numerical studies on the response of quadrangular stiffened plates. Part I: subjected to uniform blast load[J]. Int. J. Impact Engng., 2005, 31: 55-83.

[13] LANGDON G S, CHUNG KIM YUEN S, NURICK G N. Experimental and numerical studies on the response of quadrangular stiffened plates. Part II: localised blast loading[J]. Int. J. Impact Engng, 2005, 31: 85-111.

[14] RUDRAPATNA N S, VAZIRI R, OLSON M D. Deformation and failure of blast-loaded stiffened plates[J]. Int. J. Impact Engng, 2000, 24: 457-474.

[15] 陈长海,朱锡,侯海量,等. 近距空爆载荷作用下固支方板的变形及破坏模式[J]. 爆炸与冲击,2012, 32(4):368-375.

[16] 侯海量,张成亮,朱锡. 加强筋的布置对其抗爆性能影响的研究[J]. 兵器材料科学与工程,2012, 35(4): 1-4.

[17] 张成亮,朱锡,侯海量,等. 近距空爆下复合抗爆舱壁变形破坏模式试验研究[J]. 振动与冲击, 2014, 33(11): 33-37, 48.

[18] 孙业斌. 爆炸作用与装药设计[M]. 北京:国防工业出版社,1987.

[19] WEN H M. Deformation and tearing of clamped circular work-hardening plates under impulsive loading[J]. Int J Pressure Vessels Piping, 1998, 75: 67-73.

[20] LEE Y W, WIERZBICKI T. Fracture prediction of thin plates under localized impulsive loading. Part I: dis-

hing[J]. Int J Impact Eng, 2005, 31(10): 1253-1276.

[21] 陈长海,朱锡,侯海量,等. 近距非接触空爆载荷作用下固支方板破口计算[J]. 哈尔滨工程大学学报, 2012,33(5):601-606.

[22] 侯海量,朱锡,古美邦. 爆炸载荷作用下加筋板的失效模式分析及结构优化设计[J]. 爆炸与冲击, 2007, 27(1): 26-33.

[23] XUE Z, HUTCHINSON J W. A comparative study of impulse-resistant metal sandwich plates[J]. Int J Impact Eng,2004,30(10):1283-1305.

[24] CHEN CHANGHAI, ZHU XI, ZHANG LIJUN, et al. A comparative experimental study on the blast-resistant performances of single and multi-layered thin plates under close-range airblast loading[J]. China Ocean Engineering,2013,27(4):523-535.

[25] 刘燕红,陈长海,朱锡,等. 近距空爆载荷作用下叠层薄板抗爆机理数值分析[J]. 船舶力学,2014(18):821-833.

[26] ZHANG PAN, CHENG YUANSHENG, JUN LIU, et al. Experimental and numerical investigations on laser-welded corrugated-core sandwich panels subjected to air blast loading[J]. Marine Structures, 2015, 40: 225-246.

[27] GERE J M. Mechanics of Materials[M]. Cambridge (US): Brooks/Cole Publishing Company Inc. ,1997.

[28] 陈长海,朱锡,侯海量,等. 近距空爆载荷作用下双层防爆舱壁结构抗爆性能仿真分析[J]. 海军工程大学学报,2012,24(3):26-33.

# 第6章 高速破片的侵彻效应

## 6.1 高速破片对半无限厚钢靶的侵彻效应

### 6.1.1 弹体侵彻分析模型

早期的动力侵彻模型把弹体视为刚体,后来人们观察到当弹体由刚体侵彻转化为弹体受侵蚀的侵彻时,侵彻深度大大减小。由此,人们开展了对侵蚀体侵彻的研究,当惯性应力与靶体强度之比远大于 1 时,侵蚀体侵彻又称为流体动力侵彻,这种情况下通常把靶体和弹体模拟成满足伯努利方程的不可压缩的无黏性流体,得到了流体动力学方程。

流体动力学方程最初是根据聚能破甲射流的侵彻提出的。当高强度、高速度长杆弹出现后,人们提出了伯努利方程的可压缩形式。目前广泛采用的 Tate-Alekseevskii 侵彻模型就是对流体动力学方程改进后用于长杆弹侵彻的,考虑了靶体和弹体的强度。模型假设除弹-靶作用面附近区域外弹体是刚性的,在这个区域弹体会发生侵蚀。这个区域没有空间上的广度,只包含弹-靶作用面,这个作用面的控制方程为 $\Sigma$,它是由伯努利方程修正得来的:

$$\Sigma = \frac{1}{2}\rho_p (v-u)^2 + Y_p = \frac{1}{2}\rho_t u^2 + R_t \tag{6-1-1}$$

式中: $\rho_p$、$\rho_t$ 分别为弹体和靶体的密度; $v$ 为弹体尾端速度; $u$ 为侵彻速度; $Y_p$ 为弹体材料的强度; $R_t$ 定义为一维公式中靶体的抗侵彻阻力。$\Sigma$ 的物理意义通常称为中心线压力,应视为流体动压力加上材料强度项。

从物理学角度讲,侵彻不是一维的,因此一维模型中,必须利用一些人为定义考虑靶体的横向约束,这就是靶体的抗侵彻阻力 $R_t$。靶体横向塑性流动的约束通过增加材料强度(单轴屈服应力)来模拟,通常增加到靶体材料静态屈服强度的 4~7 倍,获得靶体材料抗侵彻阻力的方法就是改变 Tate-Alekseevskii 模型中的 $R_t$ 值使模型的侵彻深度与试验结果一致。

### 6.1.2 侵彻深度及抗侵彻阻力分析

虽然 Tate-Alekseevskii 模型最初是根据长杆弹侵彻金属装甲提出的,许多研究者也采用它描述一般弹体(如穿甲弹(AP))的侵彻。

破片模拟弹弹体为圆柱体,头部两侧有两个钝切削面,中间为平面凸缘,其目的在于综合考虑柱形和锥形弹体头部形状的侵彻开坑效应。此外,考虑到高速破片形成前变形均达到了动态应变极限,因而可以忽略弹体的弹性变形。假设弹体材料为理想刚塑性材料,采用 Tate-Alekseevskii 模型描述弹体的侵彻,侵彻速度为

$$u = \frac{1}{1-\mu^2}(v - \mu\sqrt{v^2 + \Lambda}) \tag{6-1-2}$$

式中:$\Lambda = 2(R_t - Y_p)(1-\mu^2)/\rho_t$;$\mu = \sqrt{\rho_t/\rho_p}$。

当弹、靶材料相同时,可得弹-靶作用界面的初始速度 $u_0$ 为

$$u_0 = \frac{1}{2}v_0 - \frac{\nu R_t}{\rho v_0(1-\nu)} \tag{6-1-3}$$

假设弹-靶作用界面在整个过程中以其初始速度 $u_0$ 恒速运动;弹体完全侵蚀后,侵彻过程结束,因此弹体的侵彻深度 $P$ 为

$$P = \left[\frac{1}{2}v_0 - \frac{\nu R_t}{\rho v_0(1-\nu)}\right]\left[\frac{1}{2}v_0 + \frac{\nu R_t}{\rho v_0(1-\nu)}\right]^{-1} l_0 \tag{6-1-4}$$

式中:$l_0$ 为弹体的初始长度,计算中取弹体的等效长度。

对于应变率敏感材料,动态屈服强度随应变率的增大而增大。根据 Cowper-Symonds 本构关系,材料的动态屈服应力 $Y_d$ 与静态屈服应力 $Y$ 间的关系为

$$Y_d/Y = 1 + (\dot{\varepsilon}/\dot{\varepsilon}_0)^{1/r} \tag{6-1-5}$$

式中:$\dot{\varepsilon}_0$,$r$ 为材料常数,对于低碳钢,$\dot{\varepsilon}_0$ 和 $r$ 分别为 40.4 和 5;对于船用低合金钢,材料的应变率效应小于低碳钢。根据 Dikshit 等对薄板与厚板塑性流动约束条件的假设,即靶体的抗侵彻阻力 $R_t$ 等于靶材一维应变压缩条件下轴向应力的初始屈服极限(HEL):

$$R_t = \frac{1-\nu}{1-2\nu}Y_t = k\frac{1-\nu}{1-2\nu}\sigma_s \tag{6-1-6}$$

式中:$Y_t$ 为一维应力条件下靶体材料的动态屈服强度;$\nu$ 为靶体材料的泊松比;

$\sigma_s$ 为靶体材料静态屈服强度;$k$ 为应变率效应系数。定义参数 $S$ 为式(6-1-4)计算结果 $P_j$ 与试验结果 $P_{\max}$ 间的最小二乘相对偏差:

$$S = \sqrt{\sum \left[100(P_j - P_{\max})/P_{\max}\right]^2} \qquad (6-1-7)$$

改变式(6-1-6)中的 $k$ 值,可得参数 $S$ 随系数 $k$ 的变化关系(图 6-1-1),假设最小的 $S$ 值对应的 $k$ 即为靶材实际的应变率效应系数。

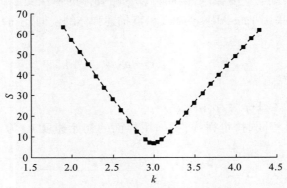

图 6-1-1 参数 $S$ 与系数 $k$ 的关系

质量为 10g 和 26.7g 的两种 FSP 和 3.3g 立方体破片,侵彻半无限厚靶体的弹坑形貌如图 6-1-2 所示,结构尺寸和材料性能分别如表 6-1-1、表 6-1-2 所列。

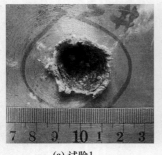
(a) 试验1

(b) 试验4

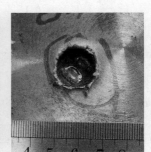
(c) 试验8

图 6-1-2 典型侵彻弹坑形貌

表 6-1-1 两种典型 FSP 的尺寸

| 弹型 | $A$/mm | $B$/mm | $C$/mm | 质量/g |
|---|---|---|---|---|
| 1 | 10.350 | 4.882 | 15.500 | 10.00 |
| 2 | 14.800 | 6.981 | 20.449 | 26.74 |

表 6-1-2　45 钢的力学性能

| 弹性模量 $E$/GPa | 密度 $\rho$/(kg·m)$^{-3}$ | 泊松比 $\nu$ | 屈服强度 $\sigma_s$/MPa | 抗拉强度 $\sigma_b$/MPa | 伸长率 $\delta_s$/% | $\Psi$/% |
|---|---|---|---|---|---|---|
| 205 | 7800 | 0.3 | 355 | 600 | 16 | 40 |

由图 6-1-1 可知,在 45 钢高速破片弹以 500~1300m/s 的速度侵彻半无限厚 45 钢靶的试验中,当 $k\approx 2.998$ 时,参数 $S$ 达到最小值,即:靶体材料实际的应变率效应系数约为 2.998,45 钢靶的抗侵彻阻力 $R_t$ 约为 5.246 倍静态屈服强度。$k=2.998$ 时高速破片对半无限厚 45 钢靶的侵彻结果如表 6-1-3 所列,结果表明,试验所得最大侵彻深度 $P_{max}$ 与计算侵彻深度 $P_j$ 吻合良好。

表 6-1-3　高速破片对半无限厚钢靶的侵彻试验结果和计算结果($k=2.998$)

| 序号 | 弹体 | 弹体实际质量/g | $v_0$ /(m·s$^{-1}$) | 最大侵彻深度 $P_{max}$/mm | 弹坑最大直径 $D_{max}$/mm | 计算侵深 $P_j$/mm | 相对偏差/% |
|---|---|---|---|---|---|---|---|
| 1 | FSP | 9.75 | 1290.4 | 11.59 | 22.16 | 11.61 | 0.1 |
| 2 | FSP | 26 | 1114.8* | 13.82 | 27.00 | 13.90 | 0.6 |
| 3 | FSP | 25.9 | 1103.6 | 13.40 | 26.50 | 13.75 | 2.6 |
| 4 | FSP | 25.9 | 1226.2① | 15.30 | 27.78 | 14.68 | -4.1 |
| 5 | FSP | 25.9 | 1015.4 | 12.52 | 26.60 | 12.91 | 3.1 |
| 6 | FSP | 25.9 | 703.8 | 8.10 | 24.40 | 8.02 | -1.0 |
| 7 | FSP | 25.9 | 731.9 | 8.73 | 24.40 | 8.63 | -1.1 |
| 8 | 立方体 | 3.3 | 1303.9① | 5.90 | 15.60 | 5.89 | -0.1 |
| 9 | 立方体 | 3.1 | 1303.9 | 5.62 | 15.40 | 5.77 | 2.7 |

①根据试验的推进火药装药量得到

在平面应变侵彻条件成立的情况下,当弹速为 500~1300m/s 时,45 钢的动态屈服强度约为静态屈服强度的 2.998 倍。

根据 Tate-Alekseevskii 模型,当 $Y_p>R_t$ 时,临界速度表达式为 $[2(Y_p-R_t)/\rho_t]^{1/2}$,冲击速度小于临界速度时,弹体侵彻在过程中表现为刚体。$Y_p<R_t$ 时,临界速度表达式为 $[2(R_t-Y_p)/\rho_p]^{1/2}$,冲击速度小于临界速度不会发生侵彻,但是弹体会被侵蚀。当弹体和靶体材料均为 45 钢时,临界侵彻速度 $v_{cr}=319.9$m/s,即当 $v<v_{cr}$ 时,不会发生侵彻,但是弹体会被侵蚀。值得说明的是,由于试验中弹体经过淬火处理,实际的 $v_{cr}$ 要小于这个值。

## 6.2 破片模拟弹对典型船用钢板的侵彻效应

### 6.2.1 侵彻过程

有限元数值模拟和试验结果均表明,破片模拟弹冲击钢装甲的侵彻过程可大致分为4个阶段:

(1) 初始接触阶段。这一阶段经历的时间相当短,严格说来应是一个时刻。弹体平面凸缘与靶板接触后,由于惯性效应靶板和弹体之间产生很大的压缩应力,弹体开始减速并使与弹体接触的靶板材料加速,弹体和靶板都开始产生塑性变形。由于与弹体平面凸缘相接触的靶板材料与其周围部分材料的相对运动,在其边缘产生很大的剪切变形(图6-2-1(a))。

(2) 弹体侵入阶段。这一阶段从弹体切削面开始侵入靶板到靶板内与切削面接触部分开始出现剪切。随着弹体侵彻深度的增加,弹体切削面开始与靶板材料接触,这部分靶板材料随即由受剪切变为受压缩,产生压缩变形;由于存在速度梯度,弹体凸缘两端的靶板材料,剪切变形进一步增大(图6-2-1(b))。

(3) 剪切冲塞阶段。这一阶段从靶板内与切削面接触部分开始出现剪切到剪切塞块完全形成。随着弹体侵入深度的进一步增加,由于弹体头部平面凸缘受到侵蚀,切削面不再有向侧向挤压、推动靶板材料的作用,与弹体前端接触的靶板材料继续加速运动,其边缘的剪切变形越来越大,并形成剪切带;最终,发生剪切失效,形成塞块(图6-2-1(c)、(d))。

(4) 穿甲破坏阶段。塞块形成后,弹体推动塞块运动,直到二者速度一致(图6-2-1(e))。

### 6.2.2 破片模拟弹的侵彻特性及靶板破坏模式

弹体冲击下,有限厚金属靶板的穿甲破坏模式主要有花瓣开裂、延性扩孔、剪切冲塞以及破碎穿甲等。影响靶板的破坏模式的基本因素除冲击速度、角度,弹、靶材料的特性和靶板的相对厚度外,还有弹头形状。一般认为,钝头弹侵彻中厚靶或薄板时容易发生冲塞穿甲,而塑性良好的钢甲则常出现延性扩孔穿甲。

破片模拟弹由于具有独特的弹头形状,平面凸缘和切削面,因而具有独特的侵彻特型。有限元分析表明:在冲击的初始时刻,由于弹体的冲击压力,使得靶板上与弹体平面凸缘相接触部分材料相对其余部分材料运动,同时在其边缘产生很大的剪切变形,随后随着弹体侵入深度的增加,弹体切削面开始与靶板材料接触。由于切削面的推动,平面凸缘两侧的靶板材料向侧前方运动,

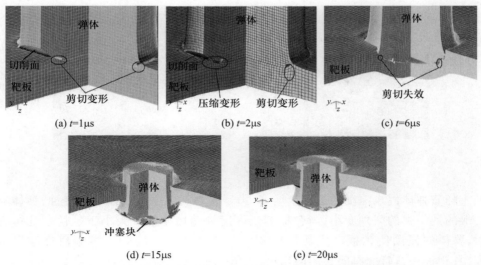

图 6-2-1　破片模拟弹侵彻 4mm945 钢过程（$v_0 = 1067.5\text{m/s}$）

产生很大的压缩变形,而平面凸缘两端仍以剪切变形为主。因而,在靶板破口的正面,与弹体平面凸缘两端接触的部分,单元变形以剪切为主,而与切削面接触的部分,单元明显为挤压变形(图 6-2-2(a))。实验结果表明,靶板破口正面有对称分布的翻起唇边(延性扩孔的结果)和剪切变形(图 6-2-2(b)),两者有较好的一致性。

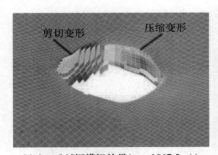
(a) 4mm945钢模拟结果($v_0 = 1067.5\text{m/s}$)

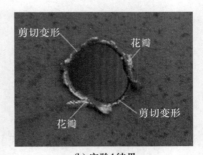
(b) 实验1结果

图 6-2-2　靶板破口形貌(正面)

但是由于弹体和靶板材料良好的塑性,随着靶板厚度的增加,弹体头部镦粗后,靶板剩余厚度的剪切冲塞抗力仍大于延性扩孔抗力,靶板间继续产生延性扩孔,因而会在靶板正面产生沿破口周围不均匀分布堆积的金属,使得初始剪切变形变得不明显(图 6-2-3)。

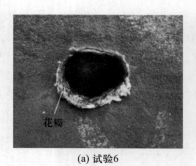
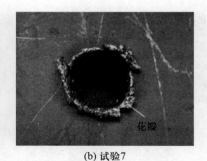

(a) 试验6　　　　　　　　　　　(b) 试验7

图 6-2-3　靶板破口形貌（正面）

随着弹体侵入深度的进一步增加，由于弹体头部平面凸缘受到侵蚀，弹体与一般的钝头弹的区别变小，当靶板剩余厚度的剪切冲塞抗力小于延性扩孔抗力时，弹体的侵彻使靶板产生剪切冲塞（图 6-2-4(a)、(c)）。试验研究结果也表明，靶板破口背面有明显的剪切口（图 6-2-4(b)、(d)）。

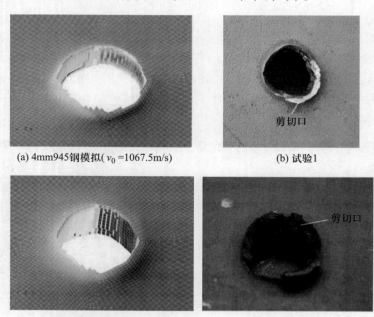

(a) 4mm945钢模拟($v_0$=1067.5m/s)　　　　(b) 试验1

(c) 11mm945钢模拟($v_0$=1035.3m/s)　　　　(d) 试验7

图 6-2-4　靶板背面破口形貌

### 6.2.3　侵彻速度及侵彻阻力

由于应力波在弹体内的传播，弹体内的质点表现出一定的波动特性（图 6-2-5），由于质点的运动速度等于弹体速度加上由于应力波的传播引起的波动速度。由弹体质点运动速度,可得弹体穿透靶板后的剩余速度(表6-2-1)。由表可知,有限元模拟的弹体剩余速度与试验结果吻合较好。

弹体撞击靶板后,在弹体和靶板中均产生一个压缩应力波,同时,弹-靶作用界面继续向前运动。压缩波传播到靶板背面时,反射为拉伸波,此时靶板背面开始运动;压缩波传播到弹体尾端时,整个弹体都开始减速。弹-靶作用界面与靶板背面的速度差即为弹体侵彻靶板的侵彻速度,与弹体尾端的速度差即为弹体的侵蚀速度。图6-2-5为945钢在破片模拟弹冲击下,弹体尾端中心位置速度、靶板背面中心速度及弹-靶作用界面速度的有限元模拟结果。根据式(6-1-1),得

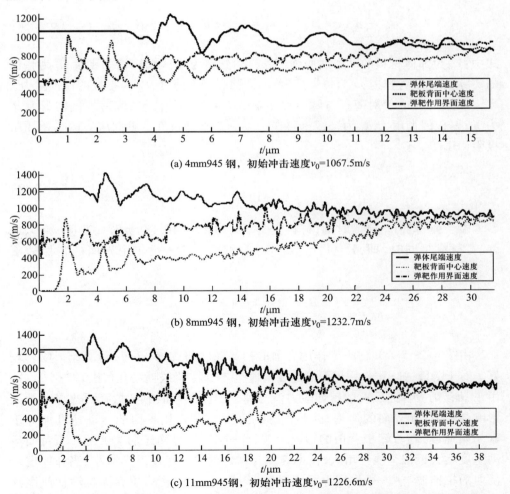

图6-2-5 弹体尾端中心位置速度、靶板背面中心速度及弹-靶作用界面速度变化曲线

表 6-2-1　有限元模拟的弹体剩余速度与试验结果的相对偏差

| 序号 | $h$/mm | $v_0$/(m/s) | $v_r$/(m/s) | | 序号 | $h$/mm | $v_0$/(m/s) | $v_r$/(m/s) | |
|---|---|---|---|---|---|---|---|---|---|
| | | | 试验结果 | 模拟结果 | | | | 试验结果 | 模拟结果 |
| 1 | 4 | 1067.5 | 843.8 | 903.4 | 5 | 8 | 1052.9 | 681.8 | 689.8 |
| 2 | 4 | 1238.8 | 1006.1 | 1082.1 | 6 | 8 | 1232.7 | 755.3 | 913.0 |
| 3 | 6 | 1055.1 | 726.6 | 807.0 | 7 | 11 | 1035.3 | 557.2 | 474.1 |
| 4 | 6 | 1235.7 | 812.1 | 1011.6 | 8 | 11 | 1226.6 | 577.9 | 779.0 |

$$\frac{1}{2}\rho_p(v-u)^2 + Y_p = \frac{1}{2}\rho_t(u-w)^2 + R_t \qquad (6-2-1)$$

式中：$Y_p$ 为弹体材料的动态屈服强度；$\rho_p$，$\rho_t$ 分别为弹体和靶板的密度；$L$ 为弹体的实际长度；$v$ 为弹速；$u$ 为侵彻速度；$w$ 为靶板背面速度；$R_t$ 为靶板的侵彻阻力。

根据 Dikshit 等对薄板与厚板塑性流动约束条件的假设，取薄板侵彻阻力 $R_t$ 为 $Y_t$，厚板侵彻阻力 $R_t$ 为靶板材料在一维应变压缩条件下轴向应力的初始屈服极限(HEL)，有

$$R_t = \frac{1-v}{1-2v} Y_t \qquad (6-2-2)$$

由于弹、靶初始碰撞时刻，材料应变率约为 $10^3 \sim 10^4$，靶板背面速度 $w = 0$，当弹、靶材料相同时，即：$Y_t = Y_p = (1.75 \sim 1.85)\sigma_s$，弹-靶作用界面的初始速度 $u_0$ 为

$$u_0 = \frac{Y_p - R_t}{\rho v_0} + \frac{1}{2}v_0 = \frac{1}{2}v_0 - \frac{v}{1-2v} \cdot \frac{Y_p}{\rho v_0} \qquad (6-2-3)$$

由图 6-2-5 可知，弹-靶作用界面的初始速度与式(6-2-3)计算结果吻合较好。对于薄板，弹-靶作用界面的速度明显呈"三段式"线性变化(图 6-2-5(a))：由于只有靶板背面反射的拉伸应力波与弹-靶作用界面相遇时，背面边界才开始影响弹-靶作用界面的运动，因此，在此之前弹-靶作用界面的运动速度恒等于其初始速度；随着靶板背面的边界影响，弹-靶作用界面运动速度随靶板背面运动速度增大近似呈线性增大，侵彻速度与弹体的侵蚀速度逐渐减小；当弹体尾端反射的拉伸波与弹-靶作用界面相遇后(约 $7\mu s$)，弹-靶作用界面运动加速度减小，随后靶板背面中心速度与弹-靶作用界面速度均近似呈线性增加。对于厚板，侵彻初期与薄板相似，弹-靶作用界面的运动速度恒等于其初始速度；随着靶

板剩余厚度的减小,靶板塑性流动的约束条件将由一维应变压缩条件逐渐转变为一维应力压缩条件,因而侵彻规律相对较复杂,但弹-靶作用界面速度也基本呈线性变化(图6-2-5(b)、(c))。由于靶板背面速度基本呈线性变化,因而,弹体侵彻速度呈线性变化。

## 6.3　破片模拟弹侵彻薄金属靶板的分析模型

金属装甲侵彻破坏模式已有广泛研究,并建立了许多分析模型和经验公式,如:Taylor基于能量分析方法得到的锥头弹冲击较厚薄板($h_0/d_p$>1,$h_0$、$d_p$分别为靶板初始厚度及弹径)对称延性扩孔分析模型,Thompson提出的靶板厚度小于弹径的薄板常出现的非对称延性扩孔破坏(碟型破坏模式)的塑性变形功,J. Awerbuch 和 S. R. Bondner提出的A-B模型,基于剪切冲塞破坏的德·马尔经验公式等。此外,Woodward考虑到弯曲变形,以及当靶板厚度大于0.9倍弹径时,存在对称延性扩孔模式等因素的影响,对Thompson理论进行了修正;Woodward利用Taylor延性扩孔方程研究了破坏模式由延性扩孔到绝热剪切的变化。

这些分析模型和经验公式大多是针对板厚大于弹径的薄板或中厚靶,对于板厚小于弹径的薄板冲击分析模型也主要是针对受低速尖头弹冲击时花瓣开裂穿甲。实验和有限元分析结果表明,破片模拟弹弹道冲击下,薄金属靶板破口正面为延性扩孔破坏,背面则为剪切冲塞破坏,与通常的剪切冲塞和延性扩孔破坏不同;破片模拟弹同时具有尖头弹和平头弹的侵彻特性。本节着重探讨薄金属靶板在破片模拟弹弹道冲击下的破坏模式及能量与动量转化。

### 6.3.1　基本假设

根据试验研究和有限元分析结果,将破片模拟弹冲击钢装甲的侵彻过程分为4个阶段:初始接触阶段;弹体侵入阶段;剪切冲塞阶段和穿甲破坏阶段。

(1) 由于高速破片形成之前,大多都经历了变形硬化阶段,忽略弹体的镦粗和弹性变形能,假设弹体为理想刚塑性材料。

(2) 假设弹体的初始速度足以侵彻靶板以及使自身产生侵蚀,侵彻过程中弹-靶作用界面的速度呈线性变化。

(3) Dikshit等对薄板与厚板塑性流动约束条件进行了假设,即假设靶板背面反射的拉伸波与弹-靶作用界面相遇前,侵彻条件为平面应变侵彻;相遇后,侵彻条件为平面应力侵彻。

(4) 假设当靶板剩余厚度的剪切冲塞抗力小于延性扩孔抗力时,靶板的破坏模式完全转变为剪切冲塞。

(5) 假设剪切塞块与剩余弹体速度相同,忽略剪切冲塞过程中及剪切塞块形成后,弹体对塞块的侵彻及弹体的侵蚀。

### 6.3.2 初始接触阶段

在这个阶段中,弹体的侵彻不受靶板背表面的影响,相当于对半无限靶的侵彻。采用 Tate-Alekseevskii 方程描述弹体的响应:

$$Y_p + \frac{1}{2}\rho_p(v-u)^2 = R_t + \frac{1}{2}\rho_t(u-w)^2 \qquad (6-3-1)$$

式中:$Y_p$ 为弹体材料的动态屈服强度;$\rho_p$,$\rho_t$ 分别为弹体和靶板的密度;$L$ 为弹体的实际长度,$v$ 为弹速,$u$ 为侵彻速度,$w$ 为靶板背面速度;$R_t$ 为靶板的侵彻阻力。

弹、靶初始碰撞时刻,靶板背面速度 $w_0 = 0$,弹-靶作用界面速度为

$$u_0 = \frac{1}{1-\mu^2}(v_0 - \mu\sqrt{v_0^2 + \Lambda}) \qquad (6-3-2)$$

式中:$\Lambda = 2(R_t - Y_p)(1-\mu^2)/\rho_t$;$\mu = \sqrt{\rho_t/\rho_p}$。

平面应变侵彻条件下,取靶板侵彻阻力 $R_t$ 为靶板材料在一维应变压缩条件下轴向应力的初始屈服极限(HEL):

$$R_t = \frac{1-v}{1-2v}Y_t \qquad (6-3-3)$$

式中:$v$ 为靶板材料的泊松比。由于弹靶初始碰撞时刻,材料应变率约为 $10^3 \sim 10^4$,当弹、靶材料相同时,有 $Y_t = Y_p = (1.75 \sim 1.85)\sigma_s$,弹-靶作用界面的初始速度 $u_0$ 为

$$u_0 = \frac{1}{2}v_0 - \frac{vY_p}{\rho v_0(1-2v)} \qquad (6-3-4)$$

式中:$v_0$ 为初始弹速。

### 6.3.3 弹体侵入阶段

初始接触阶段过后,在弹体和靶板中均产生一个压缩应力波,同时弹-靶作用界面继续向前运动。压缩应力波传播到靶板背面时,反射成拉伸应力波,靶板背面开始运动,弹体侵彻过程开始受到靶板背表面的影响。根据靶板背表面对侵彻过程的影响,又可将弹体侵入阶段分为平面应变侵彻阶段和平面应力侵彻阶段。

### 6.3.3.1 平面应变侵彻阶段

靶板背表面开始运动前($t \leqslant t_1 = h_0/C_L$，$C_L$为一维应变弹性纵波波速)，弹体的侵彻不受靶板背表面的影响。由于弹体减速是由弹-靶作用界面作用于弹体上，沿长度方向上的力引起的，弹体能够承受的最大压力为$Y_p$。因此，时刻$t$，弹体长度由初始长度$l_0$变为$l$，弹体加速度为

$$M_p \frac{dv}{dt} = -A_p Y_p \tag{6-3-5}$$

式中：$M_p = \rho_p A_p l$，$A_p$为弹体的横截面积。

弹体被侵蚀的速度为

$$\frac{dl}{dt} = -(v - u_0) \tag{6-3-6}$$

根据式(6-3-5)、式(6-3-6)迭代求解，可得$t = t_1$时弹体的侵蚀长度$\Delta l_1$和剩余速度$v_{r1}$。

因此，弹体侵蚀的塑性变形功为

$$W_{p1} = \Delta l_1 A_p \left( Y_p + \frac{1}{2} \rho_p (v - u_0)^2 \right) \tag{6-3-7}$$

根据有限元分析结果，弹体的侵彻速度恒等于初始侵彻速度$u_0$，靶板侵彻阻力$R_t$恒等于靶板材料的HEL。弹体侵彻深度及靶板塑性变形功为

$$\begin{cases} P_{s1} = u_0 t_1 \\ W_{t1} = P_{s1} A_p \left( R_t + \frac{1}{2} \rho_t u_0^2 \right) \end{cases} \tag{6-3-8}$$

### 6.3.3.2 平面应力侵彻阶段

由于随着弹体侵入深度的增加，当靶板的侵彻阻抗大于靶板剩余厚度剪切冲塞抗力时，靶板产生剪切冲塞破坏。对于圆柱形弹体，靶板的剪切冲塞临界剩余厚度$h_{cr}$为

$$h_{cr} = \frac{A_p R_t}{\pi d_p \tau_t} = \frac{\sqrt{3}}{4} d_p \tag{6-3-9}$$

式中：$\tau_t$为靶板材料的动态剪切强度。

因此，当平面应变侵彻过程后靶板的剩余厚度小于$h_{cr}$时，弹体侵彻不存在

平面应力侵彻过程,而直接进入剪切冲塞阶段,剪切塞块厚度为

$$h_{\text{plug}} = h_0 - P_{s1} \tag{6-3-10}$$

当平面应变侵彻过程后靶板的剩余厚度大于 $h_{cr}$ 时,随着靶板背面开始运动,弹体侵彻开始受到靶板背表面的影响,进入平面应力侵彻阶段。平面应力侵彻阶段弹体的侵彻深度为平面应变侵彻过程后靶板的剩余厚度与靶板的剪切冲塞临界剩余厚度 $h_{cr}$ 之差,即

$$P_{s2} = (h_0 - P_{s1}) - h_{cr} \tag{6-3-11}$$

根据平面应力侵彻假设,取靶板侵彻阻力 $R_t$ 恒等于靶板材料的动态屈服极限 $Y_t$,靶板在平面应力侵彻阶段的塑性变形功为

$$W_{t2} = P_{s2} A_p \left[ Y_t + \frac{1}{2} \rho_t (u-w)^2 \right] \tag{6-3-12}$$

这个阶段初期,靶板背面反射拉伸波与弹-靶作用界面相遇前,$u$ 恒等于 $u_0$,随后线性增加。不考虑由于应力波的传播引起的速度波动,靶板背面速度 $w$ 在这一阶段初始时刻突然跃升,随后近似线性增大。根据一维应力波理论,压缩波到达靶板背面时刻,靶板质点速度为 $u_0$。有限元分析结果表明,$w$ 的跃升值随靶板厚度增加而减小,约为 $0.2 \sim 0.8 u_0$;初始压缩应力波传播到弹体尾端后,弹体尾端速度 $v$ 开始减小,不考虑由于应力波的传播引起的速度波动,$v$ 近似线性减小。因此,可认为平面应力侵彻阶段侵彻速度 $u-w$ 及弹体的侵蚀速度 $v-u$ 均呈线性变化。

弹体尾端加速度及侵蚀速度分别为

$$M_p \frac{dv}{dt} = -A_p Y_p, \frac{dl}{dt} = -(v-u) \tag{6-3-13}$$

靶板背面加速度及侵彻速度分别为

$$M_t \frac{dw}{dt} = -A_t R_t, \frac{dh}{dt} = -(u-w) \tag{6-3-14}$$

式中:$M_t = \rho_t A_t h$,$h$ 为靶板当前厚度。

根据式(6-3-13)、式(6-3-14)迭代求解,可得当靶板剩余厚度 $h_r = h_{cr}$ 时,弹体的侵蚀长度 $\Delta l_2$ 和剩余速度 $v_{r2}$,以及弹体侵蚀及靶板侵彻塑性变形功。

当弹体与靶板材料相同时,根据式(6-3-13),平面应力侵彻阶段弹体的侵蚀长度 $\Delta l_2$ 满足:

$$\Delta l_2 = \left(\frac{u-w}{v-u}\right)P_{s2} = P_{s2}\sqrt{\frac{2(Y_p - R_t)}{(v-u)^2} + 1} \qquad (6-3-15)$$

取靶板侵彻阻力 $R_t$ 恒等于靶板材料的动态屈服极限 $Y_t$，得 $\Delta l_2 = P_{s2}$。

弹体侵蚀的塑性变形功为

$$W_{p2} = \Delta l_2 A_p \left[Y_p + \frac{1}{2}\rho_t(u-w)^2\right] \qquad (6-3-16)$$

### 6.3.4 剪切冲塞阶段

当靶板剩余厚度 $h_r \leq h_{cr}$ 时，弹体侵彻进入剪切冲塞阶段。为使剩余弹体与即将形成塞块的靶板材料获得相同速度而损失的动能为

$$\Delta E_k = \frac{1}{2}M_{pr}v_{r2}^2 - \frac{M_{pr}^2 v_{r2}^2}{2[M_{pr} + m_{plug}]} \qquad (6-3-17)$$

$$M_{pr} = \rho_p A_p (l_0 - \Delta l_1 - \Delta l_2) \qquad (6-3-18)$$

与弹体接触部分的靶板材料相对其他部分产生剪切滑移运动，假设剪切滑移等于靶板剩余厚度时，剪切冲塞过程完成。弹体的动能损失等于剪切塑性功，即

$$W_{plug} = \int_0^h 2\pi r_p h \tau_p \mathrm{d}x = \pi r_p h_r^2 \tau_t \qquad (6-3-19)$$

### 6.3.5 穿甲破坏阶段

剪切塞块形成后，靶板即发生穿甲破坏，剩余弹体和靶板剪切塞块的动能等于弹体初始动能与侵彻过程中总的塑性变形功之差：

$$\frac{1}{2}(M_{pr} + M_{ping})v_r^2 = \frac{1}{2}M_p v_0^2 - (W_{p1} + W_{t1} + W_{p2} + W_{t2} + \Delta E_k + W_{plug})$$

$$(6-3-20)$$

### 6.3.6 计算实例

为了验证本节的理论分析模型，对已有试验结果进行验算。试验中破片模拟弹质量 26g，弹径 14.8mm，弹长 20.45mm，平头宽 6.98mm，弹体有效长度

19.376mm。弹体和靶板材料静、动态屈服强度分别为：$\sigma_0 = 530\text{MPa}$、$\sigma_d = 954\text{MPa}$，一维应变弹性纵波波速 $C_L = 6226.3\text{m/s}$。靶板厚度 $h$，弹体入射速度 $v_0$、出靶速度 $v_r$ 及主要计算结果如表 6-3-1 所列。

表 6-3-1 主要试验和计算结果

| 序号 | $h$/mm | $v_0$/(m/s) | 侵彻速度 | $h_{r1}$ | $l_{r1}$ | $t_1$/ms | $M_{pr1}$ | $v_r$/(m/s) | 计算剩余速度/(m/s) | 偏差/% |
|---|---|---|---|---|---|---|---|---|---|---|
| 1 | 4 | 1067.5 | 431.5 | 3.7 | 19.0 | 0.0 | 0.0255 | 843.8 | 882.9 | 4.6 |
| 2 | 4 | 1238.8 | 531.3 | 3.7 | 19.0 | 0.0 | 0.0254 | 1006.1 | 1029.8 | 2.4 |
| 3 | 6 | 1055.1 | 424.1 | 5.6 | 18.8 | 0.0 | 0.0253 | 726.6 | 794.4 | 9.3 |
| 4 | 6 | 1235.7 | 529.5 | 5.5 | 18.8 | 0.0 | 0.0252 | 812.1 | 939.6 | 15.7 |
| 5 | 8 | 1052.9 | 422.8 | 7.5 | 18.6 | 0.0 | 0.0249 | 681.8 | 743.7 | 9.1 |
| 6 | 8 | 1232.7 | 527.8 | 7.3 | 18.6 | 0.0 | 0.0248 | 755.3 | 884.8 | 17.2 |
| 7 | 11 | 1035.3 | 412.2 | 10.3 | 18.4 | 0.0 | 0.0245 | 557.2 | 657.9 | 18.1 |
| 8 | 11 | 1226.6 | 524.3 | 10.1 | 18.2 | 0.0 | 0.0244 | 577.9 | 808.4 | 39.9 |

# 参考文献

[1] TATE A. A Theory for the Deceleration of Long Rods after Impact [J], J. Mech. Phys. Solids 1967, 15: 387-399.

[2] TATE A. Further Results in the Theory of Long Rod Penetration [J], J. Mech. Phys. Solids 1969, 17: 141-150.

[3] ANDERSON C E, WALKWER J D. An examination of long-rod penetration [J]. Int. J. IMPact Engng, 1991, 11: 481-501.

[4] ZAERA R, SáNCHEZ-GáLVEZ V. Analytical modelling of normal and oblique ballistic IMPact on ceramic/metal lightweight armours [J]. Int. J. Impact Engng 1998, 21(3): 133-148.

[5] DIKSHIT S N, KUTUMBARAO V V, SUNDARARAJAN G. The influence of plate hardness on the ballistic penetration of thick steel plates [J]. Int J Impact Eng, 1995, 16(2): 293-320.

[6] 侯海量,朱锡,梅志远,等.高速破片对半无限厚钢靶的侵彻试验研究[J],兵器材料科学与工程,2006, 29(1): 39-42.

[7] 侯海量,朱锡,谷美邦,等.破片模拟弹侵彻钢板的有限元分析[J],海军工程大学学报,2006, 18(3): 78-83.

[8] BACKMAN M, GOLDSMITH W. The Mechanics of Penetration of Projectiles into Targets [J]. Int. J. Engng Sci, 1978, 16: 1-99.

[9] CORBETT G G, REID S R, JOHNSON W. Impact loading of plates and shells by free-flying projectiles: a review. Int J Impact Engng, 1996, 18: 141-230.

[10] TAYLOR G I. The Formation and Enlargement of Circular Hole in a Thin Plastic Sheet, Quarterly Journal of Mechanics and Applied Mathematics, 1948, 1: 103-124.

[11] THOMOSON W T. An approximate theory of armour penetration. J. Appl. Phys, 1955, 26(1): 80-82.

[12] 赵国志. 穿甲工程力学. 北京: 兵器工业出版社, 1992.

[13] WOODWARD R L. The penetration of metal targets by conical projectiles. Int. J. Mech. Sci, 1978, 20: 349-359.

[14] WOODWARD R L. The penetration of metal targets which fail by adiabatic shear plugging. Int. J. Mech. Sci, 1978, 20: 599607.

[15] LANDKOF B, GOLDSMITH W. Petalling of thin, metallic plates during penetration by cylindro-conical projectiles. Int. J. Solids Struct. 1983, 21, 245-266.

[16] WIERZBICKI T. Petalling of plates under explosive and impact loading, Int J Impact Engng, 1999, 22: 935-954.

# 第7章 纤维增强复合装甲防护技术

## 7.1 概　述

纤维增强复合材料具有优良的物理力学性能,其比强度、比模均高于金属金属材料,具有较好的动能吸收性,且无"二次杀伤效应",因而具有优良的防护性能,被广泛用于舰船、装甲车辆、飞机、防护工程等装甲防护领域。

纤维增强复合材料层合板在中高速侵彻下的破坏模式、抗侵彻的影响因素和防护机理及其抗侵彻计算、设计方法等问题对复合装甲的应用具有重要的意义,对降低水面舰艇装甲重量,提高其战斗灵活性和生存能力具有重要的意义。

### 7.1.1 弹道冲击下复合材料层合板的破坏模式

在中高速弹道冲击下,由于弹体和层合板之间作用方式多样性,复合材料层合板将产生多种形式的破坏模式。不同的破坏模式对应着弹体对层合板的不同作用机理。同时,由于受到惯性效应、材料应变率效应及应力波传播等因素的影响,不同载荷作用下,不同的破坏模式在产生机理、程度及相互作用关系等方面存在较大差异。因此,破坏模式对研究复合材料层合板的抗弹性能至关重要,也是复合材料抗弹机理研究的重要内容。

复合材料在弹道冲击作用下的破坏模式总结起来主要有剪切破坏、纤维拉伸破坏、纤维拔出、层间分层等,各种破坏模式可能单独或结合在一起发生。除此之外,还可能从宏观上伴随着整体或局部的凹陷变形,如图7-1-1所示。

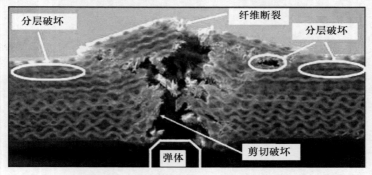

图7-1-1　高速侵彻下纤维增强层合板的剪切、分层和纤维断裂

## 7.1.2 复合材料层合板抗侵彻能力的影响因素

复合材料抗侵彻能力取决于弹体冲击能量的大小和几何特征,基体、纤维、界面三者的相对强度、刚度及层合结构的尺寸、制作工艺、纤维及基体材料组合方式等因素;同时受到惯性效应、材料应变率效应及应力波传播特性等因素的影响。

### 7.1.2.1 基体、纤维的影响

复合材料层合板的抗侵彻能力主要取决于纤维力学。随着纤维力学性能的提高,抗侵彻能力随之提高。用于防弹的纤维除了具有较高的强度外,还需有高的模量、延伸率、韧性及高应变率下保持较好的性能。尼龙纤维受到弹道冲击会出现软化现象,破坏时伴随着大变形;玻璃纤维层合板的是典型的脆性失效破坏,拉伸变形较小,吸能较少;Kevlar 纤维的延伸率低于尼龙纤维,破坏时伴随着一定的拉伸变形和沿纤维方向撕裂现象。高速弹体冲击作用下纤维主要存在软化、脆性失效破坏和纤维方向撕裂等。

就基体材料影响而言,基体与纤维之间的变形协调程度、界面结合能力以及纤维拉伸变形对层合板抗弹能力有显著影响。弹道冲击下,乙烯基 UHMWPE 纤维层合板的弹道极限较聚亚胺酯基的 UHMWPE 纤维层合板更高,劳寿命更长。而使用聚亚胺酯基体,层合板分层现象明显减少,会降低了层合板的总吸能。

层合板的抗侵彻性能还受到基体和纤维含量的影响。碳纤维/SMA 混杂层合板和碳纤维/Spectra 混杂层合板在冲击响应过程中纤维会被明显的拉伸断裂而非脆断,弹道极限也变高。基体比例低的层合板,更能凸显出纤维的作用,提高层合板的强度和刚度。由于固化后存在于纤维层层间的树脂沿厚度方向产生强弱相间的特征,使得层合板更容易发生分层,同时可有效地减弱高速冲击过程中应力波在层间的来回传播,使背层纤维不会提前断裂。

虽然纤维拉伸断裂吸能在抗侵彻过程中所占能量比例较高,但是纤维的含量不能太高,当纤维含量过高时,复合材料层合板中传递应力的基体树脂相对含量减少,从而导致纤维与纤维、基体与纤维之间的粘接强度下降,降低基体传递应力的作用,最终导致层合板抗侵彻能力下降。基体比例过大时,与纤维粘接程度增加,妨碍纤维的变形和拔出,同时强度相对较低层间树脂层变厚,弹道冲击下更容易造成基体的破坏,也会使得抗侵彻能力下降。

因此,良好的基体与纤维的变形协调、界面结合能力以及合理的纤维混杂都是提高层合板抗侵彻性能的关键。

#### 7.1.2.2 铺层形式及工艺的影响

层合板的层间铺层方式和工艺对其吸能特性也有显著影响,不同层间结构形式的复合材料层合板在弹道冲击下表现出来的抗侵彻性能也不尽相同,这种影响主要表现在复合材料层合板在弹道冲击下纤维断裂根数的差异以及破坏模式和程度的差异。单向铺层、多向铺层和角度铺层是复合材料层合板的主要铺层方式,不同铺层方式会影响纤维层和基体之间的结合形式,从而使得层合板的应力波传播方式和层间特性不同,在弹道冲击下这种影响表现为层合板纤维变形模式和分层形式的区别。

高速冲击下,角度铺层和织物铺层这两种铺层方式薄板的抗弹能力接近。而对于较厚的层合板,由于织物铺层板的内在作用方式以及树脂与纤维的粘合性更好,抑制了基体裂纹的形成,角度铺层板的抗侵彻能力要优于织物铺层板;在破坏形貌方面,无论是正面还背面,角度铺层板都会产生条状脱层带,而织物铺层板的破坏范围为着弹区附近。平头弹高速冲击下,两种铺层板都有剪切破坏的现象,如图 7-1-2 所示。

(a) 角度铺层板　　　　　　　　(b) 织物铺层板

图 7-1-2　高速冲击下角度铺层板和织物铺层板破坏模式

纤维增强复合材料的成型方式主要有手糊、层压、喷射、缠绕等,而用于制作抗弹靶板的主要是前两种。不同的成型方法对复合材料的性能也有明显的影响。高强 HMWPE 层合板的抗弹性能与模压过程中的成型压力、成型温度和保温时间之间的关系。成型压力为 8.7MPa 时,PE 层合板的抗弹性能较好。

复合材料层合板成型方式对其层间结合强度存在一定的影响,而层间结合强度越弱,对分层的阻力就越小;同时层间结合强度对层合板的破坏模式也有一定的影响。

#### 7.1.2.3 厚度效应的影响

复合材料层合板的厚度主要影响弹道侵彻过程中主要破坏模式和吸能过程。高速弹道冲击下,薄板的破坏模式主要是迎弹面的压剪破坏,而背面的拉伸和分层破坏较小;而中厚板迎弹面的破坏模式主要为压剪破坏,中间层的纤维和基体由于受到应力波的影响主要为分层破坏,背面主要是纤维拉伸断裂。

薄板在弹道冲击下仍会发生整体弯曲变形,只有当层合板的厚度足够大时层合板的整体变形现象才会弱化。相关研究表明,厚度对玻纤层合板破坏模式的影响较大:薄板的破坏形状为锥形,其破坏模式主要为拉伸破坏和层间分层,如图7-1-3(a)所示;而厚板的破坏区为上下叠放的两个锥形,其迎弹面的破坏模式为剪切冲塞和层间分层,背弹面为拉伸断裂和层间分层,如图7-1-3(b)所示。此时,玻纤层合板的吸能能力与其厚度之间呈现双线性关系。

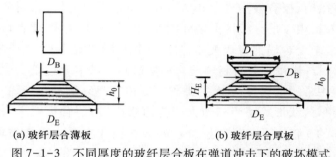

(a) 玻纤层合薄板　　　　(b) 玻纤层合厚板

图7-1-3　不同厚度的玻纤层合板在弹道冲击下的破坏模式

#### 7.1.2.4　应变率效应的影响

中高速弹道冲击作用下,复合材料层合板始终处于高应变率的状态,应变率效应的存在会影响层合板的基体和纤维材料性能,进而影响层合板的抗弹能力。

对于碳纤维单向板,其在高应变率时,厚度方向上的压缩强度是准静态时的两倍,但失效应变却不会表现明显的率效应;随应变率增大,轴向压缩强度和失效应变会小幅增大。相关研究结果表明,碳纤维层合板和玻纤层合板在受压时都存在明显的率效应,而且碳纤维层合板在高应变率下比玻纤层合板的压缩失效应变的变化大,失效应力比玻纤层合板受应变率的影响要小。两种层合板在低应变率的主要破坏模式为剪切破坏,而通过进行碳纤维/环氧树脂基和E玻纤/环氧树脂基织物铺层板的SHPB试验与准静态试验压缩性能的对比,可得出这两种纤维织物均有明显的率效应,且强度与应变率正相关,且在厚度方向上的应变率效应强于层合板面内。

大量研究表明,复合材料层合板中,不论是基体材料还是纤维材料,都具有一定的应变率效应,树脂基体相对于纤维材料来说,应变率效应更加明显,且具有一定的黏弹性效应。

#### 7.1.2.5　弹体因素的影响

弹体的冲击初速,弹头形状和弹体材料等因素对复合材料层合板的破坏模式和吸能能力影响也较大。在冲击速度的影响方面,当弹体初速在600m/s以下时,层合板的破坏通常伴随着结构的局部大变形;当弹体初速在600~2000m/s之间时,层合板破坏范围主要集中于着弹点附近,惯性效应和应变率效应在响应过程中起着重要作用;当弹体初速大于2000m/s时,材料会表现出流体特性,可压缩性和相变效应显得尤为重要。而当弹体初速小于层合板的弹道极限时,层合板背面会出现凸起变形,且变形模式主要为拉伸变形;当弹体初速接近层合板的弹道极限时,层合板会呈现较大变形,且破坏模式主要为迎弹面的剪切和背面的拉伸;而当弹体初速远大于弹道极限时,层合板的破坏模式主要为剪切破坏。

研究表明,弹体速度与层合板的破坏机理间存在3种关系:①当弹速小于层合板的弹道极限时,层合板吸能与其几何特性及层间韧性相关;②当弹速接近层合板的弹道极限时,层合板呈现整体大变形,部分纤维失效;③当弹速大于层合板的弹道极限时,由于层合板侵彻区外围速度小于侵彻速度,侵彻区外围来不及变形,层合板破坏变为局部剪切破坏,分层面积也随之减小。

弹体形状对纤维增强复合材料层合板的破坏模式和吸能能力也有一定的影响。目前试验中常用的弹体形状主要有立方体、球形、圆柱形、FSP和以制式弹为代表的轴对称流线形等。当初速大于弹道极限时,层合板对平头弹的能量吸收约为尖头弹的3倍。平头弹对层合板的破坏模式主要为剪切破坏,破损形状为圆形,而球头弹的破坏模式主要为拉伸破坏,破损形状呈现矩形。

### 7.1.3 复合材料层合板抗侵彻过程的理论模型

复合材料层合板的弹道侵彻破坏过程,涉及惯性效应、应变率效应、应力波的传播等诸多问题。为了更加符合实际情况并且准确地研究这个过程,往往需要在一定的简化假设基础上建立相应的理论模型。

对于Kevlar织物层合板,其抗侵彻过程可分为3个阶段,即开坑及背板凸起阶段、纤维拉伸断裂阶段和弹体冲出阶段。在这3个阶段的基础上,结合失效应变准则,可得出弹体三阶段的运动方程。如图7-1-4所示。

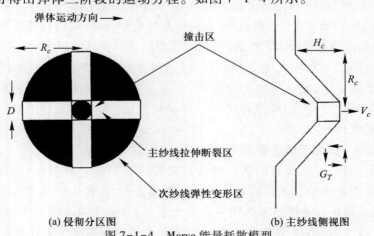

图 7-1-4 Morye 能量耗散模型

对于织物聚乙烯纤维复合材料层合板的弹道吸能过程,可基于 Cunniff 提出的单层纤维板的吸能过程,将层合板的吸能分成三部分:纤维的拉伸失效吸能($E_{TF}$)、纤维的弹性形变吸能($E_{ED}$)和层合板由于惯性效应的运动吸能($E_{KE}$)。其中惯性效应引起的运动吸能在这 3 种吸能方式中占主要地位。

冲击载荷下复合材料层合板的能量损耗方式主要有:贯穿吸能($E_{ah}$)、层间分层吸能($E_{dl}$)与弹体穿透层合板过程中的摩擦吸能($E_f$)。将分层过程中损伤模式假设为图 7-1-5 中的形式,即厚度方向为圆台形,面内方向为圆形,可通过上下表面的损伤状况可以得到中间层的损伤情况。

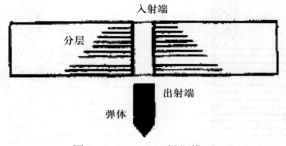

图 7-1-5　Mines 侵彻模型

不同弹头形状弹体侵彻下纤维增强复合材料(FRP)层合板的变形为局部变形,可假设层合板与弹体间的作用力由两部分组成:一部分是由于弹体侵彻 FRP 层合板时,由变形引起的准静态阻力;另一部分则是由于层合板的应变率效应引起的动态阻力,且这部分阻力可以由一个速度相关的影响因子乘以静态压力来表示。如锥形弹侵彻纤维增强材料层合板时,其分两阶段侵彻模型如图 7-1-6 所示。

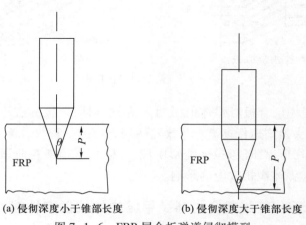

(a) 侵彻深度小于锥部长度　　(b) 侵彻深度大于锥部长度

图 7-1-6　FRP 层合板弹道侵彻模型

根据动力学和应力波理论,中厚 FRP 层合板的抗平头弹中低速侵彻过程也可用两阶段模型描述:①剪切冲塞破坏阶段;②冲击和分层破坏阶段。高速侵彻过程中,中厚度 FRP 层合板的应变率效应对其抗侵彻吸能影响较小。平头弹高速侵彻中厚 FRP 层合板的过程可分为压缩阶段和拉伸变形阶段。弹、靶接触早期,属于剪切压缩阶段,主要受到的阻力有剪切力、压缩力和惯性阻力;而拉伸变形阶段中,弹体推动纤维层形成变形锥,吸能方式主要为拉伸应变能。两阶段侵彻模型如图 7-1-7 所示。

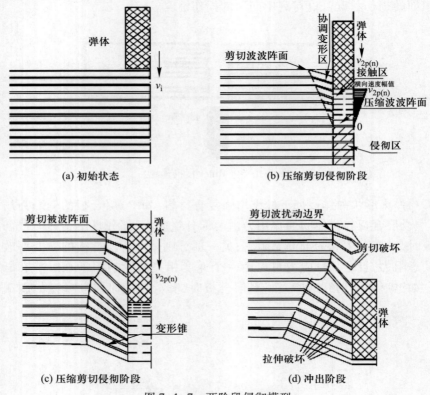

图 7-1-7 两阶段侵彻模型

若进一步考虑层合板对弹体的镦粗效应,根据层合板的破坏模式和应力波的传播过程,钝头弹高速侵彻高分子聚乙烯层合板的过程可分为 3 个阶段,即压缩镦粗阶段、剪切压缩阶段、拉伸变形阶段。其中,压缩镦粗阶段的动响应过程和耗能均应考虑弹体镦粗效应的影响。

### 7.1.4 陶瓷/纤维复合材料装甲结构的抗侵彻性能

陶瓷/纤维复合材料装甲结构的抗弹性能与弹体和结构的相对性能有关,弹体高速侵彻下,陶瓷/复合材料装甲结构的主要破坏模式为破碎陶瓷锥的形成和背衬板的失效破坏。其中,复合材料层合背板的变形破坏是主要的耗能方式,而前面陶瓷层主要起到侵蚀、碎裂弹体的作用。

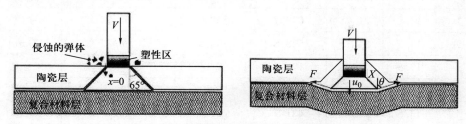

图 7-1-8　弹丸侵彻陶瓷/复合材料装甲结构的过程

弹丸高速侵彻陶背纤维增强复合材料装甲结构的动响应过程可采用一维应力波理论进行描述和计算,包括弹丸的剩余质量、剩余速度及应力变化等。弹丸斜侵彻陶瓷/纤维复合装甲结构的过程与正侵彻相比,陶瓷/复合材料结构内部的应力分布差别较大。斜侵彻时,陶瓷—纤维层的层间界面应力小于正侵彻,且斜侵彻时陶瓷对弹丸的侵蚀作用也更加明显。卵形弹对陶瓷/高强聚乙烯层合板的侵彻过程表明,层合板的层间分层破坏非常明显。圆柱体弹丸侵彻陶瓷/纤维复合装甲结构的破坏模式则主要体现为陶瓷的脆性断裂及陶瓷锥的形成、纤维层的失效,以及弹丸的侵蚀及镦粗等;且随弹速的增高,层合板的背面变形及层间分层破坏会减少弹、靶的破坏与变形涉及应力波的传播过程,陶瓷可以通过对弹体的磨蚀降低弹体的侵彻能量。除与弹体材料有关外,撞击点对陶瓷/纤维复合装甲结构的抗侵彻性能也影响较大。复合装甲结构在不同撞击点的抗侵彻能力离散性较大,存在抗侵彻典型区域和危险区域。对于陶瓷/纤维复合装甲结构在平头弹侵彻下的问题,理论计算过程中可近似认为弹丸的动能损失主要包括弹丸的变形和侵蚀、陶瓷的压缩/破碎及纤维增强复合材料的变形等耗散作用。

## 7.2　纤维增强复合材料层合板抗侵彻破坏机理

### 7.2.1　纤维增强复合材料层合板

#### 7.2.1.1　高强玻纤增强复合材料层合板抗侵彻性能试验

试验采用 12.7mm 的滑膛弹道枪发射,弹丸为 13.5g 破片模拟弹(FSP)。高强玻纤(SW220)增强复合材料层合靶板抗弹试验结果如表 7-2-1 所列。

表 7-2-1 高强玻纤靶板的抗弹性能试验结果

| 试验序号 | 弹体质量/g | 面密度/(kg/m$^2$) | 弹体初速 $v_0$/(m/s) | 剩余速度 $v_r$/(m/s) | 单位面密度吸能 $E_a$/(J·m$^2$/kg) | 破坏情况 |
|---|---|---|---|---|---|---|
| 1 | 13.5 | 21.75 | 679.7 | 539.0 | 53.0 | 穿透 |
| 2 | 13.5 | 21.75 | 528.8 | 393.5 | 38.7 | 穿透 |
| 3 | 13.5 | 21.75 | 176.0 | 0.0 | — | 未穿透 |
| 4 | 13.5 | 21.75 | 184.9 | 0.0 | — | 未穿透 |
| 5 | 13.5 | 21.75 | 421.7 | 223.0 | 39.7 | 穿透 |
| 6 | 13.5 | 21.75 | 139.0 | 0.0 | — | 未穿透 |
| 7 | 13.5 | 21.75 | 390.0 | 237.9 | 29.6 | 穿透 |
| 8 | 13.5 | 21.75 | 202.0 | 0.0 | — | 未穿透 |
| 9 | 13.5 | 21.75 | 300.6 | 0.0 | — | 未穿透 |
| 10 | 13.5 | 21.75 | 319.5 | 0.0 | 31.7 | 临界穿透 |
| 11 | 13.4 | 32.75 | 572.3 | 272.8 | 51.8 | 穿透 |
| 12 | 13.5 | 32.75 | 487.4 | 188.8 | 41.3 | 穿透 |
| 13 | 13.5 | 32.75 | 429.4 | 60.5 | 37.2 | 穿透 |
| 14 | 13.5 | 32.75 | 389.8 | 0.0 | — | 未穿透 |
| 15 | 13.4 | 43.67 | 479.8 | 0.0 | — | 未穿透 |
| 16 | 13.4 | 43.67 | 512.0 | 54.3 | 39.8 | 穿透 |
| 17 | 13.5 | 54.60 | 578.2 | 0.0 | — | 未穿透 |
| 18 | 13.5 | 54.60 | 589.0 | 0.0 | 42.9 | 临界穿透 |

图 7-2-1 所示为试验 13 中高强玻纤靶板在 13.5g 破片模拟弹侵彻下的穿甲破坏形貌。高强玻纤增强复合材料板(以下简称高强玻纤)靶板在弹丸高速侵彻下,局部效应很明显。高强玻纤靶板的正面仅在侵彻区产生了明显的纤维剪切断裂现象,纤维断裂的区域局限于弹体侵彻区,侵彻区以外靶板的变形很小,可忽略。

进一步观察可知,高强玻纤靶板侵彻纤维层被冲出,具有较为明显的横向剪切痕迹,断裂端纤维还出现了较为明显的原纤化现象,背面出现了类似花瓣开裂的破坏模式。出现这种破坏模式时,高强玻纤靶板的背层分层面积一般较小,背层大变形吸能作用减弱,不利于靶板中纤维抗弹性能的发挥。从整体破坏形貌可得出,高强玻纤靶板在 FSP 高速侵彻下,其穿甲破坏模式主要表现为局部侵彻区的纤维剪切断裂,背层伴随有类似花瓣开裂的破坏。

第 7 章　纤维增强复合装甲防护技术

(a) 正面　　　　　　　　(b) 背面

图 7-2-1　高强玻靶板抗侵彻的典型破坏形貌

在本试验工况下,高强玻纤靶板的单位面密度吸能值为 $30\sim55\text{J}\cdot\text{m}^2/\text{kg}$。图 7-2-2 所示为 4 种不同面密度下高强玻纤靶板的单位面密度吸能随弹体初速的变化规律。由图可见,在本节试验条件下,不同面密度高强玻纤靶板的单位面密度吸能随弹体初速的变化规律是一致的,单位面密度吸能随弹体初速的增加近似呈线性增大。

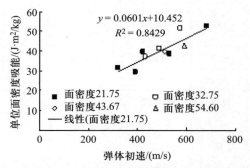

图 7-2-2　高强玻纤靶板的单位面密度吸能随弹体初速的变化关系

不考虑面密度的差异,图 7-2-3 所示为 4 种不同面密度高强玻纤靶板的单位面密度吸能随弹体初速的变化。由图可知,在不考虑高强玻纤靶板面密度差异的情形下,靶板的单位面密度吸能随弹体初速仍然近似呈线性变化。

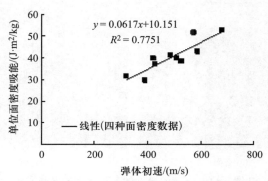

图 7-2-3　不考虑面密度下高强玻纤靶板的单位面密度吸能随弹体初速变化关系

### 7.2.1.2 芳纶纤维增强复合材料层合板抗侵彻性能试验

表 7-2-2 所列为 13.5g 破片模拟弹侵彻芳纶纤维增强复合材料层合靶板（以下简称芳纶靶板）的抗强性能试验。弹道试验结果见表 7-2-2。靶板的典型破坏形貌如图 7-2-4 所示。

表 7-2-2 芳纶靶板抗弹性能试验结果

| 试验序号 | 弹体质量/g | 面密度/(kg/m$^2$) | 弹体初速 $v_0$/(m/s) | 剩余速度 $v_r$/(m/s) | 单位面密度吸能 $E_a$/(J·m$^2$/kg) | 破坏情况 |
|---|---|---|---|---|---|---|
| 1 | 13.5 | 20.5 | 413.7 | 0 | — | 未穿透 |
| 2 | 13.5 | 20.5 | 482.0 | 0 | — | 未穿透 |
| 3 | 13.5 | 20.5 | 536.0 | 0 | — | 未穿透 |
| 4 | 13.5 | 32.6 | 719.0 | 0 | — | 未穿透 |
| 5 | 13.6 | 32.6 | 767.7 | 151.6 | 118.1 | 穿透 |
| 6 | 13.5 | 9.8 | 462.5 | 355.8 | 60.1 | 穿透 |
| 7 | 13.5 | 9.8 | 414.8 | 234.8 | 80.5 | 穿透 |
| 8 | 13.4 | 9.7 | 410.0 | 204.0 | 87.0 | 穿透 |
| 9 | 13.4 | 9.7 | 357.3 | 0 | — | 未穿透 |
| 10 | 13.4 | 9.7 | 395.2 | 0 | — | 未穿透 |
| 11 | 13.4 | 14.3 | 467.4 | 0 | — | 未穿透 |
| 12 | 13.4 | 14.3 | 511.3 | 154.3 | 111.4 | 穿透 |
| 13 | 13.4 | 14.3 | 506.0 | 134.0 | 111.6 | 穿透 |
| 14 | 13.4 | 19.4 | 533.6 | 0 | — | 未穿透 |
| 15 | 13.4 | 19.4 | 596.7 | 309.7 | 89.9 | 穿透 |
| 16 | 13.4 | 19.4 | 578.2 | 140.7 | 108.7 | 穿透 |

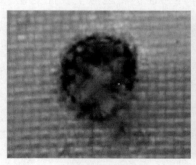

(a) 正面　　　　　(b) 背面

图 7-2-4 芳纶靶板的典型穿甲破坏形貌

由图 7-2-4 可知,芳纶靶板的正面和背面纤维均呈现出拉伸断裂破坏,断裂的纤维还出现了较严重的原纤化现象。而且,芳纶靶板正面侵彻区断裂的纤维还伴随有反向喷出的现象。这主要是由于正面侵彻区纤维在被弹体高瞬态拉断的过程中,存在一定弹性能,随着纤维的断裂和弹体的挤压作用,断裂的纤维出现弹性回复所致。芳纶靶板的主要破坏模式为侵彻区纤维的拉伸断裂,这与高强玻纤靶板剪切断裂的穿甲破坏模式有很大区别。

#### 7.2.1.3 高强聚乙烯纤维增强复合材料层合板抗侵彻性能试验

采用 12.7mm 口径的弹道枪,进一步开展了 13.5g FSP 弹丸侵彻下高强聚乙烯纤维增强复合材料层合板(以下简称高强聚乙烯靶板)的抗弹性能弹道试验,得到了高强聚乙烯靶板的临界穿透试验工况,如表 7-2-3 所列为高强聚乙烯靶板防弹性能弹道试验结果。

表 7-2-3 高强聚乙烯靶板抗弹性能试验结果

| 试验序号 | 弹体质量/g | 面密度/$(kg/m^2)$ | 弹体初速 $v_0/(m/s)$ | 剩余速度 $v_r/(m/s)$ | 单位面密度吸能 $E_a/(J \cdot m^2/kg)$ | 破坏情况 |
|---|---|---|---|---|---|---|
| 1 | 13.5 | 5.1 | 675.8 | 612.6 | 107.5 | 穿透 |
| 2 | 13.5 | 5.1 | 558.5 | 452.5 | 141.5 | 穿透 |
| 3 | 13.5 | 9.9 | 299.0 | 0 | — | 未穿透 |
| 4 | 13.5 | 9.9 | 426.1 | 0 | — | 未穿透 |
| 5 | 13.5 | 10.0 | 668.0 | 399.5 | 193.5 | 穿透 |
| 6 | 13.5 | 10.1 | 590.4 | 273.0 | 183.1 | 穿透 |
| 7 | 13.5 | 10.1 | 459.3 | 0 | — | 未穿透 |
| 8 | 13.5 | 10.1 | 511.3 | 0 | — | 未穿透 |
| 9 | 13.5 | 10.1 | 559.7 | 218.1 | 177.6 | 穿透 |
| 10 | 13.5 | 15.2 | 600.3 | 0 | — | 未穿透 |
| 11 | 13.5 | 15.2 | 681.2 | 0 | — | 未穿透 |
| 12 | 13.5 | 15.2 | 747.7 | 312.7 | 204.8 | 穿透 |
| 13 | 13.5 | 15.2 | 722.7 | 0 | — | 未穿透 |
| 14 | 13.5 | 20.2 | 877.3 | 0 | — | 未穿透 |
| 15 | 13.5 | 20.2 | 926.9 | — | — | 穿透 |
| 16 | 13.5 | 20.2 | 914.6 | 0 | — | 未穿透 |

图 7-2-5 所示为高强聚乙烯靶板在 13.5g FSP 侵彻未穿透情形下的穿甲破坏形貌。高强聚乙烯靶板的正面产生了明显的十字正交形的纤维剥离现象。正面的纤维大部分被弹体剪切破坏,且破坏的纤维存在一定的回弹现象。而从背

面图可以看出，高强聚乙烯靶板的背面产生了较大程度的背凸变形，并有少量的纤维出现剥离现象。

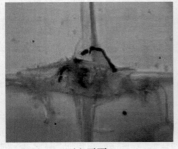 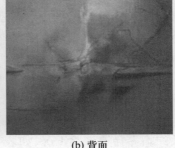 

(a) 正面　　　　　　　　　(b) 背面　　　　　　　　(c) 侧视图

图 7-2-5　高强聚乙烯靶板的破坏形貌

进一步从侧视图可以看出，高强聚乙烯靶板的背面除产生了较大程度的背凸变形外，整块板也产生了一定程度的弯曲变形。另外，背面可看到少量剥离的纤维在高速破片侵彻下失效后的纤维拔脱的现象。背凸变形的纤维层与靶板前面的纤维层之间出现了较为明显的分层和脱胶。

### 7.2.2　陶瓷/纤维增强复合装甲结构

#### 7.2.2.1　试验工况

开展了 7 种陶瓷/纤维增强复合装甲结构靶板（表 7-2-4，以下简称陶瓷/纤维靶板）的抗 7.5g 圆柱体弹丸侵彻试验。表中，S 表示碳化硅陶瓷，C 表示碳纤维增强复合材料层合板，K 表示 Kevlar 层合板，P 表示高强聚乙烯层合板。应该说明的是，试验中 16.5mm 的 Kevlar 层合板是由 1 块 5.3mm 的 Kevlar 层合板和 1 块 11.2mm 的 Kevlar 层合板叠拼而成。试验前靶板如图 7-2-6 所示，陶瓷是以 2×2 的形式用 AB 胶粘贴于纤维增强复合材料层合板上。

表 7-2-4　各工况陶瓷/纤维试验靶板的参数

| 靶板类型 | 靶板组成 | 面密度（$kg \cdot m^{-2}$） |
| --- | --- | --- |
| Ⅰ | 6mm S+5.3mm K | 25.4 |
| Ⅱ | 4mm S+11.2mm K | 25.9 |
| Ⅲ | 2mm S+16.5mm K | 26.0 |
| Ⅳ | 2mm S+4.8mm C+11.2mm K | 26.0 |
| Ⅴ | 4mm S+12.7mm P | 24.8 |
| Ⅵ | 2mm S+20 mm P | 25.6 |
| Ⅶ | 2mm S+4.8mm C+12.7mm P | 25.0 |

(a) Ⅰ型靶板

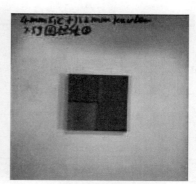
(b) Ⅱ型靶板

(c) Ⅲ型靶板

(d) Ⅳ型靶板

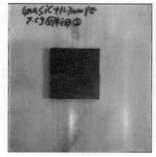
(e) Ⅴ型靶板

(f) Ⅵ型靶板

(g) Ⅶ型靶板

图 7-2-6　陶瓷/纤维试验靶板

#### 7.2.2.2　试验结果

陶瓷/纤维靶板抗圆柱形弹侵彻试验结果如表 7-2-5 所列。

表 7-2-5 陶瓷/纤维靶板抗侵彻试验结果

| 靶版类型 | 试验编号 | 弹丸初速/(m/s) | 弹丸余速/(m/s) | 面密度吸能/(J·m²/kg) | 纤维层入射孔直径/mm | 背板凸起范围/mm | 最大凸起高度/mm | 备注 |
|---|---|---|---|---|---|---|---|---|
| I | 1 | 580.0 | — | — | 15.5 | 260 | 16.0 | |
| | 2 | 645.3 | — | — | 17.5 | 300 | 25.4 | |
| | 3 | 695.5 | 278.0 | 60.0 | 12.8 | 300 | 21.2 | |
| | 4 | 748.3 | 427.8 | 55.7 | 12.2 | 200 | 8.5 | |
| II | 5 | 645.5 | 201.2 | — | — | — | — | 未命中陶瓷 |
| | 6 | 701.1 | — | — | 11.8 | 300 | 9.2 | |
| | 7 | 804.7 | 170.9 | 89.5 | 12.5 | 170 | 7.5 | |
| | 8 | 874.2 | 376.5 | 90.1 | 9.8 | 140 | 6.4 | |
| III | 9 | 718.6 | — | — | 9.4 | 140 | 15.3 | |
| | 10 | 763.7 | — | — | 9.7 | 140 | 19.0 | |
| | 11 | 833.5 | 194.1 | 94.8 | 9.6 | 130 | 17.2 | |
| | 12 | 870.4 | 356.1 | 91.0 | 9.4 | 110 | 16.1 | |
| IV | 13 | 717.8 | — | — | 9.5 | 130 | 10.0 | |
| | 14 | 774.4 | 0.0 | 86.5 | 9.7 | 200 | 21.5 | 临界穿透 |
| | 15 | 813.0 | 350.2 | 77.6 | 10.3 | 75 | 5.5 | 命中陶瓷缝隙 |
| | 16 | 874.7 | 357.7 | 92.1 | 11.0 | 110 | 11.1 | |
| V | 17 | 713.1 | — | — | 22.5 | 100 | 14.7 | |
| | 18 | 820.8 | — | — | 21.8 | 130 | 19.2 | |
| | 19 | 893.0 | — | — | 20.2 | 150 | 22.5 | |
| | 20 | 991.9 | — | — | 17.2 | 240 | 40.0 | |
| | 21 | 1073.9 | 0.0 | 174.4 | 16.9 | 300 | 53.5 | 临界穿透 |
| VI | 22 | 948.4 | — | — | 12.5 | 200 | 24.7 | |
| | 23 | 1046.5 | — | — | 10.5 | 200 | 39.5 | |
| | 24 | 1057.5 | 225.4 | 156.4 | 10.0 | 130 | 18.8 | |
| | 25 | 1123.2 | 358.3 | 166.0 | 9.6 | 120 | 12.2 | |
| VII | 26 | 1026.0 | — | — | — | — | — | 弹丸横拍 |
| | 27 | 1029.4 | — | — | 10.5 | 210 | 35.8 | |
| | 28 | 1034.4 | 51.8 | 160.1 | 11.2 | 270 | 40.9 | |
| | 29 | 1130.3 | 382.9 | 169.6 | 9.5 | 220 | 34.8 | |

### 7.2.2.3 弹丸变形破坏模式

圆柱形弹丸撞击陶瓷/纤维靶板后,弹丸会发生一定程度的侵蚀或变形,弹丸典型的变形和侵蚀情况如图 7-2-7 所示。从弹丸变形情况来看,撞击陶瓷/纤维靶板后,弹丸均会发生一定的变形及侵蚀。这主要是由于弹丸撞击陶瓷面板后,弹体头部会产生向尾端传播的压缩波;在压缩波传至尾端前,尾端速度保持不变;而由于陶瓷面板的硬度、刚度较大,弹头无法在弹、靶接触时立即侵入陶瓷内部,会在弹丸的首尾造成速度差。该速度差会导致弹-靶接触面与弹体内的塑性波波阵面间将形成一个"塑性区",塑性区内弹体将发生压缩变形。

图 7-2-7 弹丸变形情况

根据不同试验工况的结果,弹丸的变形程度会受到弹丸的入射速度、陶瓷面板的厚度、陶瓷面板的背衬板3个因素的影响。从工况13(图7-2-7(d))和工况28(图7-2-7(g))的弹丸变形程度来看,两种试验工况均为迎弹面2mm陶瓷面板+碳纤维背衬板。随入射速度增大,弹丸的变形侵蚀程度则会增大。这是由于弹丸撞击之后的首尾速度差更明显,弹体塑性区的压缩变形作用更加明显所致。从工况21(图7-2-7(e))、工况24(图7-2-7(f))及工况4(图7-2-7(a))、工况7(图7-2-7(b))的弹丸变形程度来看,随着陶瓷厚度的增加,弹丸的变形侵蚀程度明显增大。这是由于随着陶瓷的厚度增加,弹丸侵彻陶瓷的时间会增长,使得陶瓷对弹丸磨蚀效果增强,陶瓷的质量损失增加。而工况9(图7-2-7(c))、工况13(图7-2-7(d))及工况24(图7-2-7(f))、工况28(图7-2-7(g))的弹丸变形程度来看,陶瓷面板的背衬刚度越大,陶瓷的变形破坏程度越大,这是由于陶瓷背衬的刚度越大,则对陶瓷面板的支撑越强,在弹丸侵彻陶瓷的过程中破碎的陶瓷不容易挤出,增强了破碎陶瓷锥对弹丸的侵蚀作用。随着陶瓷对弹丸的破坏程度增强,弹丸破坏形式从镦粗变形伴随局部侵蚀转变为严重的侵蚀破坏。同时,弹丸的塑性变形明显增大,质量侵蚀增大,长度明显变短,并在弹丸头部形成花瓣形碎裂。

#### 7.2.2.4 靶板变形破坏模式

陶瓷是一种非均匀性材料,弹丸撞击陶瓷面板后,压缩应力波在陶瓷中传播,陶瓷内的微孔洞、杂质、晶界受到应力波时,会诱发局部的微裂纹产生,导致陶瓷面板发生损伤,材料强度降低。当压缩波经过自身或其他界面时,会反射形成拉伸波,微裂纹在拉伸波的作用下,将逐步形成宏观裂纹,使陶瓷面板发生破碎。试验后,仅在陶瓷厚度2mm,背衬材料为Kevlar及碳纤维板的工况下,碎裂陶瓷片未从纤维板迎弹面完全崩落,如图7-2-8所示。试验后收集到的SiC陶瓷碎片如图7-2-9所示。

(a) 编号9　　　　　　　　　　　(b) 编号16

图7-2-8　陶瓷片破坏形貌

从图7-2-8、图7-2-9可以看出,前置陶瓷片虽然是多块陶瓷片通过黏结拼接而成,但当陶瓷片未受到弹丸的直接冲击时,也会由于纤维增强材料板及陶瓷之间的相互作用产生裂纹或撕裂。对于较薄的陶瓷片,当背面为Kevlar或碳纤维层合板时,由于层合板不易发生凹陷变形,陶瓷在弹丸侵彻作用结束后仍能继续黏结于层合板表面。而当陶瓷片厚度增大或层合板易发生凹陷变形时,未直接受到弹丸冲击的陶瓷片由于冲击振动及纤维层的凹陷变形,很容易从层合板表面脱落形成较大碎块,受到弹丸直接冲击的陶瓷片则不论背面层合板是否发生凹陷变形,均破碎为较小碎块或甚至形成粉末。

图7-2-9 陶瓷碎片

弹丸侵彻下,陶瓷/纤维靶板的纤维增强复合材料层合背板(以下简称FRP背板)迎弹面的典型破坏形貌如图7-2-10所示。结合表7-2-5中穿孔大小及图7-2-10可知,FRP背板的穿孔大小及其变形程度受弹丸速度、陶瓷面板和FRP背板的厚度、FRP背板的材料类型的影响。

对比图7-2-10(a)、图7-2-10(b)及图7-2-10(f)、图7-2-10(h)可以看出,当相同的陶瓷/纤维靶板受到不同弹速的弹丸冲击时,弹速越低,迎弹面的变形程度越大。这是由于弹丸速度越低,弹丸与陶瓷层作用的时间越充分,进而使得陶瓷层形成的陶瓷锥与FRP背板的作用时间增长,陶瓷锥的挤压作用会使得背层更易发生凹陷变形。靶板穿孔直径随弹丸速度增加是先增大后减小,这是由于随弹丸速度增大,弹丸的变形镦粗程度加大,甚至发生侵蚀破坏,这个过程也与陶瓷层的厚度有关。弹丸的头部镦粗会使靶板穿孔逐步增大,而当弹丸开始发生侵蚀时,弹丸的头部面积又逐步减小,靶板穿孔又逐渐减小。

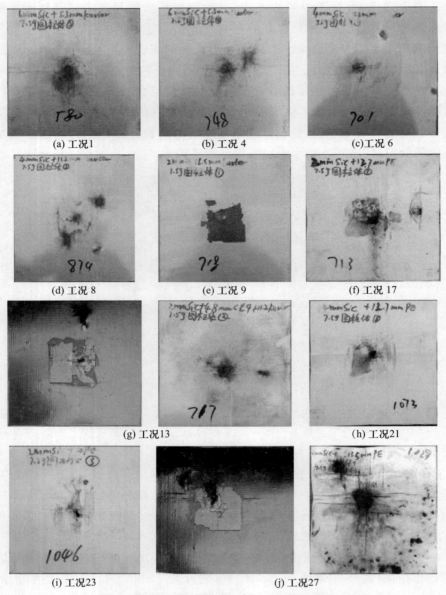

图 7-2-10  陶瓷/纤维靶板的 FRP 背板破坏形貌（迎弹面）

对比图 7-2-10(b)、图 7-2-10(c)、图 7-2-10(e)可以看出，当弹速及陶瓷/纤维靶板的总体面密度接近时，陶瓷厚度越大，ERP 背板厚度越小，背层迎弹面的变形程度越大。这是由于在弹丸速度相近时，陶瓷层的厚度越大，弹丸与陶瓷层作用时间越长，陶瓷锥对背层的作用时间也就越长，背层的变形也就越大。

背层的厚度较低时，整体刚度较小，容易发生弯曲变形。同时，在弹速较低时，陶瓷层厚度越大，弹丸对背层穿孔越大，而弹速进一步增大时，陶瓷厚度增大反而会使得弹丸对背层的穿孔减小。

对比图7-2-10(e)、图7-2-10(f)、图7-2-10(g)、图7-2-10(i)和图7-2-10(j)可以看出，FRP背板的刚度越大，其迎弹面的变形程度越大。Kevlar、聚乙烯、碳纤维3种材料背层的迎弹面破坏变形模式存在较大差异。Kevlar背层迎弹面的破坏模式主要是剪切破坏，聚乙烯背层迎弹面则在剪切破坏的同时伴随有较为明显的弯曲变形，入射孔周围存在明显的"十"字凸起现象；碳纤维背层迎弹面基本没有弯曲变形，且表面伴随有明显的纤维拔出现象。同时，当陶瓷背衬为碳纤维层合板时，碳纤维层数的增加，可以提升弹丸的穿孔大小，即增大弹丸的镦粗作用程度，这是由于高刚度的碳纤维背层对陶瓷层的强支撑作用导致的。

弹丸侵彻下，FRP背板的背弹面的典型破坏形貌如图7-2-11所示。结合表7-2-5中FRP背板的变形范围及最大隆起高度和图7-2-11。可以看出，FRP背板背弹面的变形范围及最大隆起高度主要受弹丸速度、陶瓷/纤维靶板的弹道极限、陶瓷/纤维靶板的背板厚度以及背板材料等因素的影响。

从表7-2-5的结果可以看出，当陶瓷/纤维靶板受到不同弹速的弹丸冲击时，随着弹丸速度的增加，靶板的隆起范围和最大隆起高度先增大后减小。这是由于弹速较低时，弹丸无法完全穿透陶瓷/纤维靶板，弹丸在穿过陶瓷层后的质量损失也相对较小，弹丸的大部分能量转换为FRP背板的变形能。随着弹丸速度的进一步增大，弹丸在穿过陶瓷层的质量损失虽然相对增加，但高速冲击作用使得FRP背板的侵彻作用时间减少，且较高弹速作用下，剪切作用占据着主要成分。因此，随着弹丸速度的进一步增大，靶板隆起范围和最大的隆起高度反而减小。

结合表7-2-5和图7-2-11(b)、图7-2-11(c)、图7-2-11(e)可以看出，FRP背板的厚度越厚，整块背板的刚度就越大，迎弹面受挤压变形的程度就越小。同时，由于背板厚度增加，弹丸侵彻过程中所要推动的质量变大，侵彻区外围的变形惯性变大，从而使得背板的整体变形减小。

当背板材料为高强聚乙烯时，背板的整体变形程度要明显大于背板为Kevlar的情况，而从图7-2-11(g)和图7-2-11(j)可以看出，在弹丸穿透碳纤维背板的过程中基本不会发生隆起变形，只有纤维的剪切破坏、拔出和断裂，说明陶瓷/纤维靶板在抗弹过程中，抗拉性能较好的纤维增强复合材料背板的整体变形程度更大。

从图7-2-11还可看出，由于纤维增强复合材料层合背板的鼓包变形使得纤维层向面内收缩，从而造成背板边界产生了脱层和纤维拔出现象，如Kevlar背

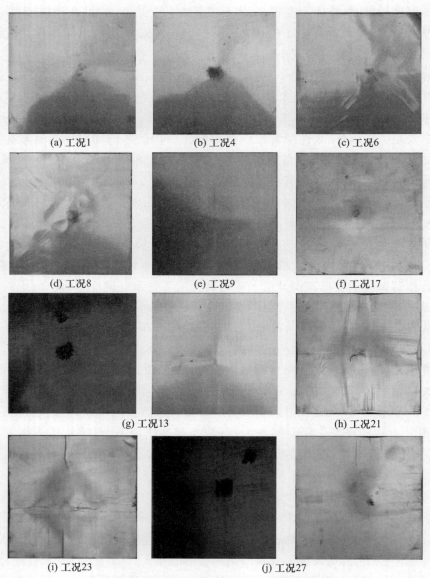

图 7-2-11　陶瓷/纤维靶板的 FRP 背板破坏形貌(背弹面)

板还出现了褶皱现象,这可能是由于鼓包大变形过程中纤维的向内移动导致的。

#### 7.2.2.5　靶板抗侵彻性能

表 7-2-6 给出了 7 种陶瓷/纤维靶板抗侵彻能力的比较。其中,弹道极限的估算除弹丸临界穿透陶瓷/纤维靶板外,根据以下两种情况取平均值得到。若试验中弹丸最小穿透陶瓷/纤维增强靶板的速度与最大无法穿透该靶板的速度偏

差小于10%的情况,则取这两个速度的平均值。若试验中弹丸最小穿透陶瓷/纤维靶板的速度与最大无法穿透该靶板的速度偏差大于10%的情况,则根据弹丸穿透纤维增强复合材料背层的面密度吸能进行推测估算。

表 7-2-6 陶瓷/纤维增强复合材料结构抗侵彻吸能能力

| 靶板类型 | 估算弹道极限/(m/s) | 单位面密度吸能/(J·m²/kg) |
| --- | --- | --- |
| I | 670.4 | 66.3 |
| II | 770.0 | 85.8 |
| III | 798.5 | 92.0 |
| IV | 774.4 | 86.5 |
| V | 1073.9 | 174.4 |
| VI | 1052.0 | 162.1 |
| VII | 1031.9 | 159.7 |

由表 7-2-6 可知,陶瓷/Kevlar 纤维靶板的抗侵彻性能明显要弱于陶瓷/聚乙烯纤维靶板。这主要是因为聚乙烯的密度要小于 Kevlar,在保证相同面密度的情况下,聚乙烯比 Kevlar 的厚度厚,弹丸侵彻聚乙烯的时间更长,推动聚乙烯变形运动消耗的能量更多。另外,聚乙烯的抗拉强度要高于 Kevlar,背弹面的变形的范围和程度更大,在弹丸对纤维增强复合材料剪切破坏作用较弱的情况下,拉伸变形在抗侵彻过程中的耗能比重也会明显提升。

从表 7-2-6 中还可以看出,陶瓷与纤维背板厚度比的变化对陶瓷/纤维靶板整体抗弹性能影响较大。对于陶瓷/Kevlar 纤维靶板,当陶瓷的质量在靶板中的比例较大时,靶板整体的抗侵彻能力明显较弱;随陶瓷厚度的减少,抗弹能力逐步提升。对于陶瓷/聚乙烯纤维靶板,陶瓷厚度为 4mm 时的抗侵彻能力强于陶瓷厚度为 2mm 的情形。这是由于陶瓷/聚乙烯纤维靶板的弹道极限较高,陶瓷本身对弹丸侵蚀作用是在弹速较高的情况下更容易发挥作用,因而较大的陶瓷厚度对靶板整体抗弹能力提升的效果较为明显。但当陶瓷厚度过厚时,纤维增强复合材料背板的厚度会过低,会大大降低靶板整体的抗弹性能。因此,合适的陶瓷与纤维增强复合材料背板的厚度比,能使陶瓷/纤维靶板的抗弹性能达到最佳。

结合表 7-2-5 和表 7-2-6 可得出,采用碳纤维层合板作为背板时,在弹速更高的情况下,陶瓷/纤维靶板整体抗弹性能的提升效果较为明显。这是由于在高弹速情况下,刚度较大的背板更有利于陶瓷对弹丸的侵蚀破坏作用,从而降低弹丸对纤维增强复合材料背板的侵彻能力。但由于碳纤维背板在抗弹性能方面相对较弱,因而需要在保持对陶瓷面板的足够支撑作用下,尽量降低碳纤维背板的厚度,以保证陶瓷/碳纤维靶板较好的整体抗侵彻能力。

## 7.3 纤维增强复合材料层合板抗侵彻响应及影响机制

纤维增强复合材料(FRP)层合板的抗侵彻过程,不仅与纤维材料有关,还与纤维的铺层方向、层数和层间强度等因素有关,其抗侵彻响应不仅涉及动力学方面,还与应力波传播等效应密切相关。实际 FRP 层合板的抗侵彻工况多种多样,采用弹道试验的方式进行研究,不仅代价较大,而且弹道实验难以捕捉层合板内部响应过程,如层间分层、应力波的传播等现象。因此,本节通过有限元数值仿真来揭示 FRP 层合板的抗侵彻响应。在此基础上,进一步阐明弹体形状和初速、靶板材料和厚度等因素对 FRP 层合板抗侵彻响应及抗侵彻性能的影响规律。

### 7.3.1 纤维增强复合材料层合板抗侵彻响应

图 7-3-1 所示为 3.3g 立方体高速侵彻高强聚乙烯层合板的侵彻过程。由图 7-3-1 结果可以发现,当弹体与层合板发生接触之后,弹体与层合板产生相互作用,弹体受到反向力,速度减小。由于弹体的侵彻,在层合板内产生了沿厚度方向传播的压缩波和沿面内方向传播的剪切波,压缩波传播到的区域会获得较大的法向(弹体入射方向)速度,沿面内传播的剪切波则使与接触区(弹体侵

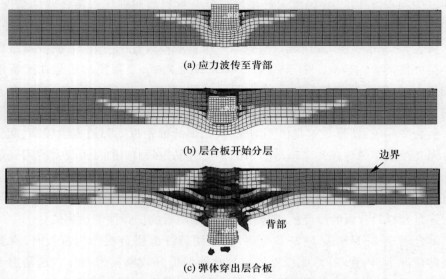

(a) 应力波传至背部

(b) 层合板开始分层

(c) 弹体穿出层合板

图 7-3-1 高强聚乙烯层合板抗高速侵彻响应过程

彻区)相邻的纤维层获得一定的法向速度,侵彻区和外围巨大的速度梯度将导致侵彻区纤维层发生剪切失效。当压缩波传播至层合板背面时,由于背面无约束,压缩波反射并形成拉伸波,拉伸波形成后立即沿弹体侵彻相反的方向在层板厚度方向上传播。由于应力波已经传到层合板背面,层合板背部纤维开始运动,导致层合板的背部凸起。而由于周围纤维的限制,背部纤维被拉伸,产生面内的拉伸波,拉伸波沿纤维方向在面内传播。当法向拉伸波传至弹体与层合板接触界面时,层合板受到层间拉应力。当拉应力大于层间接触强度时,层合板开始产生分层,弹体不再继续剪切纤维层,而是推动未被穿透的纤维层逐渐形成动态变形锥。此时,变形锥侵彻区的速度与弹体速度大致相同。当变形锥的锥角达到极限时,变形锥区域的纤维层将达到极限拉伸状态。随着弹体的进一步侵彻,变形锥与弹体接触区域纤维层陆续断裂,直至弹体穿透背层各纤维层。

图 7-3-2 所示为有限元数值仿真得到高弹聚乙烯层合板的剖面破坏形貌图,图 7-3-3 所示为试验结果层合板破坏形貌。由图可以看出,层合板厚度方向前半段的破坏模式以剪切模式为主,迎弹面纤维层伴随有外翻现象。层合板厚度方向背弹面纤维主要呈现拉伸破坏和层间分层。变形锥与水平方向存在一定的夹角。

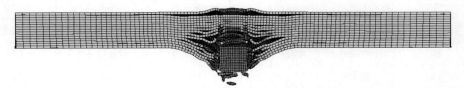

图 7-3-2 仿真计算结果层合板破坏形貌

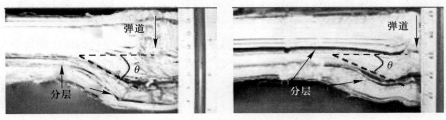

图 7-3-3 试验结果层合板破坏形貌

### 7.3.2　有限元仿真计算的影响因素

#### 7.3.2.1　网格单元划分的影响

在有限元仿真计算中,单元的大小直接影响仿真计算过程的准确性和计算速度:单元数量过少,有限元仿真计算的结果精度不够,计算结果可信度低;单元数量过多,则会大大增加计算资源和计算量。因此,为了使有限元仿真计算有足够计算精度并尽量减少计算量,合理的单元大小是有限元计算的关键之一。

以质量为 3.3g、速度为 1152.2m/s 的立方体弹体侵彻 10mm 的高强聚乙烯层合板为例,分析单元大小对 FRP 层合板抗侵彻计算结果的影响。将立方体弹体每边划分为 5、8、10、12、15 个单元,并以立方体弹体每边单元数为基准,以相同的比例改变层合板的单元数。不同单元划分情况及划分方法的计算结果如表 7-3-1 所列,相应有限元计算结果如图 7-3-4 所示。

表 7-3-1　不同单元大小有限元仿真分析结果

| 立方体每边单元数 | 总单元数 | 初始速度 $v_0/(m/s)$ | 剩余速度 $v_r/(m/s)$ | 仿真剩余速度 $v_{r1}/(m/s)$ | 误差/% |
|---|---|---|---|---|---|
| 5 | 6250 | 1152.2 | 856.5 | 517.4 | -39.59 |
| 8 | 25600 | 1152.2 | 856.5 | 757.5 | -11.56 |
| 10 | 50000 | 1152.2 | 856.5 | 871.5 | 1.72 |
| 12 | 86400 | 1152.2 | 856.5 | 869.0 | 1.46 |
| 15 | 168750 | 1152.2 | 856.5 | 876.3 | 2.31 |

根据表 7-3-1 的结果可以发现,随着单元数量的增多,即有限元尺寸变小,有限元计算结果的剩余速度逐渐增大,趋近于试验结果。同时,有限元计算结果的变化随单元数量增多而逐渐变小。当单元数为 86400 和单元数 1687500 的计算结果相差不到 1%,且当立方体弹体每边单元数为 10 与每边弹体数为 12 时,计算结果误差也在 5% 以内。当立方体弹体每边单元数为 15 时计算时间是每边单元数为 12 的几倍。

根据图 7-3-4 的结果可以观察到,随着单元数量的增加,层合板内部的分层情况逐渐变得明显,且层合板分层处大致均在距离背面 1/3 厚度处,这说明随着单元数的增加,分层主要发生处的位置基本一致。单元数量较少时,立方体弹体和层合板侵彻区外围的单元基本不失效,而单元数增加时,侵彻区外围更多的单元失效,但总体失效区域大小基本一致。

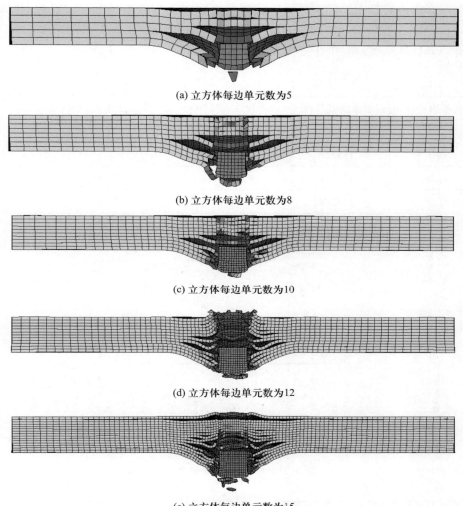

(a) 立方体每边单元数为5

(b) 立方体每边单元数为8

(c) 立方体每边单元数为10

(d) 立方体每边单元数为12

(e) 立方体每边单元数为15

图 7-3-4 不同单元大小时有限元仿真结果图

通过大量有限元计算分析可得,当弹体和层合板接触区的单元长度为弹径的 1/10~1/12 时,足以保证计算的精度和有限元仿真现象的准确性。另外,在对 FRP 层合板进行网格划分时,建议使用渐变网格划分方式,可以有效地减小计算量并提高精度。

#### 7.3.2.2 层合板边界范围的影响

高速弹体冲击复合材料层合板是一个局部作用过程,当复合材料层合板的边界范围远大于弹径时,边界条件对层合板抗侵彻能力的影响可以忽略不计。以质量为 3.3g、速度为 1152.2m/s 的立方体弹体侵彻 10mm 的高强聚乙烯层合板为例,开展层合板边界范围的影响分析。将层合板边界范围即边长分别设置为60mm、80mm、100mm、120mm。不同层合板边长的仿真计算结果如表7-3-2所列。相应的有限元计算结果如图7-3-5所示。

表7-3-2 不同层合板边长有限元仿真计算结果

| 层合板边长/mm | 初始速度$v_0$/(m/s) | 剩余速度$v_r$/(m/s) | 仿真剩余速度$v_{r1}$/(m/s) | 偏差/% |
|---|---|---|---|---|
| 60 | 1152.2 | 856.5 | 811.2 | −5.3% |
| 80 | 1152.2 | 856.5 | 817.1 | −4.6% |
| 100 | 1152.2 | 856.5 | 870.8 | 1.7% |
| 120 | 1152.2 | 856.5 | 871.5 | 1.8% |

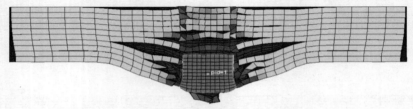

(a) 层合板边长为60mm

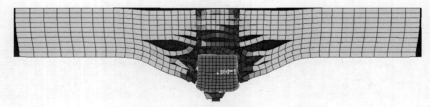

(b) 层合板边长为80mm

(c) 层合板边长为100mm

(d) 层合板边长为120mm

图7-3-5 不同层合板边长有限元仿真计算结果

从图 7-3-5 可以看出,当层合板边长为 60mm 和 80mm 时,层合板边界会发生一定的运动。结合表 7-3-2 可知,60mm 和 80mm 边长的层合板能耗散的动能较少,当层合板边长为 100mm 和 120mm 时,其边界基本不受弹体穿透的影响。这两种情况下,层合板虽然被弹体加速的范围增大,但由于缺少边界的反射效应,所以最后的变形并没有层合板边长为 60mm 和 80mm 的大。

通过大量的有限元仿真得出,当层合板的边长与弹体等效直径之比大于 15 时,边界范围对复合材料层合板抗侵彻能力的影响可以忽略不计。

### 7.3.3 纤维增强复合材料层合板抗侵彻的影响因素

#### 7.3.3.1 弹体形状的影响

以不同形状的弹体(球体、立方体、圆柱体)侵彻高强聚乙烯层合板为例,分析弹体形状对纤维增强复合材料层合板抗侵彻性能的影响。弹体保持 10g,速度均为 800m/s,层合板厚度均为 15mm。

根据弹体的质量可以求出,10g 立方体的边长为 10.85mm,球体的半径为 6.75mm。圆柱体采用长径比($L/R$)为 3,则圆柱体的半径为 5.15mm,长度为 15.45mm。扁平碎片则采用一组侧面为正方形的长方体,且正方形的边长为长方体高度的 8 倍,则扁平碎片的尺寸为正方形边长 21.7mm,高度 2.7mm。不同形状弹体侵彻高强聚乙烯层合板的计算结果如表 7-3-3 所列。

表 7-3-3 不同形状弹体侵彻高强聚乙烯层合板的计算结果

| 弹体形状 | 层合板类型 | 弹体初速/(m/s) | 剩余速度/(m/s) | 单位面密度吸能/(J·kg/m²) |
| --- | --- | --- | --- | --- |
| 立方体 | 15mm 高强聚乙烯 | 800 | 275 | 193.94 |
| 扁平碎片 | 15mm 高强聚乙烯 | 800 | 0 | 219.93 |
| 圆柱体 | 15mm 高强聚乙烯 | 800 | 460 | 147.22 |
| 球体 | 15mm 高强聚乙烯 | 800 | 490 | 137.42 |

不同形状弹体侵彻下,高强聚乙烯层合板的破坏形貌如图 7-3-6 所示。结合表 7-3-3 和图 7-3-6 可以看出,在破片质量和初速相同的情况下,对于复合材料层合板,弹体的侵彻能力由弱到强依次为扁平碎片、立方体、圆柱体、球体。

比较侵彻过程和破坏模式可知,随着弹体的入射面积增加,弹体的侵彻能力明显减弱。立方体弹体的入射面积为扁平碎片的 1/4,但是立方体破片却能穿透层合板,而扁平碎片仅能穿透约 1/3 厚度。这主要是因为:一方面,纤维增强复合材料层合板中的应力波主要是沿着纤维方向传播的。从图 7-3-6 可以看出,

(a) 立方体弹侵彻下层合板中剖面及底面变形破坏
(b) 立方体弹侵彻下层合板入射面及侧面变形破坏
(c) 扁平破片弹侵彻下层合板入射面及侧面变形破坏
(d) 扁平破片弹侵彻下层合板中剖面及底面变形破坏
(e) 圆柱体弹侵彻下层合板入射面及侧面变形破坏
(f) 圆柱体弹侵彻下层合板中剖面及底面变形破坏
(g) 球形弹侵彻下层合板入射面及侧面变形破坏
(h) 球形弹侵彻下层合板中剖面及底面变形破坏

图 7-3-6　不同形状弹体在侵彻初速 800m/s 下复合材料层合板的破坏形貌

各个弹体入射面的层合板变形主要集中于破片入射区域扩展开的"十"字区域。因此,在抵抗入射面积较大的扁平碎片侵彻时,层合板参与变形的纤维数要远多于立方体破片入射时的情况。另一方面,从图 7-3-6(d) 中可以明显看出,扁平碎片在侵彻过程中会发生明显的弯曲变形,而立方体在侵彻过程中除了头部会发生较小的镦粗外基本无明显变形。这表明弹体入射时受到的剪切力在弹体的长径比较大时，即弹体为扁平形时，会使弹体发生弯曲变形，而不是镦粗变形。此外，从变形破坏模式来看，由于立方体的速度比较接近弹道极限，层合板厚度方向前半部分主要是发生剪切和压缩破坏并伴随少量层间分层，而后半部分的层间分层现象比较明显，多层纤维发生较大的拉伸变形，导致在后半部分的层合板边界发生内缩现象。而对于扁平碎片而言，除了层合板迎弹面表层的一两层单元发生剪切压缩，中间纤维层几乎都出现分层现象并产生明显的拉伸变形，而层合板后半部分则发生了整体的弯曲变形，由于背面纤维层的拉伸变形过大，导致一部分的纤维断裂，从层合板的背面飞射而出。

对比立方体和圆柱体，从表 7-3-3 结果可以看出，圆柱体的穿透能力要强于立方体。从长径比或入射面积的角度进行考虑，立方体的入射面积大于圆柱体，入射面的周长也大于圆柱体。立方体弹在入射过程中，层合板被压缩和剪切破坏的区域更大，破坏的纤维相对也更多。因此，在层合板压缩剪切破坏的过程中，弹体动能的消耗速度也更快，从而更快地使得弹体速度和层合板接触区的背层速度达到相同，压缩与剪切破坏的纤维层数也相对较少；同时，层合板接触区更早地与弹体速度达到相同，会使得更多纤维层发生分层破坏和拉伸断裂。因此，在相同质量的立方体和圆柱体的侵彻作用下，层合板迎弹面的变形破坏形貌基本相同。但圆柱体弹侵彻作用下，层合板厚度方向的剪切压缩破坏层数相对要多；而立方体弹侵彻下，层合板无论是分层面积、分层层数，还是背面的拉伸形变量，都要大于圆柱体弹侵彻的情形。

球形弹侵彻过程中，实际接触面积其实大于圆柱体，其等效长径比也比圆柱体要小。但球形弹在侵彻复合材料层合板时，由于接触面的法线与弹体运动方向不一致，所以层合板的受力是垂直于弹体表面法线方向的挤压力。此时，层合板的主要抗力为层间的剪切力，其在挤压力的作用下，而纤维受压能力很差。层合板迎弹面侵彻区在挤压作用下会出现比较明显的隆起现象，而挤压力对弹体减速作用比较弱，导致层合板侵彻区与弹体之间的速度差始终较大。因此，层合板由于层间的剪切破坏和弹体的挤压作用，会发生弯曲和层间分层，且分层面积随侵彻深度逐步变大；当弹体和层合板之间的速度差较小时，又转化为层间的拉伸破坏和纤维层的拉伸变形。

#### 7.3.3.2 弹体初速的影响

弹体初速对纤维增强复合材料层合板的变形破坏模式也有较大影响。这是由于，弹体和层合板之间的速度差的大小会影响层合板的抗侵彻破坏模式，以 10g 的圆柱体弹体分别以 400m/s、600m/s、800m/s、1000m/s 的初速侵彻 15mm 高强聚乙烯层合板为例，阐明弹体初速的影响。计算结果如表 7-3-4 所列。

表 7-3-4　不同弹体初速对复合材料层合板抗侵彻性能的影响

| 弹体形状 | 防护结构类型 | 弹体初速/(m/s) | 剩余速度/(m/s) | 单位面密度吸能/(J·kg/m²) |
|---|---|---|---|---|
| 圆柱体 | 15mm 高强聚乙烯 | 400 | 0 | 54.98 |
| 圆柱体 | 15mm 高强聚乙烯 | 600 | 0 | 123.71 |
| 圆柱体 | 15mm 高强聚乙烯 | 800 | 460 | 147.22 |
| 圆柱体 | 15mm 高强聚乙烯 | 1000 | 765 | 142.53 |

不同弹速弹体侵彻下,复合材料层合板的破坏形貌如图 7-3-7 所示。根据表 7-3-4 和图 7-3-6(e)、(f)以及图 7-3-7 的结果可以看出,随弹体初速的增大,复合材料层合板的单位吸能先增大后减小,层合板迎弹面的褶皱程度随弹速的增大而减小,剪切破坏的部分则随弹速的增大而增加。层合板背部大变形程度和分层程度在弹速低于层合板弹道极限时,随弹体的速度增加而增大,当弹速超过层合板弹道极限之后,则随弹速增加而有所降低。

从初速为 400m/s 的弹体入射情况可以看出,当弹体初速较小时,即弹体能量小于层合板处于弹道极限附近的吸能时,弹体对弹体侵彻能力较弱而无法穿透层合板。如图 7-3-7(a)所示。此时弹体仅仅穿过了层合板表面几层纤维,分层也仅发生于这几层,层合板迎弹面还出现了比较明显的褶皱现象,这说明在弹速较低时,弹体对层合板的剪切作用很弱,穿透部分的主要变形破坏模式是压缩破坏;而对于未穿透部分,由于弹速远小于层合板中的应力波速度,层合板在弹体的推动下很容易达到整体速度的一致,因而使得背部的纤维层基本上不会发生分层,而是发生整体的拉伸变形,从而使层合板产生较为平缓的整体弯曲。

对于弹速为 600m/s 的情形,由于弹速接近层合板弹道极限,入射面发生了比较明显的"十"字褶皱现象,如图 7-3-7(b)所示。此时由于弹速仍比较低,前几层纤维层除了剪切破坏外也发生了一定的拉伸变形,而处于中间的穿透层发生了较大范围的分层现象和拉伸变形,而背部未穿透纤维层也由于弹体的推动而形成整体弯曲变形,且曲率要明显大于 400m/s 弹体入射时的工况。

从图 7-3-6(e)、(f)可以看出,当弹速为 800m/s 时,即弹速超过层合板弹道极限,但是超过弹道极限速度不多时,被弹体剪切破坏的纤维层数相对于弹速低于层合板弹道极限时明显增多,且后半部分纤维层的分层和拉伸范围也要小得多,这是由于弹速小于层合板弹道极限时,弹体与层合板纤维层之间的作用时间较长,会加大层合板纤维层的变形破坏,特别是拉伸变形的程度。

当弹速超出层合板弹道极限较多时(1000m/s),层合板的主要破坏模式为剪切和压缩破坏,且随着弹速的提升,剪切和压缩破坏纤维层数也越来越多,而拉伸和分层作用明显减小。

(a) 400m/s圆柱体弹体侵彻

(b) 600m/s圆柱体弹体侵彻

(c) 1000m/s圆柱体弹体侵彻

图 7-3-7　不同弹速侵彻下复合材料层合板的破坏形貌

### 7.3.3.3　靶板材料的影响

纤维增强复合材料层合板主要有高强玻璃纤维层合板、Kevlar 纤维层合板、玻纤-Kevlar 纤维混杂层合板、高强聚乙烯层合板等。纤维增强复合材料层合板虽然在总体变形破坏机理上存在一定的相似性,但在相同侵彻载荷作用下,由于纤维材料的不同,靶板(本节指层合板)的变形破坏模式存在较大差别。

以 10g 的圆柱体弹体以 800m/s 的初速分别侵彻 15mm 高强聚乙烯层合板和 Kevlar 纤维层合板为例,阐明靶板材料(主要是纤维材料)对层合靶板抗侵彻性能的影响规律、相应的有限元仿真计算结果如表 7-3-5 所列。

表 7-3-5　不同靶板材料对复合材料层合靶板抗侵彻性能的影响

| 弹体形状 | 防护结构类型 | 弹体初速 /(m/s) | 剩余速度 /(m/s) | 单位面密度 吸能/(J·kg/m$^2$) |
|---|---|---|---|---|
| 圆柱体 | 15mm 高强聚乙烯 | 800 | 460 | 147.22 |
| 圆柱体 | 15mmKevlar 纤维 | 800 | 530 | 88.67 |

　　Kevlar 复合材料层合靶板的破坏形貌如图 7-3-8 所示。结合表 7-3-5,比较图 7-3-8 和图 7-3-6(e)、(f)的结果可以得出,相同厚度的高强聚乙烯层合板和 Kevlar 纤维层合板在相同侵彻工况下,不论是从弹体剩余速度的角度还是从单位面密度吸能的角度来看,高强聚乙烯层合板的抗侵彻能力都要强于 Kevlar 纤维层合板。就变形破坏模式而言,Kevlar 纤维层合板的迎弹面隆起部分仅限于弹体入射口附近,迎弹面未形成"十"字褶皱。比较剪切破坏的层数,Kevlar 层合板和高强聚乙烯层合板的纤维剪切破坏层数基本相同,但 Kevlar 层合板的变形破坏范围要小于高强聚乙烯,其边界也没有发生收缩。这主要是由于 Kevlar 层合板的密度大于高强聚乙烯层合板,而两者的模量相差不大,使得 Kevlar 层合板中应力波传播速度小于高强聚乙烯层合板,从而导致了 Kevlar 层合板的变形破坏范围相对较小。

图 7-3-8　Kevlar 复合材料层合靶板的典型破坏形貌

　　根据表 7-3-5 和图 7-3-8 以及图 7-3-6(e)、(f)的结果可以看出相同厚度的高强聚乙烯层合板和 Kevlar 纤维层合板在 10g 的圆柱体以 800m/s 的速度冲击下;不论是从弹体的剩余速度的角度还是从单位面密度吸能的角度来看,聚乙烯层合板的防护能力都要强于 Kevlar 层合板;就变形破坏模式而言,Kevlar 层合板的迎射面隆起部分仅限于弹体入射口附近,并且没有像高强聚乙烯层合板一般形成"十"字褶皱,而就剪切破坏的层数来说,Kevlar 层合板和高强聚乙烯层合板的层数基本相同,但可以看出应力在分层和拉伸阶段,Kevlar 层合板的变形破坏范围要小于高强聚乙烯层合板,边界也没有像高强聚乙烯层合板一样发生收缩,这主要还是由于 Kevlar 层合板的密度要大于高强聚乙烯但整体的模量确相差不大,使得应力波传播速度要小于高强聚乙烯,从而导致了 kevlar 层合板变形破坏吸能范围的变小。

#### 7.3.3.4 靶板厚度对复合材料变形破坏模式的影响

相同弹体和弹速侵彻下,不同厚度靶板也会呈现出不同的变形破坏模式。以 10g 的圆柱体弹以 800m/s 的初速分别侵彻厚度为 10mm、15mm、20mm 高强聚乙烯层合板为例,阐明层合靶板厚度对其抗侵彻性能的影响规律,相应的有限元仿真计算结果如表 7-3-6 所列。

表 7-3-6　不同靶板厚度对复合材料层合板抗侵彻性能的影响

| 弹体形状 | 防护结构类型 | 弹体初速<br>/(m/s) | 剩余速度<br>/(m/s) | 单位面密度<br>吸能/(J·kg/m$^2$) |
| --- | --- | --- | --- | --- |
| 圆柱体 | 10mm 高强聚乙烯 | 800 | 603 | 142.47 |
| 圆柱体 | 15mm 高强聚乙烯 | 800 | 460 | 147.22 |
| 圆柱体 | 20mm 高强聚乙烯 | 800 | 363 | 130.99 |

不同厚度的复合材料层合板在弹体侵彻下的破坏形貌如图 7-3-9 所示。由表 7-3-6 结果可得,随着层合板厚度的增加,其整体的抗侵彻吸能效率(表中的单位面密度吸能量)并不单调上升。厚度为 15mm 的层合板的吸能效率要高于 10mm 的情形,但 20mm 层合板的吸能效率却要低于 10mm 和 15mm 的。这是因为,当层合板较厚时,层合板抗侵彻过程中更易产生纤维的剪切和压缩断裂,厚度方向上大部分纤维将发生剪切破坏,不能很好地发挥纤维的拉伸断裂吸能能力,从而导致整体抗侵彻吸能效率降低。

(a) 10mm高强聚乙烯防护结构变形破坏　　(b) 20mm高强聚乙烯防护结构变形破坏

图 7-3-9　弹道冲击下不同厚度复合材料层合板的破坏形貌

比较图 7-3-9 和图 7-3-6(e)、(f)可得,当弹速超过弹道极限时,随着层合板板厚的增加,层合板厚度方向被剪切的纤维层数会随之增加。这是由于一方面,随着板厚增加,应力波在厚度方向传播时间增大,从而导致层合板侵彻区外围纤维材料的速度提升所需的时间变长,弹体与层合板之间的速度差保持的时间也越长,从而剪切阶段持续的时间也越长。另一方面,且由于层合厚板背部较厚层的约束,厚板中间层的运动反而受到了约束,从而导致了厚板抗侵彻吸能效率在弹体初速大于弹道极限时优势不明显。

### 7.3.4 纤维增强复合材料层合板抗侵彻的影响机制

#### 7.3.4.1 应力波的影响机制

以 3.3g 立方体弹侵彻高强聚乙烯层合板的有限元仿真计算结果为基础,通过改变层合板的密度和模量,改变复合材料层合板的应力波速度,从而阐明应力波波速对复合材料层合板抗侵彻吸能的影响机制。

通过改变层合板的密度,分别为 $480kg/m^3$、$970kg/m^3$、$1440kg/m^3$、$1940kg/m^3$、$2490kg/m^3$,从而改变应力波在面内和横向的应力波速,得到不同应力波速下复合材料层合板的抗侵彻吸能能力,如表 7-3-7 所列。其中,1~5 号有限元分析结果的应力波传至复合材料层合板背面的时刻、层合板开始分层的时刻和破片刚好穿透层合板时刻,相应的应力分布如图 7-3-10 所示。

表 7-3-7 复合材料层合板不同密度时的抗侵彻吸能能力

| 工况编号 | 初速 $v_0/(m/s)$ | 密度 $/\rho_a(kg/m^3)$ | 仿真剩余速度 $v_r/(m/s)$ | 吸能 $\Delta E/J$ | 单位面密度吸能 $E_a/(J \cdot m^2/kg)$ |
|---|---|---|---|---|---|
| 1 | 1124.10 | 480 | 839.30 | 922.64 | 192.22 |
| 2 | 1124.10 | 970 | 766.40 | 1115.78 | 115.03 |
| 3 | 1124.10 | 1440 | 731.70 | 1201.56 | 83.44 |
| 4 | 1124.10 | 1940 | 712.90 | 1246.37 | 64.25 |
| 5 | 1124.10 | 2490 | 679.80 | 1322.43 | 53.11 |

根据应力波理论可知,随着层合板密度的增大,应力波在复合材料层合板中的横向和面内传播速度均减小。结合复合材料层合板弹道侵彻过程,并对比图 7-3-10 中 5 个工况的图(a)的计算结果可知,应力波波速越小,应力波传播至层合板背面的时间越长,导致压缩剪切过程时间就越长。随着应力波的继续传播,反射拉伸波的传播至分层界面的时间也更长,所以密度越大的层合板分层时间与应力波传至背板时间之间时间差也越大,即剪切阶段时间持续越长。对比不同密度的复合材料层合板抗侵彻过程云图可以看出,密度越小的层合板,其层间分层破坏层数越多,且分层面积越大。这说明应力波速越大,层合板分层破

坏越严重,分层吸能和纤维拉伸破坏吸能占比会越高。

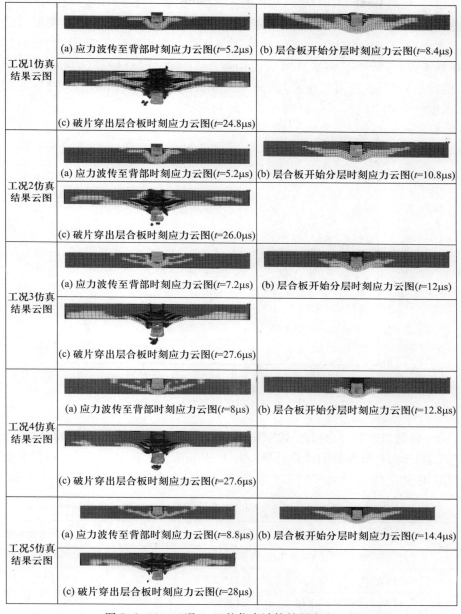

图 7-3-10　工况 1~5 的仿真计算结果应力云图

图 7-3-11 所示为层合板的单位面密度吸能随密度变化的曲线。结合表 7-3-7 和图 7-3-11 的结果可知,层合板密度越大,在弹体侵彻过程中,层合板的惯性效应越明显,惯性效应耗能越大。分层吸能和纤维的拉伸变形吸能较小。因而,在总吸能方面,密度越大的复合材料层合板虽然总吸能增加,但总吸能增加不多,导致单位面密度吸能反而减小。脆性纤维材料层合板,由于密度大,模量相对较低,应力波速慢,从而发生分层面积小或者根本不会发生分层现象,密度的变化对其抗侵彻吸能效率的影响较小。

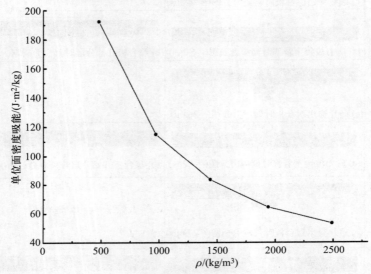

图 7-3-11 单位面密度吸能随层合板密度变化趋势图

进一步通过改变层合板的面内模量,来分析应力波对层合板抗侵彻性能的影响机制,相应的计算参数和计算结果如表 7-3-8 所列。其中,工况 6~10 的仿真结果 $10\mu s$ 时刻应力云图如图 7-3-12 所示,相应的最终破坏形貌如图 7-3-13 所示。

表 7-3-8 不同面内模量复合材料层合板抗侵彻吸能能力的影响

| 工况编号 | 初速 $v_0/(m/s)$ | 面内模量 $E_1/(kg/m^3)$ | 仿真剩余速度 $v_r/(m/s)$ | 吸能 $\Delta E/J$ | 单位面密度吸能 $E_a/(J \cdot m^2/kg)$ |
|---|---|---|---|---|---|
| 6 | 1124.10 | 42.00 | 751.03 | 1154.27 | 119.00 |
| 7 | 1124.10 | 36.00 | 748.40 | 1160.77 | 119.67 |
| 8 | 1124.10 | 30.00 | 763.77 | 1122.42 | 115.71 |
| 9 | 1124.10 | 24.00 | 759.00 | 1134.41 | 116.95 |
| 10 | 1124.10 | 18.00 | 762.35 | 1126.00 | 116.08 |

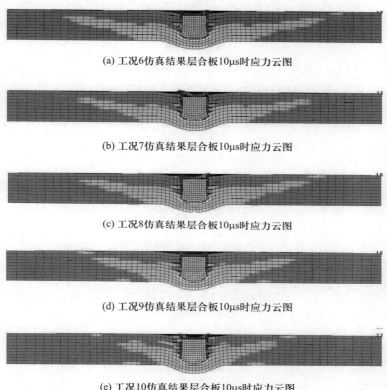

(a) 工况6仿真结果层合板10μs时应力云图

(b) 工况7仿真结果层合板10μs时应力云图

(c) 工况8仿真结果层合板10μs时应力云图

(d) 工况9仿真结果层合板10μs时应力云图

(e) 工况10仿真结果层合板10μs时应力云图

图 7-3-12 工况 6~10 号仿真结果层合板 10μs 时应力云图

根据仿真计算结果可得，工况 6~10 号仿真计算得到的应力波传至层合板背面的时刻均为 6.4μs，由此可得面内模量变化对复合材料层合板中应力波在厚度方向传播速度的影响较小，由于侵彻初期主要是弹体对层合板的剪切作用，因而在剪切模量相同的情况下，剪切波的传播速度是一样的。因此，侵彻初期层合板的应力分布差异不明显。通过图 7-3-12 可进一步看出，当应力波传至层合板背面后，弹体与层合板继续相互作用，背板纤维开始拉伸，拉伸波开始在层合板面内方向传播。面内模量越大，拉伸应力波在层合板的扩散范围也越大。通过图 7-3-13 观察不同面内模量情况下层合板的最终破坏形貌可知，随着拉伸波波速的增大，分层面积和分层层数的变化并不明显。这是由于纤维的分层作用主要是受层间强度的影响，而面内模量的增加主要对面内拉伸作用影响较大。但由于纤维拉伸断裂的时刻基本相同，所以面内模量的改变对层合板总的吸能影响并不大。

横向模量的改变会影响应力波在复合材料层合板厚度方向的传播速度，而厚度

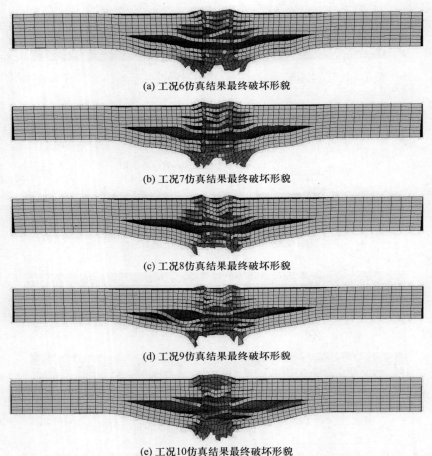

图 7-3-13　工况 6~10 号仿真结果层合板最终破坏形貌图

方向的应力波传播速度又影响各个抗侵彻阶段的持续时间。因此，继续通过改变横向模量来改变复合材料层合板厚度方向应力波的传播速度，相应的计算参数与计算结果如表 7-3-9 所列。

表 7-3-9　不同模向模量对复合材料层合板抗侵彻吸能能力的影响

| 工况编号 | 初速 $v_0/(m/s)$ | 横向模量 $E_3/GPa$ | 仿真剩余速度 $v_r/(m/s)$ | 吸能 $\Delta E/J$ | 单位面密度吸能 $E_a/(J \cdot m^2/kg)$ |
| --- | --- | --- | --- | --- | --- |
| 11 | 1124.10 | 4.23 | 742.60 | 1175.04 | 121.14 |
| 12 | 1124.10 | 1.97 | 766.40 | 1115.78 | 115.03 |
| 13 | 1124.10 | 1.41 | 821.56 | 971.26 | 100.13 |

续表

| 工况编号 | 初速 $v_0$/(m/s) | 横向模量 $E_3$/GPa | 仿真剩余速度 $v_r$/(m/s) | 吸能 $\Delta E$/J | 单位面密度吸能 $E_a$/(J·m²/kg) |
|---|---|---|---|---|---|
| 14 | 1124.10 | 1.05 | 883.55 | 796.85 | 82.15 |
| 15 | 1124.10 | 0.82 | 911.30 | 714.67 | 73.68 |

面密度吸能与横向模量的关系曲线如图7-3-14所示。其中,工况11~15的仿真结果分层时刻层合板应力云图如图7-3-15所示,复合材料层合板不同横向模量时的分层情况如表7-3-10所列。

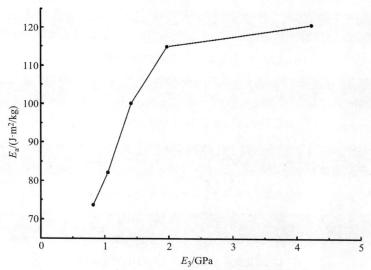

图 7-3-14 单位面密度吸能随层合板材料横向模量趋势图

从表7-3-10和图7-3-15的结果可以看出,层合板的横向模量越大,横向应力波传播速度越快,应力波传至层合板背面的时间越短,剪切压缩阶段时间越短,被弹体剪切破坏的纤维层数就越少,层合板背面未破坏的纤维层数就越多。同时,横向应力波速度越快,应力波反射到层合板分层界面时间就越早,层合板就越易发生分层破坏。而分层破坏的面积和拉伸断裂的纤维数越多,层合板的吸能就越多。

从图7-3-15(a)可以看到,当应力波速足够大时,在复合材料层合板开始分层前,层合板的背面纤维可能已经发生拉伸断裂。这是因为横向应力波传播速度较快时,复合材料层合板的背面加速也快,背面凸出纤维受到拉应力的作用也越大,在分层之前背面纤维也越易被拉断。从图7-3-15(d)和(e)可看出,当横向应力波较小时,复合材料层合板基本上不发生分层现象。当横向应力波波速始终小于弹体的瞬时侵彻速度时,层合板就不会发生分层现象。由图 7-3-14 可以看出,在横向模量较小时,增大横向模量可以有效地提高复合材料层合板的单位面密度吸能;当复合材料层合板的横向模量增加到一定值时,其抗侵彻吸能能力提升并不明显。这是由于层合板的横向模量主要由基体材料和含量决定,基体与纤维的良好匹配才能提高复合材料层合板的抗侵彻能力。

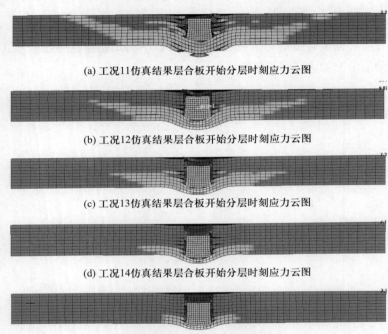

(a) 工况11仿真结果层合板开始分层时刻应力云图

(b) 工况12仿真结果层合板开始分层时刻应力云图

(c) 工况13仿真结果层合板开始分层时刻应力云图

(d) 工况14仿真结果层合板开始分层时刻应力云图

(e) 工况15仿真结果层合板开始分层时刻应力云图

图 7-3-15　工况 11~15 号仿真结果层合板开始分层时刻应力云图

表 7-3-10　复合材料层合板不同横向模量时的抗侵彻分层情况

| 工况编号 | 横向模量 $E_3$/GPa | 层合板开始分层时刻/μs | 分层层数 |
| --- | --- | --- | --- |
| 11 | 4.23 | 10 | 5 |
| 12 | 1.97 | 10.8 | 4 |
| 13 | 1.41 | 11.2 | 3 |
| 14 | 1.05 | 12 | 2 |
| 15 | 0.82 | 12 | 2 |

层合板剪切模量的改变会使其面内剪切波速改变,从而影响层合板中剪切波的传播,面内剪切波的传播范围影响到层合板抗侵彻过程中协变区的范围。因此,进一步改变层合板的面内剪切模量,来分析面内剪切模量对层合板抗侵彻的影响机制,相应的计算参数与结果如表 7-3-11 所列。将工况 16、18 和 20 号的最终形貌图进行对比,如图 7-3-16 所示,并取工况 16 和 20 仿真结果应力波传至层合板背面时的 Z 方向速度分布云图进行对比,如图 7-3-17 所示。相应的复合板单位面密度吸能与面内剪切模量关系如图 7-3-18 所示。

表 7-3-11　复合材料层合板不同剪切模量时的吸能能力

| 工况编号 | 初速 $v_0$/(m/s) | 剪切模量 $G_{12}$/GPa | 仿真剩余速度 $v_r$/(m/s) | 吸能 $\Delta E$/J | 单位面密度吸能 $E_a$/(J·m²/kg) |
|---|---|---|---|---|---|
| 16 | 1124.10 | 1.11 | 651.06 | 1385.54 | 142.84 |
| 17 | 1124.10 | 0.89 | 727.40 | 1211.91 | 124.94 |
| 18 | 1124.10 | 0.67 | 766.40 | 1115.78 | 115.03 |
| 19 | 1124.10 | 0.45 | 832.85 | 940.44 | 96.95 |
| 20 | 1124.10 | 0.23 | 889.31 | 780.00 | 80.41 |

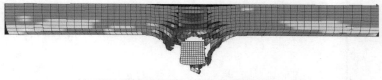

(a) 工况 16 仿真结果层合板刚好穿透时刻应力云图

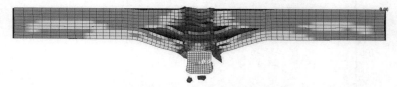

(b) 工况 18 仿真结果层合板刚好穿透时刻应力云图

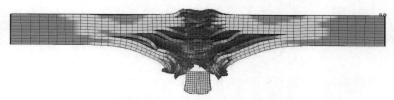

(c) 工况 20 仿真结果层合板刚好穿透时刻应力云图

图 7-3-16　仿真结果层合板破坏形貌对比

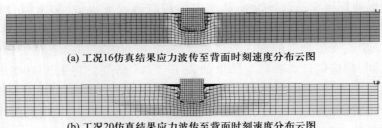

(a) 工况16仿真结果应力波传至背面时刻速度分布云图

(b) 工况20仿真结果应力波传至背面时刻速度分布云图

图 7-3-17　仿真结果应力波传至背面时刻速度分布云图对比

由图 7-3-16 可以看出，当剪切波速较大时，在侵彻的第一阶段，即剪切压缩阶段，被弹体加速的纤维材料范围大，使层合板在第一阶段获得的动能大，吸收的能量多。而从图 7-3-17 可以看出，剪切波的传播速度越大，加速范围越大，从而使得弹体侵彻层合板过程中，弹体与层合板之间的速度差越大，层合板越容易发生分层。因此，剪切波速度越大，分层的层数越多，分层范围越大。剪切波速度越小，层合板发生剪切的范围越大，从而吸收的能量越少。由此可知，层合板剪切模量越大，剪切波传播越快，层合板的吸能能力越强，且层合板的单位面密度吸能与剪切模量基本呈线性关系（图 7-3-18）。

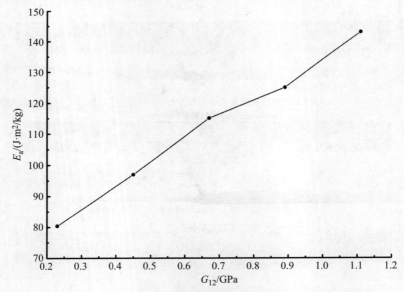

图 7-3-18　层合板单位面密度吸能随面内剪切模量的变化趋势

根据仿真计算结果，绘制工况 1~20 应力波传至背板时刻和层合板开始分层时刻的散点图，如图 7-3-19 所示。对比图 7-3-19 中工况 6~10 可以发现，面内模量的改变,既不影响层合板中应力波在厚度方向的传播速度,也不影响剪切波在层合板中的传播范围,弹体对层合板侵彻过程各个阶段的持续时间也基本不变。而对比工况11~15可以看出,层合板法向模量越大,压缩波在层合板传播的速度越快,应力波传播至层合板背面的时间越短。法向应力波传播时间越长,则侵彻区相邻纤维层的加速时间也越长,使得接触区与相邻纤维层更容易发生分层,从而应力波传至层合板背面到层合板发生分层的时间反而减小。由工况16~20的结果可知,面内剪切模量的变化,并不会影响应力波在厚度方向的传播,应力波传至层合板背面的时刻基本不变。应力波传播时间相同的情况下,面内剪切模量越大的层合板,其剪切波的速度越大,接触区与相邻纤维层之间更易发生分层,会更早地发生分层。而对比工况1~5可知,增大层合板的密度,面内应力波速、厚度应力波速和剪切波速均会减小,应力波传至层合板背面的时间会变长,且层合板的密度越大,惯性越大,相邻纤维层被加速得也越慢,因此,层合板侵彻区与相邻纤维层的速度梯度也越大,发生分层的时刻与应力波传至背板时刻的时间差也就越大。

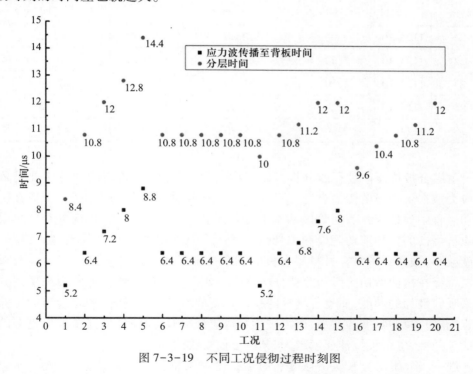

图 7-3-19 不同工况侵彻过程时刻图

综上分析可知,在层合板密度一定的情况下,面内模量越大,应力波在拉伸阶段时,拉伸波在面内的传播速度越快,参与拉伸的范围越大,但对层合板总的吸能大小影响较小;而横向模量增大时,应力波传至层合板背面的时间越短,导致剪切压缩阶段时间越短,被弹体剪切破坏的纤维层数就越少,层合板背面所剩余的层数越多,拉伸断裂的纤维层数越多,层合板的总体吸能就越大。而剪切模量增大时,剪切波速度变大,层合板加速范围增大,分层的层数越多,分层范围越大,层合板的吸能能力增强。

#### 7.3.4.2 靶板强度的影响机制

层合板(靶板)的强度(包括拉伸强度、剪切强度和压缩强度)对其抗侵彻吸能能力有着直接影响。本节基于对 3.3g 立方体弹侵彻高强聚乙烯层合板的有限元仿真计算结果,通过改变层合板的拉伸强度、剪切强度、压缩强度,分析层合板的强度对其抗侵彻性能的影响机制。不同拉伸强度下复合材料层合板吸能能力仿真计算结果如表 7-3-12 所列。

表 7-3-12　复合材料层合板不同拉伸强度时的吸能能力

| 工况编号 | 初速 $v_0$/(m/s) | 拉伸强度 $\sigma_T$/GPa | 仿真剩余速度 $v_r$/(m/s) | 吸能 $\Delta E$/J | 单位面密度吸能 $E_a$/(J·m²/kg) |
|---|---|---|---|---|---|
| 21 | 1124.10 | 3.00 | 839.30 | 922.64 | 192.22 |
| 22 | 1124.10 | 2.20 | 766.40 | 1115.78 | 115.03 |
| 23 | 1124.10 | 1.50 | 731.70 | 1201.56 | 83.44 |
| 24 | 1124.10 | 1.20 | 712.90 | 1246.37 | 64.25 |
| 25 | 1124.10 | 0.80 | 679.80 | 1322.43 | 53.11 |

由层合板抗侵彻过程的分析可知,层合板抗侵彻各个阶段的划分主要是依据应力波在层合板的传播过程。仅改变层合板拉伸强度的情况下,层合板在抗侵彻过程中剪切压缩剪切阶段基本上是不受拉应力的。因此,分析主要针对层合板抗侵彻的拉伸剪切阶段和拉伸分层阶段。从仿真结果可以看出,随着拉伸强度减小,破片穿透复合材料层合板的剩余速度呈增大趋势。这是因为复合材料层合板在拉伸剪切阶段和拉伸分层阶段主要是依靠纤维的拉伸断裂和层间分层来吸收破片的动能,而复合材料的拉伸强度的增大,主要提高的是纤维的拉伸断裂吸能。拉伸强度的增加,使得破片穿透层合板时,拉断纤维需要消耗更多的动能。因此,层合板拉伸强度越大,其抗侵彻吸收的弹体动能越多。

进一步分析层合板剪切强度和压缩强度对其抗侵彻吸能能力的影响,相应的仿真结果如表 7-3-13 和表 7-3-14 所列。

表 7-3-13 复合材料层合板不同压缩强度时的抗侵彻吸能能力

| 工况编号 | 初速 $v_0$/(m/s) | 剪切强度 $\sigma_s$/GPa | 仿真剩余速度 $v_r$/(m/s) | 吸能 $\Delta E$/J | 单位面密度吸能 $E_a$/(J·m²/kg) |
|---|---|---|---|---|---|
| 26 | 1124.10 | 0.36 | 766.10 | 1116.54 | 115.11 |
| 27 | 1124.10 | 0.45 | 766.40 | 1115.78 | 115.03 |
| 38 | 1124.10 | 0.18 | 764.20 | 1121.34 | 115.60 |

表 7-3-14 复合材料层合板不同压缩强度时的抗侵彻吸能能力

| 工况编号 | 初速 $v_0$/(m/s) | 压缩强度 $\sigma_c$/GPa | 仿真剩余速度 $v_r$/(m/s) | 吸能 $\Delta E$/J | 单位面密度吸能 $E_a$/(J·m²/kg) |
|---|---|---|---|---|---|
| 29 | 1124.10 | 2.5 | 766.10 | 1116.54 | 115.11 |
| 30 | 1124.10 | 5.0 | 766.20 | 1116.29 | 115.08 |
| 31 | 1124.10 | 8.0 | 766.20 | 1116.29 | 115.08 |

从表 7-3-13 和表 7-3-14 可以看出,剪切强度和压缩强度的改变对复合材料层合板的吸能影响很小,这是由于剪切和压缩过程主要发生在侵彻过程的第一阶段,弹体的速度和层合板的速度差较大,相互之间的压缩力和剪切力远大于复合材料层合板的剪切强度和压缩强度。因此,复合材料层合板的剪切强度和压缩强度在一定范围内对其的抗侵彻吸能影响不大。此外,这两个量受基体材料的性能影响较大,而基体材料的剪切强度和压缩强度在侵彻初期,相对于弹-靶相互作用力来说是比较小的。因此,在考虑复合材料层合板的抗侵彻性能时,层合板的压缩强度和剪切强度的影响相对较小。

### 7.3.4.3 层间强度的影响机制

复合材料层合板的层间强度、直接抗侵彻过程中层合板的分层面积的大小、分层吸能的多少均影响层合板抗侵彻性能。同样,基于 3.3g 立方体弹侵彻高强聚乙烯层合板有限元仿真计算结果,通过改变复合材料层合板的层间拉伸强度,对层合板抗侵彻能力进行分析,阐明层间强度对层合板抗侵彻能力的影响机制。有限元仿真的结果如表 7-3-15 所列,相应工况下复合材料层合板的分层情况对比如图 7-3-20 所示。

表 7-3-15 复合材料层合板不同层间拉伸强度时的抗侵彻吸能能力

| 工况编号 | 初速 $v_0/(m/s)$ | 层间拉伸强度 $\sigma_t/MPa$ | 仿真剩余速度 $v_r/(m/s)$ | 吸能 $\Delta E/J$ | 单位面密度吸能 $E_a/(J \cdot m^2/kg)$ |
|---|---|---|---|---|---|
| 32 | 1124.10 | 95 | 765.40 | 1118.31 | 115.29 |
| 33 | 1124.10 | 80 | 767.20 | 1113.76 | 114.82 |
| 34 | 1124.10 | 65 | 766.40 | 1115.78 | 115.03 |
| 35 | 1124.10 | 50 | 756.54 | 1140.56 | 117.58 |
| 36 | 1124.10 | 35 | 748.00 | 1161.76 | 119.77 |

从图 7-3-20 的结果来看，不同层间拉伸强度的复合材料层合板，发生分层的位置基本相同。但是，随着层间拉伸强度增大，层合板发生分层面积变小，且当层间拉伸强度较小时，发生分层的界面较多，而当层间拉伸强度较大时，复合材料层合板发生分层的范围较小。结合表 7-3-15 的结果可知，虽然在 $\sigma_t$ = 95MPa、$\sigma_t$ = 80MPa 和 $\sigma_t$ = 65MPa 时层合板的吸能基本相同，但是层合板分层面积明显不同。层间拉伸强度 $\sigma_t$ = 95MPa 时的单位面密度吸收的能量稍高于 $\sigma_t$ = 65MPa。同时，由于分层需要的能量多，所以分层面积相对较小。而当 $\sigma_t$ = 35MPa 和 $\sigma_t$ = 50MPa 时，分层发生在多个界面，所以分层吸收的能量较 $\sigma_t$ = 65MPa、$\sigma_t$ = 80MPa 和 $\sigma_t$ = 95MPa 时要多。由此可得，层间拉伸强度的变化主要影响的是分层面积和分层范围，而且层间分层吸能在层间拉伸强度在一定范围内变化时，由于分层面积和分层单位面积吸收的能量之积差别不大，层合板吸收的能量的变化范围也不大。

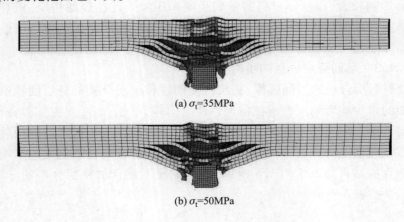

(a) $\sigma_t$=35MPa

(b) $\sigma_t$=50MPa

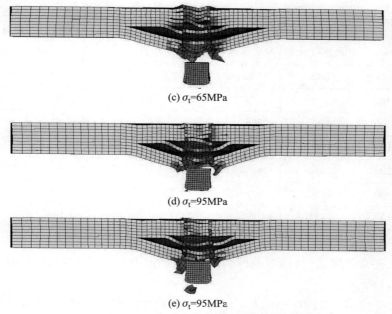

(c) $\sigma_t=65\text{MPa}$

(d) $\sigma_t=95\text{MPa}$

(e) $\sigma_t=95\text{MPa}$

图 7-3-20　工况 31~36 仿真结果层合板破坏形貌对比

### 7.3.5　陶瓷/纤维复合装甲结构抗侵彻的影响因素

#### 7.3.5.1　弹体初速的影响

结合 7.2.2 节可知,陶瓷/纤维增强复合装甲结构(以下简称陶瓷/纤维复合装甲)在抗侵彻过程中,弹丸初速的变化会影响陶瓷层对弹丸的侵蚀作用以及纤维增强复合材料背层(以下简称纤维背板)的变形程度。本节以 7.2.2 节试验中的结构Ⅱ为例,通过改变弹体初速,从 700m/s 逐渐增加到 1400m/s 共计 8 种速度工况,采用数值仿真方法,分析弹体初列速对陶瓷/纤维复合装甲抗侵彻的影响规律,具体仿真计算结果如表 7-3-16 所列。从表 7-3-16 可以看出,随着弹体初速的增加,陶瓷/纤维复合装甲的单位面密度吸能不断增大,这是由于弹速越高,陶瓷/纤维复合装甲中的陶瓷层对弹丸的侵蚀、破坏作用越强;且在弹速明显高于复合装甲弹道极限的情况下,复合装甲的惯性效应也越明显。

表 7-3-16　不同弹体初速侵彻陶瓷/纤维复合装甲的仿真计算结果

| 工况编号 | 弹丸初速/(m/s) | 弹丸撞击陶瓷后余速/(m/s) | 弹丸余速/(m/s) | 单位面密度吸能/(J·m²/kg) | 弹丸剩余长度/mm | 背板凸起范围/mm | 背板最大凸起高度/mm |
|---|---|---|---|---|---|---|---|
| 1 | 700 | 595 | — | — | 14.9 | 140 | 12.8 |

续表

| 工况编号 | 弹丸初速/(m/s) | 弹丸撞击陶瓷后余速/(m/s) | 弹丸余速/(m/s) | 单位面密度吸能/(J·m²/kg) | 弹丸剩余长度/mm | 背板凸起范围/mm | 背板最大凸起高度/mm |
|---|---|---|---|---|---|---|---|
| 2 | 800 | 680 | 260 | 82.9 | 14.9 | 118 | 12.1 |
| 3 | 900 | 771 | 433 | 90.1 | 14.6 | 94 | 9.5 |
| 4 | 1000 | 862 | 586 | 95.1 | 14.2 | 78 | 8.4 |
| 5 | 1100 | 951 | 688 | 106.7 | 13.7 | 64 | 7.6 |
| 6 | 1200 | 1040 | 824 | 110.2 | 13.1 | 62 | 5.5 |
| 7 | 1300 | 1130 | 935 | 118.1 | 12.0 | 98 | 6.2 |
| 8 | 1400 | 1222 | 1050 | 124.2 | 10.5 | 106 | 6.8 |

弹丸剩余长度、背板凸起范围、背板最大凸起高度与弹丸初速之间的关系如图 7-3-21 所示。

从表 7-3-16 及图 7-3-21 可以看出,随着弹体初速的增加,弹体撞击陶瓷/纤维复合装甲后的剩余长度逐渐减少。弹体初速越高,弹体的剩余长度减小的速率就越快。这是因为随着弹速的增加,弹丸撞击陶瓷层时的弹体首、尾速度差及所受的压应力都随之增长。

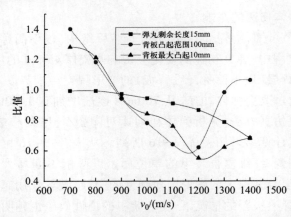

图 7-3-21 弹体及纤维增强复合材料背板变形随弹体初速变化曲线

图 7-3-22 和图 7-3-23 所示为陶瓷/纤维复合装甲中,纤维背板的破坏情况。从图中可以看出,纤维背板的破坏程度随着弹体初速增加,剪切破坏的纤维层数增多,迎弹面的变形程度逐步减小,而纤维背板背弹面的破坏范围及破坏程度随着弹体初速的增大,先减小后增大,这是由于弹速增加初期,纤维背板的破

坏模式由拉伸分层破坏为主逐步转变为剪切破坏为主。在此过程中,拉伸应力波的传播范围不断减小。当速度进一步增大时,弹体变形程度增加,纤维背板未被剪切破坏的层数减少,使得纤维背板背弹面纤维层更易发生凸起变形。

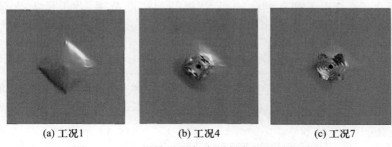

图 7-3-22　纤维增强复合材料背板的破坏情况

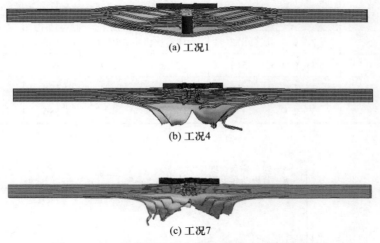

图 7-3-23　纤维增强复合材料背板破坏情况剖视图

#### 7.3.5.2　陶瓷厚度的影响

7.2.2 节可知,陶瓷厚度的变化会影响弹丸的侵蚀程度、纤维背板迎弹面的变形程度以及陶瓷/纤维复合装甲结构的整体抗侵彻性能。本节以 7.2.2 节中质量为 7.5g、初速为 1300m/s 的圆柱体弹丸侵彻不同陶瓷厚度+12.7mm 的高强聚乙烯纤维层合板形成的陶瓷/纤维复合装甲结构为例,采用数值仿真方法,阐明陶瓷厚度对复合装甲结构抗侵彻性能的影响规律。陶瓷厚度从 1mm 开始,逐次增加 1mm,直至 8mm 共计 8 种工况进行,具体计算结果如表 7-3-17 所列。

由表 7-3-17 可看出,随着陶瓷厚度的增加,复合装甲结构靶板的面密度吸能,在陶瓷厚度为 3mm、4mm 和 5mm 时差距不大;当陶瓷的厚度进一步增大时,复合装甲结构靶板的整体抗侵彻吸能能力开始下降。结合图 7-3-24 可知,在陶瓷厚度达到 6mm 时,弹丸的破坏程度基本保持较小的差别。由此可见,提高陶瓷厚度对陶瓷/纤维复合装甲结构的整体抗侵彻能力影响变小。

图 7-3-24 给出了弹丸剩余长度、背板凸起高度范围、背板最大凸起高度与弹丸初速之间的关系。

表 7-3-17　不同陶瓷厚度下陶瓷/纤维复合装甲结构抗侵彻数值计算结果

| 编号 | 陶瓷厚度/mm | 面密度/(kg/m²) | 弹丸余速/(m/s) | 面密度吸能/(J·m²/kg) | 弹丸剩余长度/mm | 背板凸起范围/mm | 背板最大凸起高度/mm |
| --- | --- | --- | --- | --- | --- | --- | --- |
| 1 | 1 | 15.5 | 975 | 178.9 | 14.3 | 135 | 9.3 |
| 2 | 2 | 18.6 | 908 | 174.5 | 13.7 | 143 | 9.8 |
| 3 | 3 | 21.7 | 778 | 187.5 | 12.4 | 147 | 10.7 |
| 4 | 4 | 24.8 | 679 | 185.8 | 11.3 | 160 | 11.3 |
| 5 | 5 | 27.9 | 573 | 183.0 | 10.2 | 176 | 14.2 |
| 6 | 6 | 31.0 | 513 | 172.6 | 9.7 | 187 | 18.2 |
| 7 | 7 | 34.1 | 418 | 166.6 | 9.4 | 190 | 19.9 |
| 8 | 8 | 37.2 | 377 | 156.0 | 9.3 | 186 | 18.5 |

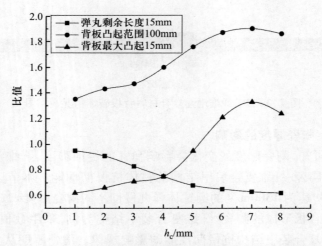

图 7-3-24　弹丸及纤维增强复合材料背板变形随陶瓷厚度的变化曲线

结合表7-3-17和图7-3-24可以看出,随着陶瓷厚度的增加,弹丸侵彻陶瓷/纤维复合装甲结构后的剩余长度逐渐减少。随着陶瓷厚度增大到一定程度,弹丸的剩余长度减小的幅度趋于平缓,这是因为当陶瓷厚度增大到一定程度时,弹丸内的塑性波传播时间主要取决于弹体长度,而不是陶瓷厚度。因此,弹丸破坏程度不会再显著提升,弹体剩余长度不会再明显减小。

结合图7-3-24、图7-3-25、图7-3-26可以看出,陶瓷/纤维复合装甲结构中的纤维背板破坏程度随陶瓷厚度增加而增大,陶瓷厚度的增加,使纤维背板的纤维层中剪切破坏的程度减小,拉弯变形的程度增大。不过,随着陶瓷厚度增大到一定程度,纤维背板的破坏程度也将趋于稳定状态。这是因为当陶瓷的厚度增加时,陶瓷对弹丸的侵蚀作用会达到一定的极限状态。此时,弹丸的破损状态基本差别不大,纤维背板的破坏程度也就相差较小。

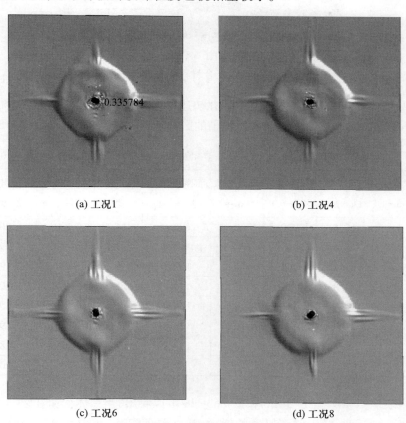

图7-3-25 纤维增强复合材料背板的背面破坏情况

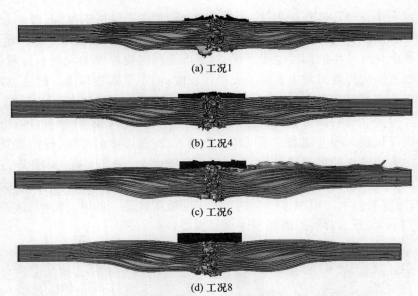

图 7-3-26　纤维增强复合材料背板破坏情况剖视图

进一步将表 7-3-17 中各工况的弹丸初速设为复合装甲结构弹道极限附近,以分析不同厚度陶瓷对复合装甲结构抗侵彻的影响。具体计算结果如表 7-3-18 所列。

表 7-3-18　不同陶瓷厚度对陶瓷/纤维复合装甲结构抗侵彻仿真计算结果(弹道极限附近)

| 工况编号 | 陶瓷厚度/mm | 面密度/(kg/m²) | 弹丸初速/(m/s) | 弹丸余速/(m/s) | 面密度吸能/(J·m²/kg) | 弹丸剩余长度/mm | 背板凸起范围/mm | 背板最大凸起高度/mm |
|---|---|---|---|---|---|---|---|---|
| 1 | 1 | 15.5 | 900 | 0 | 196.0 | 14.5 | 190 | 20.7 |
| 2 | 2 | 18.6 | 950 | 47 | 181.5 | 13.8 | 187 | 19.6 |
| 3 | 3 | 21.7 | 960 | 0 | 162.6 | 13.6 | 184 | 19.9 |
| 4 | 4 | 24.8 | 1000 | 62 | 150.6 | 13.1 | 187 | 19.3 |
| 5 | 5 | 27.9 | 1000 | 0 | 134.4 | 12.5 | 188 | 19.7 |
| 6 | 6 | 31.0 | 1030 | 0 | 128.3 | 11.1 | 183 | 19.4 |
| 7 | 7 | 34.1 | 1100 | 0 | 133.1 | 10.4 | 178 | 18.5 |
| 8 | 8 | 37.2 | 1140 | 78 | 130.4 | 10.1 | 185 | 20.1 |

结合表 7-3-18、图 7-3-27 和图 7-3-28 可以看出,当弹体初速在复合装甲结构弹道极限附近时,随着陶瓷厚度的增加,弹丸侵彻陶瓷/纤维复合装甲结构后的破坏程度也会随着陶瓷的厚度增加而增加,但相同陶瓷厚度下,在结构弹道极限附近时,弹体破坏程度仍小于弹体速度较高的情形,这说明了弹丸的破坏程度主要还是取决于弹丸的初速。

第7章 纤维增强复合装甲防护技术

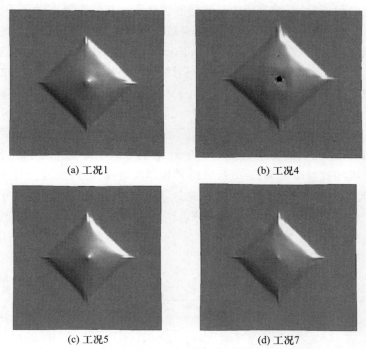

图7-3-27 纤维增强复合材料背板的背面破坏情况(弹道极限附近)

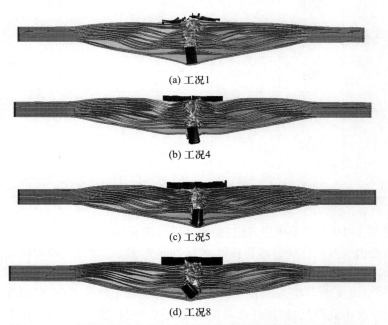

图7-3-28 纤维增强复合材料背板的破坏情况剖视图(弹道极限附近)

弹道极限附近时,纤维背板中纤维层的破坏程度与陶瓷厚度关系不大,背板的最大变形程度及变形范围差别也较小。这是因为弹丸以弹道极限附近的初速侵彻陶瓷/纤维复合装甲结构时,纤维背板的变化程度主要取决于该背板的性能。陶瓷厚度的变化主要是对纤维背板迎弹面的压缩程度有一定的影响,对纤维背板的背弹面破坏程度影响不大。

#### 7.3.5.3 纤维背板厚度的影响

根据7.2.2节试验的结果可知,不同纤维背衬/背板的存在会影响弹丸的侵蚀程度、纤维背板迎弹面的变形程度、陶瓷/纤维复合装甲结构的整体抗侵彻性能。本节以碳纤维的背衬厚度为例,分析纤维背板厚度对陶瓷/纤维复合装甲结构整体抗侵彻性能的影响规律。以质量7.5g、初速1300m/s的圆柱体弹侵彻4mm陶瓷+不同厚度碳纤维背衬+12.7mm高分子聚乙烯层合板的复合装甲结构为例,采用数值仿真方法进行分析。碳纤维背衬厚度从1mm逐次至6mm,共计6种工况。具体仿真计算结果如表7-3-19所列。

表7-3-19 不同碳纤维背衬厚度下陶瓷/纤维复合装甲结构抗侵彻仿真计算结果

| 编号 | 碳纤维背衬厚度/mm | 面密度/(kg/m$^2$) | 弹丸余速/(m/s) | 面密度吸能/(J·m$^2$/kg) | 弹丸剩余长度/mm | 背板凸起范围/mm | 背板最大凸起高度/mm |
|---|---|---|---|---|---|---|---|
| 1 | 1 | 26.0 | 671 | 178.8 | 12.5 | 151 | 11.6 |
| 2 | 2 | 27.3 | 610 | 181.0 | 12.0 | 160 | 12.2 |
| 3 | 3 | 28.6 | 585 | 176.7 | 11.4 | 164 | 12.6 |
| 4 | 4 | 29.9 | 540 | 175.4 | 11.2 | 166 | 14.6 |
| 5 | 5 | 31.2 | 532 | 169.1 | 11.2 | 163 | 13.8 |
| 6 | 6 | 32.5 | 521 | 163.7 | 11.1 | 162 | 13.4 |

由表7-3-19的结果可以看出,随着碳纤维背板厚度的增加,复合装甲结构的整体单位面密度吸能在碳纤维背板厚度为2mm时最强。然后,随着陶瓷的厚度进一步增加,复合装甲结构单位面密度吸能反而有所降低。结合图7-3-29可以看出,在碳纤维厚度增大到3mm时,弹丸的剩余长度变化趋于平缓,即弹体的破坏程度变化较小。由此可见,当碳纤维背板厚度到达一定程度后,进一步提高碳纤维背板厚度对复合装甲结构整体抗侵彻能力的影响较小。

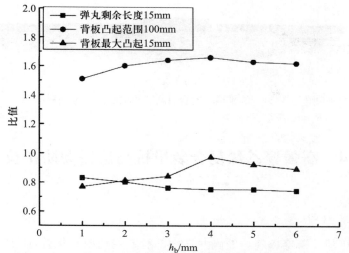

图 7-3-29　弹丸及纤维增强复合材料背板变形随陶瓷厚度的变化

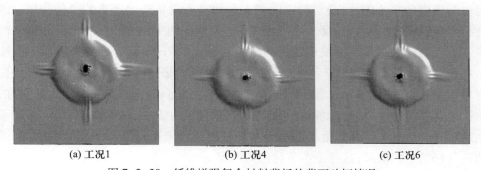

图 7-3-30　纤维增强复合材料背板的背面破坏情况

结合图 7-3-29、图 7-3-30、图 7-3-31 可以看出,随碳纤维背板厚度的增加,纤维增强复合材料背板的破坏程度先增加,后保持基本不变。纤维背板对陶瓷层主要起到支撑的作用。因此,在背板刚度足够的情况下,增加纤维背板的厚度不会在很大程度上提高陶瓷层对弹丸的侵蚀、碎裂作用。

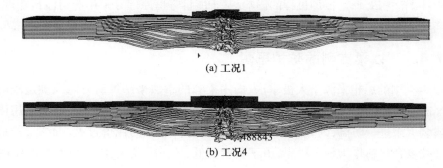

(c) 工况6

图7-3-31 纤维增强复合材料背板的破坏情况剖视图

## 7.4 高强聚乙烯复合装甲抗高速侵彻防护技术

### 7.4.1 引言

当半穿甲战斗部穿透舰船舷侧并在内部舱室结构附近爆炸时,其爆炸所产生的高速破片(包括战斗部壳体破裂所产生的高速破片以及近距爆炸时舱室结构自身碎裂形成的高速碎片)会对舱室内部人员和重要设备产生严重的毁伤作用。因此,开展结构抗高速破片侵彻的研究,对于提高舰船的生命力和战斗力具有重要的意义。而如何抵挡住高速破片的侵彻即高速破片的防护问题,近年来已成为舰船防护领域的研究重点。对于高速破片的防护,其防护思路主要分为两种,即以陶瓷材料等为代表的"以强制强"的思路和以纤维增强材料等为代表的"以柔克刚"的防护思路。前者主要通过镦粗、侵蚀和碎裂高速弹体的方式达到防护目的,而后者则利用纤维材料快速的能量扩散能力和较好的韧性来耗散高速弹体的动能,从而达到良好的防护效果,这将是本节讨论的内容。

超高分子量聚乙烯纤维(UHMWPE,以下简称高强聚乙烯纤维)是继玻纤和芳纶纤维后的第三代高性能纤维,且高强聚乙烯纤维由于具有更高的比模量和比强度以及更好的抗弹性能,近年来在防护领域得到了广泛的关注。针对高强聚乙烯纤维增强复合装甲(以下简称高强聚乙烯复合装甲)的抗侵彻问题,本节将结合高速立方体破片侵彻中厚高强聚乙烯层合板的特点,考虑层合板在弹体高速侵彻初期纤维熔断以及弹体的镦粗变形对侵彻过程的影响,基于能量守恒原理并采用应力波传播理论,建立高速钝头弹侵彻中厚高强聚乙烯层合板的剩余速度和弹道极限理论预测模型。

### 7.4.2 以柔克刚的防护思想

以柔克刚的思想来源于太极拳法,即用柔和的拳法来卸掉对方的强硬进攻。对于舰船舱室结构而言,战斗部爆炸产生的高速破片速度高且能量密度大,若采用传统的金属装甲来进行防御,则要么很难防住,要么防住所需的代价过大。此时,若采用纤维增强复合材料作为装甲材料,由于其密度低、抗拉强度大,因而可通过纤维的快速大变形和较强的抗拉能力来"兜"住破片,从而实现对高速破片的防御效果。而高强聚乙烯纤维、芳纶纤维等作为舰船复合装甲的主要优势体现在以下几个方面:

(1)密度低,且比强度和比模量高。纤维增强复合装甲的密度大多不到传统钢甲密度的1/4,甚至更低,然而其抗拉强度要比钢高得多,因而使得纤维增强复合装甲的比强度要远远高于传统钢甲。

(2)由于密度低,其面内的塑性波传播速度较大。根据塑性波波速的计算公式 $c_p = \sqrt{\sigma_s/\rho}$ 可知,在压缩相等的情形,密度越低,塑性波速越大。因此,纤维增强复合装甲在压缩强度稍低于钢甲的情形下,由于密度远低于钢甲,因而塑性波速要大大高于钢甲。塑性波速大的好处,就在于能够迅速将侵彻区的横向变形沿面内传播,从而增大变形的范围,从而实现"网兜"的效果。图7-4-1给出了金属装甲和纤维增强复合装甲的塑性波传播导致的不同侵彻模式。由图可看出,相同的弹体侵彻速度下,塑性波速大的纤维增强复合装甲的变形范围要远大于金属靶板。

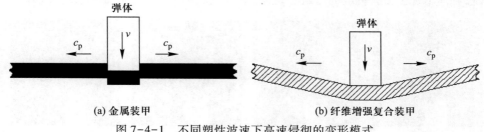

图 7-4-1 不同塑性波速下高速侵彻的变形模式

(3)纤维增强复合装甲的抗拉强度要大于钢甲。纤维增强复合装甲的抗拉强度主要由纤维的抗拉强度决定,而像高强聚乙烯纤维、芳纶纤维的抗拉强度要大大高于钢质材料,甚至能达到钢质材料的好几倍。因此,尽管纤维的拉伸断裂应变小于钢质材料,但由于其抗拉强度高,因而纤维增强复合装甲的抗弹吸能效果要更好。进一步地,根据上面第二点的分析可知,纤维增强复合装甲很容易在抗高速侵彻过程中产生拉伸大变形,此时纤维的抗拉性能能够很好地起到对弹体动能的耗散作用。而且,纤维增强复合装甲的变形范围较金属装甲大得多,因而纤维增强复合装甲的抗弹吸能性要更好。

### 7.4.3 抗高速侵彻破坏机理

#### 7.4.3.1 弹道试验设计

我们进行了高强聚乙烯纤维增强(PE)中厚和厚层合板的抗高速侵彻弹道试验。试验使用边长为7.5mm的立方体破片,名义质量为3.3g,密度为7800kg/m³,材料为45钢。试验所用的层合板为不同厚度的PE层合板,由高强聚乙烯平纹织布通过热模压制备。靶板面内尺寸均为300mm×300mm。对PE层合板进行了准静态力学性能试验,得到主要材料参数如表 7-4-1 所列。

表 7-4-1　高强聚乙烯(PE)层合板材料参数

| 质量密度 $\rho_t/(g \cdot cm^{-3})$ | 拉伸模量 $E_L$/GPa | 压缩模量 $E_c$/GPa | 剪切模量 $E_s$/GPa | 拉伸强度 $\sigma_L$/MPa | 压缩强度 $\sigma_c$/MPa | 剪切强度 $\tau_s$/MPa | 失效应变 $\varepsilon_f$/% |
|---|---|---|---|---|---|---|---|
| 0.97 | 29.8 | 2.89 | 0.75 | 950 | 273 | 360 | 2.62 |

#### 7.4.3.2　抗侵彻破坏模式

采用高速摄影设备拍摄了弹道试验中弹体的侵彻过程,取侵彻开始、侵彻中和侵彻结束 3 个阶段作为典型的考察阶段,典型侵彻情况如图 7-4-2 所示。从图中可以看出,侵彻开始阶段,有大量的白色粉末状物向靶后喷出,这显然是高强聚乙烯层合板表层破坏时喷射出的纤维及基体碎片。而随着弹体的进一步侵彻,高强聚乙烯层合板背面出现了较大程度的"鼓包"现象,该"鼓包"即为层合板背面形成的变形锥。

图 7-4-2　典型侵彻过程(破片初速 $v_0 = 1624.1$ m/s)

高强聚乙烯层合板的典型破坏形貌如图 7-4-3~图 7-4-5 所示。由图 7-4-3 正面破坏形貌可明显看出,层合板正面即迎弹面表层出现了垂向层状剥离,冲击区存在纤维的熔断并伴随有纤维的收缩和原纤维化现象。而纤维的收缩和原纤维化现象正是由于冲击区纤维熔断后形成的。由图 7-4-3(b)可知,层合板的背面产生了较大程度的鼓包即凸包现象,且凸包的范围较大。在凸包的边缘还存在明显的皱缩现象,这可能是弹丸冲击后期纤维层的弹性恢复以及动能的耗散引起的。

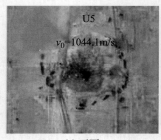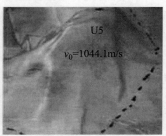

(a) 正面　　　　　　　　　　(b) 背面

图 7-4-3　高强聚乙烯层合板的破坏形貌(破片初速 $v_0 = 1044.1$ m/s)

由图 7-4-4 可以看出,层合板弹孔附近正面表层也出现了垂向层状剥离带,背面表层则出现了水平层状剥离带。这与弹孔附近存在较大的剪切力和层合板的组成(正面纤维垂向布置,背面纤维水平向布置)有关。试验后也在层合板的迎弹面存在一定程度的纤维熔断和原纤化现象,而在背面有纤维拔出现象。

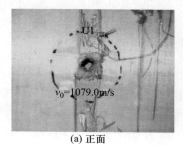 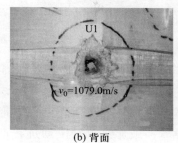

(a) 正面　　　　　　　　　　(b) 背面

图 7-4-4　高强聚乙烯层合板的破坏形貌(破片初速 $v_0=1079.0$m/s)

由图 7-4-5 可以看出,层合板迎弹面出现垂向层状剥离带的同时,在冲击区存在纤维的反向"拔出"的现象。这正是由于在初始冲击阶段,层合板表层纤维破坏后,断裂纤维及基体碎片向冲击反方向喷射效应引起的,高速摄影图 7-4-2 说明了这一点。进一步从图 7-4-5 背面的破坏形貌可知,层合板背面也出现了水平状的层状剥离现象。此外,与图 7-4-3 中层合板背面的破坏形貌相似,图 7-4-5 中层合板背面也出现了较大程度的凸包现象,并伴随有明显的皱缩现象。

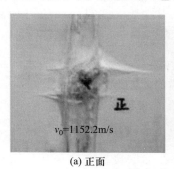 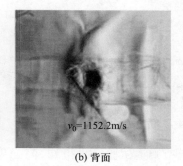

(a) 正面　　　　　　　　　　(b) 背面

图 7-4-5　高强聚乙烯层合板的破坏形貌(破片初速 $v_0=1152.2$m/s)

为了更直接地观察层合厚板内部剪切失效和拉伸变形这两种破坏模式的过渡情况,用水刀将高强聚乙烯层合板在侵彻区横向切开,具体的变形情况如图 7-4-6 所示。从图中可以清楚地看到两个不同的吸能阶段:横向变形很小的剪切失效和横向大变形的拉伸破坏。剪切部分的分层很小,而拉伸变形部分则出现了大面积的分层现象,主要原因是拉伸阶段持续的时间较长,有利于层间剪切波的传播。

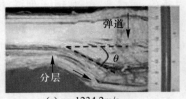

(a) $v_0$=1234.2m/s　　　　　(b) $v_0$=1667.8m/s

图 7-4-6　高强聚乙烯层合板的横向典型破坏形貌

试验后为了考查破片的镦粗变形情况，采用破片回收器收集破片。图 7-4-7 所示为部分收集到的破片镦粗后的变形情况。可以看到，随着初始冲击速度和靶板面密度的增大，破片从发生较小的变形到产生较大的塑性镦粗变形，弹头部从方形变为蘑菇状。破片镦粗对侵彻过程产生两方面的影响：一是破片产生塑性变形的吸收；二是破片镦粗后截面变大，作用于靶板的面积增大，从而使更多的纤维失效或参与变形。因此，弹丸的镦粗变形对层合厚板变形模式及抗弹吸能的影响很大。

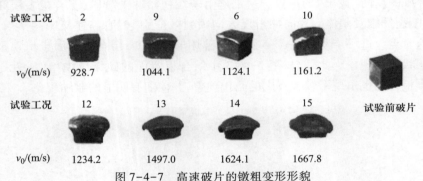

图 7-4-7　高速破片的镦粗变形形貌

### 7.4.4　抗高速侵彻过程分析

结合上节弹道试验结果可知，高强聚乙烯层合板在抗高速侵彻过程中会出现迎弹面的纤维熔断和弹体镦粗现象，层合板厚度方向呈现剪切冲塞和拉伸变形两种破坏模式，并存在明显的过渡。因此，将钝头弹高速侵彻中厚高强聚乙烯层合板的过程简化为如图 7-4-8 所示的过程，根据各阶段变形情况和受力特征将侵彻过程分为压缩镦粗、剪切压缩、拉伸变形 3 个阶段。

（1）压缩镦粗阶段。从弹体接触层合板开始，弹体被减速，与其接触的纤维层被加速，此时弹-靶接触界面的速度最高，产生的压缩应力最大，大大超过层合板的动态压缩强度，层合板在碰撞的局部区域发生变形失效，同时弹体被镦粗，如图 7-4-8(a) 所示。在很短的时间内，层合板接触区纤维层的变形以及弹-靶之间的相互摩擦把弹体一部分动能迅速转变成热能,且热量来不及散失到周围的区域,被侵彻纤维层被加热到炽热的程度。由于高强聚乙烯纤维的熔点较低,因而纤维被熔断破坏,加上弹体的挤压作用,熔断的纤维及碎裂的基体材料将向抗力最小的方向即迎弹面飞溅排出,这就形成了弹道试验过程中大量白色粉末状物向靶后喷出的现象。

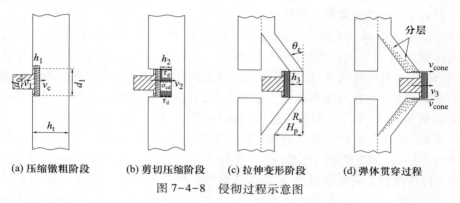

(a) 压缩镦粗阶段　　(b) 剪切压缩阶段　　(c) 拉伸变形阶段　　(d) 弹体贯穿过程

图 7-4-8　侵彻过程示意图

（2）剪切压缩阶段。随着弹体的进一步侵彻,沿层合板厚度方向继续传播压缩应力波。同时,与弹体直接接触的纤维层及压缩波传播到的区域(以下简称接触区)获得较大的横向速度,如图 7-4-8(b)所示。沿面内传播的剪切波使与接触区相邻的纤维层(以下称为协变区)也获得一定的横向速度,而接触区与协变区之间巨大的速度梯度是导致纤维层发生剪切失效的根本原因。压缩波在横向传播的过程中,接触区纤维层质量不断增加,并获得一定的横向速度,从而形成惯性力,消耗弹体动能。当压缩波传播至层合板背面时,由于背面无约束,压缩波反射并形成拉伸波。拉伸波形成后立即沿弹体侵彻相反的方向在层合板厚度方向上传播,此过程中弹体继续以剪切压缩的方式侵彻层合板纤维层。当拉伸波与弹-靶接触区界面相遇时,剪切压缩阶段结束。

（3）拉伸变形阶段。在剪切压缩阶段过后,未穿透纤维层逐渐形成动态变形锥,且此时变形锥接触区的速度与弹体速度相同,接触区与协变区的横向运动速度也基本一致。弹体在纤维层拉伸应力分量的作用下不断减速,弹体的动能随变形锥沿的变化和扩展在纤维层面内扩散,能量主要转化为纤维层拉伸应变能和变形锥的动能以及过渡区层间断裂能。当变形锥的锥角达到极限锥角时,变形锥区域纤维层处于极限拉伸状态,如图 7-4-8(c)所示。此时,背面未穿透纤维层的拉伸变形基本趋于稳定。随着弹体的进一步侵彻,变形锥接触区纤维层陆续断裂,直至弹体穿透背层各纤维层,如图 7-4-8(d)所示。而在背层纤维连续拉伸断裂的同时,各纤维层之间也存在一定的层间分层裂纹的扩展现象。

假设在弹体贯穿过程中,变形锥的大小保持不变,即变形锥沿的径向扩散速度为零。弹体贯穿整个靶板后,变形锥仍存在一定的动能,该动能主要通过后期的弹性变形及振动等方式耗散掉。

### 7.4.5 抗高速侵彻理论预测模型

#### 7.4.5.1 压缩镦粗阶段耗能

由上节的弹道试验结果并结合大量的试验研究可以发现,钝头弹在高速侵彻高强聚乙烯层合板时,其头部均会出现一定程度的镦粗现象,且侵彻速度越高,弹体头部镦粗越明显,假设弹体的镦粗变形仅发生在压缩镦粗阶段。压缩镦粗阶段结束后,认为弹体不再发生镦粗变形,并假设弹体镦粗变形长度与该阶段侵入靶板深度 $h_1$ 相等。类似于金属靶板的弹体镦粗问题,将层合板看作是可变形的靶板,弹体高速撞击可变性靶板的过程如图 7-4-9 所示。图中 $l$ 和 $l_p$ 分别为弹体刚性区(未变形区)和塑性区(变形区)的长度,$h$ 为弹体侵入靶板的深度,$u$ 为塑性界面向左传播的速度,$v$ 为弹体刚性区的运动速度(弹体的运动速度),$v_c$ 为弹-靶接触界面的运动速度。此外,需要进一步指出的是,图 7-4-9 中所有的速度均是以地面作为参考系的,靶板被认为是相对于地面静止的。在相对于地面的坐标系中,水平方向的坐标轴从左至右。计算过程中速度变量 $u$、$v$ 和 $v_c$ 均为标量,仅表示各自的大小,若沿坐标轴负方向,则在前面加负号表示。

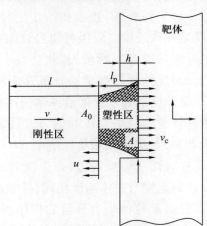

图 7-4-9 弹体撞击可变形靶板示意图

弹体刚性区、塑性区长度以及侵入靶板深度的增长分别为

$$dl = -(u+v)dt, \quad dl_p = (u+v_c)dt, \quad dh = v_c dt \qquad (7-4-1)$$

弹体刚性部分受作用力为 $\sigma_{dp}A_0$,其中 $\sigma_{dp}$ 为弹体材料的动屈服应力。由刚

性区的运动方程得到:

$$\frac{\mathrm{d}v}{\mathrm{d}t} = -\frac{\sigma_{\mathrm{dp}}}{l\rho_{\mathrm{p}}} \tag{7-4-2}$$

假设材料是不可压缩的,根据体积不变原理,得到塑性界面处的连续性方程:

$$A_0(u+v) = A(u+v_c) \tag{7-4-3}$$

式中:$A_0$ 为刚性区材料截面;$A$ 为变形后的塑性区材料截面。

考虑在微小时间步长 $\mathrm{d}t$ 内弹、靶的撞击问题。假设在微小时间步长 $\mathrm{d}t$ 内,接触界面塑性区横截面的变化是一个均匀的减速过程即等减速过程。换句话说,就是在微小时间步长 $\mathrm{d}t$ 内,接触界面塑性区横截面面积的增长率被假设为随时间线性增大。令 $S$ 为任意时刻 $\tau(0<\tau<\mathrm{d}t)$ 接触面的横截面大小,$w_0$ 为接触面在初始时刻($\tau=0$)面积的增长率。由此可得 $\mathrm{d}t$ 时间内,弹体动量转化为塑性区中压缩力的增量 $I$ 为

$$I = \int_0^{\mathrm{d}t} \sigma_{\mathrm{dp}}(S - A_0)\mathrm{d}\tau = \frac{2}{3}\sigma_{\mathrm{dp}}(A - A_0)\mathrm{d}t \tag{7-4-4}$$

对于弹-靶接触界面,根据动量冲量守恒定律,有

$$\rho_{\mathrm{p}} A_0(u+v)\mathrm{d}t \cdot v = \frac{2}{3}\sigma_{\mathrm{dp}}(A - A_0)\mathrm{d}t \tag{7-4-5}$$

式中:$\rho_{\mathrm{p}}$,$\sigma_{\mathrm{dp}}$ 分别为弹体密度和动屈服强度。

联立式(7-4-4)和式(7-4-5),得

$$\frac{3\rho_{\mathrm{p}} v^2}{2K\sigma_{\mathrm{dp}}} = \frac{(A - A_0)^2}{AA_0} \tag{7-4-6}$$

式中:$K = 1 + (\rho_{\mathrm{p}} c_{\mathrm{p}})/(\rho_{\mathrm{t}} c_{\mathrm{t}})$,$\rho_{\mathrm{p}}$、$\rho_{\mathrm{t}}$ 分别为弹体和靶板的质量密度,$c_{\mathrm{p}}$、$c_{\mathrm{t}}$ 分别为压缩应力波在弹体和靶板中的传播速度。

引入初始条件和终止条件,得

$$\frac{3\rho_{\mathrm{p}} v_0^2}{2K\sigma_{\mathrm{dp}}} = \frac{(A_1 - A_0)^2}{A_1 A_0} \tag{7-4-7}$$

式中:$v_0$ 为弹体初始侵彻速度;$A_1$ 为弹体镦粗后的截面面积。

令 $e = A_1/A_0$,$\lambda = 3\rho_p v_i^2/(4K\sigma_{dp})$,有

$$e = \lambda + 1 + \sqrt{\lambda^2 + 2\lambda} \tag{7-4-8}$$

式中:根号前取正号是为了保证 $e>1$。由此得到弹体镦粗后的直径 $d_1$ 和截面面积 $A_1$ 分别为

$$d_1 = d_0\sqrt{e}, A_1 = A_0 e \tag{7-4-9}$$

设弹-靶接触界面的接触应力为 $\sigma_j$,弹体由于接触应力作用而引起的向左后退的速度为 $v_1$,靶体由于接触应力作用而引起的向右运动的速度为 $v_2$(接触界面的运动速度 $v_c$),则有 $v_c = v_2 = v_i - v_1$。根据撞击时的动量冲量守恒定律,有

$$\sigma_j dt = \rho_p v_1 dx, \sigma_j dt = \rho_t v_2 dx \tag{7-4-10}$$

根据应力波的定义,有

$$\left(\frac{dx}{dt}\right)_p = c_p, \left(\frac{dx}{dt}\right)_t = c_t \tag{7-4-11}$$

式中:$c_p$,$c_t$ 分别为弹体、靶板的应力波速。

由式(7-4-10)和式(7-4-11)可得弹-靶接触界面的运动速度为

$$v_c = \frac{\rho_p c_p}{\rho_p c_p + \rho_t c_t} v_0 \tag{7-4-12}$$

在弹体高速侵彻靶板的初期,弹体被不断减速,与弹体接触的靶板材料被不断加速。不考虑弹体质量的损失,假设弹体的速度被减小至与弹-靶接触界面的运动速度一致时,弹体即进入后续"稳定侵彻"状态,此时开坑镦粗阶段结束。因而得到开坑镦粗阶段结束时刻,弹体的侵彻速度 $v_1 = v_c$。

因此,开坑镦粗阶段层合板的耗能 $W_1$ 等于该阶段弹体损失的动能:

$$W_1 = 0.5 m_p(v_0^2 - v_1^2) = 0.5 m_p(v_0^2 - v_c^2) \tag{7-4-13}$$

通过数值方法并结合初始条件 $v = v_0$,$A = A_0$ 和终止条件 $v = v_1$,$A = A_1$ 可求得开坑镦粗阶段弹体的侵彻时间 $t_1$,因而可得开坑镦粗阶段弹体的侵彻深度 $h_1$ 为

$$h_1 = v_c t_1 \tag{7-4-14}$$

#### 7.4.5.2 剪切压缩阶段耗能

经过第一个阶段后,弹体被镦粗,在镦粗的弹体高速侵彻下,侵彻区即接触

区纤维层被压缩而造成弹体与层合板之间产生很大的压缩力。同时,接触区与协变区巨大的速度梯度使得接触区边缘受到剪切力的作用。另外,根据边界相容条件,弹体与纤维层接触界面的运动速度与弹体速度一致,而压缩波前沿纤维层的运动速度则为零。因此,侵彻区纤维层具有一定的惯性效应。将层合板侵彻区横向受力近似视为一维应力状态,则弹体在剪切压缩阶段所受到的力包括层合板的动压缩反力、剪切反力和惯性阻力。对于中厚层合靶板,考虑厚度方向应力波的传播效应是非常必要的。因此,结合前面的分析,将剪切压缩阶段分为两个子阶段:①初始压缩波的传播,从压缩波产生到传播至层合板背面为止;②反射拉伸波的反向传播,从压缩波传播至背面即拉伸波的产生到拉伸波反向传播与弹-靶接触界面相遇为止。

在初始压缩波传播期间,弹体所受到的动压缩反力 $F_{c21}$ 可表示为

$$F_{c21} = \sigma_{cd} A_1 = 0.25\pi d_1^2 \sigma_{cd} \tag{7-4-15}$$

式中:$A_1$ 为弹体镦粗后的截面面积;$\sigma_{cd}$ 为层合板动压缩应力。相关研究表明,纤维增强层合板材料具有一定的速度效应,对于高速侵彻问题速度效应更为明显,因此可将动压缩应力表示为

$$\sigma_{cd} = (1 + \beta\sqrt{\rho_t/\sigma_c}\, v_{2p})\sigma_c \tag{7-4-16}$$

式中:$\beta$ 为弹丸弹头形状系数,对于钝头弹 $\beta=1$;$\sigma_c$ 为层合板厚度方向静态压缩屈服极限;$v_{2p}$ 为剪切压缩阶段弹丸的瞬时速度。

假设剪应力沿层合板厚度方向呈线性递减(图 7-4-10),则在初始压缩波传播期间,层合板的剪切反力 $F_{s21}$ 为

$$F_{s21} = \pi d_1 \tau_d [(h_t - h_1) - x_2]/2 \quad (0 \leqslant x_2 < (h_t - h_1)) \tag{7-4-17}$$

式中:$h_t$ 为层合板的总厚度;$x_2$ 为弹体的侵彻距离;$\tau_d$ 为层合板的动剪切强度,且

$$\tau_d = \tau_s + \mu\dot{\gamma} \tag{7-4-18}$$

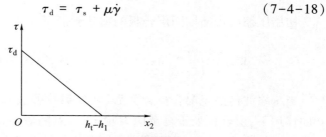

图 7-4-10 剪应力随侵彻距离的变化

式中:$\tau_s$ 为层合板的静态剪切强度;$\mu$ 为黏性系数;$\dot{\gamma}$ 为剪应变率。

层合板惯性力的产生是由于与弹体接触的层合板接触区材料和弹体一起做加速运动而产生的,惯性阻力 $F_{i21}$ 对弹体所做的功等于被弹体排开的层合板接触区材料动能的增量。假设接触区各点速度沿横向线性递减,压缩波波阵面处的速度为零。取接触区纤维层的平均速度表示惯性力,则

$$F_{i21} = \rho_t c_t A_1 v_{2p}/8 = \pi d_1^2 \rho_t c_t v_{2p}/32 \tag{7-4-19}$$

式中:$c_t$ 为层合板厚度方向压缩波的传播速度。

考虑压缩波即将开始传播,在剪切压缩阶段,压缩波的传播时间即弹体的实际侵彻时间 $t_{21}$ 为

$$t_{21} = h_t/c_t - 2h_1/(v_i + v_1) \tag{7-4-20}$$

初始压缩波传播期间,弹体的运动方程为

$$m_p \frac{dv_{2p}}{dt} = -F_{21} = -(F_{c21} + F_{s21} + F_{i21}) \tag{7-4-21}$$

由上式可得 $v_{2p}$ 与时间 $t$ 的关系,令 $v_{2p} = v_{2p}(t)$,则可得初始压缩波传播期间,弹体的侵彻深度 $h_{21}$ 为

$$h_{21} = \int_0^{t_{21}} v_{2p}(t) dt \tag{7-4-22}$$

将式(7-4-15)、式(7-4-17)和式(7-4-19)代入式(7-4-21),结合式(7-4-22)并采用数值积分的方法可得到剪切压缩第一个子阶段的侵彻深度 $h_{21}$。在剪切压缩阶段,初始压缩波传播期间层合板的压缩耗能 $W_{c21}$ 为

$$W_{c21} = \int_0^{h_{21}} F_{c21} dx_2 = 0.25\pi d_1^2 h_{21} \sigma_{cd} \tag{7-4-23}$$

初始压缩波传播期间层合板的剪切耗能 $W_{s21}$ 为

$$W_{s21} = \int_0^{h_{21}} F_{s21} dx_2 = 0.5\pi d_1 \tau_d h_{21}[(h_t - h_1) - 0.5h_{21}] \tag{7-4-24}$$

当压缩波传播至层合板背面后,在反射拉伸波和继续向前传播的压缩波的共同作用下,层合板处于复杂应力状态下,且随着侵彻速度的降低,接触区速度的增加,弹、靶间的速度差逐渐减小,压缩应力的速度效应也逐渐减小直至可以忽略。假设动态压缩应力随弹体侵彻距离的变化呈线性递减变化,则反射拉伸

波传播期间,层合板的动压缩反力 $F_{c22}$ 可表示为

$$F_{c22} = \sigma_{cd} A_1 \left[ 1 - \frac{x_2 - h_{21}}{h_t - h_1 - h_{21}} \right] \quad (h_{21} < x_2 < (h_t - h_1)) \quad (7-4-25)$$

反射拉伸波传播期间,仍假设剪应力沿横向呈线性递减变化,则层合板的剪切反力 $F_{s22}$ 为

$$F_{s22} = \pi d_1 \tau_d [(h_t - h_1) - x_2]/2 \quad (h_{21} < x_2 < (h_t - h_1)) \quad (7-4-26)$$

根据惯性力的定义可知,当压缩波传播至层合板背面后,惯性质量将随着侵彻的进行而不断减小。同时,由于应力波在层间振荡,接触区速度迅速均匀化,并与弹体速度相协调。因此,反射拉伸波传播期间,层合板的惯性阻力 $F_{i22}$ 应与初始压缩波传播期间的惯性阻力有所区别,结合惯性力的定义可得

$$F_{i22} = \rho_t A_1 v_{2p}^2/2 = \pi d_1^2 \rho_t v_{2p}^2/8 \quad (7-4-27)$$

反射拉伸波传播期间,弹体的运动方程为

$$m_p \frac{dv_{2p}}{dt} = -F_{22} = -(F_{c22} + F_{s22} + F_{i22}) \quad (7-4-28)$$

由上式可得 $v_{2p}$ 关于 $t$ 的关系式,令 $v_{2p} = v_{2p}(t)$,则可得反射拉伸波传播期间,弹体侵彻深度 $h_{22}$ 为

$$h_{22} = \int_0^{t_{22}} v_{2p}(t) dt \quad (7-4-29)$$

式中:$t_{22}$ 为反射拉伸波的传播时间即为弹体在此期间的实际侵彻时间。根据前面的分析,得

$$t_{22} = (h_t - h_1 - h_{21} - h_{22})/c_L \quad (7-4-30)$$

式中:$c_L$ 为拉伸应力波的传播速度。

结合式(7-4-29)和式(7-4-30)并通过数值积分可得到侵彻深度 $h_{22}$。由此可得,剪切压缩阶段,在反射拉伸波传播期间,层合板的压缩耗能 $W_{c22}$ 为

$$W_{c22} = \int_{h_{21}}^{h_{21}+h_{22}} F_{c22} dx_2 = 0.25\pi d_1^2 \sigma_{cd} h_{22} \frac{(h_t - h_1) - (h_{21} + 0.5h_{22})}{h_t - h_1 - h_{21}}$$

$$(7-4-31)$$

此子阶段层合板的剪切耗能 $W_{s22}$ 为

$$W_{s22} = \int_{h_{21}}^{h_{21}+h_{22}} F_{s22} dx_2 = 0.5\pi d_1 \tau_d h_{22}[(h_t - h_1) - (h_{21} + 0.5h_{22})] \tag{7-4-32}$$

剪切压缩阶段弹体总的侵彻深度 $h_2$ 为

$$h_2 = h_{21} + h_{22} \tag{7-4-33}$$

剪切压缩阶段层合板的总耗能 $W_2$ 为

$$W_2 = W_{c21} + W_{s21} + W_{c22} + W_{s22} \tag{7-4-34}$$

层合板在剪切压缩阶段被剪切冲塞的纤维层的质量 $m_s$ 为

$$m_s = 0.25\pi \rho_t d_1^2 h_2 \tag{7-4-35}$$

被弹体剪切掉的层合板材料附着在弹体头部并与弹体一起运动。考虑层合板材料剪切冲塞部分的动能，则剪切压缩阶段结束时刻有

$$0.5(m_p + m_s)v_2^2 = 0.5 m_p v_1^2 - W_2 \tag{7-4-36}$$

从而得到剪切压缩阶段结束时弹体的速度 $v_2$ 为

$$v_2 = [(m_p v_1^2 - 2W_2)/(m_p + m_s)]^{0.5} \tag{7-4-37}$$

#### 7.4.5.3　拉伸变形阶段耗能

当反射拉伸波与弹-靶接触界面相遇时，剪切压缩阶段结束，层合板背层未失效纤维层进入拉伸变形阶段，如图 7-4-8(c)所示。拉伸变形阶段应主要考虑结构的动力学瞬态响应。在拉伸变形阶段初始状态，弹体的位移小于变形锥角和拉伸失效应变所需要的弹体位移值，弹前未失效的纤维层尚未达到拉伸失效应变，协变区的纤维层将随弹体的运动被拉伸而形成变形锥并不断扩展。层合板背层未失效纤维层在拉伸应力作用下与剪切失效的纤维层在横向逐渐分离，即初始变形锥的形成需要过渡区。过渡区的存在表现为层合板弹道冲击后厚度方向上出现的较为明显的分层现象。本节理论模型中考虑过渡区的影响，将拉伸变形阶段也分为两个子阶段：①层合板背层变形锥即初始变形锥的形成和扩展，此子阶段从变形锥的形成开始，当变形锥扩展至纤维层的应变达到失效应变时，该子阶段结束。该子阶段即为剪切压缩阶段向拉伸变形阶段过渡的区间，如图 7-4-8(c)所示；②当变形锥扩展至纤维层达到极限应变状态后，弹体继续侵

彻背层纤维层,纤维层相继发生拉伸失效断裂直至弹体完全穿透整个纤维层,如图 7-4-8(d) 所示。

对于 PE 层合板结构,背层变形锥的形成和扩展过程主要由剪切波控制,即变形锥锥沿的传播速度与剪切波的传播速度一致。当变形锥扩展至背层纤维层达到失效应变时,变形锥的形成和扩展过程结束。此时,变形锥的锥角称为极限锥角 $\theta_\varepsilon$,如图 7-4-11 所示。大量的研究结果表明,不同材料层合板变形锥的形成可用相同的机理解释,在弹体侵彻过程中,变形锥角的大小基本保持不变。采用最大应变失效准则,失效判据取为纤维层材料主方向面内拉伸极限应变,即当接触区的纤维层应变达到失效应变时,纤维发生完全破坏,并认为整个纤维层发生完全破坏,若层合板背面各层均发生破坏,则认为整个层合板被完全穿透。在变形锥的形成和扩展过程中,假设背层未失效纤维层变形锥形状和锥半径基本一致,且变形锥锥角增大至极限锥角时,变形锥侵彻区纤维均处于极限应变状态。根据变形锥变形情况可得(图 7-4-11)

$$\varepsilon_\mathrm{L} = \frac{c_\mathrm{s}}{c_\mathrm{L}}\left(\frac{1}{\cos\theta} - 1\right) \leqslant \varepsilon_\mathrm{f} \tag{7-4-38}$$

式中:$\varepsilon_\mathrm{L}$,$\varepsilon_\mathrm{f}$ 分别为纤维层的拉伸应变和失效应变;$c_\mathrm{s}$,$c_\mathrm{L}$ 分别为横向剪切波和面内拉伸纵波的传播速度。

由此得到变形锥的极限变形锥角 $\theta_\varepsilon$ 为

$$\theta_\varepsilon = \arccos\left(\frac{c_\mathrm{s}}{c_\mathrm{L}\varepsilon_\mathrm{f} + c_\mathrm{s}}\right) \tag{7-4-39}$$

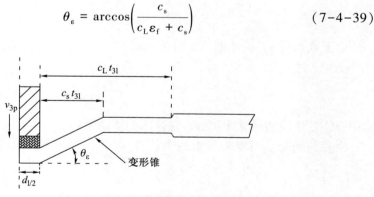

图 7-4-11 变形锥示意图

变形锥的形成和扩展过程中,弹体动能主要转化为变形锥拉伸变形能和变形锥动能。弹体所受到的力主要为纤维层的拉伸应力分量。同时,由于侵彻过程中弹体处于减速运动,弹体和变形锥之间存在相对运动的协调问题。相关文献两阶段模型提出了一个弹、靶的相对运动比例系数,并指出了它的取值范围和影响因素,但它的确定往往建立在试验数据的初步理论分析基础上,具有一定的难度和不确定性。本节将层合板变形锥相对于弹体的运动简化为作用在弹体上的一个惯性力。

假设与弹体接触处变形锥纤维层的横向运动速度与弹体速度 $v_{3p}$ 一致,而变形锥侵彻区纤维层运动速度沿横向线性递减,取变形锥侵彻区速度的平均值,得到变形锥的惯性阻力 $F_{3i}$ 为

$$F_{3i} = \rho_t A_1 v_{3p}^2/8 = \pi \rho_t d_1^2 v_{3p}^2/32 \qquad (7-4-40)$$

弹体受到的纤维层的拉伸反力 $F_{3L}$ 即为纤维层的拉伸反力在弹体侵彻方向的分量:

$$F_{3L} = \pi d_1 h_3 \sigma_{Ld} \sin\theta \qquad (7-4-41)$$

式中:$h_3$ 为层合板背层未穿透纤维层的厚度,$h_3 = h_t - h_1 - h_2$;$\theta$ 为变形锥形成和扩展过程中的瞬时锥角;$\sigma_{Ld}$ 为层合板的动态拉伸强度,考虑速度效应的影响,有

$$\sigma_{Ld} = (1 + 0.5\beta\sqrt{\rho_t/\sigma_L} v_{3p})\sigma_L \qquad (7-4-42)$$

式中:$v_{3p}$ 为弹体的瞬时速度;$\sigma_L$ 为层合板的准静态拉伸强度。

变形锥的形成和扩展过程中,弹体的运动方程可表示为

$$(m_p + m_s)\frac{dv_{3p}}{dt} = -F_3 = -(F_{3i} + F_{3L}) \qquad (7-4-43)$$

由上式可得 $v_{3p}$ 关于时间 $t$ 的关系式,令 $v_{3p} = v_{3p}(t)$,则有

$$H_p = \int_0^{t_{31}} v_{3p}(t)dt \qquad (7-4-44)$$

式中:$H_p$ 为弹体的运动距离;$t_{31}$ 为弹体的运动时间。

根据前面分析可得变形锥的半径 $R_s$ 为

$$R_s = c_s t_{31} \qquad (7-4-45)$$

式中:$c_s$ 为剪切波的传播速度。

变形锥扩展过程中的瞬时变形锥角 $\theta$ 可表示为

$$\theta = \arctan(H_p/R_s) \qquad (7-4-46)$$

联立式(7-4-43)~式(7-4-46),采用数值方式并以 $\theta = \theta_g$ 作为计算终止条

件,可得到变形锥形成和扩展过程结束时刻变形锥的锥半径和变形锥高度(即弹体的运动距离 $H_p$)。

在变形锥的形成和扩展过程中,过渡区存在明显的分层现象。假设分层只在初始变形锥形成的层间发生,如图 7-4-8(c)所示,则过渡区分层吸能 $E_{de31}$ 可表示为

$$E_{de31} = \pi P_{de31} R_{de31} (R_{de31} + d_1) G_{del} \tag{7-4-47}$$

式中:$P_{de31}$ 为分层折减系数;$G_{del}$ 为层合板层间断裂韧性值;$R_{de31}$ 为裂纹传播半径,$R_{de31} = c_{del} t_{31}$,$c_{del}$ 为裂纹传播速度。

弹道高速冲击下层间分层的分布与面内纵波的传播相关,则可设裂纹传播速度为

$$c_{del} = k\sqrt{c_L/\rho_t} \tag{7-4-48}$$

式中:$k$ 为层间裂纹传播系数,目前主要通过靶后分层面积测量加以确定。

拉伸变形阶段第一个子阶段即变形锥的形成和扩展过程结束时,变形锥达到极限状态,层合板的耗能主要包括变形锥的弹性变形能及其动能。如图 7-4-12 所示,假设变形锥的应变沿径向呈线性递减,则变形锥各点处的应变 $\varepsilon$ 可表示为

$$\varepsilon = \varepsilon_0 (R_s - r)/(R_s - d_1/2) \tag{7-4-49}$$

式中:$\varepsilon_0$ 为侵彻区边缘即 $r = d_1/2$ 处纤维层的应变,当变形锥达到极限状态时有 $\varepsilon_0 = \varepsilon_f$。

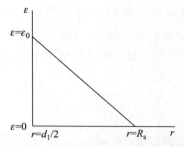

图 7-4-12 变形锥的应变随位置的变化

因此,变形锥的弹性变形能 $E_{ED}$ 为

$$E_{ED} = \int_{d_1/2}^{R_s} 0.5 E_L \varepsilon^2 \cdot 2\pi r h_3 \mathrm{d}r \tag{7-4-50}$$

式中:$E_L$ 为层合板的拉伸模量。

将 $\varepsilon$ 的表达式代入上式并整理,得

$$E_{\text{ED}} = \frac{\pi E_L \varepsilon_0^2 h_3}{(2R_s - d_1)^2}\left(\frac{R_s^4}{3} - \frac{R_s^2 d_1^2}{2} + \frac{R_s d_1^3}{3} - \frac{d_1^4}{16}\right) \quad (7\text{-}4\text{-}51)$$

式中:$R_s$ 取变形锥扩展至极限状态时锥半径值。

变形锥的扩展过程结束时,变形锥具有一定的动能。此时,变形锥的动能 $E_{\text{kc}31}$ 包括侵彻区的动能和外围变形区的动能。假设变形锥的横向运动速度沿厚度方向和径向均呈线性递减,则

$$E_{\text{kc}31} = \frac{1}{32}\pi\rho_t d_1^2 h_3 v_{31}^2 + \frac{\pi\rho_t h_3 v_{31}^2}{(2R_s - d_1)^2}\left(\frac{R_s^4}{3} - \frac{R_s^2 d_1^2}{2} + \frac{R_s d_1^3}{3} - \frac{d_1^4}{16}\right)$$

$$(7\text{-}4\text{-}52)$$

当变形锥扩展至极限状态时,有

$$0.5(m_p + m_s)v_{31}^2 = 0.5(m_p + m_s)v_2^2 - E_{\text{de}31} - E_{\text{ED}} - E_{\text{kc}31} \quad (7\text{-}4\text{-}53)$$

式中:$R_s$ 均取变形锥扩展至极限状态时锥半径值。

由此,拉伸变形阶段第一个子阶段结束时弹体速度

$$v_{31} = \left[v_2^2 - 2(E_{\text{de}31} + E_{\text{ED}} + E_{\text{kc}31})/(m_p + m_s)\right]^{0.5} \quad (7\text{-}4\text{-}54)$$

变形锥达到极限应变状态后,弹体即开始穿透变形锥纤维层,在此过程中假设变形锥保持不变,纤维层被弹体陆续破坏直至完全穿透所有纤维层。因此,在弹体陆续穿透纤维层的过程中主要涉及纤维层的拉伸断裂耗能和层间分层耗能,当弹体完全穿透后变形锥存在一定的动能。

假设所有纤维为弹性失效断裂,则侵彻区单位体积材料失效断裂后的吸能(比吸能)为

$$\omega_f = 2(\sigma_L \varepsilon_f / 2) \quad (7\text{-}4\text{-}55)$$

式中:乘以 2 表示纤维层平面内张力场的双向性质。因此,侵彻区纤维层的拉伸断裂吸能 $E_{\text{TF}}$ 为

$$E_{\text{TF}} = 0.25\pi d_1^2 h_3 \omega_f = 0.25\pi d_1^2 h_3 \sigma_L \varepsilon_f \quad (7\text{-}4\text{-}56)$$

弹体穿透背层所有纤维层所需的时间 $t_{32}$ 可近似表示为

$$t_{32} = 2h_3/(v_{31} + v_3) \quad (7\text{-}4\text{-}57)$$

式中：$v_3$ 为弹体完全穿透层合板后的速度即弹体的最终剩余速度 $v_r$。

因此，弹体陆续穿透背层纤维层后，背层纤维层之间的层间分层吸能 $E_{de32}$ 为

$$E_{de32} = 0.5\pi P_{de32} R_{de32}(R_{de32} + d_1) n_{32} G_{del} \tag{7-4-58}$$

式中：$P_{de32}$ 为分层折减系数；$R_{de32}$ 为裂纹传播半径，$R_{de32} = c_{del} t_{32}$；$n_{32}$ 为层合板背层透胶层层数。

因此，拉伸变形阶段层合板的总耗能 $W_3$ 为

$$W_3 = E_{de31} + E_{ED} + E_{TF} + E_{de32} \tag{7-4-59}$$

弹体完全贯穿层合板后，变形锥仍存在一定的动能，如图 7-4-8(d) 所示。因此，变形锥的动能 $E_{kcone}$ 为

$$E_{kcone} = \frac{\pi \rho_t h_3 v_{cone}^2}{(2R_s - d_1)^2}\left(\frac{R_s^4}{3} - \frac{R_s^2 d_1^2}{2} + \frac{R_s d_1^3}{3} - \frac{d_1^4}{16}\right) \tag{7-4-60}$$

经过拉伸变形阶段后，层合板被弹体完全穿透，弹体将以速度 $v_3$ 脱离层合板，即弹体的最终剩余速度 $v_r$。对整个侵彻过程运用能量守恒原理，有

$$0.5(m_p + m_s)v_3^2 = 0.5 m_p v_i^2 - (W_1 + W_2 + W_3 + E_{kcone}) \tag{7-4-61}$$

由此得到弹体的最终剩余速度 $v_r$ 为

$$v_r = v_3 = \{[m_p v_i^2 - 2(W_1 + W_2 + W_3 + E_{kcone})]/(m_p + m_s)\}^{0.5} \tag{7-4-62}$$

假设弹体剩余速度为零，则其初始侵彻速度即为相应弹体的层合板的弹道极限 $v_{bl}$ 为

$$v_{bl} = [2(W_1 + W_2 + W_3)/m_p]^{0.5} \tag{7-4-63}$$

### 7.4.6 设计示例

#### 7.4.6.1 弹体余速的比较

7.4.3 节弹道试验使用的是边长 7.5mm×7.5mm 的立方体破片，弹体名义质量为 3.3g，弹体密度为 $\rho_p = 7800 kg/m^3$。弹体材料为 45 钢，其是一种应变率非常敏感的材料：在室温（25℃）时，准静态屈服应力为 420MPa 左右；当应变率为 $4.5×10^3 s^{-1}$ 时，则升高到 900MPa 左右。弹道试验中弹体初始侵彻速度在

1000m/s 左右,材料的应变率达到 $10^5$ 量级。因此,根据 Johnson-Cook 近似计算得到 45 钢动态屈服应力 $\sigma_{dp}$ 为 1064MPa。弹体材料的其他参数为 $c_p$ = 5127m/s。

层合板材料的剪切应变率与弹体冲击速度有关,结合 7.4.3 节试验工况弹体的冲击速度范围,取层合板剪切应变率为 $1000s^{-1}$。高强聚乙烯层合板材料的比热容 $c$ = 2.3J·$g^{-1}$·$K^{-1}$,熔化温度 $T_m$ = 110℃。由于本节提出的钝头弹计算模型是按照圆柱形破片建立的,因此,在保证质量不变和弹、靶接触面积不变的前提下,将边长为 $a$ 的立方体破片等效成高为 $a$、半径为 $a/\pi^{0.5}$ 的圆柱体破片。

采用本节的三阶段模型和相关文献的两阶段模型分别对 7.4.3 节弹道试验工况进行计算,得到了弹体侵彻不同厚度高强聚乙烯层合板后的剩余速度值,如表 7-4-2 所列。表中,$m_p$ 为弹体质量,$h_t$、$\rho_A$、$N$ 分别为层合板厚度、面密度和层数,$v_0$、$v_r$ 分别为弹体初速和剩余速度。

表 7-4-2 理论计算剩余速度值与试验结果的比较

| 序号 | $h_t$ /mm | $\rho_A$ /(kg/m²) | $N$ | $v_0$ /(m/s) | $v_r$/(m/s) | | | 相对误差/% | |
|---|---|---|---|---|---|---|---|---|---|
| | | | | | 试验值 | 计算值 | | 本节模型 | 相关文献模型 |
| | | | | | | 本节模型 | 相关文献模型 | | |
| 1 | 7.6 | 7.1 | 88 | 817.2 | 571.6 | 598.9 | 611.1 | 4.8 | 6.9 |
| 2 | 7.6 | 7.1 | 88 | 928.7 | 753.0 | 700.9 | 821.0 | -6.9 | 9.0 |
| 3 | 7.7 | 7.1 | 88 | 1079.0 | 873.3 | 835.8 | 983.6 | -4.3 | 12.6 |
| 4 | 7.7 | 7.1 | 90 | 1284.8 | 1143.2 | 1012.4 | 1231.9 | -11.4 | 7.8 |
| 5 | 7.8 | 7.1 | 88 | 1325.8 | 1164.4 | 1050.5 | 1308.3 | -9.8 | 12.4 |
| 6 | 10.6 | 10.1 | 126 | 1124.1 | 827.6 | 787.4 | 892.8 | -4.9 | 7.9 |
| 7 | 10.1 | 9.9 | 125 | 1152.2 | 856.5 | 818.9 | 929.2 | -4.4 | 8.5 |
| 8 | 10.5 | 10.1 | 126 | 1155.4 | 865.7 | 842.6 | 949.1 | -2.7 | 9.6 |
| 9 | 15.2 | 15.4 | 186 | 1044.1 | 未穿透 | 未穿透 | 691.6 | — | — |
| 10 | 15.2 | 15.4 | 186 | 1161.2 | 666.7 | 660.6 | 809.8 | -0.9 | 21.5 |
| 11 | 20.8 | 20.6 | 248 | 962.0 | 未穿透 | 未穿透 | 未穿透 | — | — |
| 12 | 20.8 | 20.6 | 248 | 1234.0 | 521.8 | 525.7 | 707.7 | 0.7 | 35.6 |
| 13 | 30.2 | 30.8 | 372 | 1497.0 | 未穿透 | 未穿透 | 未穿透 | — | — |
| 14 | 30.2 | 30.8 | 372 | 1624.1 | 未穿透 | 未穿透 | 523.4 | — | — |
| 15 | 30.2 | 30.8 | 372 | 1667.8 | 未穿透 | 未穿透 | 642.2 | — | — |

从表 7-4-2 可以看出,对于大部分试验工况,采用本节建立的三阶段理论模型得到的弹体余速值与试验结果吻合得较好,只有试验 4 呈现出较大的误差,这可能与试验结果测试、材料动态参数取值等有关。同时,从表 7-4-2 中还可以看出,采用文献两阶段计算模型得到的弹体剩余速度值与试验结果相差较大,剩余速度计算值均较试验结果偏大,且随着弹体初始侵彻速度的提高,误差不断增大。主要原因是文献中两阶段模型中假设弹体为刚性体,未考虑侵彻过程中弹体的变形耗能以及弹体镦粗后对后续耗能的影响,在弹体初始冲击速度较高时误差较大。此外,该两阶段模型中还忽略了过渡区的存在对侵彻模式的影响。对比计算结果可以得出,本节建立的计算模型较好地反映了弹道试验结果,这表明本节模型假设的侵彻过程更接近于真实的高强聚乙烯层合抗高速侵彻的试验现象。

#### 7.4.6.2　弹道极限的比较

采用本节计算模型对不同厚度层合板的弹道极限进行计算,如表 7-4-3 所列。从表中可以看出,采用本节计算模型得到的弹道极限与试验结果吻合较好。当层合板的厚度较薄时,本节模型计算得到的弹道极限较试验结果偏高,误差稍大。从表 7-4-3 还可看出,采用本节计算模型得到的弹道极限均较试验结果要稍大,这与本节假设的变形锥的状态有关。在拉伸变形阶段的侵彻过程中弹、靶之间的相对速度与变形锥锥角之间也存在相互的协调,由于这种协调关系的存在,变形锥锥角还应满足 $\theta = \theta_v = \arctan(v_{3p}/c_s)$。当弹体侵彻速度在弹道极限附近时,侵彻过程后期会出现 $\theta_v < \theta_g$,此时纤维层的能量扩散速度大于弹体侵彻速度,一般认为此时弹体不能穿透弹前未失效纤维层。然而,弹道侵彻试验结果显示,当时 $\theta_v < \theta_g$ 弹体依然能够穿透层合板背层未穿透的纤维层,剩余速度一般较低。这主要是因为在弹体侵彻后期背层变形锥整体处于极限应变状态下,此时弹靶接触处呈现复杂应力状态(拉应力和剪应力共同作用),因此弹体剩余动能仍然具有一定的侵彻能力。而本节计算模型中假设变形锥锥角达到 $\theta_g$ 后保持不变,即认为弹体在侵彻过程中的速度始终大于纤维层能量扩散速度,因此本节模型得到的弹道极限要稍高于试验值,且较薄时误差较大。

表 7-4-3　理论计算层合板弹道极限值与试验结果的比较

| $\rho_A/(kg/m^2)$ | 试验值 $v_{bl}/(m/s)$ | 计算值 $v_{bl}/(m/s)$ | | 相对误差/% | |
| --- | --- | --- | --- | --- | --- |
| | | 本节模型 | 文献模型 | 本节模型 | 文献模型 |
| 7.1 | 609.2 | 665.3 | 580.4 | 9.2 | -4.7 |
| 10.1 | 786.7 | 838.2 | 719.4 | 6.5 | -8.6 |
| 15.4 | 1100.2 | 1149.6 | 836.7 | 4.5 | -24.0 |

续表

| $\rho_A$/(kg/m²) | 试验值 $v_{bl}$/(m/s) | 计算值 $v_{bl}$/(m/s) | | 相对误差/% | |
|---|---|---|---|---|---|
| | | 本节模型 | 文献模型 | 本节模型 | 文献模型 |
| 20.6 | 1223.5 | 1229.5 | 972.4 | 0.5 | −20.5 |
| 30.8 | 1789.0 | 1835.8 | 1535.0 | 2.6 | −14.2 |

表 7-4-3 中还给出了采用相关文献两阶段计算模型得到的弹道极限。从表中可看出,文献两阶段计算模型计算得到的弹道极限值均较试验结果要小,且层合板厚度较大时偏差过大。主要原因是层合板厚度较大,弹道极限较高,实际弹体镦粗较严重,从而使得文献两阶段模型计算得到的结果与实际值偏差较大。因此,可以预测的是,弹体的初始速度越高,文献两阶段模型计算得到的层合板弹道极限偏差越大。

通过以上分析可得本节提出的三阶段侵彻模型对于高速钝头弹侵彻中厚高强聚乙烯层合板的剩余速度和弹道极限速度的预测较为准确,能够较好地反映高速钝头弹侵彻中厚高强聚乙烯层合板的过程,能够用来预测高速钝头弹侵彻中厚高强聚乙烯的剩余速度和弹道极限速度。不过,应该指出的是,本节模型对于速度较低的薄高强聚乙烯层合板(<800 m/s)以及超高速(>2000 m/s)的厚高强聚乙烯层合板的穿甲情形可能误差较大,甚至可能由于侵彻机理的不同而不再适用。

#### 7.4.6.3 与传统钢质装甲比较

采用高强聚乙烯作为舰船防护装甲,其最大的好处就是能大大降低防护装甲的重量,这为舰船轻量化设计提供很大的设计空间。表 7-4-4 所列为采用高强聚乙烯作为防护装甲时,对于本节 3.3g 立方体破片的高速侵彻所需的单位面积重量即面密度的比较。表中防住破片所需的高强聚乙烯(PE)装甲单位面积重量根据 7.4.5 节的理论预估模型计算得到,而防住破片所需钢甲的单位面积重量则根据德·玛尔公式计算得到,其中德·玛尔公式中的系数 $K$ 取 67650。所有计算工况均为垂直入射,则德·玛尔公式中 $\cos\theta = 1$。钢甲的密度取 7800kg/m³。

表 7-4-4 高强聚乙烯(PE)装甲的减重效果

| 破片初速 $v_0$/(m/s) | 防住破片所需 PE 装甲单位面积重量 $\rho_{Ap}$/(kg/m²) | 防住破片所需钢甲单位面积重量 $\rho_{As}$/(kg/m²) | 减重百分比 $(\rho_{As}-\rho_{Ap})/\rho_{As}$/% |
|---|---|---|---|
| 609.2 | 7.1 | 23.6 | 69.95% |

续表

| 破片初速 $v_0$/(m/s) | 防住破片所需PE装甲 单位面积重量 $\rho_{Ap}$/(kg/m²) | 防住破片所需钢甲 单位面积重量 $\rho_{As}$/(kg/m²) | 减重百分比 $(\rho_{As}-\rho_{Ap})/\rho_{As}$/% |
|---|---|---|---|
| 786.7 | 10.1 | 34.0 | 70.33% |
| 1100.2 | 15.4 | 55.0 | 71.98% |
| 1223.5 | 20.6 | 64.0 | 67.80% |
| 1789.0 | 30.8 | 110.1 | 72.02% |

由表7-4-4可以看出,在本节相同的破片质量和初速高速侵彻下,要想防住该初速下的破片,所需高强聚乙烯(PE)装甲的单位面积重量较钢甲要低得多,减重效果在60%以上。因此,换句话而言,相对于传统钢甲,在同等抗弹防护效果下,高强聚乙烯(PE)装甲减重达60%以上。由此可见,高强聚乙烯(PE)复合材料作为抗弹防护装甲,较传统钢甲具有很大的减重优势。

## 参考文献

[1] 张佐光,霍刚,张大兴,等.防弹芳纶复合材料试验研究[J].北京航空航天大学学报,1995,31(3):1-5.

[2] LEE B L, SONG J W, WARD J E. Failure of Spectra Polyethylene Fiber-Reinforced Composites under Ballistic Impact Loading[J]. Journal of Composite Materials, 1994, 28(13): 1202-1226.

[3] ELLIS R L, LALANDE F, JIA H, et al. Ballistic impact resistance of SMA and spectra hybrid graphite composites[J]. Journal of Reinforced Plastics and Composites, 1998, 17(2): 147-164.

[4] 黄英,刘晓辉,李郁忠.聚合物基复合材料用于人体装甲防护的研究、应用及其发展[J].玻璃钢/复合材料,1998(6):35-39.

[5] 梅志远,朱锡,刘燕红,等.纤维增强复合材料层合板弹道冲击研究进展[J].力学进展,2003,33(3):375-388.

[6] 王元博,王肖钧,胡秀章,等.Kevlar层合材料抗弹性能研究[J].工程力学,2005,22(3):76-81.

[7] 王晓强.舰用装甲设计中几个相关问题的研究[D].武汉:海军工程大学,2006.

[8] HSIAO H M, DANIEL I M. Strain rate behaviour of composite materials[J]. Composites Part B, 1998, 29(5): 521-533.

[9] OCHOLA R O, MARCUS K, NURICK G N, et al. Mechanical behaviour of glass and carbon fibre reinforced composites at varying strain rates[J]. Composite Structures, 2004, 63(3-4):455-467.

[10] NAIK N K, KAVALA V R. High strain rate behavior of woven fabric composites under compressive loading[J]. Materials Science and Engineering A, 2008, 474(1-2):301-311.

[11] 王晓强,朱锡,梅志远.纤维增强复合材料抗侵彻研究综述[J].玻璃钢/复合材料,2008(5):47-56.

[12] 王晓强,朱锡,梅志远,等.超高分子量聚乙烯纤维增强层合厚板抗弹性能试验研究[J].爆炸与冲击,

2009,29(1):29-34.

[13] 夏逸平,张凡.柔性防弹材料抗侵彻机理分析[C].第15届全国结构工程学术会议论文集(第Ⅲ册).焦作:中国力学学会工程力学编辑部,2006.

[14] 李琦,龚烈航,张庚申,等.芳纶与高强聚乙烯纤维叠层组合对弹片的防护性能[J].纤维复合材料,2004(3):3-5.

[15] JENQ S T, WANG S B. A Model for Predicting the Residual Strength of GFRP Laminates Subject to ballistic Impact[J]. Journal of Reinforced Plastics and Composites, 1992(2):1127-1141.

[16] TAN V B C, KHOO K J L. Perforation of flexible laminates by projectiles of different geometry[J]. International Journal of Impact Engineering, 2005(5):793-810.

[17] ZHU G, SMITH W G. Penetration of laminated Kevlar by projectiles-2[J]. International Journal of Solids Structure, 1992, 29(4):421-436.

[18] MORYE S S, HIME P J, DUCKETT R A. Modeling of the energy absorption by polymer composites upon ballistic impact[J]. Composites Science and Technology, 2000(60):2631-2642.

[19] WEN H M, REDDY T Y, REID S R, et al. Indentation penetration and perforation of composite laminates and sandwich panels under quasi-static and projectile loading[J]. Key Engineering Materials, 1998, 143(1):501-552.

[20] 梅志远,朱锡,张立军.FRC层合板抗高速冲击机理研究[J].复合材料学报,2006,23(2):143-149.

[21] 王晓强.舰船层合板抗高速弹体侵彻机理研究[D].武汉:海军工程大学,2010.

[22] 陈长海,朱锡,王俊森,等.高速钝头弹侵彻中厚高分子聚乙烯纤维增强复合塑料层合板的机理[J].复合材料学报,2013,30(5):14-23.

[23] WOODWARD R L. A simple one-dimensional approach to modelling ceramic composite armour defeat[J]. International Journal of Impact Engineering, 1990, 9(4): 455-474.

[24] BENLOULO I S C, Sanchez-Galvez V. A new analytical model to simulate impact onto ceramic/composite armors[J]. International journal of impact engineering, 1998, 21(6): 461-471.

[25] FAWAZ Z, ZHENG W, BEHDINAN K. Numerical simulation of normal and oblique ballistic impact on ceramic composite armours[J]. Composite Structures, 2004, 63(3-4): 387-395.

[26] KRISHNAN K, SOCKALINGAM S, BANSAL S, et al. Numerical simulation of ceramic composite armor subjected to ballistic impact[J]. Composites Part B: Engineering, 2010, 41(8): 583-593.

[27] FELI S, ASGARI M R. Finite element simulation of ceramic/composite armor under ballistic impact[J]. Composites Part B: Engineering, 2011, 42(4): 771-780.

[28] Bürger D, De Faria A R, De Almeida S F M, et al. Ballistic impact simulation of an armour-piercing projectile on hybrid ceramic/fiber reinforced composite armours[J]. International Journal of Impact Engineering, 2012, 43: 63-77.

[29] 王全胜,郭东,李忠平,等.纤维陶瓷复合材料抗侵彻试验与数值模拟分析[J].武汉理工大学学报,2013,35(5):90-94.

[30] 毛亮,王华,姜春兰,等.钨合金球形破片侵彻陶瓷/DFRP复合靶的弹道极限速度[J].振动与冲击,2015(13):1-5.

[31] 孙非,彭刚,王绪财,等.撞击位置对陶瓷/纤维复合材料板抗弹评价的影响[J].弹道学报,2015(4):64-68.

[32] TANG R T, WEN H M. Predicting the perforation of ceramic-faced light armors subjected to projectile impact[J]. International Journal of Impact Engineering, 2017, 102: 55-61.

## 第7章 纤维增强复合装甲防护技术

[33] CHEN CHANGHAI, ZHU XI, HOU HAILIANG, et al. Analytical model for high-velocity perforation of moderately thick ultra-high molecular weight polyethylene-woven laminated plates[J]. Journal of Composite Materials, 2015, 49(17): 2119-2136.

[34] 陈长海,徐文献,朱锡,等. 超高分子量聚乙烯纤维增强层合厚板抗高速钝头弹侵彻的理论模型[J]. 中国舰船研究, 2015, 10(3): 63-69, 83.

[35] 张晓晴,杨桂通,黄小清. 柱形平头弹体镦粗变形的理论分析[J]. 华南理工大学学报(自然科学版), 2005, 33(1): 32-36.

[36] WEN H M. Predicting the penetration and perforation of FRP laminates struck normally by projectiles with different nose shapes[J]. Compos Struct, 2000, 49(3): 321-329.

[37] WEN H M. Penetration and perforation of thick FRP laminates[J]. Compos Sci Technol, 2001, 61(8): 1163-1172.

[38] 梅志远,朱锡,张立军. FRC层合板抗高速冲击机理研究[J]. 复合材料学报, 2006, 23(2): 143-149.

# 第 8 章　轻型陶瓷复合装甲防护技术

## 8.1　概　　述

装甲抗冲击、抗侵彻能力的研究已有近两个半世纪的漫长历史了,随着现代武器终端弹道效应的不断提高,防护装甲越来越厚重。厚重的装甲严重影响了使用者的机动性。因此,抗侵彻能力与重量之间的矛盾是装甲防护研究要解决的主要问题。

20 世纪五六十年代材料科学的进步使得人们成功地利用叠层金属、陶瓷、复合材料研制了高效、轻质的防护装甲。陶瓷以其高刚度、高硬度、低密度,一直备受关注。另外,陶瓷材料的脆性和低抗拉强度使它们不能在抗侵彻过程中吸收大量能量。因此,实际应用中,通常用陶瓷作面板与金属或纤维增强复合材料背板结合使用,有时还在陶瓷面板上增加一层金属或纤维增强复合材料(主要起纵向约束作用),组成陶瓷/金属、陶瓷/复合材料复合装甲,以提高其抗侵彻性能。

为了有针对性地研究结构抗侵彻问题,人们通常按冲击速度、板厚等对侵彻进行分类。目前,对于陶瓷复合装甲抗侵彻研究的分类,还没有统一认识,但人们主要感兴趣的研究领域是对陶瓷复合装甲的中、高速冲击,速度范围为 $1000 \sim 10000 m/s$,包括主要的枪械发射速度及其他动能驱动的侵彻体速度,也包括化学能驱动的侵彻体速度如聚能射流和爆炸破片。在中、高速冲击下,陶瓷的主要作用是钝化、侵蚀和碎裂弹体,分散衰减冲击载荷,背板主要作用除吸收冲击动能外,还有支撑陶瓷面板。

本章以导弹战斗部爆炸后所产生的高速破片为防御目标,介绍破片模拟弹、陶瓷面板、船用钢背板的变形破坏过程与模式,分析了陶瓷面板侵蚀、钝化和碎裂弹体的能力,陶瓷面板对背板破坏形式和破坏程度的影响,以及冲击过程中能量及动量的转化。

## 8.2 弹、靶冲击响应特性

### 8.2.1 弹、靶冲击结果

厚度 $H_c$ 为 2~12mm 的 $Al_2O_3$ 装甲陶瓷(99 瓷)与厚度 $H_b$ 为 4~10mm 的 Q235 钢复合而成的轻型陶瓷/船用钢复合装甲(图 8-2-1),在 26g FSP 弹体冲击下的主要结果如表 8-2-1 所列。

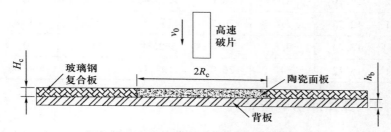

图 8-2-1　陶瓷复合装甲靶板结构示意图

表 8-2-1　实验靶板结构及主要试验结果

| 试验编号 | 靶板结构/mm | | 初始弹体 | | 剩余弹体 | | |
|---|---|---|---|---|---|---|---|
| | 陶瓷面板 | Q235 背板 | 质量/g | 初速/(m/s) | 剩余弹长/mm | 剩余弹速/(m/s) | 质量/g |
| C6-S6-1 | 6.55 | 5.80 | 26.2 | 574.39 | 20.00 | 0 | 23.6 |
| C6-S6-2 | 6.55 | 5.80 | 26.1 | 762.63 | 15.80 | 0 | 22.7 |
| C6-S6-3 | 6.20 | 5.76 | 26.3 | 943.18 | 13.38 | 391.65 | 17.6 |
| C6-S6-4 | 6.29 | 5.78 | 26.3 | 1062.97 | 14.45 | 424.35 | 15.52 |
| C6-S6-5 | 6.38 | 5.70 | 26.1 | 1147.47 | 13.45 | 892.14 | 13.82 |
| C6-S6-6 | 6.10 | 5.72 | 26.3 | 591.80 | 15.70 | 0 | |
| C6-S8-1 | 6.48 | 7.54 | 26.3 | 1173.14 | 13.94 | 893.97 | |
| C6-S4-1 | 6.46 | 3.94 | 26.3 | 1129.25 | 16.1 | 698.00 | |
| C4-S6-1 | 4.23 | 5.80 | 26.3 | 941.40 | 17 | 472.87 | |
| C4-S6-2 | 4.44 | 5.66 | 26.3 | 1136.99 | 13.58 | 737.16 | |
| C4-S6-3 | 4.54 | 5.70 | 26.3 | 576.20 | 18.54 | 0.00 | |
| C2-S6-1 | 2.40 | 5.66 | 26.3 | 1135.69 | | 787.10 | |

续表

| 试验编号 | 靶板结构/mm | | 初始弹体 | | 剩余弹体 | | |
|---|---|---|---|---|---|---|---|
| | 陶瓷面板 | Q235背板 | 质量/g | 初速/(m/s) | 剩余弹长/mm | 剩余弹速/(m/s) | 质量/g |
| C2-S8-1 | 2.39 | 7.56 | 26.3 | 569.14 | 19.32 | 176.11 | |
| C2-S4-1 | 2.39 | 4.26 | 26.3 | 1135.69 | 15.04 | 851.66 | |
| C12-S6-1 | 12.32 | 5.78 | 26.0 | 1041.97 | | 0 | |
| C12-S6-2 | 12.20 | 5.78 | 26.0 | 1220.44 | | / | |
| C12-S8-1 | 12.25 | 7.6 | 26.0 | 1335.12 | 9.56 | 339.83 | |
| C12-S10-1 | 12.24 | 9.6 | 26.3 | 562.39 | 11.8 | 0 | |
| C15-S4-1 | 15.12 | 4 | 26.0 | 1197.12 | | 568.65 | |

### 8.2.2 弹体冲击响应特性

对于杆状弹或破片模拟弹,弹体以初速 $V_0$ 撞击靶板后,在弹体内产生一个压缩波,向弹体尾端传播,压缩波传播到弹体尾端前,弹体尾端速度保持不变,弹体头部向靶板侵彻。在破片模拟弹冲击陶瓷/金属复合装甲的试验中,随着弹、靶撞击初始时刻,弹体尾端速度 $V$ 与弹-靶接触面速度 $U$ 之差($V-U$)将增大,弹体将呈现 3 种不同的破坏模式,即绝热剪切—脆性碎裂失效、侵蚀—镦粗—花瓣型失效和侵蚀失效。

弹、靶撞击初始时刻,当 $V-U$ 小于弹体材料的塑性波速 $u_p$ 时,弹体撞击靶板后,弹体内的塑性压缩波将离开弹-靶接触界面,向弹体尾端传播,弹体内在弹-靶接触面与塑性波波阵面间将形成一个"塑性区",塑性区内弹体将发生压缩变形。由于破片模拟弹特殊的平面凸缘结构,弹体内的压缩波是由较小截面向较大截面传播的,在压缩波传播的过程中将不断向弹体头部反射压缩波,平面凸缘在压缩波作用下发生高速压缩变形,压缩变形产生的热量来不及散发,使弹头在最大剪应力面上产生绝热剪切,形成 45°的楔形滑移块,45°楔形面上存在明显的材料塑性滑移迹线(图 8-2-2,图中 $t_c$、$t_s$ 分别为陶瓷面板、钢背板的厚度,下同)。由于弹体经淬火处理,随着 $V-U$ 的减小,压缩变形速率减小,弹体难以再发生绝热剪切,在楔形滑移块的挤压下,弹体将在楔形滑移面的扩展面上发生脆性断裂(图 8-2-2)。

弹速进一步降低,陶瓷面板在弹体的侵彻和推动下产生运动,$V-U$ 进一步减小,当弹、靶间的接触应力小于弹材的屈服强度时,$V-U=0$,弹体将不再发生塑性变形,保持为刚体。弹体呈现绝热剪切—脆性碎裂失效(图 8-2-3)。

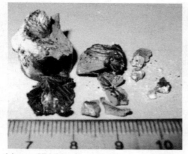

(a) $v_0$= 574.39m/s, $t_c$=6.55mm, $t_s$=5.80mm　　(b) $v_0$= 569.14m/s, $t_c$=2.39mm, $t_s$=7.56mm

图 8-2-2　残余弹体上的塑性滑移迹线及脆性断口

(a) $v_0$= 574.39m/s, $t_c$=6.55mm, $t_s$=5.80mm　　(b) $v_0$= 569.14m/s, $t_c$=2.39mm, $t_s$=7.56mm

图 8-2-3　绝热剪切—脆性碎裂失效

弹、靶撞击初始时刻,当 $V-U$ 大于 $u_p$ 时,弹体撞击靶板后,弹体内的塑性压缩波无法离开弹-靶接触面,弹体内在弹-靶接触面附近产生一个驻定波。在该驻定波前,在弹体头部形成一个"驻点区",该区内弹体材料发生塑性变形,而在该波的后方弹体材料将不断进入"驻点区",流向弹头四周,弹体质量发生侵蚀,长度变短。对于破片模拟弹,侵蚀过程中,平面凸缘结构发生塑性变形,平面凸缘后方的弹材将流向弹头四周,弹体头部增大,长度明显变短,当膨胀的弹体头部外围环向应力超过弹体材料极限时将出现开裂,形成花瓣。同时陶瓷面板在弹体的侵彻下将发生局部凹陷变形。随着弹体进一步侵入靶板以及 $V-U$ 的减小,弹体内的塑性压缩波离开弹-靶接触面向弹体尾端传播,弹体内形成"塑性区",产生压缩变形,头部进一步增大,花瓣在轴向压力作用下,将发生外翻、弯曲、并发生断裂,弹体呈现侵蚀—镦粗—花瓣型失效(图 8-2-4),弹体质量显著减小。

若弹体内的塑性压缩波离开弹-靶接触面前,平面凸缘后方弹材全部进入"驻点区",或弹、靶撞击过程中弹体未对靶板形成有效侵彻,弹体将完全侵蚀呈扁平状(图 8-2-5(a)),或部分侵蚀(图 8-2-5(b)),呈现侵蚀型失效。被侵蚀部分弹体表面呈蓝色,说明侵蚀过程中弹-靶接触面温度很高,材料已局部氧化。

(a) $v_0$= 591.80m/s, $t_c$=6.10mm, $t_s$=5.72mm  　(b) $v_0$=762.63m/s, $t_c$=6.55mm, $t_s$=5.80mm  　(c) $v_0$=943.18m/s, $t_c$=6.20mm, $t_s$=5.76mm

图 8-2-4　侵蚀—镦粗—花瓣型失效

(a) $v_0$=1041.97 m/s, $t_c$=12.32mm, $t_s$=5.78mm　　(b) $v_0$= 562.39 m/s, $t_c$=12.24mm, $t_s$=9.60mm

图 8-2-5　侵蚀-碎裂型失效

弹体的失效模式及头部镦粗程度主要取决于弹体材料塑性变形能力,当弹体材料塑性变形能力相对较小时,弹体的镦粗变形并不明显,而更倾向于出现绝热剪切—脆性碎裂失效、侵蚀—花瓣型失效和侵蚀-碎裂型失效。

根据上述分析可知,弹体的冲击响应可根据弹体与陶瓷面板的相对速度($V-U$)与材料的强度,分为 3 个阶段,即弹体侵蚀(塑性流动)阶段($V-U>u_p$)、弹体镦粗阶段($V-U<u_p$)和刚性弹体阶段(图 8-2-6)。

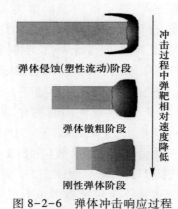

图 8-2-6　弹体冲击响应过程

### 8.2.3 陶瓷面板的冲击响应

弹体撞击陶瓷面板后,将在陶瓷面板中产生一个压缩波,由于陶瓷材料的非均匀性,在微孔洞、杂质、晶界等处形成冲击压缩诱发微裂纹,随后持续压缩致使材料进一步损伤,材料强度降低;当压缩应力波传播到陶瓷面板背面和边界时,会反射为拉伸波,拉伸波作用下,微裂纹将发生扩展,形成宏观裂纹,陶瓷面板发生失效。

陶瓷面板形成的宏观裂纹如下:①从碰撞点向外发散的径向裂纹;②圆心在碰撞点的同心环向裂纹;③从碰撞点沿与初始表面法线方向约65°夹角(图8-2-7)向外扩展的锥形裂纹(也称 Hertzian Cone)。这些裂纹相互交错,形成块状陶瓷碎粒,而且陶瓷碎粒沿环向近似均匀分布,距离碰撞中心越远,陶瓷碎粒尺寸越大。陶瓷面板后界面也有类似经纬分布的径向裂纹和环向裂纹(图8-2-7(b)),这些裂纹完全穿透陶瓷面板。

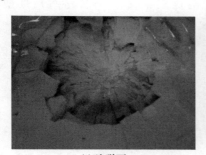
(a) 迎弹面

(b) 背弹面

图8-2-7　陶瓷面板破坏形貌($v_0 = 562.39 \text{m/s}, t_c = 12.24 \text{mm}, t_s = 9.60 \text{mm}$)

表8-2-2　陶瓷锥半锥角试验结果

| 陶瓷面板厚度/mm | 陶瓷面板破口 | | 陶瓷锥半锥角/(°) |
|---|---|---|---|
| | 正面直径/mm | 背面直径/mm | |
| 6.29 | 62 | 36 | −64.2[①] |
| 6.38 | 70 | 42 | −65.5[①] |
| 6.10 | 25 | 54 | 67.2 |
| 6.48 | 78 | 50 | −65.2[①] |
| 6.46 | 61 | 35 | −63.6[①] |
| 4.23 | 54 | 33 | −68.1[①] |
| 4.54 | | 35 | 65.7 |

续表

| 陶瓷面板厚度/mm | 陶瓷面板破口 | | 陶瓷锥半锥角/(°) |
|---|---|---|---|
| | 正面直径/mm | 背面直径/mm | |
| 2.40 | 47 | 36 | -66.4[①] |
| 2.39 | 50 | 40 | -64.5[①] |
| 2.39 | 47 | 38 | -62.0[①] |
| 12.24 | 35 | 90 | 66.0 |

① 表示已形成倒锥断裂面

陶瓷面板上除形成径向、环向及 Hertzian 锥形裂纹外,在穿孔外围还形成了从 Hertzian 陶瓷锥锥底反向向外扩展的倒锥形断裂面(图8-2-8)。与 Hertzian 锥形裂纹类似,倒锥断裂面与陶瓷面板背表面法线间的夹角也约为65°(表8-2-2)。倒锥断裂面的形成主要是陶瓷锥形成后,弹体继续侵彻使陶瓷碎片反冲击方向运动,挤压陶瓷面板而形成的。

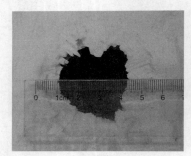 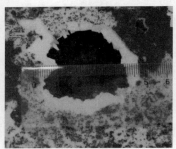

(a) 迎弹面　　　　　　　　　　(b) 背弹面

图 8-2-8　陶瓷面板破坏形貌($v_0 = 1129.25 \text{m/s}, t_c = 6.46 \text{mm}, t_s = 3.94 \text{mm}$)

随着弹体继续侵入陶瓷面板,弹体头部前方局部范围内的较大尺寸陶瓷碎粒在弹体的直接作用下进一步压缩碎裂,变成更细的陶瓷碎粒或陶瓷粉末(图8-2-9)。因此,碎裂是陶瓷面板的主要破坏模式,陶瓷面板的碎裂贯穿于整个穿甲过程中。

图 8-2-9　弹体前方的精细陶瓷碎片

### 8.2.4　背板的破坏模式及破坏程度

弹体冲击下,有限厚金属靶板的穿甲破坏模式主要有花瓣开裂、延性扩孔、剪切冲塞以及破碎穿甲等。影响靶板的破坏模式的基本因素除冲击速度、角度,弹、靶材料的特性和靶板的相对厚度外,还有弹头形状。一般认为,钝头弹侵彻中厚靶或薄板时容易发生冲塞穿甲,而塑性良好的钢甲则常出现延性扩孔穿甲。

破片模拟弹由于具有独特的弹头形状,平面凸缘和切削面,因而具有独特的侵彻特型。由第6章可知,船用945钢靶板在破片模拟弹冲击下,开始靶板将产生延性扩孔破坏,使靶板破口正面产生翻起的唇边(延性扩孔的结果),随着弹体侵入深度的进一步增加,由于弹体头部平面凸缘受到侵蚀,弹体与一般的钝头弹的区别变小,当靶板剩余厚度的剪切冲塞抗力小于延性扩孔抗力时,弹体的侵彻使靶板产生剪切冲塞,使靶板破口背面产生明显的剪切口。靶板的破坏模式为延性扩孔和剪切冲塞的组合形式。

对于陶瓷/金属复合装甲,弹体撞击靶板后在陶瓷面板中产生的压缩波传播到金属背板背面后,背板即开始运动。陶瓷面板碎裂后,陶瓷锥在弹体的侵彻和推动下作用于背板,背板获得一定初速度。随后,弹体和陶瓷锥将共同冲击背板,增加了弹体的作用面积。图8-2-10~图8-2-13所示为破片模拟弹冲击下陶瓷/金属复合装甲的几种典型变形和失效模式,图中金属背板背面网格线间距均为10mm。由图可知,背板在弹体和陶瓷锥的共同冲击下,变形范围、破坏程度及破坏模式均与船用钢靶板有较大区别。

(a) $v_0$= 591.80m/s, $t_c$=6.10mm, $t_s$=5.72mm　　(b) $v_0$=1041.97m/s, $t_c$=12.32mm, $t_s$=5.78mm

图8-2-10　隆起—碟型变形

当弹速低于靶板弹道极限时,背板的冲击响应类似于低速卵形弹冲击下薄板的动态冲击响应,其变形模式为隆起—碟型变形,其中隆起变形区直径远大于弹径,且随陶瓷面板厚度的增大而增大。当弹速大于靶板弹道极限时,随着陶瓷面板相对厚度的增加,金属背板的破坏失效模式有:碟型变形—剪切冲塞失效、碟型变形—剪切—花瓣型失效、碟型变形—花瓣型失效。

当陶瓷面板相对厚度较小时，陶瓷面板对弹体的侵蚀、钝化作用相对较小，弹体质量、速度及头部形状均不会发生大的改变，背板的失效模式为碟型变形—剪切冲塞失效。与破片模拟弹冲击下，匀质钢靶板的破坏模式不同的是：由于陶瓷面板的影响，金属背板的正面没有翻起的唇边（图8-2-11(a)），说明背板的失效过程中不存在延性扩孔。背板破口周围发生了较大挠度（碟型变形），破口内可观测到有弹体和陶瓷碎片共同剪切挤凿形成的粗糙滑移痕迹，表面材料发蓝，而背面弹孔是脆性断裂，表现为塞块形成后的抛射（图8-2-11(b)）。因此，背板在冲击过程中经历了碟型弯曲变形、绝热剪切滑移、塞块形成以及塞块抛射等破坏过程。

 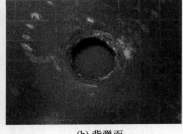

(a) 迎弹面　　　　　　　　　(b) 背弹面

图 8-2-11　碟型变形—剪切冲塞失效（$v_0=1135.69\text{m/s}, t_c=2.39\text{mm}, t_s=4.26\text{mm}$）

随着陶瓷面板相对厚度的增加，弹体在冲击过程中侵蚀、钝化程度增大，头部近似呈卵形（图8-2-4）。陶瓷面板碎裂后形成的陶瓷锥质量增大，陶瓷碎片吸收了大量的弹体动能，弹体速度减小。弹体在侵彻和推动陶瓷锥的过程中将使背板获得一定运动速度，弹体和背板间的相对速度减小，背板碟型变形程度增加（整体结构响应）；弹体和陶瓷锥的共同撞击，难以使背板发生绝热剪切滑移，隆起变形区外缘将发生剪切失效，破口背面可见明显的剪切口（图8-2-12(b)）；背板失效后，陶瓷碎片向破口流动，背板破口正面明显可见陶瓷碎片流动迹线（图8-2-12(a)）。在陶瓷碎片的挤压下，破口周围在环向拉伸作用下将发生剪切性撕裂破坏，形成花瓣。因此，背板的失效模式为碟型变形—剪切—花瓣型失效。

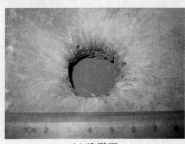 

(a) 迎弹面　　　　　　　　　(b) 背弹面

图 8-2-12　碟型变形—剪切—花瓣型失效（$v_0=1062.97\text{m/s}, t_c=6.29\text{mm}, t_s=5.78\text{mm}$）

随着陶瓷面板相对厚度进一步增加,背板碟型变形程度进一步增加,陶瓷锥质量进一步增大,弹体和背板间的相对速度进一步减小,背板响应以膜变形为主,其失效模式为碟型变形—花瓣型失效(图 8-2-13)。

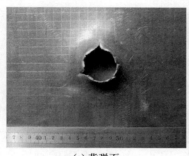
(a) 背弹面

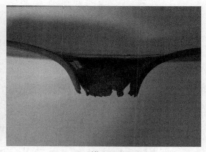
(b) 横切面图

图 8-2-13　碟型变形—花瓣型失效($v_0 = 1197.2\text{m/s}, t_c = 15.12\text{mm}, t_s = 4\text{mm}$)

## 8.3　轻型陶瓷/金属复合装甲抗侵彻耗能分析模型

弹体动能在冲击过程中的转化,体现了陶瓷复合装甲的抗弹机理。轻型陶瓷/金属复合装甲抗弹过程中,弹体动能主要耗散在以下两个方面:①侵蚀、镦粗和碎裂弹体。不仅弹破坏过程中吸收很多弹体动能,而且弹体破碎后可将高度集中的能量予以分散,等效于加大着靶面积,可大大提高抗弹性能。②靶板破坏与变形吸能。弹体作用于靶板,首先陶瓷面板发生锥形破坏,陶瓷锥随弹体共同作用于背板,背板将通过变形和破坏吸收弹体与陶瓷锥的动能。

### 8.3.1　弹体变形耗能分析

当弹体发生绝热剪切—脆性碎裂失效时,弹体的变形能包括绝热剪切变形功 $W_s$ 和脆性断裂功 $W_f$。根据试验现象,假设弹体分别在图 8-3-1 中 1、2 所示的截面上发生绝热剪切和脆性断裂,其面积分别为 $S_1$、$S_2$。因此,弹体的绝热剪切变形功:$W_s = wS_1\Delta$;脆性断裂功:$W_f = \alpha_k S_2$。其中,对于破片模拟弹 $S_1 = 140.2\text{mm}^2$,$S_2 = 123.3\text{mm}^2$,$w = \rho c(T-T_0)/\beta$ 为单位体积弹体材料绝热剪切变形功,$\rho$ 为材料密度,$c$ 为比热容(对于 45 钢,室温到熔点间的平均比热容约 1.073J/(g·℃),$\beta = 0.9$ 为系数,$T_0$ 为环境温度,$\Delta$ 为绝热剪切变形带宽度,约为 0.1mm。因此,弹体发生绝热剪切—脆性碎裂失效时,绝热剪切功 $W_s \approx 221.6\text{J}$;脆性断裂功 $W_f \approx 60.4\text{J}$,由此可见弹体发生绝热剪切—脆性碎裂失效时弹体的破坏吸能量相对较小,约占弹体冲击动能的 5%~6%。

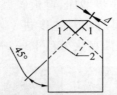

图 8-3-1　绝热剪切—脆性碎裂失效模式示意图
1—绝热剪切变形面；2—脆性断裂面。

当弹体发生侵蚀—镦粗—花瓣型失效或侵蚀失效时，弹体的变形能包括侵蚀变形能 $E_e$、镦粗变形能 $E_m$ 和花瓣体的弯曲变形能 $E_p$。由于弹体的镦粗变形不明显，因此，忽略其镦粗变形能 $E_m$。假设弹体材料为理想刚塑性材料，动态屈服强度为 $Y_p$，根据 6.1 节分析，弹速为 500～1300m/s 时，45 钢的动态屈服强度约为静态屈服强度的 3 倍，因此可取弹体材料的动态屈服强度 $Y_p = 1064\text{MPa}$。假设弹体侵蚀后弹体的长度不再发生变化，弹体被侵蚀部分长度为 $\Delta l_e$，剩余弹体的最大长度为 $l_{\max} = l_0 - \Delta l_e$。因此，弹体侵蚀变形能为

$$E_e = Y_p \int_0^{\Delta l_e} A \mathrm{d}x \quad (8-3-1)$$

由式(8-3-1)可知，弹体的侵蚀变形能随冲击速度及陶瓷面板厚度的增加而增加(表 8-3-1)。其中：靶板被穿透或弹速接近弹道极限速度时，弹体的侵蚀变形能约占弹体初始冲击动能的 5%～12%；当弹速小于弹道极限速度时弹体的侵蚀变形能占弹体初始冲击动能的比例大大增加，可高达 20%～40%，是弹体发生侵蚀—镦粗—花瓣型失效或侵蚀失效时的主要破坏耗能方式。

表 8-3-1　弹体侵蚀变形能

| 陶瓷面板 | Q235 背板 | $v_0$ /(m/s) | 弹体初始动能 $E_{k0}$/J | $l_{\max}$/mm | $E_e$/J | $E_e/E_k$ | 靶板穿透情况 |
|---|---|---|---|---|---|---|---|
| 6.55 | 5.80 | 762.63 | 7589.9 | 15.8 | 890.8 | 11.7% | 未穿[①] |
| 6.20 | 5.76 | 943.18 | 11698.1 | 13.38 | 1339.9 | 11.5% | 穿透 |
| 6.29 | 5.78 | 1062.97 | 14858.3 | 14.45 | 1141.3 | 7.7% | 穿透 |
| 6.38 | 5.70 | 1147.47 | 17182.8 | 13.45 | 1326.9 | 7.7% | 穿透 |
| 6.10 | 5.72 | 591.80 | 4605.5 | 15.7 | 909.3 | 19.7% | 未穿 |
| 6.48 | 7.54 | 1173.14 | 18097.8 | 13.94 | 1235.2 | 6.8% | 穿透 |
| 6.46 | 3.94 | 1129.25 | 16769.0 | 16.1 | 835.1 | 5.0% | 穿透 |

续表

| 陶瓷面板 | Q235背板 | $v_0$/(m/s) | 弹体初始动能 $E_{k0}$/J | $l_{max}$/mm | $E_e$/J | $E_e/E_k$ | 靶板穿透情况 |
|---|---|---|---|---|---|---|---|
| 4.23 | 5.80 | 941.40 | 11654.0 | 17 | 668.1 | 5.7% | 穿透 |
| 4.44 | 5.66 | 1136.99 | 16999.6 | 13.58 | 1302.7 | 7.7% | 穿透 |
| 4.54 | 5.70 | 576.20 | 4365.9 | 18.54 | 361.3 | 8.3% | 未穿② |
| 2.39 | 4.26 | 1135.69 | 16960.8 | 15.04 | 1031.8 | 6.1% | 穿透 |
| 12.32 | 5.78 | 1041.97 | 14114.1 | 0 | 3822.9 | 27.1% | 未穿 |
| 12.25 | 7.6 | 1335.12 | 23440.5 | 9.56 | 2048.8 | 8.7% | 穿透 |
| 12.24 | 9.6 | 562.39 | 4159.1 | 11.8 | 1633.1 | 39.3% | 未穿③ |

注：①背板已产生长约18mm的裂纹（图8-3-2(a)），接近弹道极限；②背板已产生长约12mm的裂纹（图8-3-2(b)），接近弹道极限；③远小于弹道极限

(a)

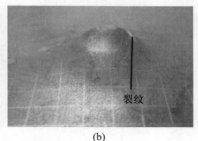
(b)

图 8-3-2 金属背板破坏形貌

(a) $v_0 = 762.63$ m/s, $t_c = 6.55$ mm, $t_s = 5.80$ mm；(b) $v_0 = 576.2$ m/s, $t_c = 4.54$ mm, $t_s = 5.70$ mm

弹体撞击过程中花瓣体的弯曲变形能为

$$E_p = \pi R_p \Delta h^2 Y_p \Delta\theta/2 \quad (8-3-2)$$

式中：$\Delta h$ 为花瓣体的厚度（根据试验结果，约 $0.2 \sim 0.5 R_p$）；$\Delta\theta$ 为花瓣体弯曲变形的转动角度，约 $90° \sim 150°$。因此，花瓣体弯曲变形能 $E_p \approx 80 \sim 400$ J。

### 8.3.2 陶瓷面板的耗能分析

根据 Woodward 等的研究，陶瓷碎裂破坏形成新的表面所吸收的能量只占弹体动能的很小一部分（约 0.2%），很大一部分弹体冲击动能重新分配为陶瓷碎片的动能。假设陶瓷锥锥顶直径等于弹径，半锥角为 65°，则陶瓷锥质量为

$$M_c = \rho_c \frac{\pi}{3\tan 65°}\left[(R_p + H_c \tan 65°)^3 - R_p^3\right] \quad (8-3-3)$$

忽略陶瓷锥的形成过程，假设陶瓷锥形成后作为一个整体与弹体一起作用于背板，在背板发生失效后，其运动速度取决于弹体剩余速度，因而陶瓷碎片的动能 $\Delta E_{\text{conoid}}$ 也取决于弹体剩余速度，即

$$\Delta E_{\text{conoid}} = \frac{k}{2} M_{\text{c}} V_{\text{r}}^2 \qquad (8-3-4)$$

式中：$k$ 为系数。

### 8.3.3 背板的变形耗能分析

#### 8.3.3.1 弹速小于靶板弹道极限

当弹速小于靶板弹道极限时，背板不会发生失效，其变形模式为隆起—碟形变形，变形能主要有径向弯曲变形能 $E_{\text{rb}}$、径向膜拉伸变形能 $E_{\text{rm}}$ 以及周向弯曲变形能 $E_{\theta\text{b}}$，即背板的变形耗能 $\Delta E_{\text{back}}$ 为：$\Delta E_{\text{back}} = E_{\text{rb}} + E_{\text{rm}} + E_{\theta\text{b}}$。

假设背板变形为轴对称变形，且面内位移为0。通过测量试验前绘制于背板上的网格线的变化可得背板的位移场（图8-3-3）。靶板的变形能分别为

$$E_{\text{rb}} = \pi \frac{\sigma_{\text{d}} h_{\text{b}}^2}{2} \sum_{i=0} \frac{r_i + r_{i+1}}{2} \left( \arctan \frac{\Delta w_{i+1}}{\Delta r_{i+1}} - \arctan \frac{\Delta w_i}{\Delta r_i} \right) \qquad (8-3-5)$$

$$E_{\text{rm}} = 2\pi \sigma_{\text{d}} h_{\text{b}} \sum_{i=0} \frac{r_i + r_{i+1}}{2} \left( \sqrt{\Delta r_i^2 + \Delta w_i^2} - \Delta r_i \right) \qquad (8-3-6)$$

$$E_{\theta\text{b}} = \pi \frac{\sigma_{\text{d}} h_{\text{b}}^2}{2} \sum_{i=0} -\Delta w_i \qquad (8-3-7)$$

式中：$\Delta w_i = w_{i+1} - w_i$，$\Delta r_i = r_{i+1} - r_i$。动态屈服应力 $\sigma_{\text{d}} = \left( \sigma_0 + \frac{EE_{\text{h}}}{E - E_{\text{h}}} \varepsilon_{\text{p}} \right) \left( 1 + \left( \frac{\dot{\varepsilon}_{\text{p}}}{D} \right)^{1/n} \right)$，$\sigma_0$ 为静态屈服强度；$\varepsilon_{\text{p}}$ 为有效塑性应变，等效塑性应变率 $\dot{\varepsilon}_{\text{p}} = w_{\max} V_0 (3\sqrt{2} R^2)$ [6]，$w_{\max}$ 为背板最大挠度；对于低碳钢常数 $D = 40.4 \text{s}^{-1}$，$n=5$。

由此可得试验 C6-S6-1 和 C12-S6-1 中背板的变形吸能分别为 1521.6J 和 3848.4J，分别占弹体初始冲击动能的 35.5% 和 27.3%。试验 C6-S6-2 中由于弹速接近弹道极限（图 8-3-2(a)），背板接近变形吸能极限达 3411.5J，占弹体初始冲击动能的 79.5%。由表 8-3-1 可知，试验 C6-S6-2 中弹体侵蚀变形能及弹体花瓣体弯曲变形能分别占初始冲击动能的 11.7% 和 2.6%。因此，弹体侵蚀、镦粗、碎裂以及金属背板变形吸能约占弹体初始冲击动能的 92%，而陶瓷面板碎裂及向靶前喷射的陶瓷碎片的动能耗能约占弹体初始冲击动能的 6.2%。

# 第8章 轻型陶瓷复合装甲防护技术

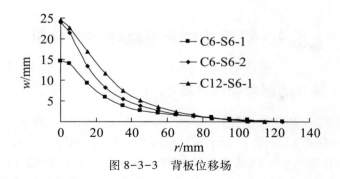

图 8-3-3 背板位移场

### 8.3.3.2 弹速大于靶板弹道极限

当弹速大于靶板弹道极限时，金属背板将发生失效，失效模式有碟型变形—剪切冲塞失效、碟型变形—剪切—花瓣型失效、碟型变形—花瓣型失效。因此，背板的吸能除碟形变形吸能外（包括径向弯曲变形能 $E_{rb}$、径向膜拉伸变形能 $E_{rm}$ 和周向弯曲变形能 $E_{\theta b}$），根据背板的不同失效模式，包括剪切冲塞功 $E_s$，周向拉伸变形能 $E_{\theta m}$ 和形成花瓣体所需的断裂能 $E_f$。其中，$E_{rb}$、$E_{rm}$ 和 $E_{\theta b}$ 的计算方法同 8.3.3.1 节，其余能量计算方法为

$$E_s = 2\pi r_s \tau_d h_b \delta_s, E_{\theta m} = \int_{r_s}^{r_s+l_f} 2\pi \sigma_d \varepsilon_f h_b r \mathrm{d}r, E_f = n l_f h_b a_k \quad (8-3-8)$$

式中：$\tau_d$ 为动态剪切强度，可取 $\tau_d = 0.5\sigma_d$；$\delta_s$ 为剪切带宽度，取 $\delta_s = 0.5h_b$；$r_s$ 为剪切塞块半径，介于弹体半径与陶瓷锥底面半径之间，试验中可根据网格线测得；$n$ 为花瓣数；$l_f$ 为形成花瓣体的裂纹平均长度；$\varepsilon_f$ 为材料的失效应变，对于 Q235 低碳钢约为 0.4。

试验 C12-S6-2 中，$r_s$ 近似等于 $R_p$，花瓣数 $n=5$，裂纹平均长度 $l_f=26\text{mm}$，背板位移场及破坏形貌如图 8-3-4 所示。根据式（8-3-5）～式（8-3-8）可得，背板的变形能为 9105.0J，占弹体初始冲击动能的 47.1%。

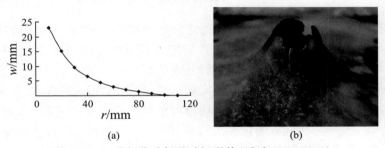

(a)        (b)

图 8-3-4 背板位移场及破坏形貌（试验 C12-S6-2）

## 8.4 陶瓷复合装甲抗弹性能分析

### 8.4.1 弹体的剩余侵彻性能

弹体的侵彻性能取决于弹体的质量、冲击速度、长径比、弹头形状、弹体材料特性等。对于破片模拟弹,其侵彻性能则主要由弹体的长度、质量和冲击速度决定。因此,陶瓷复合装甲降低弹体的侵彻性能主要是通过侵蚀、碎裂弹体,减小弹体长度和质量,以及通过碎裂陶瓷锥吸收弹体动能,降低弹体速度来实现的。

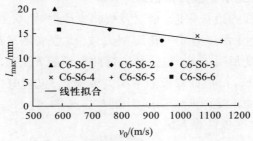

图 8-4-1 剩余弹体最大长度与 $v_0$ 的关系

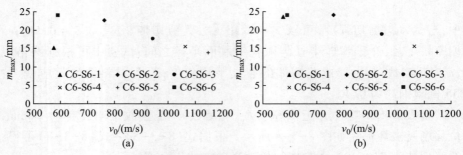

图 8-4-2 剩余弹体质量与 $v_0$ 的关系

由图 8-4-1、图 8-4-2 可知,陶瓷复合装甲结构相近时,剩余弹体的最大长度 $l_{max}$ 及剩余质量 $m_{all}$ 均随着冲击速度的增大而减小,其主要原因是初始弹速增大,弹体侵蚀阶段延长,被侵蚀程度增加,弹体剩余长度减小。

由图 8-4-3 可知,初始冲击速度 $v_0$ 相近时,当金属背板提供的支撑足够强时,剩余弹体的最大长度 $l_{max}$ 随着陶瓷面板厚度的增大近似呈线性减小,而剩余弹体的长度随金属背板厚度间的变化关系却并不明显。但是当金属背板的厚度减小到一定程度后,弹体的剩余长度随背板厚度的减小而迅速增大。因此,当金属背板提供的支撑足够强时,弹体的剩余长度主要取决于初始冲击速度和陶瓷面板的厚度。

# 第 8 章 轻型陶瓷复合装甲防护技术

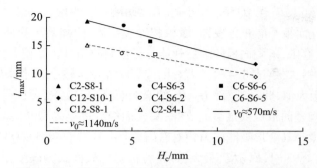

图 8-4-3 剩余弹体长度与陶瓷面板厚度 $H_c$ 间的关系

## 8.4.2 单位面密度吸能量分析

图 8-4-4 所示为靶板的单位面密度吸能量 $E_A$ 与初始冲击速度的关系,其中:试验 C6-S6-1、C6-S6-2 和 C6-S6-6 中初始弹速小于靶板的弹道极限速度。由图可知,陶瓷复合装甲结构相近时,靶板的单位面密度吸能量 $E_A$ 随着冲击速度的增大而增大。

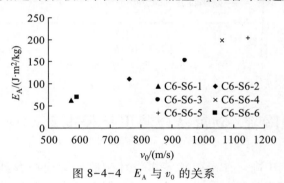

图 8-4-4 $E_A$ 与 $v_0$ 的关系

表 8-4-1 靶板单位面密度吸能量及背板破坏模式

| 试验编号 | $H_c/H_b$ | $v_0/(m/s)$ | $v_r/(m/s)$ | $E_A/(J·m^2/kg)$ | 背板破坏模式 |
|---|---|---|---|---|---|
| C6-S6-5 | 1.12 | 1147.47 | 702.18 | 205.0 | 碟型变形—剪切—花瓣型失效 |
| C6-S8-1 | 0.86 | 1173.14 | 522.48 | 188.9 | 碟型变形—剪切冲塞失效 |
| C6-S4-1 | 1.64 | 1129.25 | 698.00 | 227.5 | 碟型变形—剪切—花瓣型失效 |
| C4-S6-2 | 0.78 | 1136.99 | 737.16 | 210.0 | 碟型变形—剪切冲塞失效 |
| C2-S6-1 | 0.42 | 1135.69 | 787.10 | 166.9 | 碟型变形—剪切冲塞失效 |
| C12-S8-1 | 1.61 | 1335.12 | 339.83 | 219.8 | 碟型变形—剪切—花瓣型失效 |
| C15-S4-1 | 3.84 | 1197.12 | 568.65 | 170.4 | 碟型变形—花瓣型失效 |

由图 8-4-5 可知，当 $H_c/H_b$ 较小时，$E_A$ 随 $H_c/H_b$ 的增大而增大，其原因是若 $H_c/H_b$ 太小，陶瓷面板不能充分侵蚀、镦粗和碎裂弹体，弹体破坏吸能及分散冲击载荷的作用均相对有限，陶瓷面板碎裂后弹体与背板间的相对速度较大，背板将发生碟型变形—剪切冲塞失效（表 8-4-1），背板的变形吸能量也较小。随着 $H_c/H_b$ 的增大，$E_A$ 将达到一个极大值，此后 $E_A$ 随 $H_c/H_b$ 的增大而减小，其主要原因是若背板相对厚度太小，不能为陶瓷面板提供足够的支撑，陶瓷面板会过早碎裂，同样不能充分碎裂弹体，背板厚度太小其变形吸能能力相对有限，对于 $Al_2O_3$（99 瓷）/Q235 低碳钢复合装甲，当 $H_c/H_b = 1.93$ 时，$E_A$ 达到最大，金属背板的失效模式为碟型变形—剪切—花瓣型失效。

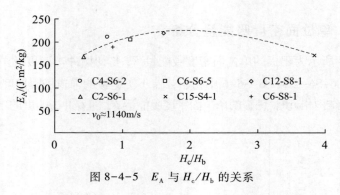

图 8-4-5  $E_A$ 与 $H_c/H_b$ 的关系

## 8.5 轻型陶瓷/金属复合装甲抗侵彻动响应分析模型

陶瓷材料在抗中高速冲击防护装甲设计中的广泛应用及其军事应用背景，使得弹丸冲击下陶瓷材料的抗冲击响应特性得到了广泛而深入的研究[104]。但是由于陶瓷的脆性和低抗拉强度使它们不能在抗侵彻过程中吸收大量能量，实际应用中，通常用陶瓷作面板与金属或纤维增强复合材料背板结合使用，组成陶瓷/金属、陶瓷/复合材料等复合装甲结构，以提高其抗弹性能[105]。而金属材料由于具有强度高、延展性好等特点，一方面可以为陶瓷面板提供很好的刚性支撑，以利于镦粗、侵蚀、碎裂弹体，降低弹体的侵彻性能，另一方面可以充分变形吸收弹体的冲击动能[106]。

由于陶瓷复合装甲弹道冲击试验研究费用十分昂贵，且结果只对特定的弹-靶系统有效；而数值模拟不仅需要高性能计算机长时间计算，而且需要确定很多难以确定的材料参数。因此，通过提出一些适当的假设，对实际冲击过程进行简化的理论分析方法成为了轻型陶瓷复合装甲弹道性能研究的重要手段[105]。目前，描述轻型陶瓷/金属复合装甲侵彻过程的理论分析模型主要有 Florence[108,109]的弹道极限估算模型,Reijer提出的考虑了弹体的侵蚀和镦粗、背板的不同变形模式,以及陶瓷碎裂后粉末陶瓷的本构行为的分析模型;Zaera等提出的用于陶瓷/金属复合装甲正面和斜冲击的分析模型等。所有这些分析模型都是忽略应力波的传播过程,并把冲击过程分为几个时间段,分别分析陶瓷面板和金属背板的冲击响应。

本节针对薄金属板支撑的陶瓷复合装甲,建立其在冲击载荷的作用下动态响应的理论分析模型,并通过试验加以验证。

### 8.5.1 模型假设

高速破片冲击下陶瓷/金属复合装甲的初始状态如图8-2-1所示。根据其响应特性,忽略应力波的传播过程,将冲击过程分为两个阶段:第一阶段由弹体与陶瓷面板接触开始到陶瓷锥形成结束,这一阶段中弹体被侵蚀,而不能侵入陶瓷面板,陶瓷面板形成碎裂的陶瓷锥,而金属背板保持不动。第二阶段中背板开始运动,由于最初陶瓷锥的速度小于弹速,弹体将逐渐侵入和推动陶瓷锥,并使部分陶瓷碎片产生侧向和反冲击方向流动,当弹速和陶瓷锥速度相等后,它们将共同冲击背板,因此第二阶段又可分为两个子阶段,即弹体侵入陶瓷锥子阶段和弹体与剩余陶瓷锥冲击背板子阶段。为便于分析,根据8.2节作出以下基本假设:

(1)弹体。弹体的主要破坏吸能方式是侵蚀变形,忽略其镦粗变形及花瓣体弯曲变形。假设其材料为理想刚塑性材料,动态屈服强度为$Y_p$;假设其初始冲击速度为$V_0$。

(2)陶瓷面板。假设陶瓷面板为无限大板,厚度为$h_c$。由于陶瓷碎裂破坏形成新的表面所吸收的能量只占弹体动能的很小一部分(约0.2%),很大一部分弹体冲击动能重新分配为陶瓷碎片的动能。因此,忽略陶瓷锥的形成过程,假设陶瓷锥形成后作为一个整体与弹体一起作用于背板,在背板发生失效后,其运动速度取决于弹体剩余速度。假设陶瓷锥锥顶直径等于弹径,半锥角为65°。

(3)背板。假设背板为无限大平面刚塑性薄板,厚度为$h_b$,动态屈服强度为$Y_b$。假设其变形失效模式为碟型变形—剪切—花瓣型失效。

### 8.5.2 弹体及陶瓷面板的冲击响应

#### 8.5.2.1 第一阶段

弹体撞击陶瓷面板的初始阶段,由于陶瓷材料的抗侵彻阻力远大于弹体材料的抗压强度,弹体受到侵蚀,而不能对陶瓷面板产生侵彻。弹体撞击在陶瓷面板中产生的压缩波向面板背面传播,并在背面反射形成拉伸波,使陶瓷面板产生碎裂破坏。虽然陶瓷材料的碎裂贯穿于整个侵彻过程,但是根据 den Reijer 和 Wilkins 等的分析,碎裂主要发生在撞击过程的初始阶段。den Reijer 假设当压缩应力波贯穿整个陶瓷面板厚度时,面板背面开始发生裂纹,而且当裂纹传播至靶面时,陶瓷锥形成。因此,陶瓷锥的形成所需的时间为

$$t_{\text{conoid}} = \frac{h_c}{u_{\text{long}}} + \frac{h_c}{v_{\text{crack}}} \tag{8-5-1}$$

式中:$h_c$ 为陶瓷片厚度;$u_{\text{long}}$ 为纵向应力波波速;$v_{\text{crack}}$ 为径向裂纹传播速度。

为与 Wilkins 引用的第一阶段持续时间值吻合,den Reijer 假设 $v_{\text{crack}}$ 的值等于 $u_{\text{long}}$ 的 1/5。因此有,$t_{\text{conoid}} = 6h_c/u_{\text{long}}$。陶瓷锥半锥角约为 65°。

采用 Tate-Alekseevskii 方程描述弹体侵蚀,即

$$\begin{cases} \dfrac{\mathrm{d}V(t)}{\mathrm{d}t} = -\dfrac{Y_p}{\rho_p L(t)} \\ \dfrac{\mathrm{d}L(t)}{\mathrm{d}t} = -V(t) \end{cases} \tag{8-5-2}$$

式中:$Y_p$ 为弹体材料的动态屈服强度;$\rho_p$ 为弹体密度;$V(t)$ 为弹速;$V(0)=0$;$L(t)$ 为弹体长度。

对于非圆柱形弹按式(8-5-4)取其等效直径和长度,即

$$D_{\text{eq}} = \frac{\int_0^{L_p} D^3(z)\,\mathrm{d}z}{\int_0^{L_p} D^2(z)\,\mathrm{d}z},\; L_{\text{eq}} = \frac{4M_p}{\pi D_{\text{eq}}^2 \rho_p} \tag{8-5-3}$$

式中:$L_p$ 为弹体实际长度;$M_p$ 为弹体质量;$D(z)$ 为位置 z 的直径。

#### 8.5.2.2 第二阶段

假设陶瓷锥形成后,弹体和陶瓷以相同速度 $V_{r0}$ 冲击背板,根据动量守恒定律,得

$$V_{r0} = \frac{M_p(t_c)V(t_c)}{M} \tag{8-5-4}$$

式中:$M = M_p(t_c) + M_c$,破碎陶瓷锥质量 $M_c = \dfrac{1}{8}\rho_t[\pi D_2 + \pi(D+2h_c\tan\varphi)^2]h_c$,弹体质量 $M_p(t_c) = \rho_p \pi D^2 L(t_c)/4$。

陶瓷锥形成后($t=t_c$),弹体开始侵彻和推动陶瓷锥,弹体前方的陶瓷材料逐

渐脱离弹头表面,并向侧向和反冲击方向运动,弹体与背板间陶瓷材料的厚度逐渐变小。弹体尾端速度为 $v(t)$,而弹体—陶瓷作用面速度为 $v_i(t)$,这两个速度的差值为这一阶段弹体的侵蚀速度。陶瓷锥的厚度为 $h_{cone}(t)$,速度为 $v_{cone}(t)$,$v_{cone}(t)$ 与 $v_i(t)$ 的差值为弹体侵入陶瓷锥的速度。

陶瓷锥形成后($t=t_c$),背板开始运动,由于背板开始运动阶段的变形很小,因而可以忽略其位移及其他部分的运动,即假设背板上只有与陶瓷锥底面相接触的部分开始运动,其运动速度与陶瓷锥速度相等,但未产生位移。

(1) 当 $V(t)>V_i(t)$ 时,采用 Tate-Alekseevskii[83,84] 方程描述弹体侵蚀,即

$$\frac{1}{2}\rho_p(V(t)-V_i(t))^2 + Y_p = \frac{1}{2}\rho_c[V_i(t)-V_{cone}(t)]^2 + R_c \quad (8-5-5)$$

$$\frac{dV(t)}{dt} = -\frac{Y_p}{\rho_p L(t)} \quad (8-5-6)$$

$$\frac{dL(t)}{dt} = -(V(t)-V_i(t)) \quad (8-5-7)$$

$$\frac{dh_{cone}(t)}{dt} = -(V_i(t)-V_{cone}(t)) \quad (8-5-8)$$

式中:$R_c$ 为陶瓷面板的抗侵彻阻力,对于带覆板约束的密度为 $3.6g/cm^3$ 的 $Al_2O_3$ 陶瓷[50],其抗侵彻阻力 $R_c$ 随陶瓷面板厚度的变化呈递减关系,当面板厚度大于 24mm 时稳定于 $R_c \approx 8000MPa$;而对无覆板约束的 $Al_2O_3$ 陶瓷的相关研究表明:厚度为 27.81~41.96mm 时,$R_c \approx 5100MPa$;对于碎裂的陶瓷锥 $R_c$ 小于上述值。$\rho_p$、$\rho_c$ 分别为弹体和陶瓷材料的密度。由连续性条件,第二阶段的弹体初速及长度等于第一阶段结束时的速度和长度;当 $t \leq t_{conoid} = 6h_c/u_{long}$ 时,$V_{cone}(t) = V_i(t) = 0$。

(2) 当 $V(t)=V_i(t)$ 时,求解式(8-5-5)~式(8-5-8)可能得到 $V(t)<V_i(t)$,这是没有物理意义的。此时,弹体和剩余陶瓷锥获得相同的速度,即 $V(t)=V_i(t)$。此时有以下两种情况:

① $V(t)=V_i(t)>V_{cone}(t)$ 时,弹体继续侵入碎裂的陶瓷锥,此时弹体减速的阻力由碎裂陶瓷锥提供,根据牛顿第二定律,得

$$\rho_p L_a \frac{dV(t)}{dt} = -R_c \quad (8-5-9)$$

而陶瓷锥的厚度变化仍满足式(8-5-8)。

② $V(t)=V_i(t)=V_{cone}(t)=V_{r0}$ 时,剩余弹体和剩余陶瓷以相同速度 $V_{r0}$ 冲击

背板(图 8-5-1)。剩余弹体质量 $M_{pr}$ 和陶瓷锥质量 $M_{cr}$ 分别为

$$M_{pr} = \rho_p \int_{L_a}^{L_p} \pi R_p^2(z) \, dz, M_{cr} = \frac{\rho_c \pi}{3\tan 65°}[a^3 - R_p^3(L_A)] \qquad (8-5-10)$$

式中:$h_{cr}$ 为陶瓷锥剩余厚度,$a = R_p(L_A) + h_{cr}\tan 65°$。

由于问题的轴对称性,建立图 8-5-1 所示的柱坐标$(r,\theta,z)$,原点位于未变形板的中心,$z$ 轴垂直向下。背板厚为 $2H$,假设背板开始处于松弛状态。为表述方便,取弹体和陶瓷锥速度相等时刻为背板响应分析的 0 时刻。假设金属背板的面密度为 $\mu_1$,取 $\mu_2 = (M_{pr}+M_{cr})/(\pi a^2) + \mu_1$。

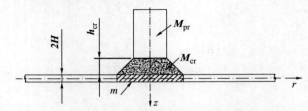

图 8-5-1　背板受弹体及陶瓷锥的冲击

### 8.5.3　金属背板的冲击响应

#### 8.5.3.1　屈服准则

假设背板为理想刚塑性材料,对于受轴对称载荷作用的圆板,三维的 von Mises 屈服准则为

$$\sigma_r^2 - \sigma_r\sigma_\theta + \sigma_\theta^2 + 3\tau^2 - \sigma_0^2 = 0 \qquad (8-5-11)$$

式中:$r,\theta,z$ 分别为柱坐标系的坐标,原点位于未变形板的中心,$z$ 轴垂直向下;$\sigma_r,\sigma_\theta$ 分别为径向和周向应力,$\tau$ 为 $r$-$z$ 平面的剪应力,$\sigma_0$ 为背板材料的屈服应力。

当背板发生碟型变形—剪切冲塞失效时,背板中广义应力以剪力和弯矩为主,屈服准则可写为

$$\frac{M_r^2}{M_0^2} - \frac{M_r M_\theta}{M_0^2} + \frac{M_\theta^2}{M_0^2} + \frac{Q^2}{Q_0^2} - 1 = 0 \qquad (8-5-12)$$

式中:$M_r, M_\theta$ 分别为径向和周向单位长度弯矩;$Q$ 为径向单位长度的剪力;$M_0 = \sigma_0 H^2$,$Q_0 = \tau_0 2H = 2\sigma_0 H/\sqrt{3}$。由于问题的轴对称性,假设靶板的周向剪力 $Q_\theta = 0$。

Von Mises 屈服准则在以 $M_r$、$M_\theta$ 和 $Q$ 为轴的三维坐标系中是一个椭球面。本节选取分段线性近似描述椭球面作为背板材料的屈服准则(图 8-5-2),线性近似描述为

$$\frac{|M_r|}{M_0} = 1 - \frac{|Q|}{2Q_0}, 0 \leq \frac{|Q|}{Q_0} \leq 1, 0 \leq \frac{|M_\theta|}{M_0} \leq 1;$$

$$\frac{|M_r - M_\theta|}{M_0} = 1 - \frac{|Q|}{2Q_0}, 0 \leq \frac{|Q|}{Q_0} \leq 1;$$

$$\frac{|M_\theta|}{M_0} = 1 - \frac{|Q|}{2Q_0}, 0 \leq \frac{|Q|}{Q_0} \leq 1, 0 \leq \frac{|M_r|}{M_0} \leq 1;$$

$$|Q| = Q_0, 0 \leq \frac{|M_r|}{M_0} \leq \frac{1}{2}, 0 \leq \frac{|M_\theta|}{M_0} \leq \frac{1}{2}; \qquad (8\text{-}5\text{-}13)$$

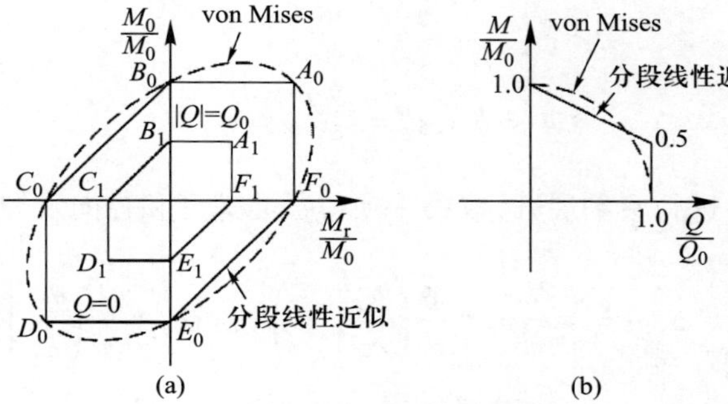

图 8-5-2 屈服准则

#### 8.5.3.2 变形假设

假设在冲击载荷外围出现一个半径为 $a$ 的塑性铰圆,第二个塑性铰圆出现在法向剪力为 0 的位置,其位置随时间变化(图 8-5-3)。设 $r$ 为板中面上任意一点到板中心的距离。板变形机理不同的 3 个区域为:半径为 $a$ 的中心部分运动速度为 $v_t$,外围 $R(t) \leq r \leq \infty$ 的区域为自由区,塑性变形区 $a \leq r \leq R(t)$ 对应于 $B_0 C_0 C_1 B_1$,其中 $R(t)$ 为外围塑性铰圆的半径,其中 $R(t)$ 是时间的函数。

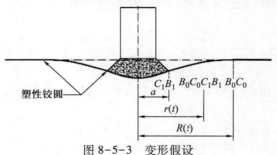

图 8-5-3 变形假设

#### 8.5.3.3 速度场

采用应力和应变率与采用广义应力及广义应变率计算得到的能量耗散率是相同的,则

$$\int_{-H}^{H}(\sigma_r\dot{\varepsilon}_r + \sigma_\theta\dot{\varepsilon}_\theta + \tau\dot{\gamma})\mathrm{d}z = M_r\dot{k}_r + M_\theta\dot{k}_\theta + Q\dot{\eta} \qquad (8-5-14)$$

假设剪切应变率沿板的厚度方向均匀分布:

$$M_r = \int_{-H}^{H}\sigma_r z\mathrm{d}z; \quad M_\theta = \int_{-H}^{H}\sigma_\theta z\mathrm{d}z; \quad Q = \int_{-H}^{H}\tau\mathrm{d}z \qquad (8-5-15)$$

式中:$\dot{\varepsilon}_r,\dot{\varepsilon}_\theta,\dot{\gamma}$分别为径向、周向和剪切应变率。径向曲率、周向曲率和剪切变形的变化率分别记为$\dot{k}_r,\dot{k}_\theta$和$\dot{\eta}$。$z$为柱坐标系$(r,\theta,z)$的法向坐标,若式(8-5-10)成立,则须有

$$\dot{\varepsilon}_r = \dot{k}_r z, \dot{\varepsilon}_\theta = \dot{k}_\theta z, \dot{\gamma} = \dot{\eta} \qquad (8-5-16)$$

对径向速度$v_r$进行泰勒展开,取第一项得径向速度和径向及周向应变率为

$$v_r = \frac{\partial v_r}{\partial z}\bigg|_{z=0} z, \quad \dot{\varepsilon}_r = \frac{\partial}{\partial r}v_r = \frac{\partial}{\partial r}\left(\frac{\partial v_r}{\partial z}\bigg|_{z=0}\right)z, \quad \dot{\varepsilon}_\theta = \frac{1}{r}\left(\frac{\partial v_r}{\partial z}\bigg|_{z=0}\right)z$$
$$(8-5-17)$$

假设剪切应变均匀分布,$r$-$z$平面上剪切应变率$\dot{\gamma}$的表达式为

$$\dot{\gamma} = \frac{\partial v_r}{\partial z}\bigg|_{z=0} + \frac{\partial w_{,t}}{\partial r} \qquad (8-5-18)$$

式中:$w_{,t} = \frac{\partial}{\partial t}(w(r,t))$为板中面的法向速度;$w(r,t)$为它的挠度。

综合式(8-5-16)~式(8-5-18)得广义应变率为

$$\dot{k}_r = \frac{\partial\dot{\gamma}}{\partial r} - \frac{\partial^2 w_{,t}}{\partial r^2}; \quad \dot{k}_\theta = \frac{1}{r}\left(\dot{\gamma} - \frac{\partial w_{,t}}{\partial r}\right); \quad \dot{\eta} = \dot{\gamma} \qquad (8-5-19)$$

根据屈服准则和式(8-5-19),塑性区$a \leqslant r \leqslant R(t)$,广义应变率为

$$\dot{k}_r : \dot{k}_\theta : \dot{\gamma} = \left(\frac{\partial\dot{\gamma}}{\partial r} - \frac{\partial^2 w_{,t}}{\partial r^2}\right) : \frac{1}{r}\left(\dot{\gamma} - \frac{\partial w_{,t}}{\partial r}\right) : \dot{\gamma} = -1 : 1 : -\frac{H}{2} \qquad (8-5-20)$$

由式(8-5-20)可得：$2\dot{\gamma} = -r\dfrac{\partial \dot{\gamma}}{\partial r}$，两边对 $r$ 积分可得：$\dot{\gamma} = \dfrac{K_1}{r^2}$，代入式(8-5-19)，得

$$\frac{\partial w_{,t}}{\partial r} = \frac{K_1}{r}\left(\frac{2}{H} + \frac{1}{r}\right) \tag{8-5-21}$$

式(8-5-21)对 $r$ 积分得塑性区的法向速度为

$$w_{,t} = K_1\left(\frac{2}{H}\ln r - \frac{1}{r}\right) + K_2 \tag{8-5-22}$$

式中：$K_1$、$K_2$ 只是时间的函数。在外侧的塑性铰圆 $r = R(t)$ 上，材料保持不动，由式(8-5-22)，得

$$K_2(t) = -K_1(t)\left[\frac{2}{H}\ln R(t) - \frac{1}{R(t)}\right] \tag{8-5-23}$$

假设背板塑性区在内侧塑性铰上速度为 $v$，由式(8-5-22)，得

$$v = K_1(t)\left(\frac{2}{H}\ln a - \frac{1}{a}\right) + K_2(t) \tag{8-5-24}$$

将式(8-5-23)代入式(8-5-24)，得

$$K_1(t) = \frac{v}{\dfrac{2}{H}\ln a - \dfrac{1}{a} - \dfrac{2}{H}\ln R(t) + \dfrac{1}{R(t)}} \tag{8-5-25}$$

为简化方程，令

$$Z_1 = v;\ Z_2 = \frac{a}{R(t)};\ \alpha = \frac{H}{2a};\ \xi = \alpha - \alpha Z_2 - \ln Z_2$$

由式(8-5-22)可得，塑性区 $a \leqslant r \leqslant R(t)$ 的速度场可表示为

$$w_{,t} = \frac{Z_1}{\xi}\left(\alpha\frac{a}{r} - \alpha Z_2 - \ln\frac{rZ_2}{a}\right) \tag{8-5-26}$$

板的中心部分的加速度场为 $\dot{Z}_1$，塑性区的加速度场可由式(8-5-26)对时间求导得到：

$$w_{,tt} = \left(\frac{\dot{Z}_1}{\xi} + \frac{Z_1 \dot{Z}_2}{\xi^2} \frac{1+\alpha Z_2}{Z_2}\right)\left(\alpha \frac{a}{r} - \alpha Z_2 - \ln\frac{rZ_2}{a}\right) - \frac{Z_1 \dot{Z}_2}{\xi}\frac{1+\alpha Z_2}{Z_2}$$

(8-5-27)

#### 8.5.3.4 平衡方程及其求解

忽略转动惯性效应，图 8-5-4 中板微元的平衡方程为

$$(rQ_r)_{,r} = r\mu w_{,tt}$$
$$(rM_r)_{,r} - M_\theta = rQ_r$$

(8-5-28)

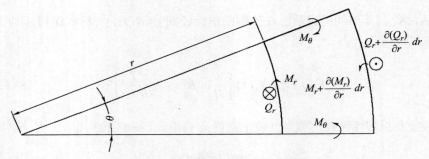

图 8-5-4 背板微元的受力示意图

式中：$\mu$ 为单位面积上背板的质量。由式(8-5-28)，动态平衡方程为

$$(rM_r)_{,r} - M_\theta = \int_0^r \mu w_{,tt} r\mathrm{d}r$$

(8-5-29)

根据屈服条件，可以在积分前消去周向弯矩 $M_\theta$。将加速度场式(8-5-27)代入平衡方程式(8-5-29)，可得背板的中心部分 $0 \leqslant r \leqslant a$ 平衡方程为

$$\mu_2 a \dot{U} = 2Q(a,t)$$

(8-5-30)

塑性区 $a \leqslant r \leqslant R(t)$ 平衡方程为

$$(rM_r)_{,r} - M_\theta = \frac{\mu_2 a^2 \dot{U}}{2} + \int_a^r \mu_1 w_{,tt} r\mathrm{d}r$$

(8-5-31)

将式(8-5-27)代入式(8-5-31)，得

$$(rM_r)_{,r} - M_\theta = \frac{\mu_2 a^2 \dot{U}}{2} + \mu_1 \left(\frac{\dot{Z}_1}{\xi} + \frac{Z_1 \dot{Z}_2}{\xi^2}\frac{1+\alpha Z_2}{Z_2}\right)\left[\alpha a(r-a) - \frac{r^2-a^2}{2}\left(\alpha Z_2 + \ln\frac{Z_2}{a} - \frac{1}{2}\right)\right]$$

$$\left. -\frac{r^2\ln r - a^2\ln a}{2}\right] - \frac{\mu_1 Z_1 \dot{Z}_2}{\xi}\frac{1+\alpha Z_2}{Z_2}\frac{r^2-a^2}{2} \quad (8\text{-}5\text{-}32)$$

根据屈服准则,塑性区 $a \leq r \leq R(t)$ 中 $M_r$ 和 $M_\theta$ 的关系为: $M_r - M_\theta = -M_0\left(1 - \frac{|Q|}{2Q_0}\right)$, 式(8-5-32)的左边可写为: $(rM_r)_{,r} - M_\theta = rM_{r,r} + M_r - M_\theta = rM_{r,r} - M_0\left(1 - \frac{|Q|}{2Q_0}\right)$。根据变形模式和流动法则可知,当 $r=a$ 时: $Q = -Q_p$; $M_\theta = M_0/2$, $M_r = M_0/2$; 当 $r=R(t)$ 时, $M_r = -M_0$, $M_\theta = 0$。式(8-5-32)两边同除以 $r$,对 $r$ 由 $r=a$ 到 $r=R(t)$ 积分:

$$\text{右边} = \frac{\mu_2 a^2 \dot{U}}{2}\ln\frac{1}{Z_2} + a^2\mu_1\left(\frac{\dot{Z}_1}{\xi} + \frac{Z_1\dot{Z}_2}{\xi^2}\frac{1+\alpha Z_2}{Z_2}\right)\left[\alpha\frac{1-Z_2}{Z_2} + \left(\alpha - \frac{\ln\alpha}{2}\right)\ln Z_2\right.$$

$$\left. -\frac{1}{4}\left(\alpha Z_2 + \ln\frac{Z_2}{a} - \frac{1}{2}\right)\left(\frac{1}{Z_2^2} - 1 + 2\ln Z_2\right) - \frac{1}{4}\left(\frac{1}{Z_2^2}\ln\frac{a}{Z_2} - \frac{1}{2Z_2^2} - \ln a + \frac{1}{2}\right)\right]$$

$$-\frac{\mu_1 Z_1 \dot{Z}_2}{\xi}\frac{1+\alpha Z_2}{Z_2}\frac{a^2}{4}\left(\frac{1}{Z_2^2} - 1 + 2\ln Z_2\right) \quad (8\text{-}5\text{-}33(a))$$

由于 $Q$ 的表达式就是式(8-5-32)右边除以 $r$,因此,有

$$\text{左边} = M_r\Big|_a^{R(t)} - \int_a^{R(t)} \frac{1}{r}M_0\left(1 + \frac{Q}{2Q_0}\right)dr$$

$$= M_0\left(-\frac{3}{2} - \ln\frac{1}{Z_2}\right) - \frac{M_0}{2Q_0}\left\{\frac{\mu_2 a\dot{U}}{2}(1-Z_2) - \frac{\mu_1 Z_1\dot{Z}_2}{\xi}\frac{1+\alpha Z_2}{Z_2}\frac{a}{2}\left(\frac{1}{Z_2} - 2 + Z_2\right)\right.$$

$$+ \mu_1\left(\frac{\dot{Z}_1}{\xi} + \frac{Z_1\dot{Z}_2}{\xi^2}\frac{1+\alpha Z_2}{Z_2}\right)\left[\alpha\ln\frac{1}{Z_2} + a\left(\alpha - \frac{\ln a}{2}\right)(1-Z_2)\right.$$

$$\left.\left. -\frac{a}{2}\left(\alpha Z_2 + \ln\frac{Z_2}{a} - \frac{1}{2}\right)\left(\frac{1}{Z_2} - 2 + Z_2\right) - \frac{a}{2}\left(\frac{1}{Z_2}\ln\frac{a}{Z_2} - \frac{1-Z_2}{Z_2} - \ln a\right)\right]\right\}$$

$$(8\text{-}5\text{-}33(b))$$

由于当 $r=R(t)$ 时, $Q=0$; 由式(8-5-32),得

$$0 = \frac{\mu_2 a\dot{U}}{2}Z_2 + \frac{\mu_1}{\xi}\left(\dot{Z}_1 + \frac{Z_1\dot{Z}_2}{\xi}\frac{1+\alpha Z_2}{Z_2}\right)\left[\alpha a(1-Z_2) - \frac{a}{2}\frac{1-Z_2^2}{Z_2}\left(\alpha Z_2 + \ln\frac{Z_2}{a} - \frac{1}{2}\right)\right.$$

$$\left. -\frac{a}{2}\left(\frac{1}{Z_2}\ln\frac{a}{Z_2} - Z_2\ln a\right)\right] - \frac{\mu_1 Z_1\dot{Z}_2}{\xi}\frac{1+\alpha Z_2}{Z_2}\frac{a}{2}\frac{1-Z_2^2}{Z_2} \quad (8\text{-}5\text{-}34)$$

求解联立微分方程式(8-5-33)、式(8-5-34)得到背板的响应。

#### 8.5.3.5 背板的变形及破坏

为求解式(8-5-33)、式(8-5-34),必须确定 $Z_2$ 的初始值,它取决于外侧塑性铰的初始位置 $R(0)$。假设响应前期,塑性铰圆 $r=R(t)$ 是驻定的,即 $\dot{R}(0)=0$;又 $t=0$ 时刻,$\dot{U}=-2Q_0/(\mu_2 a)$;将 $\dot{Z}_2=0$ 代入式(8-5-33)、式(8-5-34),得

$$右边 = -aQ_0 \ln\frac{1}{Z_2} + \frac{a^2\mu_1\dot{Z}_1}{\xi}\left[\alpha\frac{1-Z_2}{Z_2} + \left(\alpha - \frac{\ln a}{2}\right)\ln Z_2 \right.$$
$$\left. - \frac{1}{4}\left(\alpha Z_2 + \ln\frac{Z_2}{a} - \frac{1}{2}\right)\left(\frac{1}{Z_2^2} - 1 + 2\ln Z_2\right) - \frac{1}{4}\left(\frac{1}{Z_2^2}\ln\frac{a}{Z_2} - \frac{1}{2Z_2^2} - \ln a + \frac{1}{2}\right)\right]$$
$$(8\text{-}5\text{-}35(\text{a}))$$

$$左边 = M_0\left(-\frac{3}{2} - \ln\frac{1}{Z_2}\right) - \frac{M_0}{2Q_0}\left\{-Q_0(1-Z_2) + \frac{\mu_1\dot{Z}_1}{\xi}\left[\alpha\ln\frac{1}{Z_2} + a\left(\alpha - \frac{\ln a}{2}\right)(1-Z_2)\right.\right.$$
$$\left.\left. - \frac{a}{2}\left(\alpha Z_2 + \ln\frac{Z_2}{a} - \frac{1}{2}\right)\left(\frac{1}{Z_2} - 2 + Z_2\right) - \frac{a}{2}\left(\frac{1}{Z_2}\ln\frac{a}{Z_2} - \frac{1-Z_2}{Z_2} - \ln a\right)\right]\right\}$$
$$(8\text{-}5\text{-}35(\text{b}))$$

$$0 = -Z_2 Q_0 + \frac{\mu_1}{\xi}\dot{Z}_1\left[\alpha a(1-Z_2) - \frac{a}{2}\frac{1-Z_2^2}{Z_2}\left(\alpha Z_2 + \ln\frac{Z_2}{a} - \frac{1}{2}\right) - \frac{a}{2}\left(\frac{1}{Z_2}\ln\frac{a}{Z_2} - Z_2\ln a\right)\right]$$
$$(8\text{-}5\text{-}36)$$

由式(8-5-35)、式(8-5-36)可得 $Z_2$、$\dot{Z}_1$ 的初始值。计算 $Z_1$、$Z_2$ 的值需要由式(8-5-35)、式(8-5-36)迭代求解。另一方面,弹体、陶瓷锥和背板中心部分 $0 \leq r \leq a$ 的速度:

$$U = V_{r0} - \frac{2Q_0}{\mu_2 a}\int_0^t kt\mathrm{d}t$$

其中:内侧塑性铰上剪切滑移速度为 $V_s = U - v$,$k = 1 - \frac{1}{2H}\int_0^t V_s\mathrm{d}t$,$k(0) = 1$。

(1)隆起碟型大变形。当剪切滑移速度等于 0 时,$Z_1 = v = U$,剪切滑移停止,背板未被穿透,背板将发生隆起碟型大变形,式(8-5-33)、式(8-5-34)变为

$$右边 = \frac{\mu_2 a^2 \dot{Z}_1}{2}\ln\frac{1}{Z_2} + a^2\mu_1\left(\frac{\dot{Z}_1}{\xi} + \frac{Z_2\dot{Z}_2}{\xi^2}\frac{1+\alpha Z_2}{Z_2}\right)\left[\alpha\frac{1-Z_2}{Z_2} + \left(\alpha - \frac{\ln a}{2}\right)\ln Z_2\right.$$

## 第8章 轻型陶瓷复合装甲防护技术

$$-\frac{1}{4}\left(\alpha Z_2 + \ln\frac{Z_2}{a} - \frac{1}{2}\right)\left(\frac{1}{Z_2^2} - 1 + 2\ln Z_2\right) - \frac{1}{4}\left(\frac{1}{Z_2^2}\ln\frac{a}{Z_2} - \frac{1}{2Z_2^2} - \ln a + \frac{1}{2}\right)\bigg]$$

$$-\frac{\mu_1 Z_1 \dot{Z}_2}{\xi}\frac{1+\alpha Z_2}{Z_2}\frac{a^2}{4}\left(\frac{1}{Z_2^2} - 1 + 2\ln Z_2\right) \quad (8-5-37(\text{a}))$$

$$\text{左边} = M_0\left(-2 - \frac{\mu_2 \dot{Z}_1}{4Q_0} - \ln\frac{1}{Z_2}\right) - \frac{M_0}{2Q_0}\bigg\{\frac{\mu_2 a \dot{Z}_1}{2}(1-Z_2) - \frac{\mu_1 Z_1 \dot{Z}_2}{\xi}\frac{1+\alpha Z_2}{Z_2}\frac{a}{2}\left(\frac{1}{Z_2} - 2 + Z_2\right)$$

$$+ \mu_1\left(\frac{\dot{Z}_1}{\xi} + \frac{Z_1 \dot{Z}_2}{\xi^2}\frac{1+\alpha Z_2}{Z_2}\right)\left[\alpha\ln\frac{1}{Z_2} + a\left(\alpha - \frac{\ln a}{2}\right)(1-Z_2)\right.$$

$$\left. - \frac{a}{2}\left(\alpha Z_2 + \ln\frac{Z_2}{a} - \frac{1}{2}\right)\left(\frac{1}{Z_2} - 2 + Z_2\right) - \frac{a}{2}\left(\frac{1}{Z_2}\ln\frac{a}{Z_2} - \frac{1-Z_2}{Z_2} - \ln a\right)\right]\bigg\}$$

$$(8-5-37(\text{b}))$$

$$0 = \frac{\mu_2 a \dot{Z}_1 Z_2}{2} + \frac{\mu_1}{\xi}\left(\dot{Z}_1 + \frac{Z_1 \dot{Z}_2}{\xi}\frac{1+\alpha Z_2}{Z_2}\right)\left[\alpha a(1-Z_2) - \frac{a}{2}\frac{1-Z_2^2}{Z_2}\left(\alpha Z_2 + \ln\frac{Z_2}{a} - \frac{1}{2}\right)\right.$$

$$\left. - \frac{a}{2}\left(\frac{1}{Z_2}\ln\frac{a}{Z_2} - Z_2 \ln a\right)\right] - \frac{\mu_1 Z_1 \dot{Z}_2}{\xi}\frac{1+\alpha Z_2}{Z_2}\frac{a}{2}\frac{1-Z_2^2}{Z_2} \quad (8-5-38)$$

根据式(8-5-37)、式(8-5-38)继续迭代求解 $Z_1$、$Z_2$,直到 $\dot{Z}_1$ 等于0,背板响应结束。

(2) 碟型变形—剪切—花瓣型失效。当剪切滑移距离大于板厚时,背板被穿透,背板将发生剪切失效,此时 $U$ 即为弹体的剩余速度,式(8-5-33)、式(8-5-34)变为

$$\text{右边} = a^2\mu_1\left(\frac{\dot{Z}_1}{\xi} + \frac{Z_1 \dot{Z}_2}{\xi^2}\frac{1+\alpha Z_2}{Z_2}\right)\left[\alpha\frac{1-Z_2}{Z_2} + \left(\alpha - \frac{\ln a}{2}\right)\ln Z_2\right.$$

$$\left. - \frac{1}{4}\left(\alpha Z_2 + \ln\frac{Z_2}{a} - \frac{1}{2}\right)\left(\frac{1}{Z_2^2} - 1 + 2\ln Z_2\right) - \frac{1}{4}\left(\frac{1}{Z_2^2}\ln\frac{a}{Z_2} - \frac{1}{2Z_2^2} - \ln a + \frac{1}{2}\right)\right]$$

$$-\frac{\mu_1 Z_1 \dot{Z}_2}{\xi}\frac{1+\alpha Z_2}{Z_2}\frac{a^2}{4}\left(\frac{1}{Z_2^2} - 1 + 2\ln Z_2\right) \quad (8-5-39(\text{a}))$$

$$\text{左边} = M_0\left(-1 - \ln\frac{1}{Z_2}\right) - \frac{M_0}{2Q_0}\bigg\{\mu_1\left(\frac{\dot{Z}_1}{\xi} + \frac{Z_1 \dot{Z}_2}{\xi^2}\frac{1+\alpha Z_2}{Z_2}\right)\left[\alpha\ln\frac{1}{Z_2} + a\left(\alpha - \frac{\ln a}{2}\right)(1-Z_2)\right.$$

$$\left. - \frac{a}{2}\left(\alpha Z_2 + \ln\frac{Z_2}{a} - \frac{1}{2}\right)\left(\frac{1}{Z_2} - 2 + Z_2\right) - \frac{a}{2}\left(\frac{1}{Z_2}\ln\frac{a}{Z_2} - \frac{1-Z_2}{Z_2} - \ln a\right)\right]$$

$$-\frac{\mu_1 Z_1 \dot{Z}_2}{\xi} \frac{1+\alpha Z_2}{Z_2} \frac{a}{2}\left(\frac{1}{Z_2} - 2 + Z_2\right)\right\} \quad (8\text{-}5\text{-}39(b))$$

$$0 = \frac{\mu_1}{\xi}\left(\dot{Z}_1 + \frac{Z_1 \dot{Z}_2}{\xi} \frac{1+\alpha Z_2}{Z_2}\right)\left[\alpha a(1-Z_2) - \frac{a}{2}\frac{1-Z_2^2}{Z_2}\left(\alpha Z_2 + \ln\frac{Z_2}{a} - \frac{1}{2}\right)\right.$$

$$\left. - \frac{a}{2}\left(\frac{1}{Z_2}\ln\frac{a}{Z_2} - Z_2\ln a\right)\right] - \frac{\mu_1 Z_1 \dot{Z}_2}{\xi}\frac{1+\alpha Z_2}{Z_2}\frac{a}{2}\frac{1-Z_2^2}{Z_2} \quad (8\text{-}5\text{-}40)$$

根据式(8-5-39)、式(8-5-40)继续迭代求解 $Z_1$、$Z_2$，直到 $Z_1$ 等于 0，背板响应结束。

### 8.5.4 计算结果与试验结果的比较

为了验证动响应分析模型的准确性，将分析结果与8.2节中试验结果进行比较，计算参数如表8-5-1所列。

表 8-5-1 计算参数

| 参数 | 数值 | 参数 | 数值 | 参数 | 数值 |
| --- | --- | --- | --- | --- | --- |
| 初始弹体质量/g | 26.0 | 背板材料 $\rho_b/(kg/m^3)$ | 7800 | $u_{long}/(m/s)$ | 9981.7 |
| 初始弹长/mm | 20.6 | $\sigma_0/MPa$ | 235 | $R_c/MPa$ | 3150 |
| $Y_p/MPa$ | 1064.3 | $\sigma_d/MPa$ | 705 | | |
| $\rho_p/(kg/m^3)$ | 7800 | $\rho_c/(kg/m^3)$ | 3563 | | |

由表8-5-2可知，由于未考虑弹体在第二阶段的侵蚀及镦粗变形，计算的剩余弹长多数较试验结果偏大，但由于当靶板被穿透或弹体初始冲击速度接近弹道极速度时，绝大部分结果偏差在20%以内，根据试验结果此时弹体破坏吸收的冲击动能约占其初始冲击动能的5%～12%，因此由于这一近似，穿甲过程中总吸能量的计算结果偏差在2.4%以内。弹体剩余速度计算结果与测试结果偏差均在10%以内。

表 8-5-2 弹体剩余特性计算结果与试验结果间的关系

| 试验编号 | $h_c$/mm | $h_b$/mm | $V_0$/(m/s) | 弹体剩余长度 $l_{max}$/mm | | | 弹体剩余速度 $V_r$/(m/s) | | | 靶板穿透情况 |
| --- | --- | --- | --- | --- | --- | --- | --- | --- | --- | --- |
| | | | | 试验结果 | 计算结果 | 偏差 | 试验结果 | 计算结果 | 偏差 | |
| C6-S6-2 | 6.55 | 5.80 | 762.63 | 15.8 | 16.53 | 4.62% | 0 | 0 | / | 未穿[①] |
| C6-S6-4 | 6.29 | 5.78 | 1062.97 | 14.45 | 15.51 | 7.34% | 424.35 | 440.2 | 3.74% | 穿透 |
| C6-S6-6 | 6.10 | 5.72 | 591.8 | 15.7 | 17.36 | 10.57% | 0 | 0 | | 未穿 |

续表

| 试验编号 | $h_c$/mm | $h_b$/mm | $V_0$/(m/s) | 弹体剩余长度 $l_{max}$/mm 试验结果 | 计算结果 | 偏差 | 弹体剩余速度 $V_r$/(m/s) 试验结果 | 计算结果 | 偏差 | 靶板穿透情况 |
|---|---|---|---|---|---|---|---|---|---|---|
| C6-S4-1 | 6.46 | 3.94 | 1129.25 | 16.1 | 15.15 | -5.90% | 698.00 | 692.43 | -0.80% | 穿透 |
| C4-S6-3 | 4.54 | 5.70 | 576.2 | 18.54 | 17.93 | -3.29% | 0 | 0 | — | 未穿② |
| C2-S4-1 | 2.39 | 4.26 | 1135.69 | 15.04 | 17.86 | 18.75% | 851.66 | 903.19 | 6.05% | 穿透 |
| C12-S6-2 | 12.20 | 5.78 | 1220.44 |  |  |  | 未测到 | 0 | — | 穿透③ |
| C12-S10-1 | 12.24 | 9.6 | 562.39 | 11.8 | 15.54 | 31.69% | 0 | 0 | — | 未穿④ |

注：试验结果及破坏现象均来自相关文献。①背板已产生长约18mm的裂纹，接近弹道极限；②背板已产生长约12mm的裂纹，接近弹道极限；③未收集到残余弹体，根据破坏现象弹速接近弹道极限；④远小于弹道极限

# 参考文献

[1] 钱伟长. 穿甲力学[M]. 北京：国防工业出版社，1984.
[2] MAYSELESS M, GOLDSMITH W, VIROSTEK P, et al. Impact on Ceramic Faced Targets [J]. J. appl. Phys., 1987, 54(2):373.
[3] JOHNSON G R, HOLMQUIST T J. A computational constitutive model for brittle materials subjected to large strains, high strain rates and high pressures [C]. Shock-wave and highstrain- rate phenomena in materials. New York：Marcel-Dekker, 1992：1075-1082.
[4] 张晓晴. 陶瓷/金属复合靶板受变形弹体撞击问题的研究[D]. 太原：太原理工大学，2003.
[5] RAJENDRAN A M. Modeling the impact behavior of AD85 ceramic under mutiaxial loading [J]. Int. J. Impact Engng., 1994, 15(6)：749-768.
[6] ADDESSIO F L, JOHNSON J N. A constitutive model for the dynamic response of brittle materials [R]. New Mexico：Los Alamos National lab, 1989.
[7] CURRAN D R, SEAMAN L, COOPER T, et al. Micromechanical model for comminution and granular flow of brittle material under high strain rate application to penetration of ceramic targets [J]. Int. J. Impact Engng., 1993, 13：53-83.
[8] SHOCKEY D A, MARCHAND A H, Skaggs S R, et al. Failure phenomenology of confined ceramic targets and iMPacting rods [J]. Int. J. Impact Eng., 1990, 9(3):263-75.
[9] CAMANCHO G T, Ortiz M. Computational modeling of impact damage in brittle materials [J]. Int. J. Solids Struct., 1996, 33：2899-2938.
[10] RAJENDRAN A M. Critical measurements for validation of constitutive equations under shock and impact loading conditions [J]. Optics and Lasers in Engineering, 2003, 40：249-262.
[11] FIELD J E, Walley S M, Proud W G, et al. Review of experimental techniques for high rate deformation and shock studies [J]. Int. J. Impact Engng. 2004, 30：725-775.

[12] YAZIV D, Yeshurun Y, Partom Y, et al. Shock structure and precursor delay in commercial alumina [C]. Shock waves in condensed matter 1987. Amsterdam: North-Holland, 1988: 297-300.

[13] ROSENBERG Z, BRAR N S, BLESS S J. Elastic precursor decay in ceramics as determined with manganin stress gauges [C]. DYMAT 88 International Conference on Mechanical and Physical Behaviour of Materials under Dynamic Loading. Les Editions de Physique, 1988: 707-711.

[14] GRADY D E. Shock wave strength properties of boron carbide and silicon carbide [C]. DYMAT 94 International Conference on Mechanical and Physical Behaviour of Materials under Dynamic Loading. Les Editions de Physique, 1994: 385-391.

[15] COOK W H. Compressive damage and fracture modeling of ceramic subjected to high-velocity impact [D], Florida USA: PH. D. of University of Florida, 1991.

[16] 黄良钊, 张安平. $Al_2O_3$ 陶瓷的动态力学性能研究[J]. 中国陶瓷, 1999, 35(1):13-15.

[17] 张晓晴, 姚小虎, 宁建国, 等. $Al_2O_3$ 陶瓷材料应变率相关的动态本构关系研究[J]. 爆炸与冲击, 2004, 24(3):226-232.

[18] 张晓晴, 宁建国, 赵隆茂, 等. $Al_2O_3$ 陶瓷动态力学性能的实验研究[J]. 北京理工大学学报, 2004, 24(2): 178-181.

[19] GRADY D E. Shock wave compression of brittle solids [J]. Mech Mater 1998, 29: 181-203.

[20] CAGNOUX J, Longy F. Spallation and shock wave behaviour of some ceramics [J]. Journal Phys. France Colloq. 1988, C3 (DYMAT 88) 49: 3-10.

[21] ROSENBERG Z, Yeshurun Y. Determination of the dynamic response of AD-85 Alumina with in-material Manganin gauges [J]. J. appl. Phys. 1986, 58: 3077-3080.

[22] ROSENBERG Z. Dynamic uniaxial stress experiments on Alumina with in-material Manganin gauges [J]. J. appl. Phys. 1985, 57: 5087-5088.

[23] MAROM H, SHERMAN D, ROSENBERG Z. Decay of elastic waves in alumina [J]. J Appl Phys 2000, 88: 5666-5670.

[24] 王礼立. 应力波基础[M]. 北京:国防工业出版社, 1985: 149-151.

[25] ROSENBERG Z. On the relation between the hugoniot elastic limit and the yield strength of brittle materials [J]. J. Appl. Phys., 1993, 74: 752-753.

[26] YAZIV D. Shock fracture and recompaction of ceramics [D]. Ohio Dayton: PH. D. of University of Dayton, 1985.

[27] ROSENBERG Z, YESHURUN Y. The relation between ballistic efficiency and compressive strength of ceramic tiles [J]. Int. J. Impact Engng., 1988, 7:357-362.

[28] GUST W H, ROYCE E B. Dynamic yield strength of $Be_4C$, BeO and $Al_2O_3$ ceramics [J]. J. appl. Phys., 1971, 42: 276-295.

[29] RASORENOV S V, KANEL G I, FORTOV V E, et al. The fracture of glass under high pressure impulsive loading [J]. High Press Res, 1991, 6: 225-32.

[30] KANEL G I, MOLODETS A M, DREMIN A N. Investigation of singularities of glass strain under intense compression waves [J]. Combust Explos Shock Waves, 1977, 13: 772-777.

[31] BOURNE N K, ROSENBERG Z, FIELD J E. High-speed photography of compressive failure waves in glasses [J]. J. Appl. Phys., 1995, 78: 3736-3739.

[32] CLIFTON R J. Analysis of failure waves in glasses [J]. Appl. Mech. Rev. 1993, 46(12): 540-546.

[33] 赵剑衡. 冲击压缩下玻璃等脆性材料中失效波的实验和理论研究[D]. 北京:中国科学院力学研究

所，2001.

[34] 赵剑衡，孙承纬，段祝平. 冲击压缩下玻璃等脆性材料中失效波的研究进展[J]. 物理学进展，2001，21(2)：157-175.

[35] BRAR N S. Failure waves in glass and ceramics under shock compression [C]. Shock Compression of condensed matter-1999. Melville, NY: American Institute of Physics, 2000：601-606.

[36] ORPHAL D L, KOZHUSHKO A A, Sinani A B. Possible detection of failure wave velocity in SiC using hypervelocity penetration experiments [C]. Shock compression of condensed matter-1999. Melville, NY: American Institute of Physics, 2000：577-580.

[37] CAZAMIAS J U, Characterizing the Dynamic Strength of Materials for Ballistic Applications [D]. Minnesota Austin: PH. D. of the University of Texas at Austin, 2000.

[38] KOZHUSHKO A A, ORPHAL D L, SINANI A B, et al. Possible detection of failure wave velocity using hypervelocity penetration experiments [J]. Int. J. Impact Engng., 1999, 23：467-76.

[39] 李平，李大红，宁建国，等. 冲击载荷下 $Al_2O_3$ 陶瓷的动态响应[J]. 高压物理学报，2002, 16(1)：22-28.

[40] 李平. 陶瓷材料的动态力学响应及其抗长杆弹侵彻机理[D]. 北京：北京理工大学，2002.

[41] ROSENBERG Z, BLESS S J, YESHURUN Y, et al. A new definition of the ballistic efficiency of brittle materials based on the use of thick backing plates [C]. Proceedings of "Impact 87" Conference in Bremen, FRG, 1987：491.

[42] BLESS S J, ROSENBERG Z, YOON B. Hypervelocity penetration of ceramics [J]. Int. J. Impact Engng., 1987, 5(2)：165-171.

[43] WOODWARD R L. A simple one-dimensional approach to modeling ceramic composite armor defeat [J]. Int. J. Impact Engng., 1990, 9(4)：455-74.

[44] STERNBERG J. Material properties determining the resistance of ceramics to high velocity penetration [J]. J. Appl. Phys. 1989, 65：3417-3424.

[45] HORNEMANN U, ROSENHAUSLER H, SENF H, et al. Experimental investigation of wave and fracture propagation in glass slabs loaded by steel cylinders at high impact velocities [C]. Mechanical properties at high rates of strain, 1984：291-298.

[46] RIOU P, DENOUAL C, COTTENOT C E. Visualization of the damage evolution in impacted silicon carbide ceramics [J]. Int. J. Impact Engng., 1998, 21(4)：225-35.

[47] WOODWARD R L, GOOCH W A, Jr, et al. A study of fragmentation in the ballistic impact of ceramics [J]. Int. J. Impact Engng., 1994, 15(5)：605-618.

[48] SATAPATHY S S. Application of cavity expansion analysis to penetration problems [D]. Minnesota Austin: PH. D. of University of Texas at Austin, 1997.

[49] CORTES R, NAVARRO C, MARTINEZ M A, et al. Numerical modeling of normal impact on ceramic composite armors [J]. Int. J. Impact Engng., 1992, 12(4)：639-651.

[50] 李平，李大红，宁建国，等. $Al_2O_3$ 陶瓷复合靶抗长杆弹侵彻性能和机理实验研究[J]. 爆炸与冲击，2003, 23(4)：289-294.

[51] SHERMAN D. Impact failure mechanisms in alumina tiles on finite thickness support and the effect of confinement [J]. Int. J. Impact Engng., 2000, 24：313-328.

[52] ROSENBERG Z, YESHERUN Y, TSALIAH J. More on the thick-backing screening technique for ceramic tiles against AP projectiles [C]. Proc. 12th Int. Symp. On Ballistics, ADPA, San Antonio, TX, MSA,

1990: 197-201.

[53] ESPINOSA H D, BRAR N S, YUAN G, et al. Enhanced ballistic performance of confined multi-layered ceramic targets against long rod penetrators through interface defeat [J]. Int. J. Solids Struct., 2000, 37: 4893-4913.

[54] HETHERINGTON J G. The optimization of two component composite armours [J]. Int. J. Impact Engng., 1992, 12(3): 409-414.

[55] FLORENCE A L. Interaction of Projectiles and Composite Armor plate [R]. Menlo Park, CA, MSA: Stanford Research Institute, AMIVIRG-CR-69-15, 1969.

[56] WANG B, LU G. On the optimisation of two-component plates against ballistic impact [J]. Journal of Materials Processing Technology, 1996, 57: 141-145.

[57] LEE M, YOO Y H. Analysis of ceramic/metal armour systems [J]. Int. J. Impact Engng., 2001, 25: 819-829.

[58] BEN-DOR G, DUBINSKY A, ELPERIN T, et al. Optimization of two component ceramic armor for a given impact velocity [J]. Theoretical and Applied Fracture Mechanics, 2000, 33: 185-190.

[59] HETHERINGTON J G, RAJAGOPALAN B P. An Investigation Into the Energy Absorbed During Ballistic Perforation of Composite Armors [J]. Int. J. Impact Engng., 1991, 11: 33-40.

[60] JOHNSON G R, HOLMQUIST T J. An improved computational constitutive model for brittle materials [C]. High pressure science and technology 1993. New York: American Institute of Physics, 1994: 981-984.

[61] ZAERA R, Sánchez-Gálvez V. Analytical modelling of normal and oblique ballistic impact on ceramic/metal lightweight armours [J]. Int. J. Impact Engng., 1998, 21(3): 133-148.

[62] FAWAZ Z, ZHENG W, Behdinan K. Numerical simulation of normal and oblique ballistic impact on ceramic composite armours [J]. Composite Structures, 2004, 63(3-4): 387-395.

[63] SADANANDAN S, HETHERINGTON J G. Characterisation of ceramic/steel and ceramic/aluminium armours subjected to oblique impact [J]. Int. J. Impact Enqng, 1997, 19(9-10): 811-819.

[64] FRANZEN R R, ORPHAL D L, ANDERSON C E. The influence of experimental design on depth-of-penetration (DOP) test results and derived ballistic efficiencies [J]. Int. J. Impact Engng., 1997, 19(8): 727-37.

[65] WEBER K, HOLMQUIST T J, TEMPLETON D W. The response of layered aluminum nitride targets subjected to hypervelocity impact [J]. Int. J. Impact Engng., 2001, 26: 831-841.

[66] SUBRAMANIAN R, BLESS S J. Penetration of semi-infinite AD995 alumina targets by tungsten long rod penetrators from 1.5 to 3.5 km/s [J]. Int. J. Impact Engng., 1995, 17: 807.

[67] 黄良钊,张巨先. 弹丸对陶瓷靶侵彻试验中的约束效应研究[J]. 兵器材料科学与工程, 1999, 22(4): 13-17.

[68] SHERMAN D, Ben-Shushan T. Quasi-static impact damage in confined ceramic tiles [J]. Int. J. Impact Engng., 1998, 21(4): 245-265.

[69] CHARLES E, ANDERSON J R, SUZANNE A, et al. Ballistic performance of confined 99.5%-$Al_2O_3$ ceramic tiles [J]. Int. J Impact Engng., 1997, 19(8): 703-713.

[70] HOHLER V, STILP A J, WEBER K. Hypervelocity penetration of tungsten sinter-alloy rods into alumina [J]. Int. J. Impact Engng., 1995, 17: 409-418.

[71] CHARLES E, ANDERSON J R, MORRIS B L. The ballistic performance of confined $Al_2O_3$ ceramic tiles [J]. Int. J. Impact Engng., 1992, 12(2), 167-187.

[72] 高平,董家禅,孙庚辰. 陶瓷块尺寸效应对抗弹性能影响的研究[J]. 兵器材料科学与工程,1996, 19(2):26-28.

[73] ROSENBERG Z, DEKEL E, HOHLER V, et al. Hypervelocity penetration of tungsten alloy rods into ceramic tiles: experiments and 2-d simulations [J]. Int. J. Impact Engng, 1997, 20: 675-683.

[74] HOLMQUIST T J, JOHNSON G R. Modeling prestressed ceramic and its effect on ballistic performance [J]. Int. J. Impact Engng., 2005, 31 (2): 113-127.

[75] HAN C, SUN C T. A study of pre-stress effect on static and dynamic contact failure of brittle materials [J]. Int. J. Impact Engng., 2000, 24(6-7):597-611.

[76] BAO YIWANG, SU SHENGBIAO, YANG JIANJUN, et al. Prestressed ceramics and improvement of impact resistance [J]. Materials Letters, 2002, 57(2): 518-524.

[77] MULALO DOYOYO. Experiments on the penetration of thin long-rod projectiles into thick long-cylindrical borosilicate targets under pressure-free polycarbonate, aluminum and steel confinements [J]. Int. J. Solids Struct., 2003, 40(20): 5455-5475.

[78] WESTERLING L, LUNDBERG P, LUNDBERG B. Tungsten long-rod penetration into confined cylinders of boron carbide at and above ordnance velocities [J]. Int. J. Impact Engng., 2001, 25: 703-714.

[79] YADAV S, RAVICHANDRAN G. Penetration resistance of laminated ceramic/polymer structures [J]. Int. J. Impact Engng., 2003, 28: 557-574.

[80] HAUVER G, NETHERWOOD P, BENCK R, et al. Ballistic performance of ceramic targets [C]. Proceedings of Army Symposium on Solid Mechanics, Plymouth, MA, MSA, 1993: 17-19.

[81] 李翠伟,汪长安,黄勇,等. $Si_3N_4/BN$ 层状复合陶瓷抗穿甲破坏实验研究[J]. 无机材料学报, 2005, 20(1): 99-104.

[82] DEN REIJER P C. Impact on ceramic faced armour [D]. Netherlands: PH. D. of Delft Technical University, 1991.

[83] Tate A. A Theory for the Deceleration of Long Rods after Impact [J]. J. Mech. Phys. Solids, 1967, 15: 387-399.

[84] TATE A. Further Results in the Theory of Long Rod Penetration [J]. J. Mech. Phys. Solids, 1969, 17: 141-150.

[85] ROSENBERG Z, TSALIAH J. Applying Tate's model for the interaction of long rod projectiles with ceramic targets [J]. Int. J. Impact Engng., 1990, 9(2): 247-251.

[86] WALKER J D. Analytical Modeling Hypervelocity Penetration of Thick Ceramic Targets [J]. Int. J. Impact Engng., 2003, 29: 747-755.

[87] CURRAN D R, SEAMAN L, COOPER T, et al. Micromechanical model for comminution and granular flow of brittle material under high strain rate application to penetration of ceramic targets [J]. Int. J. Impact Engng., 1993,13:53-83.

[88] ESPINOSA H D, BRAR N S, YUAN G, et al. Enhanced ballistic performance of confined multi-layered ceramic targets against long rod penetrators through interface defeat [J]. Int. J. Solids Struct., 2000, 37: 4893-4913.

[89] WILSON D, HETHERINGTON J G. Analysis of ballistic impact on ceramic faced armour using high speed photography [C]. Proc. Lightweight Armour System Symp. Cranfield: Royal Military College of Science, 1995.

[90] CHOCRON BENLOULO I S, Sánchez-Gálvez V. A new analytical model to simulate impact onto ceramic/

composite armors [J]. Int. J. Impact Engng. , 1998, 21(6): 461-471.

[91] WOODWARD R L. Energy Absorption in the Failure of Ceramic Composite Armors [J]. Materials Forum, 1989, 13: 174-181.

[92] FELLOWS N A, BARTON P C. Development of impact model for ceramic-faced semi-infinite armour [J]. Int. J. Impact Engng. , 1999, 22: 793-811.

[93] ZHANG Z, SHEN J, ZHONG W, et al. A dynamic model of ceramic/fibre-reinforced plastic hybrid composites under projectile striking [J], Proc Instn Mech Engrs. Part G: J Aerospace Engineering, 2002, 216: 325-331.

[94] 杜忠华. 动能弹侵彻陶瓷复合装甲机理[D]. 南京:南京理工大学,2002.

[95] CAMACHO G T, ORTIZ M. Adaptive Lagrangian modelling of ballistic penetration of metallic targets [J]. Comput. Methods Appl. Mech. Engrg. , 1997, 142: 269-301.

[96] ESPINOSA H D, ZAVATTIERI P D, EMORE G L. Adaptive FEM computation of geometric and material nonlinearities with application to brittle failure [J]. Mechanics of Materials, 1998, 29: 275-305.

[97] LIBERSKY L D, PETSCHEK A G. Smooth particle hydrodynamics with strength of materials [J]. Advances in the Free Lagrange Method, Lecture Notes in Physics, 1990, 395: 248-257.

[98] 张刚明, 王肖钧, 王元博, 等. 高速碰撞数值计算中的光滑粒子法[J]. 计算物理, 2003, 20(5): 447-454.

[99] RANDLES P, LIBERSKY L. Smoothed particle hydrodynamics: some recent improvements and applications. Comput. Methods Appl. Mech. Engrg. 1996, 139:375-408.

[100] ATTAWAY S W, HEINSTEIN M W, SWEGLE J W. Coupling of smooth particle hydrodynamics with the finite element method [J], Nucl. Engrg. Des. , 1994, 150: 199-205.

[101] JOHNSON G R. Linking of Lagrangian particle methods to standard finite element methods for high velocity impact computations [J]. Nucl. Engrg. Des. , 1994, 150: 265-274.

[102] JOHNSON G, BEISSEL S. Normalised smoothing functions for SPH impact computations. Int. J. Numer. Meth. Eng. , 1996, 39:2725-41.

[103] JOHNSON G, BEISSEL S, STRYK R. An improved generalised particle algorithm that includes boundaries and interfaces [J]. Int. J. Numer. Meth. Eng. , 2002, 53: 875-904.

[104] 侯海量,朱锡,阚于龙. 陶瓷材料抗冲击响应特性研究进展[J],兵工学报,2008,29(1):94-99.

[105] 侯海量,朱锡,阚于龙. 轻型陶瓷复合装甲结构抗弹性能研究进展[J],兵工学报,2008,29(2):208-216.

[106] 侯海量,朱锡,李伟. 轻型陶瓷/金属复合装甲抗弹机理研究[J],兵工学报,2013,34(1):105-114.

[107] HOU HAILIANG, ZHONG QIANG, ZHU XI. Investigation on analytical model of ballistic impact on light ceramic/metal lightweight armors [J]. Journal of Ship Mechanics, 2015,19(6):723-736。

[108] FLORENCE A L. Interaction of Projectiles and Composite Armor plate [R]. Stanford Research Institute, Menlo Park, CA, USA. , AMIVIRG-CR-69-15, August, 1969.

[109] HETHERINGTON J G, RAJAGOPALAN B P. An Investigation Into the Energy Absorbed During Ballistic Perforation of Composite Armors [J]. Int. J. Impact Engng. 1991, 11: 33-40.

[110] Den Reijer P C. Impact on ceramic faced armour [D]. Ph. D. Thesis, Delft Technical University, The Netherlands, 1991.

[111] ZAERA R, SáNCHEZ-GáLVEZ V. Analytical modelling of normal and oblique ballistic impact on ceramic/metal lightweight armours [J]. Int. J. Impact Engng. 1998, 21(3): 133-148.

[112] WOODWARD R L, Gooch W A, Jr O'Donnell R G, et al. A study of fragmentation in the ballistic impact of ceramics [J]. Int. J. Impact Engng 1994;15(5):605-618.

[113] WILKINS M L. Mechanics of penetration and perforation [J]. Int J Eng Sci, 1978, 16:793-807.

[114] TATE A. A Theory for the Deceleration of Long Rods After Impact [J], J. Mech. Phys. Solids, 1967, 15:387-399.

[115] TATE A. Further Results in the Theory of Long Rod Penetration [J] J. Mech. Phys. Solids, 1969, 17:141-150.

[116] 李平,李大红,宁建国,等, $Al_2O_3$ 陶瓷复合靶抗长杆弹侵彻性能和机理实验研究[J]. 爆炸与冲击,2003,23(4):289-294.

[117] ANDERSON C E, Jr、MORRIS, B L. The ballistic performance of confined $Al_2O_3$ ceramic tiles[J]. Int. J. Impact Engng, 1992, 12(2):167-187.

[118] 侯海量,朱锡,刘志军,等. 高速破片冲击下船用陶瓷复合装甲抗弹性能实验研究[J],兵器材料科学与工程,2007,30(3):5-10.

# 第9章 冲击波与破片群联合毁伤效应与防护技术

## 9.1 概 述

随着反舰武器的发展,掠海飞行的半穿甲反舰导弹具有极强的机动突防和精确制导能力,其依靠初始动能侵入舰体内部爆炸后,所产生的空爆冲击波和破片群将形成对舰船内部结构和人员设备的联合毁伤,是目前大中型舰船生命力的主要威胁[1-3]。防护舱壁作为导弹舱、燃油舱、作战指挥室等重要舱室的最后一道防御屏障,其防护能力可靠性至关重要。已有研究表明,舰船现有的钢制防护舱壁远不能满足抵御空爆冲击波和高速破片群的联合毁伤,虽然通过增大舱壁厚度可进一步提高抗毁伤能力,但会大大增加船体的重量,削弱舰船的机动性能。因此,近年来舰船防护领域提出将防护舱壁设计为由前、后面板和抗弹芯层组成的复合夹芯式结构以提高抵御战斗部近炸下的防护能力。不过,相关研究工作开展并不多,且研究方法主要基于对试验后破坏结果进行一些定性分析,缺乏对该问题的深入研究和认识。因此,进一步开展空爆冲击波和破片群联合作用下复合夹芯舱壁结构的抗毁伤机理研究,对提高舰船抗导弹战斗部近炸下的防御能力和增强舰船生命力具有十分重要的军事和工程意义。

本章根据复合夹芯舱壁中各层结构承受的载荷特性,由简入繁,逐层展开。首先,分析冲击波和破片群联合作用下前面板的耦合破坏机理;然后,阐明破片群对纤维增强抗弹芯层的侵彻机理;进而,开展冲击波和破片群联合作用下复合夹芯结构的破损特性和动响应研究;最后,提出复合夹芯舱壁结构抗导弹战斗部近炸的理论分析模型并进行了模型试验验证。

## 9.2 冲击波和破片群对金属靶板的耦合破坏机理

### 9.2.1 破片群密集侵彻金属靶关联机制

#### 9.2.1.1 破坏模式及破坏过程分析

1) 破坏模式

破片群侵彻金属靶板的破坏模式主要与初速、破片间距有关,如图9-2-1

所示。破片间距较小条件下,当初速为低于临界穿透速度时,弹丸并未侵入靶板,破坏模式为隆起大变形;当初速接近临界穿透速度时,钢板的破坏模式为集团冲塞破口—碟形变形;当初速较高时,钢板的破坏模式主要为局部的集团冲塞破口,碟形变形将不明显。

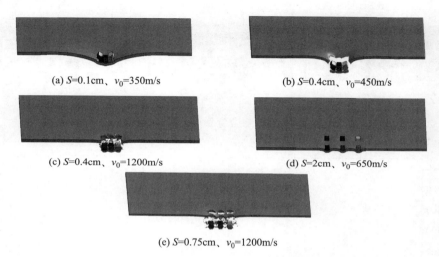

图 9-2-1 破片群侵彻下金属靶板典型破坏模式

破片间距较大条件下,当初速为低于临界穿透速度时,钢板的破坏模式为相互独立的撞击鼓包;当初速为高于临界穿透速度时,靶板的破坏模式由集团剪切破口转换为相互独立的单枚破片穿甲破孔。

2) 破坏过程

图 9-2-2 所示为集团冲塞破口—碟形变形破坏模式的破坏过程,图 9-2-3 所示为独立穿甲破口破坏过程。图 9-2-4 所示为相应破片速度时程变化曲线。

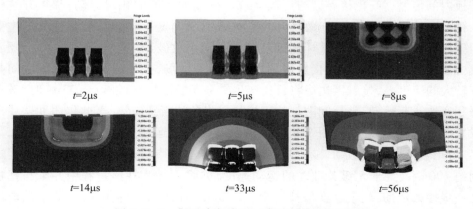

图 9-2-2 集团冲塞破口—碟形变形破坏过程

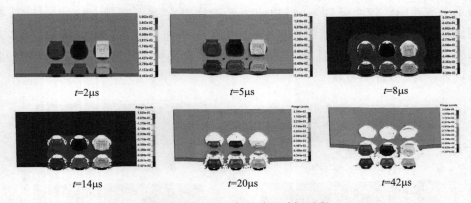

图 9-2-3 独立穿甲破口破坏过程

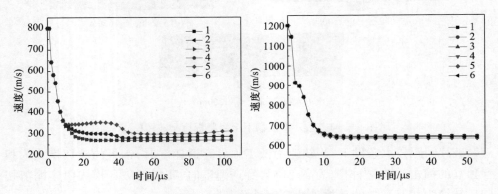

图 9-2-4 破片速度时程曲线

对比可知,对于集团冲塞破口—碟形变形破坏模式,$t=2\mu s$ 时,破片群开始着靶,压缩波分别在弹体和靶板内产生并自着靶处开始传播;$t=5\mu s$ 时,随着压缩波在靶板内的传播,弹-靶接触区与周围区域产生较大速度的相对运动,弹体开坑侵入靶板;$t=8\mu s$ 时,由于弹-靶巨大的速度梯度,弹体进一步侵彻靶板使其产生剪切破坏,该阶段破片群的破坏侵彻过程类似于单枚破片。但当 $t=14\mu s$ 时,随着应力波的传播,整个弹-靶接触区形成一致的速度场,接触区与非接触区之间具有较大的速度差,接触区边缘将首先产生贯穿靶板的剪切破坏;$t=33\mu s$ 时,破片群和塞块一起运动,破片间隙处的靶板材料将拉伸断裂破坏,至此集团冲塞块形成并飞出。在此过程中,由于集团塞块具有较高的运动速度,部分破片($4^\#$、$5^\#$、$6^\#$)与靶板形成相对运动,破片剩余速度衰减减慢,特别在中心区域运动速度达到约 400m/s,大于 $5^\#$ 破片此时的运动速度,进而 $5^\#$ 破片在该过程中并未与靶板进一步接触侵彻,剩余速度保持不变。$t=56\mu s$ 时,随着靶板吸收的冲击动能不断耗散,形成局部碟形破坏。各破片最终剩余速度中,$5^\#$ 破片剩余速度最高,约为 331m/s,1#、3#破片的剩余速度最低,约为 290m/s。此时,即产生了破片群密集侵彻能力增强效应。

对于独立穿甲破口破坏过程,由于破片间距较远,应力波传播叠加的附加效应对破片侵彻过程影响较小,弹-靶接触区并不会形成整体的运动速度场。破片侵彻过程中着靶点处与其周围一直具有较大的速度梯度。$t=14\mu s$ 时,未侵彻靶板材料完全贯穿剪切破坏,各破片侵彻作用的独立形成剪切塞块。$t=20\mu s$ 与 $t=42\mu s$ 时,各破片推动冲塞块飞出,靶板随着吸收的冲击动能不断耗散,形成局部的碟形变形。另外,各破片剩余速度变化规律较为一致,最终的剩余速度基本相同,约为 620m/s,未产生侵彻能力增强效应。

#### 9.2.1.2 破片群侵彻能力增强效应及影响因素

破片群侵彻靶板将在着靶点形成应力波并开始传播,当破片穿透靶板所需时间 $\Delta t > S/C$($C$ 为应力传播波速)时,应力波相互的叠加效应将对破片的侵彻过程产生影响,使弹-靶接触区的能量密度及能量持续时间大幅增加,破片的侵彻能力将有所提高,此即为破片群密集侵彻时侵彻能力的增强效应;当 $\Delta t < S/C$ 时,弹体穿透靶板后应力波才开始产生相互叠加增强,此时破片群侵彻能力不会产生增强效应,其侵彻能力等同于单枚破片侵彻能力。因而,破片间距 $S$,弹丸初速 $v_0$ 是影响侵彻能力增强效应主要因素:前者从应力波叠加方面、后者从弹体穿靶过程方面,共同决定了破片侵彻能力的增强程度。另外,破片群密集侵彻下侵彻能力的增强效应还与破片数量有关。当破片数量较少时,应力波叠加效应不足以对侵彻能力产生明显的影响。下面通过单一变量法分别研究其与侵彻能力增强效应的影响关系。

图 9-2-5 所示为破片群侵彻能力增强效应与破片数量、间距及初速的影响规律。由图可知,对于破片数量,单枚破片侵彻时,其剩余速度为 295m/s。随着破片侵彻数量的不断增加,从各着靶点处产生的应力波叠加效应不断增强,9 枚破片群侵彻下其剩余速度增至 340m/s,较单发侵彻下增加约 15%。此后,随着破片群侵彻数量的增加,应力波叠加效应对破片侵彻过程的影响趋于平衡。

对于破片间距,随着破片间距的增加,破片群的剩余速度不断减小。这是因为在破片初速不变条件下,应力波开始相互叠加所需时间随着破片间距增大而不断增加,其影响破片侵彻过程的时间大大减小,因而破片群侵彻能力增强效应不断减弱直至消失。结合破片过程分析可知,破片间距影响破片群侵彻能力增强效应的机理如下:破片间距较小时,各破片侵彻过程中传递给靶板的冲击动能密集集中,使弹-靶接触区能量密度大大增加,与非接触区产生较大的速度梯度,接触区边缘在速度梯度场的不断作用下首先产生贯穿靶板的剪切断裂破坏,形成集团冲塞块,失去抵抗穿甲能力,而此时中心处破片仍具有较高的侵彻速度。

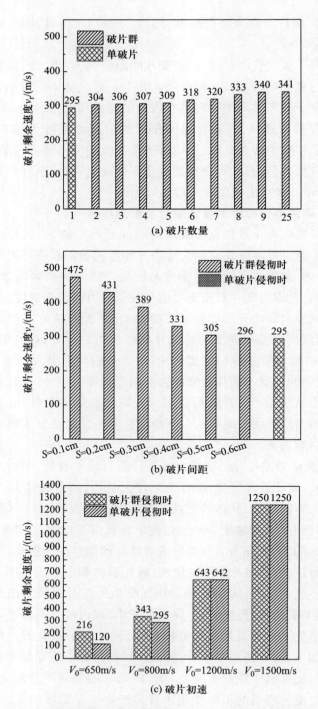

图 9-2-5 破片群侵彻能力增强效应与破片数量、间距及初速的影响规律

当破片间距较大时,靶板吸收的破片冲击动能自着靶点处迅速向四周耗散,破片间隙处靶板材料足以抵抗速度梯度场的拉伸作用,靶板将不再形成集团塞块,靶板的破坏模式类似于单枚破片的侵彻破坏模式,各破片将一直承受靶板的抵御作用,侵彻能力增强效应消失。

对于破片初速,破片群的剩余速度与其成反比例关系。这是因为在破片间距不变条件下,穿靶时间随着弹丸初速增大而不断减小,相互叠加的应力波影响破片侵彻过程的时间大大减小,因而破片群侵彻能力增强效应不断减弱直至消失。

### 9.2.2 冲击波对破片穿甲能力影响效应

#### 9.2.2.1 冲击波对单枚破片穿甲能力影响

冲击波作用对破片侵彻的耦合效应为改变了破片的侵彻能力。表 9-2-1 所列为冲击波的作用对破片侵蚀能力的影响效应比较,由表可知,单破片侵彻作用下,其剩余速度为 297m/s;同时作用下($D=4.8$cm),破片剩余速度为 292m/s,小于单破片侵彻工况。此后,随着 $D$ 的增加,在 4.8cm<$D$<9.8cm 阶段,破片穿透剩余速度继续下降,这是因为冲击波作用使靶板中心区域具有与破片侵彻方向一致的速度场,即弹-靶接触区和破片形成了相向运动,相对降低了随后到达的弹丸侵彻初速,而靶板整体变形较小,尚处于弹性变形范围,因而破片剩余速度略有下降。

表 9-2-1 冲击波作用对破片侵彻能力影响效应

| 工况 | 破靶距离 $D$ /cm | 初速度 /(m/s) | 剩余速度 /(m/s) | 说明 | |
|---|---|---|---|---|---|
| 1 | 0 | 800 | 297 | 纯穿甲 | |
| 2 | 0.2 | 800 | 297 | 破片先于冲击波作用 | |
| 3 | 4.8 | 800 | 292 | 同时作用 | |
| 4 | 5.8 | 800 | 262 | 冲击波先于破片作用 | |
| 5 | 6.8 | 800 | 260 | | |
| 6 | 7.8 | 800 | 236 | | |
| 7 | 8.8 | 800 | 251 | | |
| 8 | 9.8 | 800 | 266 | | |
| 9 | 10.8 | 800 | 296 | | |
| 10 | 11.8 | 800 | 318 | | 面板中心速度最大时 |
| 11 | 13.8 | 800 | 332 | | |
| 12 | 20.8 | 800 | 334 | | |
| 13 | 50.8 | 800 | 333 | | 面板位移最大 |

而当 $D=10.8\mathrm{cm}$ 时，面板由弹性变形阶段开始转入塑性变形阶段，抵抗弹丸穿甲强度开始下降，破片穿透剩余速度增大至与纯破片侵彻作用相当。此后，随着破靶间距 $D$ 的增加，破片侵彻时靶板塑性变形的不断累积，靶板抵抗弹丸穿甲的能力继续下降，并且靶板的动能耗散使弹-靶相向运动趋势减弱，因而，破片穿靶后剩余速度较纯穿甲工况下不断增加。当 $D=20.8\mathrm{cm}$，靶板达到最大变形挠度，破片剩余速度增加至 $334\mathrm{m/s}$。此后，靶板处于弹性振动阶段，塑性变形不再增大，破片剩余速度趋于稳定，如表 9-2-2 所列。

表 9-2-2　典型计算工况下靶板的速度场、位移场和塑性应变场

| 工况 | 速度场 | 位移场 | 塑性应变 |
|---|---|---|---|
| $D=4.8\mathrm{cm}$ | | | |
| $D=7.8\mathrm{cm}$ | | | |
| $D=11.8\mathrm{cm}$ | | | |
| $D=20.8\mathrm{cm}$ | | | |
| $D=50.8\mathrm{cm}$ | | | |
| 数值 | | | |

冲击波对单枚破片穿甲能力的作用机理如下：当冲击波先作用时，其一方面使结构产生运动速度，降低了弹、靶相对速度不利于穿甲；另一方面，随着靶板动能不断耗散转化为塑性变形能，使其产生弯曲及薄膜拉伸塑性变形，减弱了结构强度有利于穿甲，这两方面因素相互作用，共同决定了破片穿透靶板能力的提高或降低。

#### 9.2.2.2　冲击波对破片群穿甲能力影响因素分析

冲击波和破片群联合作用下破片群的侵彻能力主要由两方面影响效应决定：一是破片群密集侵彻时产生的侵彻能力增益效应；二是冲击波对破片侵彻能力的影响效应。这两种效应共同决定了联合作用下破片群的侵彻能力。具体来说，冲击波对破片群的侵彻能力影响效应主要与冲击波强度、作用次序、破片间距及破片初速等因素有关，下面采用单一变量法分别研究各因素的影响效应。

图9-2-6所示为不同影响因素下冲击波对破片群侵彻能力增强效应。由图可知，保持其他影响因素不变，对于破片间距，当破片间距较小时，冲击波和破片群联合作用下的剩余速度均大于破片群单独侵彻下的剩余速度，也远大于单枚破片侵彻下的剩余速度，即联合作用时两种破坏增益效应的侵彻能力大于破片群单一侵彻增益下的侵彻能力，也远大于单枚破片侵彻能力。随着破片间距的增大，冲击波对破片群穿甲能力的影响效应逐步减弱。当破片间距 $S=0.8\mathrm{cm}$ 时，冲击波对破片群穿甲能力影响效应和破片群密集侵彻时自身的破坏增益效应逐步消失，冲击波和破片群联合作用下的侵彻能力、破片群单独侵彻下与单枚破片侵彻能力相同。

对于作用次序，联合作用下破片群的侵彻能力随着破靶间距 $D$ 的增加而增大，在 $D=13.8\mathrm{cm}$ 增至最强，此后随着 $D$ 的增加将开始减小，并在 $D=50.8\mathrm{cm}$ 即靶板动能耗散完毕时，其侵彻能力与单一破片群侵彻基本相同。这是因为冲击波和破片群侵彻下，侵彻能力是由以上所述的冲击波先作用使结构产生运动速度降低穿甲相对速度不利于穿甲，同时使靶板产生弯曲变形减弱结构强度有利于穿甲两个方面共同决定，还包含第三个方面破片群侵彻时产生的侵彻能力增益效应，其有利于穿甲。此时，第二和第三方面的侵彻增益效应大于第一方面的侵彻削弱作用。因此，冲击波和破片群的侵彻能力与冲击波和单枚破片的侵彻能力，在不同作用次序下表现了不同的规律特性。

对于破片初速，其主要影响了冲击波对破片群侵彻过程的作用时间。联合作用下破片群的侵彻能力大于单一破片群，表明冲击波在该速度下增强了破片群的穿甲能力。随着破片初速的增加，破片群迅速穿透靶板，冲击波对破片群穿甲效应的影响也将不断减弱。对于冲击波强度，在相同的作用次序下，随着冲击波强度的增加，破片群剩余速度均有所增加，表明冲击波强度的增加有利于穿

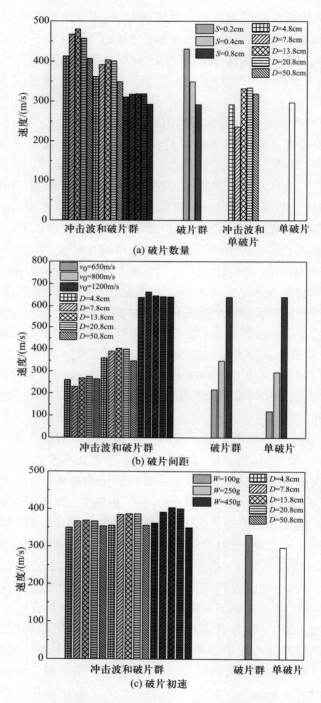

图 9-2-6 不同影响因素下冲击波对破片群侵彻能力增强效应

甲,增强了破片群侵彻能力。

综上可知,联合作用下冲击波将对破片群穿甲能力产生增益影响效应,相同作用次序和冲击波强度下,当破片群以较小间距、侵彻初速在弹道极限附近时,冲击波将对破片群的穿甲能力产生最强增益效应。相同破片间距和初速侵彻下,冲击波先作用使靶板达到最大运动速度时,该作用次序破片群将获得最大的侵彻能力增强。另外,冲击波的增加有利于破片穿甲,会增强破片群的侵彻能力。

### 9.2.3 破片侵彻对冲击波毁伤效应影响机制

#### 9.2.3.1 单枚破片侵彻对冲击波毁伤影响效应

Nurick 等的研究表明,在空爆中局部和均布载荷下圆形板、矩形板的破坏模式大体归纳为以下 3 类:①整体塑性大变形;②边界处产生撕裂破坏;③边界处产生横向剪切破坏。在均布弱冲击载荷下,面板的破坏模式为塑性大变形。随着冲击载荷增大,面板将在边界中点处开始产生颈缩。随着冲击载荷进一步增大,面板边界中点处首先产生拉伸断裂,并向边角处扩展。当冲击载荷大到使边界完全拉伸撕裂时,板中心挠度随冲量增加而减小,并将产生边界横向剪切破坏。

在冲击波和单枚破片共同作用下,破坏模式与上述大体相同,只不过增加了破片的穿甲效应。当破片穿透时,其破坏模式可分为独立穿孔—弯曲大变形、独立穿孔—弯曲大变形—边界撕裂、独立穿孔—弯曲大变形—边界剪切破坏;当破片未穿透时,其破坏模式为局部隆起—弯曲大变形、局部隆起—弯曲大变形—边界撕裂、局部隆起—弯曲大变形—边界剪切破坏。图 9-2-7 所示为不同工况下典型时刻速度和位移变化场。

另外,冲击波和单枚破片联合作用下,单枚破片侵彻仅仅短暂改变了靶板的整体速度场分布,但与纯空爆工况相比靶板最终形成基本相同的挠度变形,同时靶板也并未沿穿孔处向四周产生进一步地撕裂破坏,表明单枚破片侵彻并不会对冲击波的毁伤效应产生显著影响。

#### 9.2.3.2 破片群侵彻对冲击波毁伤效应影响分析

1)破坏模式

冲击波和破片群联合作用下金属靶板的破坏模式主要与冲击波强度、破片侵彻条件(破片初速、破片间距、破片数量)有关。当破片群未穿透靶板时,靶板的破坏模式为碟形—弯曲大变形或独立撞击鼓包—弯曲大变形,与破片间距有关。当破片群先侵彻使靶板产生集团冲塞块时,若冲击波强度较强,则靶板在弯曲大变形过程中同时将沿集团冲塞穿孔对角线方向向四周继续撕裂,形成集团

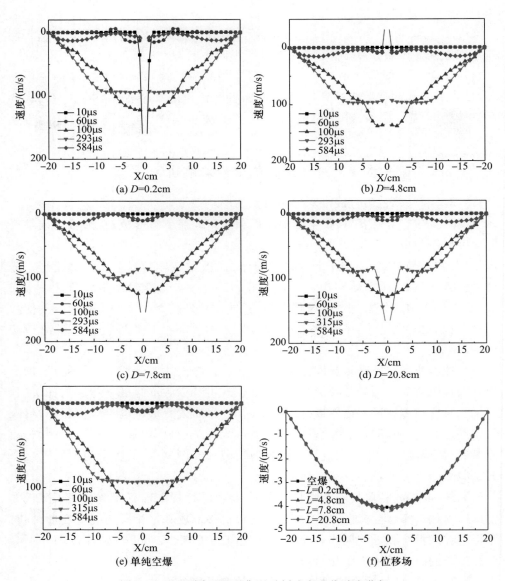

图 9-2-7 不同工况下典型时刻速度和位移变化场

冲塞—撕裂大破口破坏模式;若冲击波强度较低,仅产生弯曲大变形,形成集团冲塞破口—弯曲大变形破坏。当破片群侵彻使靶板产生独立穿孔时,破坏模式也分为独立穿孔—弯曲大变形破坏、独立穿孔—撕裂大变形破坏。另外,当破片间距增大到一定值时,随着冲击波强度的增加,靶板也不会沿穿孔间产生撕裂连通,而是产生边界撕裂破坏,如图 9-2-8 所示。

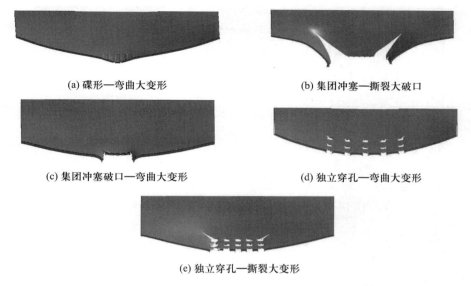

(a) 碟形—弯曲大变形　　(b) 集团冲塞—撕裂大破口
(c) 集团冲塞破口—弯曲大变形　　(d) 独立穿孔—弯曲大变形
(e) 独立穿孔—撕裂大变形

图 9-2-8　冲击波和破片群联合作用下金属靶板破坏模式

2) 影响因素分析

(1) 破片数量。联合作用下,单枚破片侵彻不会对冲击波的毁伤效应产生影响。两枚破片侵彻下开始对冲击波的毁伤效应产生影响效应,靶板开始沿穿孔处产生轻微地撕裂。此后,随着破片数量的增加,靶板一方面吸收更多的破片冲击动能,另一方面靶板形成大破口后,冲击波作用时更容易由冲塞口向四周延伸撕裂,进而靶板的撕裂破坏程度不断增大,破片群侵彻对冲击波毁伤的影响效应也不断增强,如图 9-2-9 所示。

(2) 破片间距。破片间距极小时,靶板吸收较少的破片动能,因而破片群的侵彻作用并未明显增加冲击波毁伤靶板的程度,靶板并未沿集团冲塞破口产生明显的撕裂破坏。随着破片间距的增加,靶板吸收的破片冲击动能逐步增加,靶板在吸收破片动能和冲击波动能叠加效应下,容易产生撕裂破坏,形成集团冲塞—撕裂大破口破坏模式,即破片群的侵彻作用明显增加了冲击波撕裂破坏靶板的程度,增强了冲击波毁伤效应。随着破片间距进一步增加,虽然靶板吸收的破片动能并未明显降低,但破片侵彻过程中传递给靶板的动能迅速自着靶点处向四周均匀耗散,不再产生集团冲塞破口,也不会沿局部穿孔产生撕裂破口。另外,破片穿孔之间更难撕裂贯通,因而破片群侵彻对冲击波的毁伤增益效应又逐步减弱,靶板撕裂破坏程度也明显减轻,形成独立穿孔—弯曲大变形破坏模式,如图 9-2-10 所示。

(3) 作用次序。作用次序决定了破片群传递靶板动能和冲击波传递靶板动

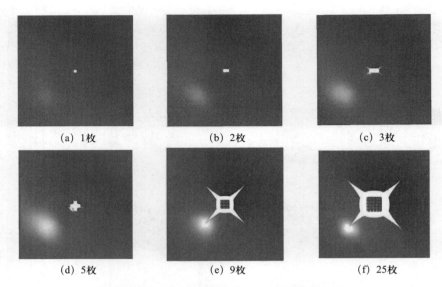

图 9-2-9　不同数量破片群侵彻时靶板的破坏模式

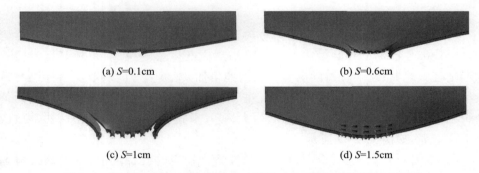

图 9-2-10　$W=250\text{g}$ 冲击波强度时不同破片间距下靶板的破坏形貌

能二者的叠加作用顺序。在 $0<D<11.8\text{cm}$ 前,冲击波作用传递靶板的动能一直增加,在该区间内破片群侵彻时,随着 $D$ 的增加,靶板的撕裂破坏程度不断增加,破片群对冲击波毁伤效应将不断增强。在 $D=11.8\text{cm}$ 时,冲击波传递靶板动能达到最大,此时破片群侵彻下将对冲击波毁伤效应产生最强的增强效应。当 $11.8\text{cm}<D<50.8\text{cm}$ 时,冲击波作用产生的靶板动能逐步耗散为塑性变形能,在该区间内破片群侵彻时,随着 $D$ 的增加,靶板的撕裂破坏程度不断减小,破片群对冲击波毁伤效应将不断减弱。$D=50.8\text{cm}$ 时,冲击波作用产生的靶板动能耗散完毕,破片群侵彻靶板为局部的侵彻穿甲,靶板不再产生撕裂破坏,此时破片群侵彻不再对冲击波的毁伤效应产生影响。因此,破片群侵彻对冲击波毁伤作用中,冲击波先于破片作用次序较同时作用次序、破片先于冲击波作用次序具有

更强的影响效应,如图 9-2-11 所示。

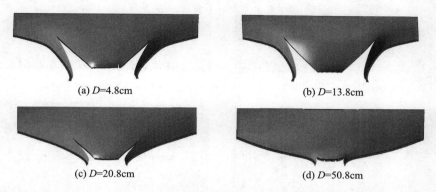

图 9-2-11　不同冲击波和破片群联合作用次序下靶板的破坏形貌

综上可知,破片数量多、破片初速在弹道极限附近、破片间距在集团冲塞和独立穿孔破坏的临界间距时,靶板将吸收最多的破片冲击动能,此时破片群侵彻对冲击波的毁伤产生最强的增益效应。另外,作用次序中,冲击波先作用次序较同时作用次序、破片先作用次序具有更强的影响效应,尤其是当冲击波使靶板动能达到最大时,此刻破片群着靶侵彻将对冲击波的毁伤产生最强增益效应。

## 9.3　破片群对纤维增强复合结构的侵彻机理

### 9.3.1　破坏模式及破坏过程

#### 9.3.1.1　破坏模式

单枚破片侵彻下,复合板破坏模式与侵彻初速有关。低速侵彻下,破片剪切穿透迎弹面几层纤维层后便停止运动。临界速度穿透下,破坏模式主要表现为迎弹面纤维层的剪切破坏、背弹面纤维层的拉伸断裂破坏,并伴随着层间分层破坏。随着破片初速的增大,纤维层厚度方向剪切破坏所占比例将进一步增加,直至完全产生剪切破坏。总的来说,单枚破片侵彻下复合板破坏模式为局部的穿孔或小鼓包变形破坏。

破片群侵彻复合板,其破坏模式与初速、破片间距有关。破片群间距较小条件下,当初速为低于临界穿透速度时,破片群并未侵入复合板,破坏模式为迎弹面凹陷大变形,背弹面产生大鼓包变形,并且背弹面中心区域纤维层超过拉伸极限强度,产生拉伸断裂破坏,见图 9-3-1(a);当初速接近临界穿透速度时,复合板的破坏模式为集团拉伸断裂破口,迎弹面和背弹面纤维均产生拉伸断裂破坏,

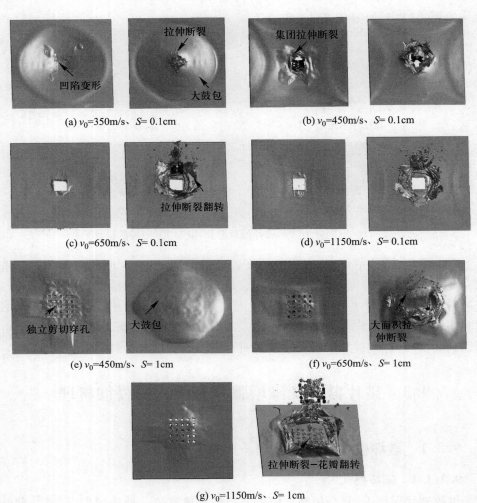

图 9-3-1 破片群侵彻下复合板破坏模式

见图 9-3-1(b);当破片群初速高于临界穿透速度时,复合板的破坏模式为集团冲塞破口,其迎弹面主要为纤维的剪切破坏,背弹面为纤维层的撕裂翻转破坏,见图 9-3-1(c);当初速较高时,复合板破坏模式仍为集团冲塞破口,只不过其迎弹面和背弹面纤维层均为剪切破坏,见图 9-3-1(d)。

在破片群间距较大条件下,当初速为低于临界穿透速度时,复合板破坏模式为局部的大鼓包变形,见图 9-3-1(e);当初速为高于临界穿透速度时,复合板的破坏模式迎弹面由集团剪切破口转换为独立剪切穿孔,背弹面纤维层由于破片群大量剩余动能的冲击作用,产生了大面积的纤维拉伸断裂破坏,见图 9-3-1(f);随着初速的增高,复合板破坏模式为迎弹面独立剪切穿孔,背弹面产生纤维拉伸断裂并花瓣翻转形成破口,见图 9-3-1(g)。

由上可知,破片群侵彻下复合板破坏模式与单枚破片侵彻有较大区别。单枚破片侵彻下破坏模式为局部的鼓包或穿甲破口,而破片群侵彻下复合板破坏模式有鼓包大变形、集团剪切破口、独立穿孔(迎弹面)—大面积拉伸断裂(背弹面),与破片间距、初速有关。其中,破片间距主要决定了复合板是否产生集团冲塞破口。随着破片间距的增大,破坏模式由集团冲塞破口转化为独立穿孔(迎弹面)—大面积拉伸断裂(背弹面)破坏。破片初速主要决定了复合板中纤维层剪切破坏和拉伸破坏所占比例。随着初速的增大,纤维层厚度方向剪切破坏所占比例将进一步增加,背弹面拉伸破坏所占比例相应减少。

#### 9.3.1.2 破坏过程

下面选取上述集团冲塞破口、独立穿孔(迎弹面)—大面积拉伸断裂(背弹面)两种典型破坏模式对其破坏过程进一步细致分析。图 9-3-2 所示为复合板形成集团冲塞破口的破坏过程。由图可知,$t=12\mu s$ 时,破片群开始着靶侵彻,破片撞击层合板瞬间将产生以着靶点为中心沿厚度方向传播的压缩波和沿面内方向传播的剪切波,压缩波使弹-靶接触区产生局部的压缩变形,面内剪切波使弹-靶接触区和非接触区之间产生巨大的速度梯度,纤维层开始产生剪切破坏,破片完成开坑;$t=25\mu s$ 时,破片群与非接触区仍存在速度差,破片群将继续以剪切方式侵彻破坏纤维层。由于破片群间距较小,各破片侵彻过程中传递给复合板的动能将汇聚叠加,使弹-靶接触区能量密度大大增加,与非接触区产生整体的速度梯度,迎弹面开始形成集团剪切破口,并且靶板在协调变形吸能过程中背弹面会产生局部隆起大变形,背弹面纤维层也开始产生拉伸断裂破坏。另外,压缩波传播至背弹面反射形成的拉伸波使复合板产生分层破坏;$t=38\mu s$ 时,随着破片群侵彻过程中速度不断衰减,未穿透纤维层由剪切破坏转变为剪切和拉伸断裂混合破坏,集团剪切破口进一步形成;$t=51\mu s$ 时,集团剪切破口完全形成,破片

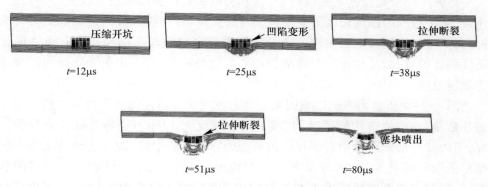

图 9-3-2 破片群侵彻下复合板集团冲塞破口的破坏过程

图 9-3-3 所示为复合板独立穿孔—大面积拉伸断裂破坏过程。由图可知，$t=12\mu s$ 时，破片群开始着靶侵彻复合板。与上述相同，弹-靶接触区由于弹丸的强冲击作用产生局部的压缩变形，纤维层开始产生剪切破坏，完成开坑；$t=25\mu s$ 时，破片群继续以剪切方式侵彻破坏复合材料纤维层，由于破片间距较远，破片侵彻过程中传递给着靶点四周的动能更均匀地耗散，弹-靶的速度梯度远大于接触区与非接触区之间的速度梯度，使迎弹面产生独立的剪切穿孔破坏。另外，压缩波传播至背弹面反射形成的拉伸波使靶板开始产生分层破坏；$t=38\mu s$ 时，随着破片速度的不断衰减，破片不再继续剪切纤维层，而是推动未被穿透的纤维层逐渐形成动态变形锥，此时弹-靶接触区的速度与破片速度大致相同，变形锥锥角开始不断增大；$t=51\mu s$ 时，随着破片进一步侵彻运动，变形锥锥角不断增大，复合板背弹面形成鼓包大变形；$t=80\mu s$ 时，背弹面纤维层达到变形极限，开始产生拉伸断裂破坏；$t=116\mu s$ 时，背弹面纤维层进一步拉伸断裂，并形成撕裂破口。

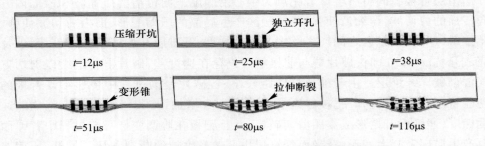

图 9-3-3 复合板独立穿孔—大面积拉伸断裂破坏过程

### 9.3.2 破片群侵彻能力及影响因素

当破片群密集侵彻靶板过程中，其分别将在着靶点形成应力波并开始传播，使弹-靶接触区的能量密度及能量持续时间大幅增加，破片群的侵彻能力将有所提高，产生侵彻能力增强效应。而纤维增强复合材料较金属靶板具有更高的比强度和比模量，破片群侵彻时将更快地产生应力波叠加，产生更为明显的侵彻能力增强效应。

图 9-3-4 所示为不同影响因素下冲击波对破片群侵彻能力增强效应。对于破片数量，在单枚破片侵彻时，其破片剩余速度为 128m/s。随着破片数量的增加，应力波叠加效应对中心破片的侵彻能力影响不断增强，破片剩余速度在 5 枚破片侵彻下增至 346m/s，较单发侵彻时增加约 15%。此后，随着破片侵彻的数量增加，剩余速度增幅减缓，9 枚破片侵彻下破片剩余速度为 410m/s。当破片数量增至 25 枚时，其剩余速度与 9 枚破片侵彻下基本相同，即破片数量对破片群

# 第 9 章 冲击波与破片群联合毁伤效应与防护技术

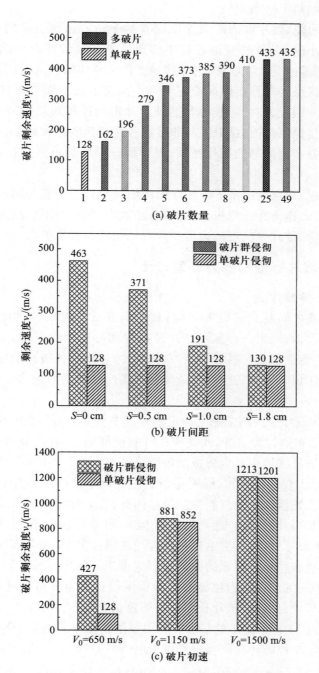

图 9-3-4 不同影响因素下冲击波对破片群侵彻能力增强效应

侵彻能力的影响趋于平衡。

对于破片间距,破片群的剩余速度随着其不断增加而不断减小。这是因为当破片间距较小时,各破片侵彻过程中传递给复合板的冲击动能密集集中,使弹-靶接触区能量密度大大增加,与非接触区产生整体的较大速度梯度,进而,背弹面纤维层在接触区与非接触区交汇处产生局部的拉伸断裂破坏,失去抗穿甲能力。当破片间距较大时,靶板吸收的破片冲击动能相对均匀并在变形协调过程中迅速向非接触区耗散,接触区与非接触区速度梯度大大减小,不足以使背弹面纤维层交汇处产生局部的拉伸断裂,背弹面纤维层仍可通过拉伸变形抵抗破片群侵彻。

对破片初速,其直接决定了破片穿靶作用时间。一定破片间距下,随着初速增加,破片更加迅速地穿透靶板,应力波叠加效应对破片侵彻过程的影响作用时间大大减小,进而破片群侵彻能力增强效应不断减弱直至消失。

### 9.3.3 破片群侵彻能力等效方法

#### 9.3.3.1 等效方法

由于应力波之间复杂的叠加效应,理论研究破片群的侵彻能力十分复杂。下面结合数值模拟,提出一种密集破片极限侵彻能力等效方法。密集破片群侵彻结构时,结构若能抵御住其侵彻能力得到最大程度增强破片的侵彻,则可认为该结构可抵御住该破片群的侵彻。破片群密集侵彻的穿甲能力等效方法具体步骤如下:

(1)基于各破片穿透剩余速度确定破片群中侵彻能力最强的破片 A。

(2)以破片 A 余速为基准,改变破片群的侵彻初速,利用有限元方法试算出破片群临界穿透纤维增强复合靶板的极限速度 $V_{u1}$。

(3)由穿甲工程经验可知,影响穿甲的主要因素有破片初速及着角、破片头部形状、长径比、靶板厚度及材料性能等。因此,在其他因素保持不变时,弹道极限速度与破片长径比成反比例关系。基于此,单破片侵彻下,保持破片直径不变,通过增大单破片长度,其穿透靶板的弹道极限速度 $V_{u2}$ 将不断降低,直至使增大长径比的单枚破片穿透靶板的弹道极限速度 $V_{u2}$ 与 $V_{u1}$ 相等,则二者对结构的侵彻能力也相同。进而,认为该破片群的穿甲侵彻能力即可与此增大长度的单破片侵彻能力等效,此时的破片长度称为等效长度 $L$。

另外,步骤(3)中等效长度 $L$ 除了采用数值模拟试算得到,还可基于半经验理论公式求得。单枚破片侵彻复合纤维板时,弹道极限 $v_c$ 可用下列函数表示:

$$v_c = f(d, h, m, b, v_0, \alpha, \sigma_{sp}, HRC_p, \rho_p, \sigma_{st}, HRC_t, \rho_t) \quad (9\text{-}3\text{-}1)$$

式中:$d$ 为弹径;$h$ 为弹体长度;$m$ 为弹体质量;$b$ 为靶板厚度;$v_0$ 为初速;$\alpha$ 为着

角；$\sigma_{sp}$，$HRC_p$，$\rho_p$ 分别为弹体屈服应力、硬度及密度；$\sigma_{st}$，$HRC_t$，$\rho_t$ 分别为靶板屈服应力、硬度及密度。

选用比极限能为组合参量，根据相似原理建立极限穿透速度 $v_c$ 与其他穿甲作用过程参量之间的一般函数关系如下：

$$mv_c^2/d^3 = \varphi(b/d, \alpha, \rho_p/\rho_t, l/d, \sigma_{sp}/\sigma_{st}, \sigma_{bp}/\rho_p c_p^2 \cdots) \quad (9-3-2)$$

则在固定弹体及靶板材料和着靶角条件下，比极限能 $mv_c^2/d^3$ 与 $b/d$ 满足下列关系式：

$$mv_c^2/d^3 = K(b/d)^n \quad (9-3-3)$$

式中：$K$ 为复合系数，取决于弹、靶材料、弹体头部形状等因素。

进而，单枚破片侵彻纤维复合板时的弹道极限穿透速度为

$$v_c = \left(\frac{K(b/d)^n d^3}{m}\right)^{0.5} = \left(\frac{K(b/d)^n d}{\rho_p h}\right)^{0.5} \quad (9-3-4)$$

若长度 $h_0$ 的破片单发侵彻时其临界穿透纤维增强复合板极限速度为 $V_{u0}$，当长度 $h_0$ 破片所组成的破片群侵彻纤维增强复合板时，通过步骤（1）和（2）可知破片群弹道极限穿透速度为 $V_{u1}$，则由增大长度的单枚破片弹道极限速度 $V_{u2} = V_{u1}$，结合式（9-3-4）可求得等效长度 $L$ 为

$$L = \frac{V_{u0}^2}{V_{u1}^2} h_0 \quad (9-3-5)$$

#### 9.3.3.2　密集度

事实上，导弹战斗部爆炸所形成的破片群侵彻结构时，着靶点是不均匀分布甚至是随机分布的，根据 9.3.3.1 节提出的方法建立破片群随机着靶侵彻靶板有限元模型并求出破片群侵彻能力等效长度的计算过程十分复杂，计算量也极为巨大。而由上节可知，结构若能抵御住其中最强穿甲能力破片的侵彻，则可认为结构可抵御住该破片群的侵彻，因而，首先需要在全部着靶破片群中确定具有最强穿甲能力破片。结合应力波理论可知，破片群中与周围其他破片相距较短、受到最为强烈应力波叠加效应影响的破片即为最强穿甲能力破片。下面引入密集度概念，以更好地表征破片群在任意着靶分布侵彻时破片间的疏密程度关系，进而确定出具有最强穿甲能力破片。

当破片间距不断增大时，破片间侵彻能力的增强效应不断减弱直至等同于单枚破片侵彻能力。因此在求各破片 $A_i$ 密集度时，首先需确定对破片 $A_i$ 侵彻能力产生影响的其他破片所在范围。

假设高速破片对纤维增强复合靶板的穿甲过程为匀减速过程，由破片剩余

速度 $v_r$ 为 0,因此破片穿甲时间

$$t_d = 2h/(v_0+v_r) \quad (9-3-6)$$

式中:$h$ 为靶板厚度;$v_0$,$v_r$ 分别为入射速度和剩余速度。

破片 $A_i$ 侵彻能力产生影响的范围即为该时间内应力波的传播范围,若该传播范围半径为 $R$,则

$$R = Ct_d = \frac{2Ch}{v_0+v_r} \quad (9-3-7)$$

式中:$C$ 为靶板应力波速度。

当破片群正交均匀分布时,如图 9-3-5 所示,假设圆圈内为破片 $A_i$ 增强效应影响范围,该范围内涵盖 9 个相邻破片,若破片 $A_i$ 边长为 $a$,破片 $A_i$ 水平间距为 $m$,竖直间距为 $n$,定义密集度系数为 $K$,则破片 $A_i$ 密集度为

$$K = \frac{a^2}{(a+m)(a+n)} \quad (9-3-8)$$

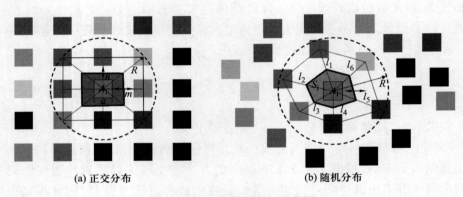

(a) 正交分布　　　　　　　　(b) 随机分布

图 9-3-5　密集度定义示意图

当破片群随机分布时,假设圆圈内为对破片 $A_i$ 侵彻能力产生影响的其他破片所在范围,若破片 $A_i$ 距影响范围内相邻破片距离分别为 $l_1$、$l_2$、$l_3$、$l_4$、$l_5$、$l_6$,将各边中点连线构成多边形,其面积为 $S_i$,则破片 $A_i$ 密集度为

$$K_i = \frac{a^2}{S_i} \quad (9-3-9)$$

#### 9.3.3.3　实例分析

下面以 9 枚破片群分别均匀正交分布和任意分布方式侵彻高强聚乙烯靶板为例,依据 9.3.3.1 节所提出的破片群侵彻能力等效方法及 9.3.3.2 节定义的

## 第9章 冲击波与破片群联合毁伤效应与防护技术

密集度参量,计算破片群不同着靶分布条件侵彻下所需的等效单枚破片长度,为导弹战斗部爆炸所形成的破片群侵彻时复合夹芯结构的抗弹芯层防护设计提供方法指导。对于任意分布方式,采用 Matlab 随机函数方法生成破片群着靶任意分布方式。表 9-3-1 所列为 3.3g 破片群在不同密集度侵彻下的弹道极限速度与等效单枚破片长度。由表可知,破片密集度 $K$ 最大即破片群紧密无间隙排列时,破片群侵彻能力增强效应最强,此时穿透结构所需弹道极限速度 $V_{50}$ 也最低,进而其等效破片长度 $L$ 最大,$L>3h$。随着密集度不断降低,破片群侵彻能力增强效应不断减弱,所需临界穿透靶板的弹道极限速度 $V_{50}$ 也不断增加,进而等效破片长度 $L$ 不断减小,直至与单枚破片侵彻能力相同,此时,等效破片长度 $L$ 即为单枚破片长度 $h$。

表 9-3-1　3.3g 破片群在不同密集度侵彻下的弹道极限速度与等效单枚破片长度

| 单枚破片 | | $V_{50}$/(m/s) | 635 | |
|---|---|---|---|---|
| 破片群密集度 $K$ | | $V_{50}$/(m/s) | 等效破片长度 $L$/cm | |
| | | | 理论值 | 有限元值 |
| 正交排列 | 1 | 380 | 2.10 | 2.35 |
| | 0.51 | 450 | 1.53 | 1.70 |
| | 0.36 | 480 | 1.31 | 1.45 |
| | 0.26 | 610 | 0.81 | 0.80 |
| | 0.18 | 635 | 0.75 | 0.75 |
| 任意排列 | 0.58($K_1$) | 480 | 1.31 | 1.38 |
| | 0.36($K_2$) | 550 | 0.99 | 1.17 |
| | 0.30($K_3$) | 590 | 0.87 | 0.95 |
| | 0.21($K_4$) | 620 | 0.78 | 0.84 |
| | 0.11($K_5$) | 625 | 0.77 | 0.79 |
| | $K_1$ | $K_2$ | $K_3$ | $K_4$ | $K_5$ |

## 9.4 联合作用下复合夹芯结构破损特性与动响应

### 9.4.1 联合作用下复合夹芯结构破损特性试验

#### 9.4.1.1 试验设计

为深入研究联合作用下复合夹芯结构的破损特性和防护效能,共设计制作了4组复合夹芯防护结构模型。模型由前面板、抗弹芯层、后面板组成,其前、后面板均为1mm、2mm厚Q235钢,不同之处在于其抗弹芯层分别采用C玻纤、E玻纤、芳纶、高强聚乙烯4种纤维增强复合材料,具体结构形式和几何尺寸如图9-4-1所示。需要指出的是,近距离爆炸下与远场爆炸不同,不仅需考虑冲击波的毁伤作用,同时还要考虑高压高温爆轰产物的灼烧。因此,对于高强聚乙烯抗弹芯层,由于其熔点只有95℃左右,在选用其作为抗弹芯层时,需在芯层两侧设置陶瓷棉或气凝胶毡隔温层,以抵御近炸下的高压高温爆轰产物对其产生灼烧破坏。

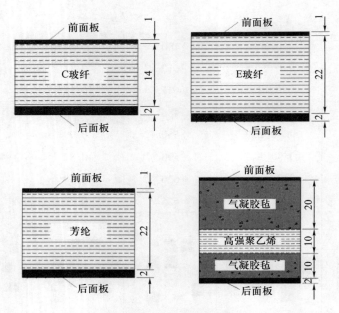

图 9-4-1　复合夹芯结构模型

本节选用装药驱动破片法,通过在装药底部预先粘贴预制破片,在装药爆炸时驱动破片形成冲击波和破片群,开展联合作用下复合夹芯结构破损特性的研究。

复合夹芯结构采用特制夹具夹持,平面尺寸为700mm×700mm,除去结构固定的边界部分,结构实际受到载荷作用的平面尺寸为400mm×400mm。炸药底部与前面板表面中心距离保持 SOD=334mm 不变,预制破片由 2mm 厚 Q235 钢线切割加工而成,单颗尺寸为 5mm×5mm,质量约 0.35g。采用 3 发 200g TNT 药柱"品"字形布置并在药柱底面粘贴 200 枚预制破片,电雷管于装药尾端同时引爆,如图 9-4-2 所示。另外,根据我们之前开展的试验测试可知,该种试验驱动方式下破片初速为 2019.3m/s。

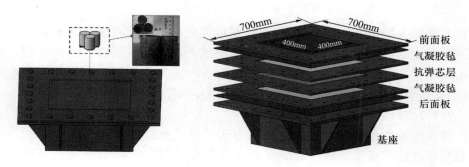

图 9-4-2　试验方法

#### 9.4.1.2　前面板破损特性

冲击波和破片联合作用下复合夹芯结构的前面板破坏模式主要与冲击波载荷、破片载荷、芯层约束三方面因素有关。对于冲击波载荷,冲击波强度较小时,前面板产生整体弯曲变形破坏。随着冲击波强度增大,前面板弯曲变形破坏进一步加剧,并将产生边界撕裂破坏。对于破片载荷,其主要使前面板产生穿甲冲塞破坏。当破片着靶密度较小时,前面板破坏模式为剪切冲塞破坏。当着靶密度较大时,前面板穿孔连通贯穿并伴随撕裂,破坏模式变为集团冲塞破口。另外,若抗弹芯层为脆性材料如 C 玻纤、陶瓷及混凝土时,其在被侵彻时反向喷出的纤维束、陶瓷及混凝土碎片等飞溅物将会撞击前面板撕裂形成的花瓣使其反向翻转,形成反向花瓣破口破坏模式。对于芯层约束,其主要指前面板与芯层间距(以下简称芯层前间距)较小时,前面板变形至与芯层碰撞后限制了前面板的变形空间,同时迅速地通过撞击将自身动能传递给芯层,阻碍了前面板产生弯曲大变形趋势。当前面板与抗弹芯层间距较大时,芯层不再影响前面板变形破坏,其破坏模式仅由冲击波载荷和破片载荷决定,如图 9-4-3 所示。

因此,当冲击波强度和破片着靶密度均较小时,前面板破坏模式为剪切冲塞—弯曲变形破坏;当冲击波强度较大、破片着靶密度较小时,前面板破坏模式为剪切冲塞—弯曲变形—边界撕裂破坏;当冲击波强度较小、破片着靶密度较大时,前面板破坏模式为集团冲塞破口或反向花瓣破口—弯曲变形破坏;当冲击波

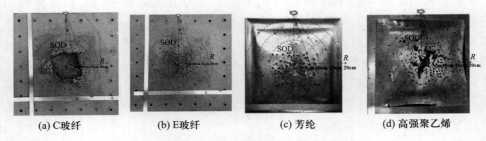

图 9-4-3　前面板破坏模式

强度和破片着靶密度均较大时，前面板破坏模式为集团冲塞破口或反向花瓣破口—弯曲变形—边界撕裂破坏；芯层前间距的大小使前面板在以上破坏模式基础上改变了其弯曲变形或边界撕裂程度，如在一定范围内随着芯层前间距的增大，前面板整体的弯曲变形程度将进一步加大，并且更容易产生边界撕裂破坏。

#### 9.4.1.3　芯层破损特性

前面板通过弯曲变形、边界撕裂等方式吸收了全部的冲击波能，可认为冲击波载荷已被前面板所抵御。因而，芯层的破坏模式（图 9-4-4）主要由前面板碰撞、破片侵彻和后面板约束三方面因素共同决定，其中破片载荷起主要作用。对于前面板碰撞，其传递给芯层一部分冲击动能，使其产生一定的弯曲变形。对于破片载荷，当着靶密度较小时，破片分布较为分散，此时芯层破坏模式同单枚破片侵彻下破坏模式，与弹丸冲击特性（如质量、形状及初速）、芯层材料属性和几何尺寸等多方面因素有关，常见的破坏模式有剪切、拉伸、分层、鼓包等。

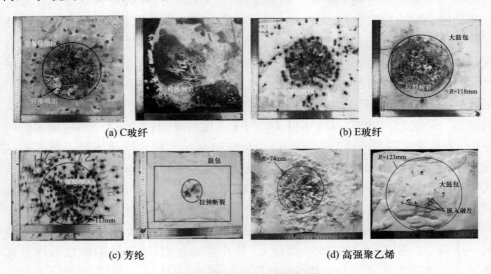

图 9-4-4　抗弹芯层的破坏模式

## 第9章 冲击波与破片群联合毁伤效应与防护技术

当着靶密度较大时,破片着靶点分布较为集中,各着靶点处形成的压缩波和剪切波在传播过程中相互叠加,使该密集侵彻区较芯层其他区域吸收了更多的破片冲击动能,随后在转化变形能过程中使芯层产生大鼓包、整体弯曲变形破坏。因此,芯层破坏模式可认为单枚破片侵彻下破坏模式基础上叠加大鼓包变形或大鼓包—弯曲变形。对于后面板约束,其对芯层破坏模式的影响作用与芯层间距对前面板破坏模式类似。当抗弹芯层与后面板间距较小时,芯层的鼓包、弯曲变形至与后面板碰撞后可迅速将一部分芯层动能传递给后面板,限制了芯层的变形空间。当抗弹芯层与后面板间距较大时,后面板不再影响芯层的变形破坏。

### 9.4.1.4 后面板破损特性

后面板破坏模式与芯层碰撞和破片载荷两方面因素有关,其中芯层碰撞是后面板产生弯曲变形和边界撕裂的主要因素,破片载荷主要使后面板产生穿甲破孔。当芯层碰撞能较小时,若抗弹芯层全部抵御住破片侵彻,后面板破坏模式为整体弯曲变形破坏;若少数破片穿透后面板,后面板破坏模式为局部穿孔—整体弯曲变形破坏;若较多破片穿透后面板,后面板在被芯层碰撞挤压大变形过程中将同时沿穿孔撕裂成裂纹,其破坏模式为撕裂大破口破坏。当芯层碰撞能较大时,后面板在以上破坏模式基础上将进一步产生边界撕裂破坏,并且后面板更容易沿穿甲破孔撕裂形成撕裂大破口。后面板变形破坏形貌如图9-4-5所示。

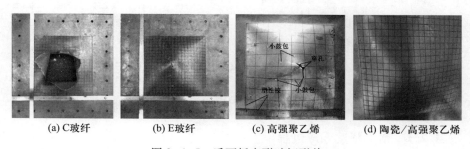

(a) C玻纤　　(b) E玻纤　　(c) 高强聚乙烯　　(d) 陶瓷/高强聚乙烯

图9-4-5　后面板变形破坏形貌

### 9.4.1.5 防护效能对比分析

E玻纤、芳纶夹芯及高强聚乙烯3种复合夹芯防护结构的试验工况相同,其均抵御相同的近距爆炸破片联合毁伤载荷,并且试验结果近似相同,即均产生了2~3枚破片穿透且后面板挠度近似相同的弯曲大变形。因而,可认为玻纤、芳纶、高强聚乙烯3种抗弹芯层具有相同的防护能力,其面密度分别为39.60kg/m²、29.01kg/m²、16.0kg/m²。进而可知,冲击波与破片联合作用下,同等防护能力时所需E玻纤芯层重量分别为芳纶芯层、高强聚乙烯芯层的1.37倍、2.5倍,即采用高强聚乙烯芯层较玻纤芯层、芳纶芯层分别减重59.6%、44.8%,如图9-4-6所示。

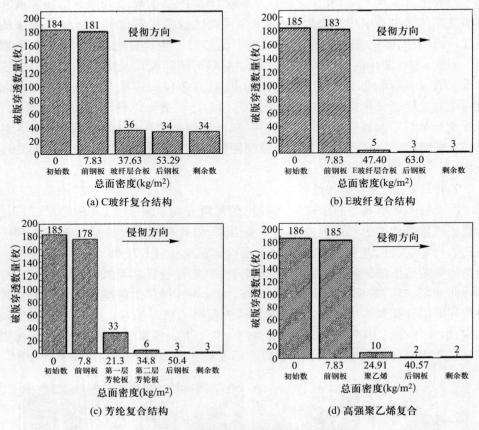

图 9-4-6　4 种复合夹芯结构的防护效能

## 9.4.2　联合作用下复合夹芯结构动响应数值分析

### 9.4.2.1　前面板动响应过程

图 9-4-7 为前面板动响应过程。当 $t=181\mu s$ 时,中心区域的破片开始侵彻前面板,并在穿甲过程中传递给钢板部分冲击动能,但传递的能量仅分布着靶点附近(图 9-4-7(a)),使该局部范围具有与破片运动方向一致的运动速度,此时前面板破坏模式为局部的剪切冲塞破坏,无整板弯曲变形破坏;当 $t=213\mu s$ 时,随着大量破片陆续着靶侵彻,这些破片间距极小,部分破片甚至叠加贯穿,破片穿甲密度极高。因而使该密集侵彻区($R<10cm$)内形成了复杂的速度及应力场,穿甲破口间不断撕裂连通,最终形成了如图 9-4-7(b)的破坏形貌;当 $t=289\mu s$ 时,所有着靶破片群侵彻完毕,面板开始产生整体弯曲变形(图 9-4-7(c));$t=451\mu s$ 时,由于面板中心区域为密集侵彻区,较非侵彻区吸收了更多的破片动

能,因而在整个过程中变形运动速度始终较高(图9-4-7(d)),穿孔间继续撕裂破坏,面板形成更大范围的碟形变形。$t=754\mu s$ 时,随着前面板边界区域动能的不断耗散,运动速度逐步减为零(图9-4-7(e)),而中心区域仍具有较高运动速度,继续变形破坏,直至完全转变为面板的塑性变形能,进一步加剧了面板中部的花瓣撕裂和整体弯曲变形程度。因而,从某种意义上说,弹孔周围由于吸收聚集了较高的动能率先开始产生局部变形,间距较近的弹孔在运动变形过程中变形不断协调,引导着前面板的整体变形。另外,比较图9-4-7(e)、(f)可知,前面板破坏形貌的仿真结果与试验结果吻合良好,密集侵彻区域半径均在 $R=10.5\text{cm}$ 左右,证明了数值方法的科学合理性。

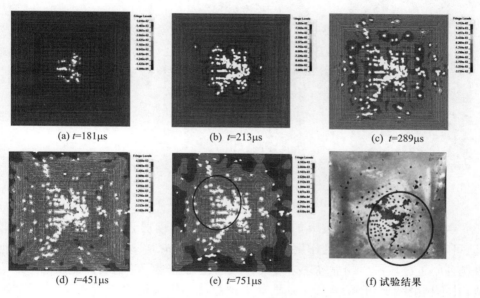

(a) $t=181\mu s$  (b) $t=213\mu s$  (c) $t=289\mu s$

(d) $t=451\mu s$  (e) $t=751\mu s$  (f) 试验结果

图 9-4-7 前面板动响应过程

#### 9.4.2.2 芯层动响应过程

图9-4-8为高强聚乙烯抗弹芯层的动响应过程。由图可知,仿真结果的层合板变形与试验结果的破坏形貌吻合良好,有限元和试验结果中迎弹面纤维层均以剪切破坏为主,而层合板的背弹面纤维主要是拉伸破坏和层间分层。当 $t=181\mu s$ 时,破片群开始侵彻层合板中心区域,并在层合板内产生了沿厚度方向传播压缩波和沿面内方向传播的剪切波,使与破片直接接触的纤维层及压缩波传播到的区域获得较大的法向(弹体入射方向)速度,沿面内传播的剪切波使与接触区相邻的纤维层也将获得一定的法向速度,巨大的速度梯度导致纤维层发生剪切失效。同时,当压缩波传播至层合板背面时,由于背面无约束,压缩波反射并形成拉伸波,层合板背面变为两倍质点运动速度,背部纤维开始运动(图9-4-8(a))。

层合板除形成局部撞击凹坑外,其整体正面或背面仍保持平整,未发生变形;当 $t=203\mu s$ 时,随着破片群不断着靶侵彻,由于破片着靶点间距极小,形成的压缩波和剪切波在传播过程中相互叠加,应力幅值不断增大,迅速使层合板背弹面具有了较大的法向运动速度(图9-4-8(b)),层合板背面开始发生凸起变形。

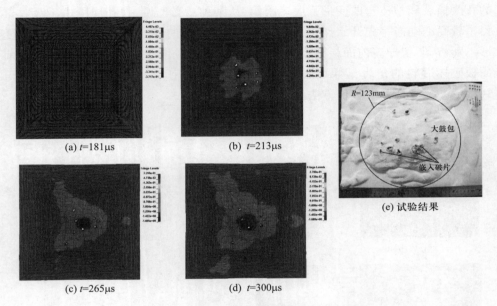

图9-4-8 抗弹芯层动响应过程

$t=265\mu s$ 时,飞散角较大的破片群开始着靶侵彻层合板,它们着靶间距较远,可认为是单一破片侵彻作用,侵彻区域约在 $10cm<R<20cm$ 范围内。并且,使着靶处附近区域产生明显高于未侵彻区域的运动速度。随着破片速度的不断衰减,其不再继续剪切纤维层,而是推动未被穿透的纤维层逐渐形成动态变形锥,且此时变形锥与破片速度大致相同,变形锥锥角不断增大,直至纤维产生拉伸断裂破坏。另外,层合板背面形成了较大范围的凸起变形,(图9-4-8(c)),鼓包半径 $R=9cm$;$t=300\mu s$ 时,由于破片群的侵彻及前面板的碰撞挤压作用,层合板整体具有法向运动速度,层合板产生整体弯曲变形。层合板背面凸起变形进一步增大(图9-4-8(d))。

### 9.4.2.3 后面板动响应过程

图9-4-9所示为后面板动响应破坏过程。当 $t=160\mu s$ 时,层合板背面形成的小鼓包最先挤压后面板,后面板中心区域处局部撞击点处首先具有法向运动速度,开始产生变形;$t=200\mu s$ 时,穿透层合板的破片继续侵彻后面板,在着靶点形成撞击凹坑,并且使撞击点处产生法向运动速度,后面板中心区域开始产生褶皱变形;$t=225\mu s$ 时,撞击点处的局部隆起变形进一步增加,而后面板中心位

置由于未受破片侵彻,因而运动速度及变形均小于撞击点处,在中心区域内形成 W 状褶皱变形。

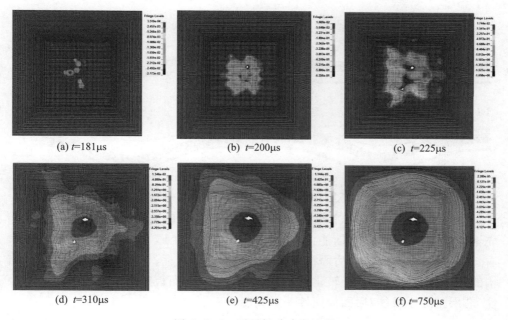

图 9-4-9 后面板动响应过程

$t=310\mu s$ 时,随着后续大量破片对层合板的不断侵彻使其背凸变形不断增大,进而,层合板不断挤压撞击后面板,形成径向褶皱变形,中心位置速度及变形增至最大,后面板变形形貌由 W 状变成 V 状;$t=425\mu s$ 时,后面板塑性变形由径向逐渐变为环向,其整体变形也由褶皱变形逐步演变为弯曲变形,弹孔处裂纹小幅扩展,面板整体运动速度不断衰减,获得的动能不断转化为其塑性变形能;$t=750\mu s$ 时,后面板整体速度基本衰减至 0,变形达到最大并趋于稳定,后面板破坏模式以整体弯曲变形为主。

### 9.4.2.4 复合夹芯结构动响应及耗能过程

冲击波和破片群联合作用下复合夹芯结构的动响应及能量耗散过程可分为以下 4 个阶段:①冲击波和高速破片群作用前面板,前面板吸收冲击波能和部分破片动能,开始产生弯曲变形;②破片群穿透前面板后进一步侵彻抗弹芯层,芯层产生大鼓包变形。同时,芯层在抗侵彻过程中吸收剩余破片动能获得运动整体运动速度,并将撞击后面板;③若前、后面板其波阻抗为 $\rho_0 C_0$、$\rho_2 C_2$,抗弹芯层波阻抗为 $\rho_1 C_1$,根据应力波原理,波阻抗小的抗弹芯层撞击后将回弹($\rho_1 C_1 < \rho_2 C_2$),随着前面板动能耗散过程中继续产生弯曲变形,抗弹芯层将与前面板撞击;④芯层与前面板撞击后将再次回弹,随后将与后面板形成第二次撞击。在这

样的周期撞击过程中,前面板动能不断衰减,直至全部转化为后面板的塑性变形能,如图 9-4-10 所示。

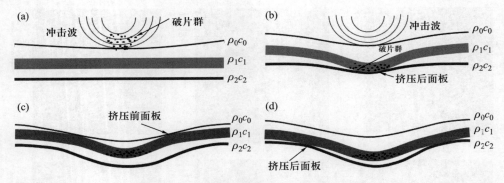

图 9-4-10　复合夹芯结构间相互作用过程

整个作用过程中抗弹芯层起到前后面板间能量传递中介作用,前面板动能先不断传递给芯层,芯层动能再转化为后面板塑性变形能。从能量守恒角度来看,不考虑抗弹芯层与前后面板碰撞时产生的能量损耗,初始作用于复合夹芯结构的冲击波和破片能最终转化为复合夹芯结构中前面板塑性变形能和抗穿甲吸能、芯层抗穿甲吸能、后面板塑性变形吸能三大部分。

## 9.5　复合夹芯结构抗导弹战斗部近炸理论分析模型与试验验证

### 9.5.1　防护能力要求及具体步骤

复合夹芯舱壁结构防护能力设计时需满足三方面要求:一是满足抗爆要求,即前面板应通过弯曲大变形吸收全部冲击波能,不产生边界撕裂破坏,以避免冲击波对抗弹芯层的进一步毁伤;二是满足抗弹要求,芯层应抵御全部高速破片群的侵彻作用;三是满足整体变形破坏要求,保证后面板在大变形吸能抵御联合载荷破坏过程中不产生撕裂破口破坏。隔温层为低密度气凝胶毡或陶瓷棉材料,其主要作用:一方面满足爆炸高温气团及火灾下抗弹芯层的耐火要求;另一方面为前面板及抗弹芯层提供变形空间,因而在进行抗弹和抗爆防护设计时则可近似忽略其强度效应。另外,前后面板的边界条件为固支约束,抗弹芯层四周边界无约束,防护设计具体步骤如图 9-5-1 所示。

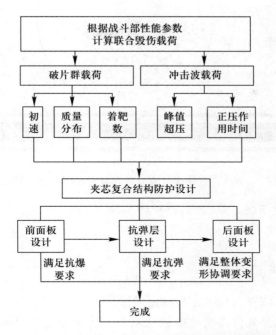

图 9-5-1 战斗部近炸下防护设计模型计算步骤的流程框图

## 9.5.2 复合夹芯结构防护设计模型

### 9.5.2.1 前面板防护设计

导弹战斗部近距爆炸下前面板主要作用为抵御冲击波毁伤作用,保证芯层抗弹性能,其设计标准为其在弯曲大变形过程中应避免产生边界撕裂破坏。主要步骤分为计算前面板获得动能、计算前面板变形挠度和根据边界不发生撕裂破坏标准开展前面板厚度设计三部分。

1) 前面板动能

战斗部近距离爆炸下前面板将受到冲击波和破片群载荷的联合毁伤(图9-5-2),其动能由冲击波能和破片动能两部分转化组成。其中,破片动能为着靶破片侵彻前面板过程中传递给弹孔周边区域的冲击动能之和,不考虑着靶破片质量、形状的随机性,假设着靶破片均为目标弹丸,则前面板动能 $E_1$ 为

$$E_1 = E_k + N_0 E_{pf} \qquad (9-5-1)$$

式中: $E_k$ 为前面板获得冲击波动能; $E_{pf}$ 为单颗破片穿甲传递给前面板的动能;

对于冲击波能,由于正压作用时间远小于前面板自身振动周期,因而认为前面板与芯层撞击前冲击波对前面板的作用过程已完成,假设冲击波能完全被前

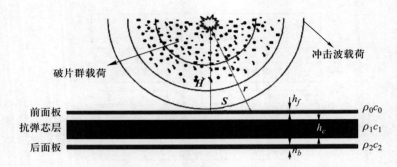

图 9-5-2 战斗部近距爆炸联合毁伤复合夹芯舱壁结构示意图

面板吸收形成初始动能,则前面板获得的动能 $E_k$ 为

$$E_k = \frac{8K^2 \sqrt[3]{m_e^4} A_i^2 \left( \int_0^a \int_0^b \frac{1}{\sqrt{x^2+y^2+H^2}} dx dy \right)^2}{ab\rho h_f} \quad (9-5-2)$$

式中:$a$、$b$ 为平板的半长和宽;$h_f$ 为前面板厚度。

对于单枚目标弹丸传递给前面板动能 $E_{pf}$,其正侵彻前面板过程可分为惯性压缩作用和剪切冲塞作用两阶段,冲塞破坏下目标弹丸穿透前面板极限速度为

$$v_{cs} = \frac{m_{sn}}{M_b} \frac{4h_f \tau_p \varphi}{D} \left\{ 1 + \left[ \left( \frac{M_b + m_{sn}}{M_b} \right) \left( 1 + \frac{\pi^3}{16\tau_p \varphi^2 m_{sn}} \right) \right] \right\}^{0.5} \quad (9-5-3)$$

式中:前面板动态剪切强度 $\tau_p$,与前面板材料种类有关;波阻抗系数 $\varphi = \frac{\rho_f c_f + \rho_p c_p}{\rho_f c_f \rho_p c_p}$;$\rho_p$ 为目标弹丸密度,与战斗部壳体密度相同;目标弹丸材料波速 $c_p$;冲塞块质量 $m_{sn} = \pi D^2 h_f \rho_f / 4$。

进而,得到单枚目标弹丸传递给前面板动能为

$$E_{pf} = \frac{M_b^2}{2(M_b + m_{sn})} v_{cs}^2 \quad (9-5-4)$$

2) 前面板变形挠度

根据塑性动力学理论可知,四边固支的平板变形能 $U_p$ 包括相应于弯曲变形的势能 $U_1$、相应于中面应变的势能 $U_2$ 和相应于四周塑性铰的变形吸能 $U_3$。

前面板的变形能

$$U_p = \frac{\sqrt{3}(\pi+2)(a^2+b^2)+8ab}{2\sqrt{3}ab} \sigma_s h^2 W_0 + \frac{3\sqrt{3}\pi^2(a^2+b^2)+256ab}{32\sqrt{3}ab} \sigma_s h W_0^2 \quad (9-5-5)$$

## 3) 前面板厚度设计

根据固支薄板动态冲击响应理论,固支矩形板的塑性应变主要由薄膜拉伸应力和塑性铰线的弯曲引起。因此,前面板的最大塑性应变发生在长边中点或矩形板的中心点。在上述变形假设下,将所求挠度 $W_0$ 代入下式,求得长边中点的有效塑性应变 $\varepsilon_1$ 为

$$\varepsilon_1 = \frac{W_0^2 \pi^2}{8b^2} + \frac{h_f W_0 \pi}{4bl_t} \tag{9-5-6}$$

通过比较 $\varepsilon_1$ 与前面板极限应变 $\varepsilon_f$ 关系,对前面板厚度 $h_f$ 进行设计,保证其在冲击波和破片群联合作用下不产生边界撕裂破坏。

### 9.5.2.2 抗弹芯层防护设计

联合毁伤载荷中冲击波被前面板吸收转化后,剩下的高速破片群载荷穿透前面板后将进一步侵彻抗弹芯层,因而复合夹芯结构中抗弹芯层的防护设计标准为抵御全部高速破片群侵彻作用,主要步骤分为计算高速破片群穿透前面板剩余速度、确定破片群侵彻芯层时穿甲能力等效单弹丸尺度和抗弹芯层厚度设计 3 个部分。

1) 计算高速破片群穿透前面板后剩余速度

由 9.2 节可知,联合作用下破片群侵彻能力较单枚破片将产生两种增益效应。因此,在计算高速破片群穿透前面板时,应根据冲击波载荷和破片群载荷(初速、密集着靶侵彻区),建立相应有限元模型,数值求解出破片群中各破片剩余速度。该方法可以较为精确地得出破片剩余速度,但计算过程复杂,代价较大。现代战斗部爆炸后驱动破片往往具有很高的初速,当破片初速较高侵彻前面板时,破片群侵彻能力增强效应将大大减弱甚至消失,此时破片群侵彻前面板剩余速度可近似等同于单枚破片侵彻。

单枚破片侵彻前面板时,前面板破坏模式为剪切冲塞破坏,可根据德玛尔公式计算单枚破片穿透前面板后剩余速度为

$$v_r = \sqrt{(v_k^2 - v_f^2) 4M_b \cos\omega \left(4M_b \cos\omega + \frac{4}{5}\pi D^2 \rho_f h_f\right)^{-1}} \tag{9-5-7}$$

$$v_f = F \frac{D^{0.75} h_f^{0.7}}{M_b^{0.5} \cos\omega} \tag{9-5-8}$$

式中:$F$ 为穿甲复合系数;$v_r$ 为目标弹丸穿透前面板后剩余速度(m/s);$v_f$ 为目标弹丸穿透前面板极限速度(m/s);$D$ 为目标弹丸直径(m);$\omega$ 为着靶角。

2) 确定破片群侵彻能力等效单弹丸

假设破片群穿透前面板后弹道姿态保持不变,根据高速破片群穿透前面板

后剩余速度,由9.3节提出的破片群侵彻纤维增强抗弹芯层时侵彻能力的等效方法,求得破片群侵彻能力等效单弹丸几何尺度。

3)抗弹芯层厚度设计

根据穿透前面板后剩余速度$v_r$和等效单弹丸几何尺度,采用Wen所建立的弹丸针侵彻复合材料层合板力学模型进行抗弹芯层厚度设计,虽该计算模型未涉及具体的变形和破坏机制,但其需要的材料参数少,适用范围广,便于工程应用。具体表达式为

$$V_{\lim} = \frac{\pi \lambda \sqrt{\rho_t \sigma_e} D^2 h_c}{4 M_b} \left[ 1 + \sqrt{1 + \frac{8 M_b}{\pi \lambda^2 \rho_t D^2 h_c}} \right] \quad (9\text{-}5\text{-}9)$$

式中:$V_{\lim}$为抗弹芯层极限穿透速度;$\rho_t$为芯层密度;$\sigma_e$为芯层厚度方向弹性极限;$h_c$为芯层厚度;$\lambda$为弹形参数,对于平头弹$\lambda=2$,对于球形弹丸$\lambda=1.5$,对于锥头弹,弹形参数$\lambda$是与锥角$\mu$有关的常数,$\lambda=2\sin(\mu/2)$。

令$V_{\lim}=v_r$,即可求得芯层抵御破片群侵彻破坏的所需最小厚度,使复合夹芯结构满足抗弹性能要求。

#### 9.5.2.3 后面板防护设计

前面板、抗弹芯层的防护设计,使复合夹芯结构满足了抗爆和抗弹性能要求。下面将根据能量守恒、动量定理对后面板进行防护设计,保证其在通过自身大变形吸能过程中不产生破口、撕裂破坏,满足整体变形破坏要求。

从能量守恒角度来看,不考虑抗弹芯层与前后面板碰撞时产生的能量损耗,初始作用于复合舱壁的冲击波和破片能最终转化为复合舱壁中前面板塑性变形能和抗穿甲吸能、芯层抗穿甲吸能、后面板塑性变形吸能三大部分。其中,后面板塑性变形吸能$E_3$是防护设计的关键,其直接决定了后面板在大变形过程中是否产生破口破坏,主要由前面板动能$E_1$和抗弹芯层动能$E_2$两部分转化而成。

1)抗弹芯层动能

破片穿透前面板后以速度$v_r$进一步侵彻芯层,其通过纤维断裂、基体开裂、分层、弯曲变形等形式抵御密集破片的侵彻破坏,同时使抗弹芯层具有一定运动动能。分别考虑其各部分吸能再通过能量守恒计算破片能转化为芯层动能的过程十分复杂,难以实现。而由抗弹芯层全部抵御破片群侵彻冲击,嵌入破片与芯层最终会一起以相同速度运动,芯层与破片群之间满足动量定理,在计算破片能传递给芯层动能时可将破片群与抗弹芯层根据动量定理整体研究。

$$N_0 (M_b + m_{sn}) v_r = [N_0 (M_b + m_{sn}) + M_c] v_c \quad (9\text{-}5\text{-}10)$$

因而,抗弹芯层的动能$E_2$为

$$E_2 = \frac{1}{2}[N_0(M_b + m_{sn}) + M_c]v_c^2 \quad (9\text{-}5\text{-}11)$$

式中：$M_c$ 为芯层质量；$v_c$ 为芯层最终运动速度。

2）后面板厚度设计

最终，前面板动能 $E_1$ 和抗弹芯层动能 $E_2$ 将耗散转化为前面板塑性变形能 $U_{fp}$ 和后面板塑性变形能 $U_{bp}$。对于前面板塑性变形能，由于芯层限制了前面板大变形空间，近似认为前面板最大变形挠度 $W_{f0}$ 等于前面板与芯层前间隙距离。因而，后面板塑性变形能 $U_{bp}$ 为

$$U_{bp} = E_1 + E_2 - U_{fp} \quad (9\text{-}5\text{-}12)$$

进而，根据式(9-5-5)求得后面板的中心最大挠度 $W_0$。

对于后面板，其应同时保证在大变形过程中不在面板中心和边界处产生撕裂破坏。因而，在上述变形假设下，将所求挠度 $W_0$ 代入式(9-5-6)和式(9-5-13)，分别求得后面板长边中点的有效塑性应变 $\varepsilon_1$、中心点的有效塑性应变 $\varepsilon_2$。

中心点的有效塑性应变 $\varepsilon_2$ 为

$$\varepsilon_2 = \sqrt{\frac{2}{9}\left[2\left(\frac{h\pi^2 W_0}{8b^2} + \frac{2v}{1-v}\frac{h\pi^2 W_0}{8b^2}\right)^2\right]} = \frac{1}{3}\frac{h\pi^2 W_0}{4b^2}\frac{1+v}{1-v}$$

$$(9\text{-}5\text{-}13)$$

通过比较 $\varepsilon_1$、$\varepsilon_2$ 与前面板极限应变 $\varepsilon_f$ 关系，进行后面板厚度设计，保证其在面板中心和边界处不产生撕裂破坏，满足复合夹芯结构的整体变形破坏要求。

#### 9.5.2.4 设计示例

下面以模拟战斗部在爆距 SOD=500mm 近炸为例，开展复合夹芯结构前面板、抗弹芯层及后面板的防护设计。其中，前、后面板选用 Q235 钢材料。抗弹芯层选用高强聚乙烯层合板。对于前、后隔温层，均选用 10mm 气凝胶毡。复合夹芯结构受联合载荷毁伤作用平面尺寸设定为 400mm×400mm。

由 3.6.2 节可知，半球头柱形战斗部在爆距 SOD=500mm 近炸下侧壁对准结构时的毁伤能力远大于头部对准目标结构，因而，应以该最危爆炸姿态开展防护设计。具体的毁伤输入载荷为

（1）冲击波载荷：等效裸装药 $m_{ef} = 546$g。

（2）破片群载荷：破片初速 $V_c = 1890$m/s；着靶破片总数及分布根据 3.6.2 节确定。需要说明的是，由于自然战斗部爆炸后壳体碎裂的随机性，其着靶侵彻时破片的形状、尺寸、着靶姿态不尽相同，难以评估。为了便于开展防护设计，遂假设各着靶破片均为柱形，由各穿孔面积结合侧壁壳体碎裂时厚度得到相应着靶处的破片质量，并根据各破片着靶坐标和爆距确定其相应着靶角 $\theta_i$，具体见

图 9-5-3 和表 9-5-1。另外,在开展抗弹芯层的数值防护设计中,由于各着靶破片形状不规则性,不利于建立破片群侵彻抗弹芯层有限元模型,遂将各不规则柱形破片侵彻能力以同等质量下的立方体破片进行等效,由于所着靶不规则柱形破片长径比均较小,其侵彻能力一般是小于同质量下立方体破片,因而该等效方法在防护设计时是偏安全的。

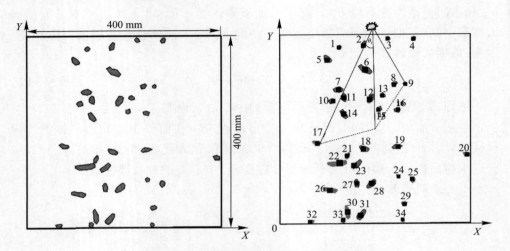

图 9-5-3 破片群着靶分布及防护设计时载荷简化

表 9-5-1 着靶破片群的坐标、着靶角及质量

| 编号 | 坐标位置 | | 着靶角 $\theta_i$ | 质量 /g | 等效立方体边长 /cm | 编号 | 坐标位置 | | 着靶角 $\theta_i$ | 质量 /g | 等效立方体边长 /cm |
| --- | --- | --- | --- | --- | --- | --- | --- | --- | --- | --- | --- |
| | X | Y | | | | | X | Y | | | |
| 1 | 12.60 | 38.70 | 21.91 | 1.45 | 0.57 | 18 | 16.06 | 17.20 | 5.52 | 3.50 | 0.76 |
| 2 | 17.42 | 39.10 | 21.08 | 2.46 | 0.68 | 19 | 24.74 | 16.57 | 6.67 | 2.77 | 0.71 |
| 3 | 22.64 | 40.52 | 22.48 | 1.35 | 0.56 | 20 | 39.56 | 14.76 | 22.05 | 2.02 | 0.64 |
| 4 | 28.09 | 40.46 | 23.75 | 1.69 | 0.60 | 21 | 14.81 | 13.90 | 9.10 | 2.03 | 0.64 |
| 5 | 9.59 | 35.81 | 20.74 | 3.50 | 0.76 | 22 | 12.94 | 12.09 | 11.97 | 6.69 | 0.95 |
| 6 | 17.59 | 33.54 | 15.38 | 5.24 | 0.87 | 23 | 15.21 | 12.54 | 10.05 | 4.07 | 0.80 |
| 7 | 12.09 | 29.23 | 13.66 | 3.71 | 0.78 | 24 | 24.91 | 10.10 | 12.46 | 1.12 | 0.52 |
| 8 | 23.95 | 30.36 | 12.50 | 1.92 | 0.63 | 25 | 27.75 | 9.48 | 14.65 | 2.20 | 0.65 |
| 9 | 26.33 | 30.53 | 13.81 | 0.97 | 0.50 | 26 | 10.10 | 6.92 | 18.16 | 4.81 | 0.85 |
| 10 | 10.95 | 26.79 | 12.75 | 2.21 | 0.66 | 27 | 15.95 | 8.51 | 13.69 | 2.82 | 0.71 |
| 11 | 13.22 | 27.47 | 11.41 | 3.02 | 0.73 | 28 | 19.01 | 8.46 | 13.04 | 4.49 | 0.83 |

续表

| 编号 | 坐标位置 X | 坐标位置 Y | 着靶角 $\theta_i$ | 质量 /g | 等效立方体边长 /cm | 编号 | 坐标位置 X | 坐标位置 Y | 着靶角 $\theta_i$ | 质量 /g | 等效立方体边长 /cm |
|---|---|---|---|---|---|---|---|---|---|---|---|
| 12 | 18.61 | 27.01 | 8.13 | 4.52 | 0.83 | 29 | 26.16 | 3.80 | 19.12 | 1.85 | 0.62 |
| 13 | 21.39 | 27.92 | 9.14 | 1.66 | 0.60 | 30 | 13.90 | 2.04 | 20.78 | 4.83 | 0.85 |
| 14 | 13.11 | 23.89 | 8.99 | 3.62 | 0.77 | 31 | 16.63 | 1.25 | 20.86 | 4.83 | 0.85 |
| 15 | 20.60 | 24.80 | 5.53 | 1.48 | 0.57 | 32 | 6.02 | 0.23 | 25.84 | 1.54 | 0.58 |
| 16 | 24.80 | 24.80 | 7.73 | 1.69 | 0.60 | 33 | 13.11 | 0.45 | 22.52 | 1.60 | 0.59 |
| 17 | 7.49 | 17.42 | 14.33 | 2.77 | 0.71 | 34 | 25.82 | 0.45 | 22.19 | 1.02 | 0.51 |

1) 前面板防护设计

前面板防护设计标准为其在大变形过程中不产生边界撕裂破坏,其塑性变形能主要由冲击波能和破片群侵彻传递动能两部分转化而成。当前面板厚度 $h_f=0.6\text{mm}$、$0.8\text{mm}$、$1\text{mm}$ 时,计算边界中点处应变 $\varepsilon_1$ 分别为 0.37、0.24、0.17,见表 9-5-2。因而,取前面板厚度为 $h_f=1\text{mm}$,即可满足设计要求。

表 9-5-2 前面板防护设计

| 等效裸装药/g | 爆距/mm | 前面板厚度/mm | 冲击波能/J | 破片侵彻传递前面板动能$\Sigma$/J | 前面板变形挠度/mm | 边界中点处应变 |
|---|---|---|---|---|---|---|
| 546 | 500 | 0.6 | 3569 | 12.25 | 83 | 0.37 |
| 546 | 500 | 0.8 | 2676.75 | 28.48 | 62.5 | 0.24 |
| 546 | 500 | 1.0 | 2141.4 | 54.54 | 49.9 | 0.17 |

2) 抗弹芯层防护设计

对于抗弹芯层,其防护设计标准为抵御高速破片群穿透前面板后进一步的穿甲侵彻。因而,需首先计算高速破片群穿透前面板后剩余速度。采用德玛尔公式分别计算各破片穿透前面板后剩余速度,具体计算结果见表 9-5-3。

表 9-5-3 各破片穿透前面板后剩余速度

| 编号 | 剩余速度/(m/s) | 编号 | 剩余速度/(m/s) | 编号 | 剩余速度/(m/s) | 编号 | 剩余速度/(m/s) |
|---|---|---|---|---|---|---|---|
| 1 | 1456.16 | 10 | 1492.19 | 19 | 1506.09 | 28 | 1507.11 |
| 2 | 1471.84 | 11 | 1501.55 | 20 | 1463.62 | 29 | 1471.78 |
| 3 | 1452.19 | 12 | 1514.91 | 21 | 1496.45 | 30 | 1488.38 |

续表

| 编号 | 剩余速度/(m/s) | 编号 | 剩余速度/(m/s) | 编号 | 剩余速度/(m/s) | 编号 | 剩余速度/(m/s) |
|---|---|---|---|---|---|---|---|
| 4 | 1452.46 | 13 | 1491.94 | 22 | 1517.52 | 31 | 1488.10 |
| 5 | 1481.20 | 14 | 1509.14 | 23 | 1510.14 | 32 | 1440.73 |
| 6 | 1505.43 | 15 | 1493.45 | 24 | 1477.34 | 33 | 1456.18 |
| 7 | 1501.74 | 16 | 1494.16 | 25 | 1488.02 | 34 | 1446.41 |
| 8 | 1489.53 | 17 | 1493.88 | 26 | 1496.37 | | |
| 9 | 1471.13 | 18 | 1512.12 | 27 | 1495.66 | | |

进而,将各破片穿透前面板后剩余速度作为侵彻初速,进一步建立破片群侵彻抗弹芯层有限元模型。改变抗弹芯层厚度 $h_c$,通过读取各破片剩余速度,判断是否穿透及达到临界穿透状态。图 9-5-4 为破片群侵彻 15mm、20mm、25mm 厚度抗弹芯层的计算结果,由图可知,破片群均穿透厚度 15mm 和 20mm 抗弹芯层,穿透破片数分别为 14 枚和 5 枚,而未穿透 25mm 厚度抗弹芯层,且其剩余约 1mm 余量。偏于安全考虑,设计高强聚乙烯抗弹芯层厚度 $h_c = 25$mm,即可满足抗弹性能要求。

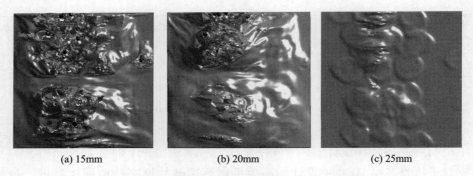

(a) 15mm     (b) 20mm     (c) 25mm

图 9-5-4 破片群侵彻不同厚度抗弹芯层穿透结果

3) 后面板防护设计

对于后面板,其防护设计标准为保证其在大变形过程中不产生撕裂破口破坏,满足复合夹芯结构的整体变形破坏要求。基于上述所设计的前面板、抗弹芯层厚度,进一步开展后面板防护设计。后面板塑性变形能由前面板动能和抗弹芯层运动动能两部分转化而成。当后面板厚度 $h_f = 1$mm、1.5mm、2mm 时,计算边界中点处应变分别为 0.20、0.15、0.12,中心处应变分别为 0.0021、0.0025、0.0028,后面板均不产生边界撕裂破坏,满足整体变形破坏要求,具体如表 9-5-4 所列。出于偏安全考虑,设定后面板厚度为 $h_f = 2$mm。

表 9-5-4　后面板防护设计

| 等效裸装药/g | 爆距/mm | 前面板厚度/mm | 芯层厚度/mm | 后面板厚度/mm | 后面板变形挠度/mm | 后面板边界中点处应变 | 后面板中心点处应变 |
| --- | --- | --- | --- | --- | --- | --- | --- |
| 546 | 500 | 1 | 25 | 1 | 54.3 | 0.20 | 0.0021 |
| 546 | 500 | 1 | 25 | 1.5 | 43.7 | 0.15 | 0.0025 |
| 546 | 500 | 1 | 25 | 2 | 37.5 | 0.12 | 0.0028 |

最终,模拟战斗部在爆距 SoD = 500mm 近炸下,所设计的复合夹芯结构型式为 1mm 前面板+10mm 气凝胶毡+25mm 高强聚乙烯抗弹芯层+10mm 气凝胶毡+2mm 前面板。

### 9.5.3　导弹战斗部近炸复合夹芯结构模型试验验证

对所提出的复合夹芯结构型式,本节将进一步开展模拟战斗部近炸复合夹芯结构毁伤试验,验证导弹战斗部近炸下复合夹芯结构防护设计理论模型的正确性。图 9-5-5 所示为试验后破坏结果。由图可知,前面板产生了整体轻微凹

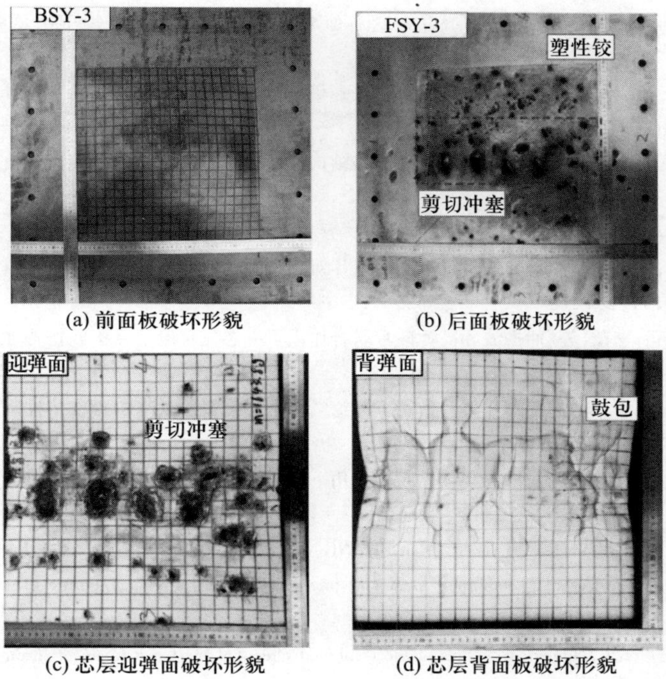

(a) 前面板破坏形貌　　(b) 后面板破坏形貌

(c) 芯层迎弹面破坏形貌　　(d) 芯层背面板破坏形貌

图 9-5-5　复合夹芯结构试验后破坏结果

陷变形,四周边界形成塑性绞线,边界处并未产生撕裂破坏,证明了前面板防护设计方法的合理性。所设计的抗弹芯层不仅满足了100%抗弹要求,而且仍有2mm厚度的防护余量,验证了抗弹芯层防护设计方法的正确性。另外,后面板并未产生面板中心处和边界处的撕裂破坏,满足整体变形要求,其最大变形挠度试验值为3.11cm,理论计算值为3.67cm,理论计算值略大于试验值,这是因为没有考虑部分冲击波会透过破片穿孔而产生泄爆作用,使所计算冲击波对前面板作用动能偏大。

另外,计算破片群动能转化关系时均以破片正侵彻姿态计算,没有考虑飞散斜侵彻因素影响,使破片动能转化结构能量的计算值偏也大。因此,所提出后面板防护设计方法的是合理且偏安全的,而从整个的对比结果来看,本节所提出的联合作用下复合夹芯结构防护设计理论模型也是合理且偏安全的。

## 参考文献

[1] Kong X S, Wu W G, Li J, et al. Experimental and numerical investigation on a multi-layer protective structure under the synergistic effect of blast and fragment loadings[J]. International Journal of Impact Engineering, 2014, 65(3):146-162.

[2] 李营,张磊,赵鹏铎,等. 舰船抗反舰导弹技术研究进展与发展路径[J]. 中国造船, 2016, 57(4):186-195.

[3] 郑红伟,陈长海,侯海量,等. 爆炸冲击波和高速破片载荷的复合作用特性及判据研究[J]. 振动与冲击, 2019, 38(03):32-39.

[4] 李伟,朱锡,梅志远,等. 战斗部舱内爆炸对舱室结构毁伤的实验研究[J]. 舰船科学技术, 2009, 31(3):34-37.

[5] 李茂. 破片群与空爆冲击波联合毁伤效应及防护方法研究[D]. 武汉:海军工程大学, 2015.

[6] 张成亮,朱锡,侯海量,等. 爆炸冲击波与高速破片对夹层结构的联合毁伤效应试验研究[J]. 振动与冲击, 2014, 33(15):184-188.

[7] 侯海量,张成亮,李茂,等. 冲击波和高速破片联合作用下夹芯复合舱壁结构毁伤特性实验研究[J]. 爆炸与冲击, 2015, 35(1):116-123.

[8] 李典,朱锡,侯海量,等. 近距爆炸破片作用下芳纶纤维夹芯复合舱壁结构毁伤特性实验研究[J]. 兵工学报, 2016, 37(8):1436-1442.

[9] 李典,侯海量,戴文喜,等. 冲击波和破片联合作用下玻璃纤维夹芯复合结构毁伤特性实验研究[J]. 兵工学报, 2017, 38(5):877-885.

[10] Changzai ZHANG, Yuansheng CHENG, Pan ZHANG, et al. Numerical investigation of the response of I-core sandwich panels subjected to combined blast and fragment loading[J]. Engineering Structures, 2017, 151:459-471.

[11] Nyström U, Gylltoft K. Numerical studies of the combined effects of blast and fragment loading[J]. International Journal of Impact Engineering, 2009, 36:995-1005.

[12] Nurick G N, Gelman M E, Marshall N S. Tearing of blast loaded plates with clamped boundary conditions[J].

International Journal of Impact Engineering,1996,18(7-8):803-827.
[13] 李茂,朱锡,侯海量,等.冲击波和高速破片联合作用下固支方板毁伤效应数值模拟[J].国防科技大学学报,2017,39(6):64-70.
[14] 李茂,朱锡,侯海量,等.冲击波和高速破片对固支方板的联合作用数值模拟[J].中国舰船研究,2015,59(06):64-71.
[15] 李典,侯海量,朱锡,等.破片群密集侵彻纤维增强层合板破坏机理及穿甲能力等效方法[J].兵工学报,2018,39(4):707-716.
[16] 李典,朱锡,侯海量,等.战斗部近距爆炸下夹芯复合舱壁结构防护能力的理论评估模型[J].爆炸与冲击,2019,39(02):13-21.
[17] 郑红伟.空爆冲击波与高速破片的相互作用机制及载荷特性研究[D].武汉:海军工程大学,2017.
[18] 陈长海,侯海量,朱锡,等.破片式战斗部空中爆炸下冲击波与破片的耦合作用[J].高压物理学报,2018,32(1):015104-1.
[19] 陈长海,侯海量,李万,等.破片式战斗部空中爆炸下冲击波与破片先后作用的临界爆距研究[J].海军工程大学学报,2018,199(02):22-27.
[20] Li Dian,Hou Hailiang,Chen Changhai,et al. Experimental study on the combined damage of multi-layered composite structures subjected to close-range explosion of simulated warheads[J]. International Journal of Impact Engineering,2018,114:133-146.